Wissen, Kommunikation und Gesellschaft

Schriften zur Wissenssoziologie

Herausgegeben von

H.-G. Soeffner, Essen, Deutschland
R. Hitzler, Dortmund, Deutschland
H. Knoblauch, Berlin, Deutschland
J. Reichertz, Essen, Deutschland

Wissenssoziologie hat sich schon immer mit der Beziehung zwischen Gesellschaft(en), dem in diesen verwendeten Wissen, seiner Verteilung und der Kommunikation (über) dieses Wissen(s) befasst. Damit ist auch die kommunikative Konstruktion von wissenschaftlichem Wissen Gegenstand wissenssoziologischer Reflexion. Das Projekt der Wissenssoziologie besteht in der Abklärung des Wissens durch exemplarische Re- und Dekonstruktionen gesellschaftlicher Wirklichkeitskonstruktionen. Die daraus resultierende Programmatik fungiert als Rahmen-Idee der Reihe. In dieser sollen die verschiedenen Strömungen wissenssoziologischer Reflexion zu Wort kommen: Konzeptionelle Überlegungen stehen neben exemplarischen Fallstudien und historische Rekonstruktionen neben zeitdiagnostischen Analysen.

Reiner Keller · Michael Meuser
(Hrsg.)

Alter(n) und vergängliche Körper

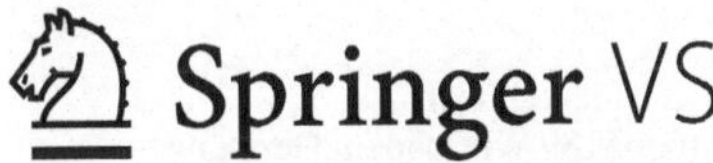

Herausgeber
Prof. Dr. Reiner Keller
Universität Augsburg
Deutschland

Prof. Dr. Michael Meuser
Technische Universität Dortmund
Deutschland

Wissen, Kommunikation und Gesellschaft
ISBN 978-3-658-10419-1 ISBN 978-3-658-10420-7 (eBook)
DOI 10.1007/978-3-658-10420-7

Die Deutsche Nationalbibliothek verzeichnet diese Publikation in der Deutschen Nationalbibliografie; detaillierte bibliografische Daten sind im Internet über http://dnb.d-nb.de abrufbar.

Springer VS

Lektorat: Cori Antonia Mackrodt
Titelbild: Getty Images

Gedruckt auf säurefreiem und chlorfrei gebleichtem Papier

Springer VS ist Teil von Springer Nature
Die eingetragene Gesellschaft ist Springer Fachmedien Wiesbaden GmbH
Die Anschrift der Gesellschaft ist: Abraham-Lincoln-Str. 46, 65189 Wiesbaden, Germany

Inhalt

Alter(n) und vergängliche Körper 1
Reiner Keller und Michael Meuser

Altern als subjektive Erfahrung 13
Thomas S. Eberle

Der alte Körper als Problemgenerator. Zur Normativität von Altersbildern 45
Matthias Meitzler

Vom Jungbrunnen zum individuellen Management gesundheitlicher Alterungsrisiken. Neues Wissen über Altern im Umfeld der deutschen Anti-Aging-Medizin 67
Mone Spindler

„Mein Leben ist ein Fortfahren von Eigenreparatur". Der Körper im Zeichen des Anti-Aging 91
Larissa Pfaller und Frank Adloff

Im Auge des Betrachters. Blicke auf Alter, Körper und Schönheit 109
Tina Denninger

„Eigentlich sollte jeder so sterben, wie ihn Gott geschaffen hat …" Fallstudien zum Verhältnis von Vergänglichkeit, Körpererleben und Schönheitshandeln im Lebensverlauf 131
Wolfgang Reißmann und Dagmar Hoffmann

„Man darf nicht immer vergleichen mit den Jahren, als man zwanzig war." Zum Umgang älterer Männer mit gesundheitlichen Einschränkungen 159
Monika Reichert und Randi Leibner

Alter(n) non-verbal verkörpern. Eine posthumanistisch-performative Analyse des Körperwissens von Rentner_innen in Interviews 183
Grit Höppner

Lebensschmerz – Verkörperungen des Historischen. Biographische Leidens- und Lebenserfahrungen Hochaltriger 209
Stefan Dreßke und Teslihan Ayalp

Kollektiver Eigensinn oder Selbstbehinderung? Das umstrittene Körperwissen der Anorexie 233
Anja Schünzel und Boris Traue

Die unerbittliche Gegenwärtigkeit der Vergänglichkeit des Körpers. Zur Entsinnung eines Menschen im sogenannten Wachkoma 255
Henny Annette Grewe und Ronald Hitzler

Strukturen der Sterbenswelt. Über Körperwissen und Todesnähe 277
Thorsten Benkel

Verzeichnis der Autorinnen und Autoren 303

Alter(n) und vergängliche Körper

Reiner Keller und Michael Meuser

Vor einigen Jahren haben wir im Rahmen einer gemeinsamen Veranstaltung der DGS-Sektionen Soziologie des Körpers und des Sports und Wissenssoziologie begonnen, die Reichweite des Konzeptes „Körperwissen" auszuloten (Keller/Meuser 2011a). Wir hatten diesen Begriff zum damaligen Zeitpunkt wie folgt bestimmt:

> „Aus ihrer unmittelbaren biographischen Erfahrung des gelebten Lebens gewinnen Individuen ein privates und intimes Wissen über ihren eigenen Körper, seine inneren oder äußeren Zustände und Prozesse, Veränderungen im Lebenslauf, Leistungsfähigkeiten und -grenzen, seine Verletzungen und potenziellen Stigmata, seine Schmerz- und Lustempfindungen, ihren situierten und situativen Umgang mit Tabus und Anforderungen der menschlichen Körperlichkeit, den körperlichen ‚Neigungen zur Eigensinnigkeit' und den mehr oder weniger erfolgreichen Strategien zur Überlistung der eigenen Körperlichkeit. Dieses gelebt-erfahrene Körperwissen greift zurück auf bzw. ist eingebettet in das in Sozialisationsprozessen und in der Lebenswelt des Alltags tradierte Wissen über Körperlichkeit und ihre Performanz einschließlich der darin verwickelten normativen Folien und Normalisierungen (kulturelles Körperwissen z. B. über den Geschlechtskörper; Disziplinierungen des Körperlichen ‚in Gesellschaft' u. a. m.). Immer schon verfügen auch spezialisierte Personen und Institutionen über ein besonderes, verallgemeinertes, objektiviertes Körperwissen." (Keller/Meuser 2011b, S. 9)

Ergänzend zu diesem expliziten bzw. in Aussagegestalten manifestierbaren Wissen haben wir im weiteren auch von einem *Wissen des Körpers* gesprochen, das in Form von Körpertechniken, körperlichen Routinen und Fertigkeiten des Handelns auch ohne reflexive Zuwendung zur Erscheinung kommt. Dazu hatten wir festgehalten:

> „In gewissem Sinne lässt sich davon sprechen, dass Körper als eigenständige Träger von Wissen fungieren, das nicht in kognitive Prozesse übersetzt ist, ja nicht übersetzt werden kann. Ein grundlegendes Beispiel dafür sind neben den körperlichen Basismechanismen des Gehens, Greifens, Fühlens usw. sicherlich reflexartige Körper-

> reaktionen mit schützender Funktion: die Veränderung der Pupillen bei Helligkeit, das Abstützen durch die Hände beim Fallen, ‚Intuition' und ‚Gespür', das ‚richtige Händchen' und dergleichen mehr." (Keller/Meuser 2011b, S. 10)

Der hier vorliegende Folgeband, der im Grunde als „Körperwissen II" angelegt ist, greift die so begonnenen Überlegungen auf und führt sie in spezifischer Weise fort. Fokussiert werden nun die Körperwissensverhältnisse im Zusammenhang von menschlichem Altern und dem Erleben bzw. Erfahren körperlicher Vergänglichkeit. In der sozialwissenschaftlichen Alter(n)sforschung ist der Körper bislang kaum zum Gegenstand gemacht worden (Riedel 2017, S. 6). Dies erstaunt, da der Prozess des Alterns den Individuen recht unmittelbar als eine körperliche Erfahrungsmodalität präsent ist und „das Alter auch über den Körper repräsentiert wird" (Backes/Wolfinger 2008, S. 153). Mit der in diesem Band angelegten Perspektive auf Körperwissen kommen die Verflechtungsverhältnisse in den Blick, die zwischen der phänomenologisch rekonstruierbaren Ebene der erfahrenen Körperlichkeit des alternden Körpers und den gesellschaftlichen Diskursen, Normalitäts- und Habitusformationen bestehen, innerhalb derer solche Erfahrungen situiert sind. Eine kleine Illustration, die dem Buch von Thomas Laqueur „Die einsame Lust" entnommen ist (Laqueur 2008, S. 70), kann verdeutlichen, was wir damit meinen. Sie zeigt eine spezifische Wissensformation des 19. Jahrhunderts, innerhalb derer rapider und beschleunigter körperlicher Verfall mit der ausgeübten Praxis der Masturbation in Verbindung gebracht wird (vgl. Abb. 1).[1]

Sicherlich führen das Erleben und die Erfahrung des alternden Körpers zur Infragestellung und Modifikation einer der basalen Grundannahmen des alltäglichen lebensweltlichen Vollzugs, die Alfred Schütz mit dem Modus des *„Ich kann immer wieder"* beschrieben hatte. Körper und auch Geist können eben nicht ‚immer wieder' bzw. sind mit der körperlichen Widerständigkeit des ‚nicht mehr so wie bisher können' konfrontiert, die bspw. Bewegungsrhythmen und -kapazitäten verändert, Aufmerksamkeitshorizonte modifiziert und anderes mehr – zumindest ab einer bestimmten Altersschwelle, und dann eben auch ohne das Hereinbrechen von normalen Sonderereignissen wie Krankheiten und Unfällen. Menschliches Sein ist unweigerlich Sein zum Tode hin und mit entsprechender Sorge verkoppelt, auch wenn dies existenziell überwiegend ausgeblendet wird und werden muss und

---

1 Heute wird in den ‚westlichen' Wissenschaften der Zusammenhang zwischen körperlich-gesundheitlichem Wohlbefinden und Masturbation bei Männern und Frauen erforscht (vgl. Crooks/Baur 2014, S. 230ff.; Lautmann 2002, S. 189ff.).

Abb. 1 Gesichter des Onanisten, aus Emery C. Abbey, The Sexual System and ist Dearangements, Buffalo 1875.

Quelle: Laqueur (2008, S. 70)

die Anstrengungen der modernen Medizin (erfolgreich) darauf gerichtet sind, die Zeit bis zum Eintritt des Todes so weit wie möglich zu verlängern.[2]

2 Alfred Schütz zufolge bestimmt das „Wissen um die Endlichkeit" alle „Entwürfe im Rahmen des Lebensplans" (Schütz/Luckmann 1979, S. 75). Die Furcht vor dem Tod bestimme „alle Relevanzsysteme, die uns innerhalb der natürlichen Einstellung leiten [...]: Ich weiß, daß ich sterben werde und fürchte mich davor." (Schütz 1971, S. 262). Ob

Der vorliegende Band fokussiert das Erleben, das Erfahren und den Umgang mit Alter(n) und der Vergänglichkeit des Körpers in der Gegenwart. Diese Fragestellung ist nicht nur aus dem gewonnen, was als ‚demographischer Wandel' vielfach öffentlich diskutiert und bislang etwa in einigen wenigen Spiel- und Dokumentarfilmen oder sonstigen Medienfeatures exponiert wird. Vielmehr spielen auch die unübersehbaren, bspw. über Medizin und Lebensstile induzierten Veränderungen von alternder und vergänglicher Körperlichkeit eine zentrale Rolle. Im Fokus steht dabei gerade die Verbindung von Altern und vergänglicher Körperlichkeit bzw. deren ‚Vermeidung' oder ‚Verbannung'.

Der Prozess des Alterns wird in vielfältiger Weise leiblich gespürt: als Schwinden körperlicher Kräfte, als Einschränkungen des Bewegungsapparats, als Nachlassen der Arbeitsfähigkeit, als Zunahme von Krankheiten, als Ausdehnung der nach Erkrankungen wie nach Ausschweifungen erforderlichen Regenerationszeit, als Nachlassen sexueller Potenz, als partieller Verlust der Körperkontrolle und der kognitiven Fähigkeiten. Im Zuge des fortschreitenden Alterns werden die Individuen der Vergänglichkeit ihrer Körper in wachsendem Maße gewahr. In einer „Inszenierungsgesellschaft" (Willems/Jurga 1998), in der dem – fitten und funktionstüchtigen – Körper eine hohe Bedeutung für soziale Anerkennung zukommt, sind die Individuen umgekehrt in wachsendem Maße aufgerufen, aktiv gegen drohende körperliche Beeinträchtigungen anzugehen (Katz 2000). Sie werden für den Zustand ihrer Körper verantwortlich gemacht. In den Anrufungen des Anti-Aging oder den Verheißungen und Verpflichtungen eines „successful aging" kommt in verdichteter Weise zum Ausdruck, dass die Auseinandersetzung mit dem (eigenen) Körper ein zentrales Element spätmoderner Identitätsarbeit ist: der Körper als lebenslanges Projekt, an dem ständig gearbeitet werden muss, damit er gemäß den Intentionen der Individuen und den Erwartungen Anderer ‚eingesetzt' werden kann. Dies erfolgt vor dem Hintergrund von an der mittleren Lebensphase orientierten kulturellen „Funktions-, Aktivitäts- und Gesundheitsnormen" (Backes 2008, S. 192), was den alternden Körper schnell als „pathologische Abweichung von einem quasi alterslosen Funktions- und Leistungsideal" (ebd., S. 193) erscheinen lässt. Umso wichtiger wird es, dem gegenzusteuern. Den Anrufungen zur Körperarbeit kann man nicht entrinnen. Zygmunt Baumann (1995, S. 16) spricht von einer „lebenslänglichen Belagerung" des Körpers, der Körper wird zum Objekt

---

diese Furcht die Wahrnehmung und die Lebensplanung aller Menschen in allen Lebensphasen gleichermaßen bestimmt, sei dahingestellt. Zumindest im Alter bestimmt das Wissen um die eigene Endlichkeit in wachsendem Maße die Lebensplanung.

einer Dauerbeobachtung.[3] Die Arbeit am eigenen Körper ist Teil der Selbstsorge des Individuums (Meuser 2014).

Die Vorstellung eines erfolgreichen Alterns ist allerdings auch von dem für die okzidentale Moderne charakteristischen Körper-Geist-Dualismus geprägt, welcher den Körper als dem rationalen Selbst untergeordnet und verfügbar begreift. Umso einschneidender werden die mit zunehmendem Alter häufiger werdenden, durch die Materialität des Körpers bedingten Erfahrungen der Grenzen der Verfügbarkeit und Gestaltbarkeit erlebt. Vor dem Hintergrund der Entwicklungen der Medizin und in Einklang mit den Gestaltbarkeitserwartungen und -ansprüchen einer individualisierten Gesellschaft werden altersbedingte Beeinträchtigungen körperlicher Funktionen jedoch immer weniger als Ausdruck einer natürlichen Ordnung gesehen. In der Medizin, in der die Annahme eines technologisch manipulierbaren Körpers an Bedeutung gewinnt, sind aktivitätsbezogene „Funktionsnormen" an die Stelle von – an den natürlichen Alterungsprozess des Körpers geknüpften – „Normalitätsnormen" getreten (Amrhein/Backes 2007, S. 106). So wird z. B. die nachlassende Erektionsfähigkeit des Penis als (therapierbare und zu behandelnde) erektile Dysfunktion definiert und pathologisiert oder die weibliche Gebärfähigkeit künstlich verlängert. Mit der Durchsetzung der Funktionsnormen scheint die Differenzierung der Lebensphase des Alters in sog. „junge Alte" und Hochbetagte einherzugehen. Zumindest in den medialen Repräsentationen des Alters werden die „jungen Alten" (auch „golden ager" genannt) als körperlich aktive und körper-kompetente Menschen dargestellt (‚80 ist das neue 40'). Die Bilder körperlichen Verfalls bleiben den Hochbetagten vorbehalten. Für diese scheinen die Normalitätsnormen weiterhin akzeptabel zu sein.

Die im Zuge des Alterns sich häufenden „leiblich-körperliche[n] Grenzerfahrung[en]" (Gugutzer 2008, S. 185) verweisen auf eine nicht hintergehbare Materialität des Körpers, die gleichwohl nicht (nur) als vorsoziale Gegebenheit zu konzipieren, sondern in kulturelle Diskurse und soziale Praktiken eingelassen ist. Zum Beispiel deuten gerontologische Befunde zum Einfluss des Körperbildes der Individuen auf Ausmaß und Erleben von Körperbeschwerden auf das wechselseitige Konstitutionsverhältnis hin. Die Erfahrungen des alternden Körpers werden nicht minder als andere Körpererfahrungen innerhalb einer bestimmten symbolischen Ordnung gemacht. Wir hatten in unserem ersten Band auf die große Herausforderung hingewiesen, welche die Analyse des Körperwissens für die Verständigung zwischen handlungsorientierten und praxistheoretischen Theorieansätzen darstellt, wenn

3 Im Zuge dessen entwickeln die Individuen einen erhöhten Bedarf an reflexivem Körperwissen, das ihnen die Kategorien bereit stellt, mit denen sie die erfahrenen körperlichen Entwicklungen und Veränderungen einordnen können.

man nicht erneut pauschal die einen als kognitivistisch-sinnorientiert gegen die anderen, die praktische Vollzüge betonen, ausspielen will. Tatsächlich bietet die Beschäftigung mit dem Thema „Altern und vergängliche Körper“ für eine solche Verständigung eine wunderbare Gelegenheit. Wie andere Erfahrungen werden auch Körpererfahrungen „innerhalb einer spezifischen symbolischen Ordnung gemacht“ (Maihofer 2002, S. 76). Der Körper ist eine „subjektive fühlbare Realität“ (Villa 2000, S. 182), und diese Realität ist eine symbolische und materiale Realität. Dies wird besonders deutlich angesichts von Veränderungen, die der Körper im Lebenslauf erfährt, z. B. während der Pubertät oder eben im Prozess des Alterns. Das Spannungsfeld von materialer und symbolischer Realität impliziert, dass der Körper bei aller kultureller Formung aufgrund seiner physischen Materialität ein Stück weit ‚asozial‘ ist und das Potential der Widerständigkeit in sich trägt, es gibt eine „spürbare Widerständigkeit“ des Leibes gegen den Willen (Gugutzer 2008, S. 185). Wenn man nach einer Referenz bei den Klassikern der Soziologie hierfür sucht, dann kann man mit George Herbert Mead darauf hinweisen, dass „physical things resist our action“ (Mead 1938, S. 144). Der menschliche Körper ist neben anderem eben auch ein physischer Gegenstand (physical thing). Herbert Willems und York Kautt (1999, S. 299) unterscheiden einen „Sinnkörper“ von „korporaler Materialität“: „Die Materialität des Körpers prozessiert und entwickelt sich sozusagen autopoetisch und in gewisser Weise asozial. Sie unterläuft und fundiert zugleich sozialen Sinn“. Auch Hans Joas (1992, S. 246) verweist auf die Widerständigkeit des Körpers, die sich in Phänomenen wie „Passivität, Sensibilität, Rezeptivität, Gelassenheit“ äußert.

Die Gegebenheit des Körpers als symbolische und materiale Realität erschließt sich insbesondere in Lebensphasen, in denen der Körper sich ‚entselbstverständlicht‘, als einschneidend erlebte Veränderungen erfährt und reflexive Zuwendungen erzwingt. Dies ist neben der Pubertät vor allem in der Phase des (hohen) Alters der Fall. Die Vergänglichkeit des Körpers ist gleichwohl nicht nur eine Frage seines Alterns, sondern ‚von Geburt an‘ (und in gewissem Sinne schon zuvor) in die Körperlichkeit menschlicher Existenz eingeschrieben. Vor diesem Hintergrund stellt sich einer (Wissens)Soziologie des alternden Körpers eine Reihe von Fragen:

- Ein wichtiger Gegenstand sind die Körperbiographien des Alter(n)s: Wie erfahren alte Menschen ihren Körper und dessen Veränderungen? (Wie) Sind die Veränderungen des Körpers in den biographischen Selbstdeutungen repräsentiert? In welchem Verhältnis stehen die Selbstdeutungen zu kulturellen Körper- und Altersbildern?
- Welche Rolle spielt das Körperwissen um Altern und körperliche Vergänglichkeit in sozialen Interaktionen und Situationen unmittelbarer, zugewandter Körper-

lichkeit (etwa bei der Pflege, beim ‚gemeinsamen Altern'), beim geselligen Zusammensein, bei Darstellungen im öffentlichen Raum, bei intimen Begegnungen?
- Welche Formen eines ‚Wissens des Körpers' liegen dem Erleben und Erfahren zugrunde? Und wie verhält sich das zum Wissen vom Körper, das von Professionen im Umgang mit körperlicher Vergänglichkeit produziert, gesammelt, eingesetzt wird?
- Wodurch wird die symbolische Ordnung des alternden Körpers bestimmt? Welche Typiken (z. B. bezogen auf Milieuzugehörigkeit, Geschlecht, sexuelle Orientierung) prägen die verfügbaren Wissenskategorien (z. B. hinsichtlich Attraktivität, Leistungsfähigkeit, Gesundheit) des alternden Körpers?
- In diskursanalaytischer Perspektive ist zu fragen, inwieweit der gerontologische Altersdiskurs gegenwärtig von einer eigentümlichen ‚Positivierung' des Alters bestimmt ist (in Gestalt der Anrufung des successful aging wie in Gestalt von Bemühungen, spezifische Entwicklungschancen und -aufgaben des Alters zu identifizieren). Inwieweit bestimmt diese Positivierung des Alters die gegenwärtige – sowohl populäre als auch wissenschaftliche (medizinische, gerontologische, psychologische) – Wissensproduktion zum Verhältnis von Alter und Körper?

Überblick über die Beiträge

Die Beiträge des vorliegenden Bandes sind überwiegend, wenn auch nicht ausschließlich, den Fragen der Vergänglichkeit des alternden Körpers im Spannungsfeld von symbolisch-normativen Regimen und (scheinbar) individueller Erfahrung gewidmet. Wir möchten sie im Folgenden in aller Kürze vorstellen.

Eröffnet wird der Band mit einem Beitrag des Schweizer Soziologen *Thomas S. Eberle* zum Thema *Altern als subjektive Erfahrung.* Der Autor reflektiert darin in Auseinandersetzung mit und im Rekurs auf die Sozialphänomenologie von Alfred Schütz den Zusammenhang zwischen dem Erleben und der (reflexiven) Erfahrung körperlicher Vergänglichkeit im Alter am Beispiel einer eigenen ‚Krankengeschichte'. Parallel zu den öffentlichen Diskursen über ‚gutes Altern' oder gar dessen ‚Ende' wird hier sichtbar, dass im Vollzug alltagsweltlicher Körperpraxis zwischen Leib sein und Körper haben die Erfahrung der Vergänglichkeit in Gestalt wellenförmiger Konjunkturen in Erscheinung tritt und sich in der subjektiven Erfahrung in einem spezifischen Profil leiblich bedingter Einschränkungen von Handlungsoptionen manifestiert. Vor dem Hintergrund dieser Selbst-Analyse ergeben sich einige weiterführende Fragen an die Konzepte unterschiedlicher phänomenologischer Traditionen.

Ein erster Block von Beiträgen wendet sich dem Thema des Bandes vor allem mit Blick auf gesellschaftliche Normierungen und Diskurse sowie Praxisregime zu. So widmet sich *Matthias Meitzler* unter dem Titel *Der alte Körper als Problemgenerator. Zur Normativität von Altersbildern* einer resümierenden Diskussion der aktuellen gesellschaftlichen Thematisierungen von Altern und Vergänglichkeit. Er argumentiert, dass die feststellbare Normativität von Alters- und Körperbildern vor dem Hintergrund eines intersubjektiv geteilten „Alterungswissens" erfahren wird. Das kontinuierliche Älter-Werden und das eigene zukünftige Alt-Sein kommen als soziale Tatsachen in den Blick, deren Ausdeutung durch eine Vielzahl von Deutungsmustern erfolgt. Darin werden abnehmende Partizipationsmöglichkeiten ebenso sehr zum Thema wie die Verheißungen medizinisch-technischer Erhaltung.

Mone Spindler diskutiert unter dem Titel *Vom Jungbrunnen zum individuellen Management gesundheitlicher Alterungsrisiken. Neues Wissen über Altern im Umfeld der deutschen Anti-Aging-Medizin* in diesem Zusammenhang spezifischer die Ergebnisse ihrer diskursanalytischen Untersuchung der Neu-Konstruktion der Anti-Aging-Medizin als einem ‚seriösen professionellen Arbeitsfeld' in Deutschland und fokussiert dabei das dort produzierte Wissen über den Umgang mit der körperlichen Vergänglichkeit. Dies wird insbesondere anhand der seit 1999 existierenden medizinischen Fachgesellschaft ‚Deutsche Gesellschaft für Prävention und Anti-Aging-Medizin e. V.' in den Blick genommen. *Spindler* rekonstruiert hier die weitreichenden Umdeutungen der Vorstellungen von Alter, die im medizinischen Diskurs vorgenommen werden. In einem zweiten Schritt wird das Wissensregime der Anti-Aging-Medizin einer kritischen Bewertung aus sozialgerontologischer Perspektive unterzogen.

Larissa Pfaller und *Frank Adloff* wenden sich in ihrem Beitrag *„Mein Leben ist ein Fortfahren von Eigenreparatur" – der Körper im Zeichen des Anti-Aging* dem Zusammenhang von medizinischer Bearbeitung des Alterns in Gestalt von Anti-Aging-Angeboten und der Wahrnehmung der scheinbar oder tatsächlich verfügbaren Möglichkeiten zur Verlangsamung oder gar Aufhaltung des Alterungsprozesses durch ‚Betroffene' zu. Zunächst analysieren sie, wie die Anti-Aging-Medizin den menschlichen Körper als bedroht und bedrohlich konzipiert. Ausgehend vom „Altern als Risikofaktor" wird dort eine normativ gewendete Dialektik von Disziplin und Selbstsorge in Bezug auf den je eigenen Körper entfaltet. Auf der Grundlage von Interviews und Diskussionen mit 96 Personen richtet sich schließlich der hauptsächliche Fokus des Beitrages auf die Bedeutung des leiblichen Spürens in der tagtäglichen Anwendung von Anti-Aging.

Mit dem vorangehenden Beitrag erfolgte bereits ein Übergang zur Frage der Wahrnehmung körperlichen Alterns und körperlicher Vergänglichkeit auf der Ebene der vergesellschafteten Individuen. Hier widmen sich zwei Beiträge zunächst dem

Verhältnis von Schönheits- bzw. Attraktivitätsnormen und Alterungsprozessen. *Tina Denninger* stellt dazu in ihrem Text *Im Auge des Betrachters: Blicke auf Alter, Körper und Schönheit* zunächst den analytischen Begriff des „Körperbildes" vor, von dem ausgehend sie nach der Rolle des Blickens – der Blick auf Andere, der Blick der Anderen auf das Ich – und seine normierenden Bestandteile im Zusammenhang von Altern und Schönheits- bzw. Angemessenheitsurteilen fragt. Auf der empirischen Grundlage von Gesprächen mit 13 Frauen und drei Männern im Alter von 49 bis 86 Jahre werden entlang der Dimensionen von „Sehen", „Gesehen werden" und „Sich selbst sehen" ex negativo die Vermischungen von Normativitäten und ‚Normalitäten' in einem gesellschaftlichen Blickregime erkennbar, das eindeutig Jugendlichkeit und Attraktivität bevorzugt und von dort auch aus die Alternden spezifischen Normierungen unterwirft.

Wolfgang Reißmann und *Dagmar Hoffmann* diskutieren in ihrem Beitrag *„Eigentlich sollte jeder so sterben, wie ihn Gott geschaffen hat …" – Fallstudien zum Verhältnis von Vergänglichkeit, Körpererleben und Schönheitshandeln im Lebensverlauf* die Ergebnisse ihrer auf biographischen Erzählungen basierenden Studie der Selbstdeutungen vier älterer Menschen zu ihrem Körpererleben und Schönheitshandeln. Diese werden einerseits im Kontext kultureller Körper-, Schönheits- und Altersbilder und andererseits in Bezug auf signifikante Zäsuren und Übergangsprozesse im Lebensverlauf interpretiert. Sichtbar wird die enorme Bedeutung von lebensphasenspezifischen Selbstkonstruktionen für eine im Lebensverlauf zunehmende Verquickung von Schönheits- und Gesundheitshandeln sowie für ambivalente Haltungen in Bezug auf die neuen Möglichkeiten der kosmetischen Chirurgie.

Der anschließende Beitrag von *Monika Reichert* und *Randi Leibner* mit dem Titel *„Man darf nicht immer vergleichen mit den Jahren, als man zwanzig war". Zum Umgang älterer Männer mit gesundheitlichen Einschränkungen* widmet sich einer spezifischen gesellschaftlichen Kategorie und ergänzt die im ersten Beitrag (von Thomas Eberle) angesprochenen Dimensionen der persönlichen Erfahrung von Vergänglichkeit. Zunächst wird das fachliche und öffentliche Wissen über körperliche Veränderungen bei alternden Männern rekapituliert. Dann werden auf der Grundlage von acht Interviews mit älteren Männern verschiedene Bewältigungsstrategien im Hinblick auf die Verarbeitung von (gesundheitsbezogenen) Verlusten vorgestellt.

Die beiden anschließenden Texte befragen das Körperwissen um Altern und Vergänglichkeit vor dem Hintergrund biographischer Erfahrungen und Erinnerungen. *Grit Höppner* schließt in *Alter(n) non-verbal verkörpern: Eine posthumanistisch-performative Analyse des Körperwissens von Renter_innen in Interviews* an Theoriepositionen des Neuen Materialismus und hier insbesondere an den

Agentiellen Realismus von Karen Barad an. Sie lotet damit einerseits aus, wie sich qualitativ-interpretative Sozialforschung verändert, wenn sie den Prämissens dieser Theorie folgt. Andererseits stellt sie die Ergebnisse ihrer entsprechenden Studie vor, der 20 problemzentrierte Interviews mit Frauen und Männern aus Wien im Alter zwischen 60 und 92 Jahren zugrunde liegen. Im Zentrum ihres Interesses stehen non-verbale Praktiken der Verkörperung der aktiven Wirkmächtigkeit von Menschen und Dingen in Gestalt bestimmter Erinnerungen der Interviewten. Unterschieden werden hier ‚Unterbrechungen' des Alterns, ‚Abgrenzungen' vom Altern, Bestätigungen des Alterns, Ausgleiche des Alterns und Aktualisierungen des Alterns.

Stefan Dreßke und *Teslihan Ayalp* wenden sich unter dem Titel *Lebensschmerz – Verkörperungen des Historischen. Biographische Leidens- und Lebenserfahrungen Hochaltriger* dem erinnernden Rückblick auf als einschneidend erfahrene Momente bzw. Situationen körperlicher Vergänglichkeit zu. Solche Erinnerungen werden als „eingekörperte Ablagerungen" begriffen: „Schmerzen bilden im Körper ein Gegenüber, mit dem Zwiesprache gehalten wird und Erfahrungen aktualisiert werden." Hier richtet sich der Analysefokus auf den „Lebensschmerz", der die Körpergeschichte des bzw. der Einzelnen mit dem sozialen Körper und kollektiven Einbettungen in seiner Vergangenheit, Gegenwart und Zukunft verbindet. Empirische Grundlage der Analyse sind teilnehmende Beobachtungen in zwei geriatrischen Abteilungen und einer Tagesklinik sowie verstehende Interviews mit 47 Frauen und 23 Männern. Unterschieden wird dann zwischen Leistungsschmerzen, Verlustschmerzen und Alltagsschmerzen, denen je unterschiedliche Bedeutung im Lebenslauf zukommt.

Anja Schünzel und *Boris Traue* beschäftigen sich in ihrem Beitrag *Kollektiver Eigensinn oder Selbstbehinderung? Das umstrittene Körperwissen der Anorexie* mit einer ganz anderen Seite körperlicher Vergänglichkeit. Während die vorangehenden Beiträge insbesondere Fragen des Zusammenhangs von Altern und vergängliche Körperlichkeit bzw. unfallbedingtes Erleben und Erfahren dieser Vergänglichkeit thematisierten, nehmen sie eine aktuelle Auseinandersetzung zwischen medizinischen ExpertInnen und sich selbst organisierenden Laien (hier: junge Frauen) in den Blick, die in einen Streit über die Definitionsmacht zum Thema Anorexie eingetreten sind. Analysiert werden die Selbstthematisierungen der ‚Pro-Anas', die für sich einen extrem kalorienarmen Lebensstil reklamieren, im Spannungsfeld zur medizinischen Diagnostik einer gefährlichen und unbedingt behandlungsbedürftigten Störung der Körperwahrnehmung. Als spezifisch neu erscheint dabei weniger dieser Gegensatz an sich als vielmehr die neuen Ausdrucks- und Resonanzmöglichkeiten, die er in Zeiten von Web 2.0 erfährt.

Henny Annette Grewe und *Ronald Hitzler* analysieren in *Die unerbittliche Gegenwärtigkeit der Vergänglichkeit des Körpers. Zur Entsinnung eines Menschen im sogenannten Wachkoma* mit medizinbegrifflicher und lebensweltanalytisch-ethnographischer Präzision entlang eines Fallbeispiels die Erfahrung und Bearbeitung der Vergänglichkeit eines Einzelkörpers, der sich vor dem Hintergrund einer chronifizierten gesundheitlichen Beeinträchtigung (Wachkoma) der alltagsüblichen Verdrängbarkeit des ‚Seins zum Tode' entzieht. Die AutorInnen argumentieren, dass auch in einem solchen Fall das funktionierende vegetative System die organische Basis für eine genuin menschliche, empfindungsfähige Lebensform ‚Mensch' darstellt, die auf Veränderungen bzw. Ereignisse in ihrer Umwelt reagiert.

Thorsten Benkel nähert sich in seinem Beitrag *Strukturen der Sterbenswelt. Über Körperwissen und Todesnähe* dem letzten Stadium der diesseitigen Vergänglichkeit des Körperlichen. Hier diskutiert er die enge Verflechtung, die zwischen der Erwartung des unweigerlichen eigenen Todes, der Beobachtung des Sterbens Anderer und der soziokulturellen Einbettung des Sterbens in ihrer Unterschiedlichkeit besteht. *Benkel* argumentiert, dass ‚Sterben' kein klar konturierter Vorgang ist, und als Erfahrungsprozess rituell und kommunikativ-sozial eingebettet sowie mit spezifischen Wissensformen verbunden wird. Gerade jüngere medizin-technische Entwicklungen und Diskussionen zeigen an, dass die Evidenz der Erklärung des Lebensendes und seiner diagnostischen Feststellung gegenwärtig in Frage gestellt wird.

Schlussbemerkung

Wie schon beim ersten Band „Körperwissen" liegt auch in diesem Fall den Beiträgen eine Tagung beider Sektionen zugrunde, die wir im Herbst 2013 an der TU Dortmund organisiert hatten. Über die dort vorgestellten Beiträge hinaus haben wir einige weitere Autorinnen und Autoren hinzugewinnen können. Wir möchten an dieser Stelle allen am Band und seinem Zustandekommen beteiligten herzlich danken. Das schließt die Beitragenden und den Verlag ebenso ein wie die studentischen Hilfskräfte Tobias Lehmann, Jessica Hubatsch und Julia Schlagge, die mit großer Umsicht an der Manuskriptgestaltung beteiligt waren. Ankündigen möchten wir zugleich, dass weitere gemeinsame Erkundungen des Körperwissens in Vorbereitung sind.

Augsburg/Dortmund, im August 2016
Reiner Keller & Michael Meuser

Literatur

Amrhein, Ludwig & Backes, Gertrud M. (2007). Alter(n)sbilder und Diskurse des Alter(n)s. Anmerkungen zum Stand der Forschung. *Zeitschrift für Gerontologie und Geriatrie* 40, 104-111.

Backes, Gertrud M. (2008). Von der (Un-)Freiheit körperlichen Alter(n)s in der modernen Gesellschaft und der Notwendigkeit einer kritisch-gerontologischen Perspektive auf den Körper. *Zeitschrift für Gerontologie und Geriatrie* 41, 188-194.

Backes, Gertrud M. & Wolfinger, Martina (2008). Körper und Alter(n). *Zeitschrift für Gerontologie und Geriatrie* 41, 153-155.

Baumann, Zygmunt (1995). Zeit des Recycling: Das Vermeiden des Festgelegt-Seins. Fitneß als Ziel. *Psychologie und Gesellschaftskritik* 19 (2/3), 7-23.

Crooks, Robert & Baur, Karla (2014). *Our Sexuality*. 12. Aufl. Belmont: Wadsworth.

Gugutzer, Robert (2008). Alter(n) und die Identitätsrelevanz von Leib und Körper. *Zeitschrift für Gerontologie und Geriatrie* 41, 182-187.

Joas, Hans (1992). *Die Kreativität des Handelns*. Frankfurt a. M.: Suhrkamp.

Katz, Stephen (2000). Busy Bodies: Activity, Aging, and the Management of Everyday Life. *Journal of Aging Studies* 14 (2), 135-152.

Keller, Reiner & Meuser, Michael (Hrsg.) (2011). *Körperwissen*. Wiesbaden: VS-Verlag.

Keller, Reiner & Meuser, Michael (2011a). Wissen des Körpers – Wissen vom Körper. Körper- und wissenssoziologische Erkundungen. In: Reiner Keller & Michael Meuser (Hrsg.), *Körperwissen* (S. 9-30). Wiesbaden, VS-Verlag.

Laqueur, Thomas W. (2008). *Die einsame Lust. Eine Kulturgeschichte der Selbstbefriedigung*. Berlin: Osburg Verlag.

Lautmann, Rüdiger (2002). *Soziologie der Sexualität. Erotischer Körper, intimes Handeln und Sexualkultur*. Weinheim/München: Juventa.

Maihofer, Andrea (2002). Geschlecht und Sozialisation. Eine Problemskizze. *Erwägen, Wissen, Ethik* 13 (1), 12-26.

Mead, George Herbert (1938). *The Philosophy of the Act*. Chicago: University of Chicago Press.

Meuser, Michael (2014). Körperarbeit – Fitness, Gesundheit, Schönheit. In: Alfred Bellebaum & Robert Hettlage (Hrsg.), *Unser Alltag ist voll von Gesellschaft. Sozialwissenschaftliche Beiträge* (S. 65-81). Wiesbaden: Springer VS.

Riedel, Matthias (2017). Alter(n). In: Robert Gugutzer, Gabriele Klein & Michael Meuser (Hrsg.), *Handbuch Körpersoziologie, Bd. 2* (S. 3-16). Wiesbaden: Springer VS.

Schütz, Alfred (1971). Über die mannigfaltigen Wirklichkeiten. In: Ders., *Gesammelte Aufsätze, Bd. 1: Das Problem der sozialen Wirklichkeit* (S. 237-298). Den Haag: Martinus Nijhoff.

Schütz, Alfred & Luckmann, Thomas (1979). *Strukturen der Lebenswelt, Bd. 1*. Frankfurt a. M.: Suhrkamp.

Villa, Paula-Irene (2000). *Sexy Bodies. Eine soziologische Reise durch den Geschlechtskörper*. Opladen: Leske + Budrich.

Willems, Herbert & Jurga, Martin (Hrsg.) (1998). *Inszenierungsgesellschaft. Ein einführendes Handbuch*. Opladen: Westdeutscher Verlag.

Willems, Herbert & Kautt, York (1999). Korporalität und Medialität: Identitätsinszenierungen in der Werbung. In: Herbert Willems & Alois Hahn (Hrsg.), *Identität und Moderne* (S. 298-362). Frankfurt a. M.: Suhrkamp.

Altern als subjektive Erfahrung

Thomas S. Eberle

„Alte Menschen sollten Forschungsreisende sein."
T.S. Eliot

Was liegt einem frisch emeritierten phänomenologischen Soziologen näher, als das Phänomen „alternder Körper" aus subjektiver Perspektive zu reflektieren? Schließlich ist mir mein eigener alternder Körper in direkter Erfahrung zugänglich. Und da der Alterungsprozess stets lebensweltlich eingebettet ist, sind mir auch die entsprechenden sozialen Erfahrungen zugänglich, wenn auch lediglich an einem spezifischen Ort in der Gesellschaft. So haben meine folgenden Überlegungen unweigerlich autobiografische Bezüge und, soweit sie sich auf soziale Erfahrungen beziehen, auch autoethnografische. Zudem tragen sie impressionistische Züge, da ich mich zum ersten Mal schreibend mit diesem Thema beschäftige und auf keine systematische Datensammlung zurückgreifen kann.

1 Diskurse zum alternden Körper

Ob man will oder nicht, findet man sich im Alltag immer wieder mit Diskursen über den alternden Körper konfrontiert. Das Labeling fällt zwar unterschiedlich aus und wirkt manchmal beschönigend, manchmal auch dramatisierend. Der *vorherrschende Diskurs in den Massenmedien* ist eher euphemistisch geprägt, seit die Pharma- und Kosmetikunternehmen den Markt für Leute 50+ entdeckt haben. „Anti-Aging" ist zum ubiquitären Schlagwort geworden und wird in Kampagnen zu einem wesentlichen Ziel verklärt, und es werden Kosmetikprodukte und Nahrungsmittelzusätze empfohlen, die uns diesem Ziel näher bringen sollen. Die angepriesenen Produkte können zwar den Alterungsprozess nicht aufhalten, ihn angeblich aber doch verlangsamen oder Beschwerden lindern. Staunend betrachtet man den Werbespot mit der weißhaarigen Oma, die plötzlich ganz beschwingt und leichtfüßig in der Stube herum tanzt, nachdem sie ihre Kniearthrose mit Voltaren Dolo behandelt hat. Auch in Gesundheitssendungen des Fernsehens und in zahlreichen Zeitschriften und Broschüren werden Tipps zur Gesundheitsvorsorge und damit „unbeschwertem" Altern gegeben, und man hat schnell erkannt, dass alles was Freude macht – Rauchen, Alkohol, gutes Essen, Bequemlichkeit (couch potato, Auto fahren, Liftbenützung) – ungesund ist und möglichst gänzlich unterlassen werden sollte, um frohgemut ins Alter voranzuschreiten.

Auch im öffentlichen Raum wird man unweigerlich Zeuge von Konversationen über Alterungsprozesse und Gesundheitsbeschwerden, zum Beispiel im Öffentlichen Verkehr, wo man aufgrund der räumlichen Nähe zu anderen Menschen solchen Gesprächen kaum erfolgreich ausweichen kann. Sogleich fällt auf, dass junge Menschen ganz andere Gesprächsthemen haben als ältere; die Jungen sprechen selten über Alterungsprozesse, obwohl auch sie ständig älter werden, und auch selten über Gesundheitsbeschwerden. Für die Alten scheint dies jedoch ein beliebtes Gesprächsthema zu sein, für manche ist es das Thema Nummer Eins. Es ist so amüsant wie nervig, die Dramaturgie solcher Gesprächsverläufe zu verfolgen: Da gibt es Leute, die sich mit Leidensgeschichten offenbar gegenseitig überbieten wollen, indem der Eine seine Beschwerden ausbreitet und der Andere mit keinem Wort darauf eingeht, sondern eine eigene Leidensgeschichte erzählt, die noch viel dramatischer zu sein scheint. Oder es werden Geschichten von den Leiden Dritter erzählt, die manchmal noch schlimmer klingen und daher erzählenswert scheinen. Gleichzeitig wird man sich auch der eigenen Ohnmacht bewusst, die man angesichts einer Krankheitsgeschichte spürt – man kann dem Anderen die Beschwerden ja auch nicht lindern, sondern muss sie hilflos zur Kenntnis nehmen. Manchmal werden zwar Ratschläge und Gesundheitstipps ausgetauscht, „wirksame" Heilmittel und Hausrezepte empfohlen und Tipps für „gute" Therapeuten, Naturheiler oder Ärzte gegeben. Mehrheitlich scheint man das Feld aber den Experten zu überlassen, und so wird oft die Frage gestellt, „Was sagt denn der Arzt?" Das Gespräch verschiebt sich dann auf eine andere Ebene, und es werden die Diagnose- und Behandlungskompetenzen der verschiedenen Ärzte verhandelt (und in der Regel auch bewertet).

Dass solche Gespräche unter älteren Menschen viel verbreiteter sind als bei jüngeren, ist ein verlässlicher Indikator dafür, dass Altersbeschwerden auch eine gemeinsame Erfahrung sind. Das Ausmaß solcher Beschwerden ist gesellschaftlich zwar unterschiedlich verteilt, aber Alterungsprozessen ist jeder menschliche Körper unterworfen und mit zunehmendem Alter drängen diese sich auch immer mehr ins Bewusstsein. Ältere Menschen haben daher eine gute Chance, dass andere ältere Menschen ihre Leidensgeschichten nicht nur anhören, sondern für ihre Lage auch

Verständnis und Mitgefühl zeigen. Biologische Alterungsprozesse sind universell und betreffen jeden, sind aber je nach Lebensphase unterschiedlich virulent. Fast alle älteren Menschen kennen indes Beschwerden, die sie dem Alter zuschreiben, aus eigener Erfahrung.

Der Alltagsdiskurs übers Altern ist fast durchwegs ein *Defizitdiskurs*. Man erlebt das Altern, indem man Defizite am eigenen Leib wahrnimmt – ein Schwund an Vitalität; raschere Ermüdung als früher; längere Regenerationszeiten; schlechtere Wahrnehmung, insbesondere verminderte Hör- und Sehfähigkeit; langsamere Bewegungen und schließlich solche, die man nicht mehr machen kann; größere Unsicherheit beim Gehen; niedrigere Alkoholtoleranz; schließlich Schmerzen da und dort. Es herrscht ein einmütiger Konsens, dass dies alles „mit dem Alter kommt". Die Symptome treten beim Einen früher, beim Anderen später auf, aber sie kommen bestimmt. Es sei denn, man stirbt vorher.

Nun besteht offenbar ein Unterschied zwischen der objektiven Betrachtung des Alterungsprozesses und der subjektiven Erfahrung des Alterns. Um die objektive Erforschung bemüht sich die Wissenschaft, insbesondere die Biologie. Diese versteht unter Altern einen irreversiblen biologischen Prozess der meisten Organismen, der mit deren Tod endet. „Altern ist als physiologischer Vorgang ein elementarer Bestandteil des Lebens aller höheren Organismen und eines der am wenigsten verstandenen Phänomene der Biologie" (Wikipedia: Altern, abgerufen am 1.2.16). Entsprechend gibt es zahlreiche unterschiedliche Definitionen des Alterns und Theorien zur Erklärung der Ursachen. So wird das biologische Alter eines Organismus beispielsweise durch dessen Vitalität charakterisiert: Nach der Geburt steigt deren Wert in der Entwicklungsphase auf ein Maximum an – beim Menschen bei 30-35 Jahren – und fällt dann kontinuierlich bis zum Tod. Diese typische Verlaufskurve findet sich bei einer normierten Zeitachse bei allen Säuge- und Wirbeltieren. Bekannt ist auch die Unterscheidung von primärem und sekundärem Altern: Mit dem primären Altern werden die zellulären Alternsprozesse bezeichnet, also das physiologische Altern; mit dem sekundären Altern dagegen sind die Folgen äußerer Einwirkungen gemeint, die die maximal erreichbare Lebensspanne – beim Menschen ca. 120 Jahre – verkürzen: Krankheiten, Bewegungsmangel, Fehlernährung oder Suchtmittelkonsum, mit anderen Worten die Folgen des gewählten Lebensstils. Schließlich gibt es typische altersbedingte Veränderungen der Sinnesorgane, des Hormonsystems, des Herz-Kreislauf-Systems und des Atemtrakts, des Urogenitaltrakts, des Blut- und Immunsystems, des Stütz- und Bewegungsapparats und des Nervensystems – jede verbunden mit bestimmten Symptomen (ibid.).

Die objektive, biologische Betrachtung des Alterns ist soweit werturteilsfrei – wissenschaftlich eben –, doch kommt auch sie nicht darum herum, Begriffe mit negativen Konnotationen zu verwenden. So herrschen bei der Beschreibung altersbedingter Veränderungen Begriffe wie „Abnahme“, „Einschränkung“, „Reduzierung“ oder „Beeinträchtigung“ vor (ibid.), die eigentlich den alltäglichen Defizitdiskurs nur bestätigen. Aus dem Biologie-Unterricht in der Schule wissen wir, dass „es nach Dreißig nur noch abwärts geht“; es ist also wissenschaftlich belegt, dass die Diagnose einer „kontinuierlichen Degeneration“ richtig ist. Wenn man nun aber am eigenen Leib von biologischen Abbauprozessen betroffen ist, liegt es nahe, diese auch subjektiv zu bewerten, nämlich als Erfahrung eines zunehmenden Verlusts.

Während man faktisch diagnostizierte biologische Alterssymptome nicht wegdiskutieren kann, bestehen große Freiheitsgrade in Bezug darauf, *wie man sie bewertet*. Es fehlt daher nicht an Ratgeber-Literatur des Typs „Ich werde gerne alt“ (Zink 2014), wo zum Älterwerden Mut gemacht wird: „Die Kräfte nehmen ab, die Schmerzen zu. Älter werden kann beängstigend sein. Doch mit einfühlsamen Worten zeigt Jörg Zink auf: Es ist schön, alt zu werden. Es bedeutet einfach da zu sein, zu leben, frei zu sein. Und zu wissen: Der Horizont weitet sich“ – so der Buchumschlag. Kein Wunder, weist hier ein Theologe den Weg: Älter werden wird oft auf den biologischen Abbauprozess des Alterns reduziert, während es doch auch eine Zunahme an Lebenserfahrung, Weisheit und Besonnenheit beinhalten kann wie auch einen besseren Blick für das, was wirklich wesentlich ist im Leben. Die Reflexion auf den Sinn des Lebens kann denn auch ein neues Licht werfen auf die biologischen Aspekte des alternden Körpers. So argumentieren Gross und Fagetti (2008) in „Glücksfall Alter“, dass man es doch auch positiv sehen kann, wenn man weniger hektisch lebt, alles etwas langsamer angeht, wenn die Welt aufgrund der verminderten Hörfähigkeit etwas weiter wegrückt und dadurch dem Innenraum mehr Platz gewährt, und wenn man nicht mehr jedes Detail so genau sieht. Die biologisch bedingten Veränderungen bestehen nicht nur in Abbau und Degeneration, sondern ermöglichen auch einen neuen Lebensstil, der gerade deshalb wertvoll ist, weil er die Relevanzen verändert: weniger Mobilität, weniger Außenorientierung, dafür mehr Besinnung aufs Wesentliche. In der Tat haben wir heute dank den Fortschritten der Medizin und den ungleich besseren hygienischen Bedingungen eine erstreckte Lebenserwartung, die vielen von uns einen zusätzlichen Lebensabschnitt nach dem Arbeitsleben schenkt, für den sich die Sinnfrage nochmals völlig neu stellt (Gross 2013).

Wird das Alter gegenwärtig neu erfunden? Der Schweizer Medienpionier und Fernsehmoderator Roger Schawinski ist überzeugt davon. In seinem Buch „Lebenslust bis 100: Das Ego-Projekt“ (2002) verkündet er, dass „Wir Baby Boomers“ – die zwischen 1946 und 1964 Geborenen – bisher alles anders gemacht haben als die vorangegangenen Generationen (auch dank anderer gesellschaftlicher Bedingungen): Wir haben eigentliche Jugendkulturen gebildet mit neuen Werten und neuen Lebensstilen (Stichwort 1968), wir haben neuartige Karrieren in Wirtschaft, Politik und Medien durchlaufen, und jetzt werden wir auch das Alter neu erfinden. Wir werden das Alter anders durchlaufen als unsere Eltern, Großeltern und weitere Ahnen. Schawinski gibt dazu zahlreiche Anregungen: von richtiger Ernährung, Nahrungsmittelzusätzen und sportlicher Betätigung (insbesondere Marathon laufen) bis hin zu Spiritualität, Sexualität, Karrierewechseln und Geld, und schließlich skizziert er auch Alternativen zu den herkömmlichen Altersheimen.

2 Phänomenologische Grundlagen des Alterns

Als alterndes Individuum steht man dauernd im Kontext dieser Diskurse, die einem auch als Ressourcen dienen, um das eigene Altern zu interpretieren. Obwohl es kollektive Diskurse sind, entwickelt selbstverständlich jedes Individuum ein gewisses biografiespezifisches Profil, das je nach Herkunftsfamilie und weiteren sozialisatorischen Prägungen durch das soziale Umfeld und die Medien anders ausfällt. Zu einem gewissen Grad lässt sich steuern, welchen Diskursen man sich selbst aussetzt, vor allem aber auch, mit welchen man sich auseinandersetzt, das heißt wie viel eigene Reflexionsarbeit man in Bezug aufs Altern leisten will.

Wenn man sich einem Thema aus subjektiver Perspektive widmen und dabei auf die eigene Erfahrung rekurrieren will, tut man immer gut daran, sich zunächst auf die phänomenologischen Grundlagen zu besinnen. In Bezug auf unser Thema betrifft dies insbesondere die phänomenologischen Reflexionen zu Altern und Leib.

2.1 Altern in der mundanphänomenologischen Perspektive von Alfred Schütz

Die mundanphänomenologische Lebensweltanalyse von Alfred Schütz erweist sich diesbezüglich als geeigneter Ausgangspunkt: Für Schütz ist das eigene Altern und die Gewissheit des eigenen Todes eine fundamentale Erfahrung, die man mit Anderen teilt. Bereits in seinen Frühschriften (ASW I 2006) hat sich Schütz mit dem Phänomen des Alterns befasst. In Anlehnung an die Lebensphilosophie von Bergson beschäftigt er sich mit der „Unumkehrbarkeit des Ablaufs unserer inneren Dauer“ (S. 67). Diese bedingt die Diskrepanz zwischen Erlebnis und Gedächtnisbild: „(W)ir altern, indem wir neue Erlebnisinhalte den bereits im Gedächtnis aufbewahrten Erlebnissen hinzufügen“ (S. 67). Da der kontinuierliche Ablauf der inneren Dauer irreversibel ist, bezeichnet ihn Schütz als „altern“. Er illustriert dies mit Beispielen. Wenn ich zum Beispiel den kleinen Finger meiner Hand beuge, prägt sich dieses Erlebnis in der Sphäre meines somatischen Lebensgefühls ein, durch das es in die gedächtnisbegabte Dauer eindringt. Während dieses Bewegungsablaufs vom gestreckten zum gebeugten Finger bin ich gealtert, was sich – zumindest bei einer seriellen Wiederholung – in einer Ermüdung der betreffenden Muskeln, also einem rein somatischen Erlebnis niederschlagen kann (S. 130).

Schütz zählt das Altern zu jenen Phänomenen des täglichen Lebens, die als Gegebenheit modo essendi hingenommen, aber nie erklärt werden, ohne dass das Gefühl des ‚Fiktiven' auftritt (ASW I 2006, S. 217). Bereits im Rahmen seiner „Theorie der Lebensformen" erörtert Schütz, ob die „Sphäre des Unartikulierten" – zu der er neben dem Altern auch die Erlebnisreihen zu Eros, Kunst, Stimmungen, Leib, Schmerz, Traum zählt – eine Lebensform eigenen Rechts darstellt. Im ‚Sinnhaften Aufbau', in dem er unter Rückgriff auf Husserls Phänomenologie seine Theorie der Sinnkonstitution und des Fremdverstehens neu konzipiert, führt er das Konzept „wesentlich aktuelles Erlebnis" ein für jene Erlebnisse, die nicht artikuliert, nicht erinnerbar und damit der Reflexion entzogen sind. Dieses Konzept bleibt zunächst eine Residualkategorie, wird von Schütz dann aber im ‚Personalitätsmanuskript' (ASW V.1 2003a, S. 33ff.) zu einer „Lehre von den wesentlich aktuellen Erlebnissen" ausgebaut, in der er „ein Hauptstück des neuen Systems" erblickt, das die Generalthesis des alter ego ermöglicht (S. 44). Diese Lehre verliert im Rahmen der Weiterentwicklung der Lebensweltanalyse ihren prominenten Stellenwert; im Rahmen der „Mannigfaltigen Wirklichkeiten", wo die Traumwelt, die Fantasiewelten oder theoretische Wirklichkeiten als „Sinnbereiche eigener Art" charakterisiert werden, verengt sich das Konzept des „wesentlich aktuellen Erlebnisses" auf rein physiologische Reflexe, wie Pupillenverengung, Zwinkern oder Erröten, auf die Leibnizschen „petites perceptions" und auf „meinen Gang, meinen Gesichtsausdruck, meine Stimmung" – mit anderen Worten, auf „jene Formen unwillkürlicher Spontaneität", die zwar erfahren werden, während sie sich ereignen, die aber keine Spuren in der Erinnerung hinterlassen. Sie werden, wie Leibniz sagte, perzipiert aber nicht apperzipiert. Daher können sie weder erinnert noch beschrieben werden, „d. h., sie bestehen lediglich in der Aktualität des Erfahrenwerdens und können nicht in reflektiver Einstellung erfasst werden" (ASW V.1 2003a, S. 184; vgl. zum Argumentationsgang auch ASW I 2006, S. 229 E1, Anm. der Editoren).

Im ‚Sinnhaften Aufbau' (ASW II 2004) befasst sich Schütz mit der Analyse der Sinnkonstitution in Selbst- und Fremddeutung und der Struktur der Sozialwelt mit dem Ziel, die Methodologie der Sozialwissenschaften zu begründen. Im Anschluss an Husserls Analyse des inneren Zeitbewusstseins (Husserliana X 1969: 3-130) temporalisiert er den Sinnbildungsprozess: Die „Urimpression" ist das Erlebnis im Hier und Jetzt und So; daran schließt sich die primäre Erinnerung an, die „Retention", also das Noch-Bewusstsein der Urimpression. Die sekundäre

Erinnerung, die Wiedererinnerung oder Reproduktion, erfordert einen reflexiven Akt der Zuwendung. Dasselbe gilt in Bezug auf die Zukunft: Die „Protention" ist das, was unmittelbar auf die Urimpression folgt; ich weiß oft nicht, *was* folgen wird, aber ich weiß, *dass* etwas folgen wird. In einem reflexiven Akt kann ich auch Antizipationen vornehmen, also bestimmte Ereignisse erwarten oder selbst Pläne schmieden, die ich handelnd umsetzen will. Schütz hält hier an Bergsons Konzept der „attention à la vie" und der reflexiven Blickwendung fest. Daher kann es für ihn keinen Sinn des „Handelns" geben wie bei Max Weber, sondern nur den Sinn von als abgelaufen vorgestellten Handlungen, sei es dass diese tatsächlich abgelaufen sind oder als Handlungspläne in die Zukunft entworfen werden. Wenn der Sinn eigener Erlebnisse aber erst in reflexiver Blickwendung konstituiert werden kann, gilt dies auch für die *subjektive Erfahrung des Alterns:* Im schlichten Dahinleben wird das Altern gar nicht wahrgenommen, erst in reflexiver Zuwendung ex post wird es erfahrbar. Wie dargelegt, fallen dabei die wesentlich aktuellen Erlebnisse der lebendigen Intentionalität aus dem Blick.

Im ‚Sinnhaften Aufbau' (ASW II 2004) formuliert Schütz nun auch die These, dass *„wir gemeinsam altern"*. Dieses Phänomen des Zusammenalterns folgt aus seiner „Generalthesis des alter ego": Im Unterschied zu einem Ding, das lediglich in der objektiven Zeit existiert, erlebt das Du eine echte innere Dauer (durée). In der leiblichen Ko-Präsenz in der Alltagswelt ist mir der Andere im Hier und Jetzt mit seinem fremden Leib und seinen Bewegungen gegeben, die ich als Ausdrucksfeld fremder Erlebnisse deute. „(G)emäß der Generalthesis vom Du *erlebe* ich nicht nur den Mitmenschen, sondern *ich lebe auch mit ihm,* ich *altere mit ihm,* ich kann auf seinen Dauerablauf hinsehen, wie auf den meinigen und so auch auf seine Bewusstseinserlebnisse" (S. 286). In der leiblichen Ko-Präsenz befinden wir uns in einer gemeinsamen Umwelt, wir erfahren gemeinsam, was in ihr vorgeht: ich und du, wir beide sehen beispielsweise einen Vogel im Flug. „Die zwei Bewusstseinsströme, der deine und der meine, werden mit dem Geschehnis in der Weltzeit (Vogelflug) und somit auch miteinander synchronisiert" (ASW V.2 2003b, S. 154). Im Unterschied zu Husserl bleibt Schütz aber nicht bei einem Wahrnehmungsparadigma stehen, sondern verkoppelt dieses mit einem Handlungsparadigma, verbindet also den subjektiven Pol der Lebenswelt mit einem intersubjektiven, pragmatischen Pol (Srubar 1988): Die Synchronisation der durée von ego und der durée von alter ego erfolgt nicht nur über gemeinsame Wahrnehmungen (z. B. Vogelflug), sondern auch durch die Verschränkung von Wirkhandlungen, z. B. durch Kommunikation und Kooperation. „Gemeinsames Altern" ist eine ontologische Setzung, die Schütz von Bergson übernimmt und in seiner Mundanphänomenologie mit der Generalthesis des alter ego aufrechterhält. In der face-to-face Interaktion ist die Synchronisation der beiden Bewusstseinsabläufe für beide Beteiligte direkt erfahrbar: Beide interagieren miteinander im Hier und Jetzt, und die Zeit schreitet laufend voran. Die face-to-face Interaktion bildet den Prototyp zwischenmenschlicher Beziehungen: Bei ihr ist der Andere in unmittelbarer, vorprädikativer Erfahrung in seiner gesamten leiblichen Symptomfülle als Ausdrucksfeld gegeben, die Verschränkung der Wirkhandlungen, also Kommunikation und Kooperation, sind in dieser Konstellation am unmittelbarsten, umfassendsten und unzweifelhaftesten erfahrbar. Die Gleichzeitigkeit des Miteinanders ist auch bei technisch vermittelten Kommunikationen erlebbar, beim Skypen, bei Telefongesprächen oder beim Chatten; dies allerdings in abnehmender Erlebnisfülle – beim Skypen sieht man Gestik und Körperhaltung nur sehr eingeschränkt, beim Telefonieren sieht man nichts, und beim Chatten ist zwar Gleichzeitigkeit in Form einer sukzessiven Sequenz erfahrbar, aber man ist sich nicht wirklich sicher, wer das Gegenüber ist.

Während Schütz das gemeinsame Altern am Prototyp der face-to-face Interaktion festmacht, kann diese Erfahrung auf die anderen Menschen meiner Zeit – seien es mir persönlich bekannte oder unbekannte Zeitgenossen – generalisiert werden. Ich verfüge über typisches Wissen über Typen meiner Um- und Mitwelt und kann beispielsweise voraussetzen, dass meine Zeitgenossen jene Personen und Ereignisse kennen, welche die Massenmedien weltweit als bedeutsam kolportiert haben: Berühmte Musiker, Sportler, Politiker, Wirtschaftsführer, Filmregisseure, Schauspieler usw. Die soziale Verbreitung solcher typischer Wissensbestände kann jeweils spezifiziert werden, zum Beispiel nach Generation, Kulturkreis, sozialer Schicht, Geschlecht, usw. Gleichzeitig wird die durée, das innere Zeiterleben, in die soziale Zeit verlagert, nämlich in Uhr- und Kalenderzeit, in der Ereignisse wie auch Zeiträume indexiert werden können. In Bezug auf alle Zeitgenossen gehen wir in aller Selbstverständlichkeit davon aus, dass „wir gemeinsam altern", und zwar jeder in seiner durée, aber auch in der (kosmologischen) Weltzeit und der sozialen Zeit. Die Gemeinsamkeit dieses Alterns ist allerdings keine unmittelbare, direkt erfahrbare, sondern eine generalisierte, typisierte. Es war ein zentrales Werkmotiv von Schütz, die Gegebenheitsweisen des „Anderen" sorgfältig zu unterscheiden und vor allem hervorzuheben, dass die lebendige Intentionalität konkreter Menschen im Hier und Jetzt, das aktuelle Erleben der (intersubjektiven) Alltagswelt sich genuin von den Homunculi, den wissenschaftlichen Konstruktionen der Sozialwissenschaftler unterscheidet. Gemeinsames Altern in der face-to-face-Interaktion unterscheidet sich daher grundlegend von der generalisierten Vorstellung gemeinsamen Alterns anonymer, nur als Typen konstruierter Personen – und zwar der Mitwelt wie der Vor- und Nachwelt; die entsprechenden Sinnmodifikationen sind jeweils sorgfältig zu beachten.

2.2 Der Leib in phänomenologischer Perspektive

Schütz sieht nun das Altern aber nicht nur als irreversiblen, kontinuierlichen Ablauf der inneren Dauer und als mit den anderen Menschen geteilte Erfahrung, sondern thematisiert das Altern auch mit Bezug auf den Leib. Einen engen Zusammenhang von Leib, Erleben und innerer Dauer (durée) hatte bereits Bergson postuliert und findet sich bereits in Schütz' Frühschriften. Leiblichkeit ist auch bei Husserl ein sinngeneratives Moment. Zunächst begreift Husserl den Leib als Konstitutionsphänomen des Bewusstseins, und zwar in doppelter Hinsicht: Sowohl als materiellen Körper, also als physischen Leibkörper, als auch als „Träger" eines Ichs, also als eine psychophysische Einheit. Entsprechend unterscheidet er die Außeneinstellung, in der der Leib als naturhafter Körper aufgefasst wird, von der Inneneinstellung, in der die seelische Seite des Leibs im Vordergrund steht (Husserliana IV 1952: 284). In der Außeneinstellung bildet der Leib das Orientierungszentrum des Subjekts in der Welt, er gibt dem Ich eine räumliche und zeitliche Positionierung. Vom Hier und Jetzt, von Nullpunkt aller Orientierung aus, werden Dinge als rechts oder links, hier oder dort, oben oder unten, früher oder später wahrgenommen. Als Teil der Natur ist der Leib-Körper ein „reales Ding" und unterliegt mechanischen und physischen Gesetzen. Er kann berührt und gestoßen werden, aber auch selbst auf die Welt einwirken und Dinge bewegen. Die Gesundheit des physischen Körpers ist grundlegend für das Bewusstseinsleben (Husserliana XIV 1973, S. 456).

In der Inneneinstellung ist der Leib sowohl Wahrnehmungs- als auch Willensorgan. Als Wahrnehmungsorgan ist der Leib Träger sinnlicher Empfindungen. Husserl erläutert die Empfindungen am Beispiel der Tastempfindung: Wir können einerseits Eigenschaften von Dingen ertasten, andererseits auch im Leib selbst Empfindungen haben, zum Beispiel die Schwereempfindung in Arm oder Hand. Husserl nennt dies „Empfindnisse", um sie streng von materiellen Dingbestimmungen zu unterscheiden (Husserliana IV 1952, S. 146ff.). Im Unterschied zu visuellen und akustischen Erfahrungen, die sich nicht unmittelbar im Sinnesorgan (dem Auge, dem Ohr) lokalisieren lassen, erlaubt der Tastsinn die direkte Selbstbezüglichkeit des Eigenleibs zu erleben: Berührt die linke Hand die rechte Hand, ist der Eigenleib sowohl Wahrnehmungsorgan als auch Wahrnehmungsobjekt. Da der Eigenleib aber bei allen Wahrnehmungsakten mit dabei ist, man ihn also nie im „Dort" betrachten oder um ihn herumgehen kann, bleibt die Selbstwahrnehmung unvermeidlich unvollständig. Mit der Wende zur genetischen Phänomenologie thematisiert Husserl den Leib auch als Willensorgan und Träger freier Bewegung. Durch die Möglichkeit der freien Bewegung des Leibs kann das Subjekt neue Horizonte bilden und Gegenstände aus verschiedenen Perspektiven betrachten. Ihre Einbettung in einen bestimmten räumlichen Horizont impliziert daher eine zeitliche

Verweisungsstruktur, indem jede aktuelle Wahrnehmung auch vergangene und zukünftige Gegenstandsbestimmungen impliziert (Husserliana IV 1952, S. 150ff.; vgl. Fischer und Wehrle 2010 sowie Alloa und Depraz 2012).

Schütz befasst sich in seinem unvollendeten Manuskript ‚Das Problem der Personalität in der Sozialwelt' [1936], in dem er seine Analysen des ‚Sinnhaften Aufbaus' erweitert und vertieft, auch ausführlich mit der Rolle des Leibs (ASW 5.1 2003a, S. 45 und 111-117). Die zugrundeliegende Leitfrage ist das „Problem der Einheit der Person", dessen Klärung er für die Methodologie der Sozialwissenschaften für unabdingbar hielt. Wenn wir in verschiedenen Lebensformen leben, stellt sich doch die Frage, wie diese verschiedenen Teil-Ichs zu einer Einheit konstituiert werden. Dazu kommt, dass wir aufgrund unseres Alterns uns auch laufend von Teil-Ichs verabschieden: Für unser Erwachsenen-Ich beispielsweise bildet unser Kindheits-Ich Vergangenheit. Für die Einheit der Person spielt nun der Leib nach Schütz eine zentrale Rolle. Wie Husserl betrachtet er den Leib in mannigfaltiger Hinsicht: als Perzeptionsorgan; als „origo des Koordinatensystems", von dem aus der Raum konstituiert wird und sich Umwelt und Mitwelt bestimmen; als motorisch beherrschbar (und kinästhetisch bewegbar); als Einheit und Abgrenzung gegenüber dem alter ego, als „mein Leib hier" und „dein Leib dort". Überdies thematisiert er das Bewusstsein von den Grenzen meines Leibes, und – über Husserl hinausgehend – den Leib als Werkzeug meines Wirkens und damit als Ausfallstor in die Weltzeitlichkeit, wie auch den *Leib als Gegenstand meines Alterns* (S. 45). Dabei geht es stets um *meinen* Leib und um *mein* Altern, um „mein Altern als höchst persönliches Grunderlebnis" (ASW 5.1 2003a, S. 45). „Alles Sein ist Sein zum Tode; Geburt, Altern, Tod bestimmt die Existenz des Menschen und somit auch des menschlichen Leibes" (S. 113). In dieses „anthropologische Grundphänomen" ist auch *mein* Leib einbezogen: „Mein Leib ist Gegenstand des Alterns" (ibid.). Mein Leib teilt mein Altern in zweierlei Hinsicht: Zum einen „äußerlich in seiner Erscheinung und Entwicklung zu verschiedenen Lebensaltern", zum andern als Regulativ meiner Lebensintensität und damit auch meiner attentions à la vie. Auch beim somatischen Altern geht es jedoch um *mein* Altern, also um die „dem me ipsum zugehörigen Bewusstseinstatsachen" (S. 45f.): Bei den „somatischen Grundtatsachen" geht es um *meinen* Schmerz, *meine* Wollust, *meinen* Herzschlag, *meine* Verdauung, *meinen* Geschlechtstrieb, und bei den „psychologischen Grundtatsachen" um *meine* Stimmung, *mein* Landschafts-, Natur- und Musikerlebnis, *meine* Liebe zu Dir. Damit begründet sich das *Ineffabile,* also „das Unaussprechbare im Sinne der Unmöglichkeit, intime Erlebnisgehalte zu kommunizieren" (S. 79 E53), in doppelter Hinsicht: Erstens, wie bereits dargelegt, in Bezug auf die wesentlich aktuelle und daher nicht wiedererinnerbare Natur dieser Erlebnisse, und zweitens „aus deren höchst persönlichen, auf das me ipsum beschränkten Natur derselben" (S. 46).

Hinsichtlich unseres Bewusstseins der leiblichen Endlichkeit und des eigenen Todes rekurriert Schütz auf Konzepte der Existenzialphilosophie und zahlreicher weiterer Philosophen, die Ausführungen bleiben aber skizzenhaft. Im Brief an Paul Ludwig Landsberg vom 24. Mai 1936 schreibt er: „(D)ie Fundierung der Gewissheit meines persönlichen Todes in der Sphäre der Je-Meinigkeit entspringt dem mein Altern ständig begleitenden Erlebnis des Todes meiner ‚Teil-Ichs'. Er verleiht mir das Verständnis für den Tod jedermanns, mithin auch Deines Todes, und meine Erlebnisse von Deinem Tod sind nur die schmerzlichen Verifizierungen dieser Erkenntnis" (ASW 5.1 2003a, S. 377). Auf dieser Gewissheit beruhen Kierkegaards Problem der Angst als auch Heideggers Problem des Geworfenseins in die Welt. Die tägliche Erfahrung des Alterns besteht in der fortwährenden Abtötung früherer Lebensformen; wir erleben laufend einen Teiltod, den Tod meiner „Teil-Ichs". Auf dieser täglichen Erfahrung, dass wir unseren Teiltod überleben, dass wir uns also nur verwandelt haben, beruht die verbreitete Hoffnung auf Unsterblichkeit: in Platons Lehre von der Seelenwanderung, in der christlichen Grundhaltung der espérance oder in Nietzsches Lehre von der ewigen Wiederkunft (S. 126f.) Dass sich aus der Erfahrung meines Alterns auch das Altern jedermanns erschließt und dass wir in der reinen Wir-Beziehung „gemeinsam altern", überschreitet Husserls Transzendentalphänomenologie. Husserls transzendentales ego ist unsterblich, das mundane ego jedoch sterblich. Mein Wissen um mein Altern und meines Todes lässt sich nach Schütz nur ontologisch begründen, nicht phänomenologisch klären: Es bildet ein ursprüngliches Transzendenzerlebnis (ASW 5.2 2003b, S. 212). Bereits im ‚Personalitätsmanuskript' [1936] stellt er fest: „Denn in der natürlichen Weltanschauung ist unser Sein von vornherein ein Sein mit anderen, und solange Menschen von Müttern geboren und nicht in der Retorte hergestellt werden, wird die Erfahrung vom alter ego der Erfahrung vom eigenen Ich genetisch-konstitutionell vorausgehen" (ASW 5.1 2003a, S. 155). Über Husserl hinausgehend führt er damit eine Sozialisationsperspektive ein und hält fest, „wie verhältnismäßig spät erst das Kind zum Begriff des ‚Ich', ja auch nur eines eigenen Leibes gelangt" (ibid.).

2.3 Transzendenzen und Erfahrungswissen

Bei der posthumen Herausgabe der ‚Strukturen der Lebenswelt' (Schütz und Luckmann 1984, S. 139ff.) greift Luckmann diese Überlegungen wieder auf und führt sie im Kapitel „Die Grenzen der Lebenswelt" weiter aus. Dieses Kapitel war in Schütz' Gliederungsentwurf nicht vorgesehen und trägt deutlich die Handschrift Luckmanns. Luckmann unterscheidet hier die kleinen, mittleren und großen Transzendenzen: Die kleinen transzendieren mein Hier und Jetzt und verweisen auf etwas, das jenseits meiner gegenwärtigen Erfahrung liegt; die mittleren verweisen darauf, dass mir der Andere nur mittelbar zugänglich ist, also durch Deutung seiner leiblichen Äußerungen, und ich ihn daher nur approximativ verstehen kann; die großen schließlich verweisen auf andere Wirklichkeiten. In Bezug auf das Altern sind die kleinen Transzendenzen besonders interessant. Man kann die Grenzen der Erfahrung in der aktuellen Reichweite überschreiten, indem man sich an andere Orte der erlangbaren Reichweite bewegt. Was in der Zukunft geschieht, an welchen Orten auch immer, bleibt stets ungewiss, sogar die Protentionen bleiben leer. Wir operieren dabei mit zwei Annahmen, die Schütz von Husserl übernimmt und zu Grundelementen des subjektiven Wissensvorrats erklärt: Die Idealisierung des „Und-so-weiter" und die Idealisierung des „Ich-kann-immer wieder". Die erste Annahme unterstellt, dass das Alltagsgeschehen in seiner typischen Form weiterlaufen wird; die zweite Annahme, dass ich grundsätzlich weiterhin so handeln kann wie bis anhin. Beide Annahmen können plötzlich erschüttert werden: Die erste durch krisenhafte Ereignisse (Krieg, Naturkatastrophen), die zweite durch Unfall oder Tod. Indem Schütz diese Annahmen mit dem subjektiven Wissensvorrat und der biografischen Situation verknüpft, werden sie spezifiziert. In welcher Form die Welt weiterlaufen wird, beurteilen wir aufgrund unseres Erfahrungswissens, und dieses ist sowohl sozial abgeleitet als auch gesellschaftlich distribuiert. Aufgrund unseres Erfahrungswissens beurteilen wir auch, ob wir weiterhin so handeln können wie bis anhin und welche Gefahren allenfalls drohen (Krankheit, Unfall, Alter, Tod). Es gehört zur Erfahrung des Älterwerdens, „dass man bemerkt, wie sich die Grenzen der ‚Vermöglichkeit' verschieben. Zunächst erweitern sich die Grenzen sprunghaft; dann halten sie sich auf einem gewissen Niveau ohne erhebliche Veränderung; früher oder später beginnen sie zu schrumpfen. Mit zunehmendem Alter merkt man erst, dass viele der Ceteris-paribus-Klauseln, die man in seinen Entwürfen und in seinem Handeln gar nicht sehr zu beachten brauchte, plötzlich sorgfältig überdacht werden müssen" (S. 42).

Die mittleren Transzendenzen aufgrund der nur mittelbaren Zugänglichkeit des Anderen betreffen das praktische Problem alltäglicher Hermeneutik und derer Grenzen. Letztere beziehen sich nicht nur auf das erwähnte *Ineffabile,* sondern auch auf den Vertrautheitsgrad und die Inhaltsfülle. So versuchen die Älteren beispielsweise oft, ihr Wissen und ihre Lebenserfahrung an die Jüngeren weiterzugeben. Dies gelingt jedoch nur teilweise, denn was für die Älteren persönliche Erfahrungen sind, bleibt für die Jüngeren relativ abstraktes Wissen in Form allgemeiner Handlungsmaximen. So wichtig diese sind – in der konkreten eigenen Erfahrung gewinnen sie eine ganz andere, wesentlich anschaulichere Qualität. So haben viele Menschen den Eindruck, ihre betagten Eltern erst dann „wirklich" zu verstehen, wenn sie selbst das vergleichbare Alter erreicht und erlebt haben.

Die großen Transzendenzen betreffen andere Wirklichkeitsbereiche, aus denen Erfahrungen in die Alltagswelt einfließen, indem man sich beispielsweise an Träume oder Fantasien erinnert. Der Tod als solcher ist insofern keine Transzendenzerfahrung, weil diese Grenze nur in eine Richtung überschritten werden kann. Es gibt zwar Nahtodeserfahrungen (Knoblauch [1999] 2012, 2014), aber keine Nachtodeserfahrungen. Es mag zwar (oft religiös motivierte) Vorstellungen darüber gehen, wie die Wirklichkeit im Jenseits aussieht und was nach dem Tod mit einem geschieht – aber es gibt niemand, der nach dem Tod zurückgekehrt wäre und persönliche Erfahrungen von der jenseitigen Wirklichkeit im Diesseits verkündet hätte (Schütz und Luckmann 1984, S. 171ff.). Selbstverständlich sind diese ontologischen Setzungen – Luckmann ([1970] 2007) nimmt solche auch in Bezug auf die Grenzen der Sozialwelt vor – dem Credo der empirisch verfahrenden neuzeitlichen Wissenschaft verpflichtet und wurzeln in der europäischen Aufklärung; im Rahmen anderer Kosmologien kann die Möglichkeit entsprechender Transzendenzerfahrungen anders beurteilt werden.

2.4 Exkurs zu Leib und Körper

An dieser Stelle bedarf es einer kurzen Begründung, warum ich hier ausschließlich auf Husserl und Schütz, nicht aber auf andere leibphänomenologische Ansätze eingehe.

Die Fokussierung auf Schütz ergibt sich daraus, dass er meines Wissens als einziger Phänomenologe Leib *und* Altern thematisiert hat – oder genauer: leibliches Altern. Zudem hat er wie kein Zweiter die Phänomenologie für die Soziologie fruchtbar gemacht, weshalb er insbesondere in der Wissenssoziologie, aber auch weit darüber hinaus bekannt ist. Allerdings blieben seine Studien zur Leiblichkeit im Frühwerk weitgehend unbeachtet. Eine Ausnahme bildet Anke Abraham, die sich eingehend mit Schütz' Leibkonzept beschäftigte und dessen „Leerstellen" herausarbeitete (2002, S. 47-105; 2011, S. 35f.). Auch Reiner Keller und Michael Meuser (2011b, S. 15ff.) setzen sich kenntnisreich mit der Frage auseinander, ob Schütz' Konzeption im Vergleich zum praxeologischen Begriff des Körperwissens, der von der Annahme einer leiblichen Erkenntnis ausgeht, nicht zu kurz greift. Im vorliegenden Zusammenhang geht es mir allerdings weder um die Eruierung solcher Leerstellen noch um deren Schließung durch weiterführende leibphänomenologische Untersuchungen, sondern allein um die Frage, ob und inwiefern mir Schütz' Analysen bei der Reflexion meiner subjektiven Erfahrung des Alterns behilflich sind. Dem hinzugefügt sei, dass auch der gängige Rekurs auf Merleau-Ponty (1974) und neuerdings auch auf die „Neue Phänomenologie" von Hermann Schmitz

(2011) nur einen kleinen Teil des leibphänomenologischen Spektrums berührt: Wie Alloa et al. (2012) zeigen, ist die Leibphänomenologie wesentlich vielfältiger, als von den Sozialwissenschaftlern üblicherweise wahrgenommen wird (vgl. etwa die Leibkonzepte bei Martin Heidegger, Emmanuel Levinas, Jan Patocka, Michel Henry oder Bernhard Waldenfels).

Einer weiteren Begründung bedarf der Umstand, dass ich auch auf die Unterscheidung von Leib und Körper verzichte, obwohl sich diese in der sozialwissenschaftlichen Körperthematisierung durchgesetzt hat (Duttweiler 2011, S. 163). In seinen „Stufen des Organischen" hat Helmuth Plessner ([1928] 1975) diese Unterscheidung schon früh eingeführt, um die exzentrische Positionalität des Menschen zu verdeutlichen: Während Tiere aus ihrer Mitte heraus leben, also zentrisch organisiert sind, können sich Menschen reflexiv auf sich selbst beziehen; während Tiere ihr Leib sind, haben Menschen auch einen Körper. Der Mensch ist in seinem Erleben Leib, in der Selbstreflexion hat er einen Körper. Der Doppelaspekt von „Leib" und „Körper" ist also zugleich mit dem Doppelaspekt von „Sein" und „Haben" assoziiert. Während Plessner von einer Interpretation biologischer Sachverhalte ausgeht, erörtert Schmitz (2011) das Verhältnis von Leib und Körper aus einer phänomenologischen Perspektive und erörtert ihre wechselseitige Verschränkung. Gugutzer (2006, S. 30) bringt es folgendermaßen auf den Punkt: „Der wahrnehmend-wahrnehmbare, spürend-spürbare Leib und der Körper als form- und manipulierbarer Gegenstand bilden eine untrennbare, sich wechselseitig prägende Einheit". Für die Phänomenologie ist konstitutiv, dass Bewusstsein immer an einen Leib gebunden und subjektives Erleben immer leibliches Erleben ist – deshalb ist die Phänomenologie, allen Missverständnissen zum Trotz, kein kognitivistischer Ansatz. Auf dieser Grundlage hat auch die phänomenologisch inspirierte Wissenssoziologie „Körper, Bewusstsein und Gesellschaft" immer in engem Zusammenhang gesehen (vgl. Knoblauch 1999, 2005). So plausibel nun die Unterscheidung von Leib und Körper auf Anhieb scheint – Müller et al. (2011) etwa legen sie ihren Studien zur symbolischen Formung der Person zugrunde – so problematisch erwies sie sich in meinen Versuchen, die subjektive Erfahrung meines Alterns zu reflektieren. Die semantische Dichotomisierung von Leib und Körper schien mir (bisher) meinen Blick eher zu verstellen als zu schärfen. Auf die Gegebenheitsweise von Phänomenen abzustellen und dabei die Einstellungswechsel sorgsam zu beachten, scheint mir ein offenerer und daher vielversprechenderer Weg zu sein. (Auch Forschungen zu Menschen im Wachkoma empfehlen ein differenzierteres Vorgehen; vgl. Hitzler 2011, 2014.)

3 Impressionen meines eigenen Alterns

Wie konkretisiert sich Altern in einem persönlichen Erfahrungskontext? Um dieser Frage nachzugehen, stelle ich im Folgenden einige Überlegungen zu meinem eigenen Altern an. Ich bezeichne sie als impressionistisch, weil sie zwangsläufig fragmentarisch sind und daher nur selektive Aspekte meines Alterns manifestieren. Im Alter von 65 Jahren bin ich zweifellos zu derartigen Reflexionen legitimiert – diese unterscheiden sich aber sicherlich von der Perspektive eines Hochbetagten.

3.1 Älter werden und altern

Zunächst ist festzuhalten, dass es mir in meiner natürlichen Einstellung schwer fällt, „Altern" als terminus technicus zu verwenden, so wie es Schütz vorschlägt. In meinem alltäglichen Verständnis „altert" man vor allem im fortgeschrittenen Alter; es macht wenig Sinn zu sagen, „unser Baby – oder unser Kind – ist gealtert". Vielmehr ist es „älter geworden», „gewachsen", „größer geworden", hat „sich entwickelt" – aber es ist gewiss nicht „gealtert". Schütz hat Bergsons Gleichsetzung von „vivre" et „vieillir" übernommen, ohne dies weiter zu problematisieren. „Vieillir" heißt im Französischen allerdings auch „reifen", und es gibt eine Werkstelle bei Schütz, wo er „altern" in diesem doppelten Wortsinn benutzt. So erklärt er den Umstand, dass er heute auf ein schlimmes Erlebnis seiner Schulzeit in freundlicher Erinnerung zurückblicken kann, folgendermaßen: „Ich habe eben in der Zwischenzeit manches mitgemacht, bin ‚älter' und ‚reifer' geworden und mein Gedächtnis mit mir" – aus dem quälend Beängstigenden der Schulatmosphäre ist retrospektiv ein Bild des Idylls geworden (ASW 1, S. 59). „Altern" ist für Schütz aber grundsätzlich ein neutraler Begriff, der „die Erfahrung der inneren Zeit in ihrer Unumkehrbarkeit und Konstanz" bezeichnet; diese wird genauso als fraglos hingenommen wie der Rhythmus der äußeren Zeit. Zuweilen spricht er in synonymem Sinn auch von „Älterwerden", zum Beispiel im Relevanzmanuskript (ASW 6.1 2004b, S. S. 219):

> „Eine der fundamentalsten Erfahrungen ist die des *Älterwerdens*, des Übergangs von der Kindheit, der Adoleszenz, der Reife durch die sich neigenden Jahre zum Alter. Diese Zeiterfahrung ist sicher mit den physiologischen Vorgängen in meinem Körper verbunden, aber nicht auf sie beschränkt. Sie ist subjektiv gesehen ein Ereignis in der inneren Zeit. Ich wurde geboren, ich werde älter, ich muss sterben… (…) Unser Älterwerden ist von allergrößter Relevanz für uns, es beherrscht den unserem System von Motivationsrelevanzen übergeordneten Zusammenhang, unsere Lebenspläne."

Es ist eine auferlegte Relevanz, dass wir unentrinnbar älter werden (ibid.). Nun könnte man vermuten, dass „Altern" eher den polythetischen Prozess der inneren Dauer bezeichnet und Älterwerden den monothetischen Blick auf Lebensabschnitte. Dem ist aber nicht so: Auch im Kontext des ‚Wählens zwischen Handlungsentwürfen' schreibt Schütz, dass „ich" zwischen dem Zeitpunkt des Handlungsentwurfs und dem Zeitpunkt seiner Verwirklichung „älter geworden" bin (ASW 6.1, S. 257). Der eigentliche Grund für den terminologischen Wandel liegt darin, dass diese Publikationen aus dem Englischen übersetzt sind und Schütz in seinen englischen Schriften nur selten von „aging" gesprochen hat, sondern meist von „growing older". Der berühmte Leitsatz lautet auf Englisch denn auch: „We grow older together" (CPI, S. 220).

Schütz betont, dass die Erfahrung des Älterwerdens mit den physiologischen Vorgängen im Körper zu tun hat, aber nicht auf sie beschränkt ist. Altern bedeutet auch immer einen „Zuwachs von Erfahrungen" (ASW II 2004a, S. 188). Ob wir dadurch tatsächlich immer klüger und weiser werden, ist im Common-sense umstritten. Aber sicherlich ist der klassische Topos auch heute noch vorstellbar, dass der Körper immer mehr degeneriert, während der Geist sich immer mehr seiner Vollendung nähert. Im vorliegenden Zusammenhang werde ich mich allerdings vornehmlich auf das leibliche Altern konzentrieren.

Nach Schütz beherrscht die auferlegte Relevanz des Alterns die Lebenspläne. In meiner Selbstbetrachtung stimmt dies nur beschränkt. Ich habe mein Älterwerden, mein eigenes Altern lange Zeit einfach ignoriert und bin mit den Annahmen des „Und-so-weiter" und des „Ich-kann-immer-wieder" davon ausgegangen, dass ich alles was ich jetzt verpasse, auch später noch werde tun können. Wie oft habe ich den Urlaub verkürzt oder während des Urlaubs gearbeitet, um noch irgendeinen Artikel fertig zu schreiben und noch einigermaßen fristgerecht einzureichen! Dieses konzentrierte Arbeiten, manchmal Tag und Nacht, hat mit dem Schreiben der Dissertation eingesetzt und sich danach fortgesetzt, als ich eine feste Dozentenstelle hatte, und immer mehr habe ich meine Hobbys, für die ich mir vordem ausgiebig Zeit genommen hatte – glückliches Studentenleben! – hintan gestellt und die Augen vor der Tatsache verschlossen, dass ich auch später keine Zeit dafür finden werde, wenn ich meinen Arbeits- und Lebensstil nicht grundsätzlich ändere. Die Ratgeberliteratur zum Zeitmanagement mit den Maximen „Mehr Zeit für das Wesentliche" und „keeping a work-life-balance" half nicht weiter, denn sie unterstellt zu sehr ein autonomes Subjekt und missachtet den zunehmenden gesellschaftlichen Erwartungsdruck und die ubiquitären Beschleunigungstendenzen (vgl. Eberle 1993). Alle meine Kolleginnen und Kollegen schienen im selben Boot zu sitzen, niemand konnte sich mit einer 40-Stunden-Woche begnügen. Meistens sind es anderweitige auferlegte Relevanzen, wie ein Unfall oder eine plötzliche Erkrankung, die zu einer grundsätzlichen Neuorientierung führen. Oder beispielsweise die Zäsur der Pensionierung. Gerade im Wissenschaftssystem gibt es viele, die ihre bevorstehende Pensionierung ignorieren und dann versuchen, den Zeitpunkt hinauszuschieben oder die Weiterführung ihrer Forschung in einem anderen institutionellen Kontext zu sichern. Obwohl ich dies selbst nicht getan habe, arbeitete ich nach der Emeritierung aufgrund zugesagter Publikationsprojekte im selben Rhythmus weiter, und das Einzige was mich jeweils an die Pensionierung erinnerte, war die oft gehörte Frage: „Was machst du denn jetzt mit all deiner vielen Zeit?"

Schütz hat zweifellos recht, dass *das eigene Altern erst in einem reflexiven Akt erfahrbar* wird. Im schlichten Dahinleben gehört es zum fraglos gegebenen Horizont der Selbstverständlichkeiten. Ich hatte indes noch nie den Eindruck, ich sei beim Vollzug einer körperlichen Bewegung oder einer Handlung „gealtert", wie das Schütz beschreibt. Meist waren es Zäsuren, die mich ans eigene Altern erinnerten. Zum einen waren es soziale Zäsuren, wie beispielsweise runde Geburtstage oder die Pensionierung, zum anderen körperliche, wie z. B. somatische Beeinträchtigungen definitiver Art. Die Deutungen fielen im Einzelnen unterschiedlich aus. Wenn ich mich richtig erinnere, war der vierzigste der erste runde Geburtstag, der mich ans Altern erinnerte: Da näherte ich mich deutlich der Lebensmitte, gemessen am durchschnittlich erwartbaren Lebensalter. In Zehnersprüngen gedacht – fünfzig, sechzig, siebzig – rückte „das Alter" zunehmend in Blickweite, und jeder neue Geburtstag – aber genauso jede Weihnacht, jeder Silvester, jedes Neujahr – ließ mich gewahr werden, dass die Zeit vergeht – meist viel zu rasch – und ich dabei unweigerlich altere. Die Mystik der Zahlen bei Geburtstagen und die kalendarischen Feste im Jahresablauf sind zwar gesellschaftlich institutionalisiert, ihre Relevanz für den Einzelnen jedoch sozial unterschiedlich verteilt. Es mag Einzelne geben, die dauernd ans eigene Altern denken, und Andere, die dies nie tun. Bei mir waren es jedoch stets Zäsuren, also auferlegte Relevanzen, die mich an mein eigenes Altern erinnerten, und das geschah meist in größeren Abschnitten: Einerseits durch die Verortung meines Alters in der Kalenderzeit, andererseits beispielsweise durch den Anblick eines Fotos, auf dem ich deutlich jünger aussah als im heutigen Spiegelbild. Mein Spiegelbild verändert sich unmerklich von Tag zu Tag, in meiner Anschauung sieht es „immer gleich" aus, doch im Vergleich von „damals" und „heute" springt mein körperliches Altern ins Auge: Falten, Hautveränderungen, Tränensäcke, graue Haare, usw.

Deutlich an mein eigenes Altern mahnten mich aber insbesondere jene Zäsuren, die meinen Körper betrafen. Während viele Krankheiten und Unfälle vorübergehender Natur waren und wieder verheilten, gab es solche, die mich „für immer" beeinträchtigten. Solche endgültigen, irreversiblen Einschnitte erinnerten mich stets an mein Altern, an meine eigene Endlichkeit und meinen Tod. Mit *definitiven körperlichen Beeinträchtigungen* leben zu müssen, widerlegt die Annahmen des „Und-so-weiter" und des „Ich-kann-immer-wieder" und konkretisiert, was fortan anders sein wird und was man künftig eben nicht mehr tun kann. Im Folgenden werde ich dies ein wenig vertiefen.

3.2 Notwendig werdende Utensilien

Was „Altern" bedeutet, hängt natürlich vom jeweiligen Relevanzbereich ab. Hochleistungssportler haben ihren Höhepunkt meistens in jungen Jahren; dreißig Jahre alt zu werden hat für sie daher eine andere Bedeutung als für junge Wissenschaftler. Für mich war die wohl erste körperliche Zäsur, dass sich während meines Studiums meine Sehkraft verminderte und ich leicht kurzsichtig wurde. Ich musste fortan eine Brille tragen, wenn ich Bekannte auf der anderen Straßenseite erkennen und das Gekritzel der Professoren auf der Tafel im Vorlesungssaal lesen wollte. Brille tragen galt damals als eher unchic, weshalb ich sie nur bei Bedarf aufsetzte und bald durch Kontaktlinsen ersetzte. Aber mir war klar: Die vollständige Sehkraft kommt nie mehr zurück, mit Kurzsichtigkeit werde ich fortan leben müssen. Ich erinnere mich deutlich, wie sehr mich das aufwühlte – was aus heutiger Sicht, nach einem jahrzehntelangen Leben als Brillenträger, ziemlich unverständlich ist. Aber ich weiß noch genau, dass ich mir dachte: Pilot kannst du jetzt definitiv nicht mehr werden. Obwohl ich das nie im Sinn hatte, bedrückte mich die Tatsache, dass mir nicht mehr „die ganze Welt" offen stand, sondern meine Möglichkeiten ab jetzt eingeschränkt sein würden.

Als deutliches Zeichen meines Alterns empfand ich den Zeitpunkt, als ich eine Lesebrille kaufen musste – bzw. als ich eine Brille mit Varioglas benötigte. Ich erinnere mich noch genau, wie sehr ich die Optikerin für ihren lakonischen Ausspruch hasste, „wenn Sie's jetzt nicht machen, dann machen Sie's eben in zwei bis drei Jahren – Lesegläser werden unausweichlich sein". Sie behielt recht. Dennoch fand ich es unverzeihlich, mich derart knallhart mit dem Faktum meines Alterns zu konfrontieren. Ich habe beobachtet, dass der Schritt zur Lesebrille vielen Menschen Probleme bereitet, weil sie ein sichtbares Signum des Alterns darstellt – eines Tages sind die Arme einfach zu kurz um den Lesestoff auf die nötige Distanz zu den Augen halten zu können. Diese Mühe mit dem eigenen Altern – ab einem gewissen Alter – widerspiegelt natürlich die gesellschaftliche Bewertung desselben. Wäre das fortschreitende Alter etwas Erstrebenswertes, könnte man die Lesebrille ja mit Stolz tragen – sie wäre dann ein Signum dessen, dass man jetzt zu einer ehrenwerten, respektablen Altersgruppe gehört. Unsere Gesellschaft scheint das Jungsein indessen im allgemeinen höher zu bewerten als das Altsein, und gerade wir Baby-Boomers pflegten mit der Rock-Kultur stets den Jugendlichkeitskult; „ewige Jugend" und „puer eternus" sind zwar kulturgeschichtlich alte Topoi, doch wenn man den 70-jährigen Mick Jagger auf der Bühne tanzen sieht oder die Alten im gegenwärtigen Werbespot für Voltaren-Dolo, realisiert man schnell, dass sich gegenüber früher etwas verändert hat. Auch im fortgeschrittenen Alter wird noch Jugendlichkeit zelebriert, statt in Würde zu altern. Jung sein heißt eben, offene Horizonte zu haben, passend zur Multioptionsgesellschaft (Gross 1994); Altern dagegen bedeutet, dass die Horizonte immer weiter eingeschränkt werden.

Eingeschränkt wird zunehmend auch mein Hörsinn: Die Welt rückt immer weiter weg. Im Unterschied zum Sehsinn, bei dem man verschwommene Konturen sieht, nimmt man beim Hörsinn oft nicht wahr, was man überhört. Was man nicht hört, existiert subjektiv auch nicht. In der zwischenmenschlichen Kommunikation realisiere ich, dass ich immer häufiger nachfragen muss. Doch mit der Zeit wird auch das zur Routine, und es fällt mir selbst kaum mehr auf. Es ist dann oft die Lebenspartnerin, der das häufige Nachfragen auffällt, die einen darauf aufmerksam macht und schließlich auch anmahnt, ein Hörgerät anzuschaffen. Ein Hörgerät? Das ist ja noch schlimmer als eine Lesebrille! Die meisten Leute im Alter 50+ tragen Lesebrillen, aber Hörgeräte sind doch nur für Hochbetagte! Und zu diesen möchte ich noch nicht gezählt werden. So spüre auch ich ein inneres Sträuben, einen psychischen Widerstand, diesen Schritt zu machen. Auch diese Eitelkeit widerspiegelt die gesellschaftliche Wertung, dass jünger sein besser ist als alt sein. Auch hier bemerke ich die Tendenz – und kenne sie von vielen anderen – noch etwas zuzuwarten (bis es wirklich nicht mehr anders geht).

Eine weitaus gravierendere Zäsur in meinem Leben war allerdings der Moment, als mir der Arzt nach einer Nacht im Schlaflabor eine schwere Schlafapnoe diagnostizierte und dazu riet, künftig mit einer CPAP-Maschine zu schlafen. Schlafapnoe heißt, dass das Gaumensegel altersbedingt erschlafft und beim Schlafen die Luftzufuhr verschließt. Nicht Schnarchen ist das Problem, sondern Erstickungsanfälle infolge eines Verschlusses im Rachen. Eine CPAP-Maschine liefert über einen Schlauch einen leicht höheren Druck der Luftzufuhr an die Maske, die man sich auf die Nase setzt und mit Riemen über dem Kopf befestigt. Schon die bloße Vorstellung, künftig mit einer Gesichtsmaske schlafen zu müssen und von steter Stromzufuhr abhängig zu sein, katapultierte mich umgehend um Jahrzehnte ins Alter. Wenn man nicht mehr ohne Hilfsmittel schlafen kann, dann ist man wirklich alt! Wenn ich zum Schlafen vom Strom abhängig bin, kann ich kein mehrtägiges Trekking mehr machen, keine Campingferien im Zelt, keine mehrtägigen Reisen in unberührte Naturgebiete fern der Zivilisation. Überall würde ich diese Maschine mitschleppen und einen elektrischen Anschluss haben müssen! Und die Folgen fürs Eheleben würden sich ebenfalls als dramatisch erweisen – man muss eine passionierte Taucherin zur Frau haben, um mit Maske noch als erotisch attraktiver Bettgenosse wahrgenommen zu werden. Für normale Menschen indes sieht man unweigerlich aus wie ein Zombie, was ein schrecklicher Anblick ist und absehbar zu getrennten Schlafzimmern führt. Diese Diagnose war wohl die bisher demütigendste Zäsur in meinem Leben: Ich fühlte mich schlagartig «ins Alter“ katapultiert, um mindestens 20 Jahre. Wie entwürdigend, von einer Maschine abhängig zu sein und ohne sie nicht mehr überleben zu können! Noch heute ist es mir peinlich, außerhalb meines Freundeskreises hierüber zu reden, ja, es kommt mir fast exhibitionistisch vor, es hiermit zu veröffentlichen. Andererseits empfinde ich mit zunehmendem Alter auch immer mehr Gelassenheit, die Dinge so anzunehmen, wie sie nun eben sind. Das Altern ist umso demütigender, je weniger man die eigene Eitelkeit loslassen kann, und je mehr man das Sein mit einem euphemistischen Schein kaschieren will. Offene Kommunikation hat auch diesbezüglich etwas Kathartisches, für einen selbst wie für andere.

3.3 Einverleibung eines künstlichen Gelenks

Eine typische Alterskrankheit war schließlich meine Kniearthrose. Nach der zweiten Operation meines inneren Meniskus am rechten Knie gingen die Schmerzen nie mehr weg. Der Meniskus musste nach Ansicht des Orthopäden operiert werden, weil er wieder angerissen war und das Knie blockierte. Die Deblockierung gelang, doch die Schmerzen im Knie blieben. Dies sei wegen meiner Arthrose, sagte der Orthopäde, und ich solle nicht zu lange warten mit dem Einsetzen eines künstlichen Kniegelenks. Mir missfiel es, dass der Orthopäde gleich nach der ersten Operation schon die nächste vorschlug und dass er in einer sehr kühlen, verdinglichten Art über Gelenke sprach – Gelenke waren für ihn etwas, das man wie ein Maschinen- oder Knochenschlosser auswechselte, rein mechanisch betrachtete und deren Funktionsfähigkeit man mittels künstlicher Ersatzteile wiederherstellte. Hier wurde mir am deutlichsten klar, was eine rein körperbezogene Einstellung – Körper, nicht Leib – in der Praxis hieß. Mich affizierte es leiblich, d. h. ich spürte sofort innerlich, wie mir die Vorstellung eines künstlichen Kniegelenks widerstrebte: Einen Fremdkörper in meinem Knie zu haben – wie schrecklich! Heute überhaupt keine Sache mehr, meinte der Orthopäde, vorderhand könne ich aber noch mit entzündungshemmenden Schmerztabletten weiterfahren. Bald empfahl der Hausarzt Spritzen mit Schmerzmitteln und Cortison direkt ins Knie, dann hätte ich wieder für einige Monate Ruhe. Das tat ich dann auch, doch schon die dritte Spritze hielt keinen Monat mehr an, dann waren die starken Schmerzen zurück und ich konnte manchmal schon nach wenigen hundert Metern nicht mehr weitergehen.

So erkundigte ich mich nach Alternativen und fand eine in der Spiraldynamik[1]. Ich investierte eine nicht unbeträchtliche Summe Geld, um einen Privatkurs und anschließend regelmäßige physiotherapeutische und spiraldynamische Therapien zu absolvieren, die vorbeugenden Charakter haben und daher durch die Krankenversicherung nur teilweise gedeckt werden. Die Spiraldynamik beansprucht, viele Operationen verhindern zu können. In der Tat wurde ich gewahr, wie ich durch jahrzehntelanges falsches Gehen mein Knie einseitig belastet und damit die schmerzhafte Arthrose befördert habe. Ich lernte richtig zu gehen, die Füße richtig zu belasten und abzurollen, die Beine richtig zu bewegen, das Becken richtig zu halten und mit der Wirbelsäule in die entsprechende Gegenbewegung zu gehen – spiraldynamisch eben. Warum musste ich so alt werden, um richtig gehen zu lernen? Warum hat mir dies niemand beigebracht, als die irreparablen Schäden an meinem Bewegungsapparat noch hätten verhindert werden können? Nun, zum einen existierte dieses körperbezogene Wissen zur Zeit meiner Jugend noch nicht. Zum anderen wird es den Jungen aber auch heute kaum beigebracht, obwohl es existiert. Und wenn, nehmen sie es nicht unbedingt auch an: Im Privatkurs erzählte mir die spiraldynamische Therapeutin, sie habe ihrem jugendlichen Sohn alles beigebracht, aber dieser finde die empfohlenen Weisen zu gehen und zu stehen als absolut „uncool" – Jugendliche müssten eben primär „cool" wirken, also lässig schlendern und eher schief herumhängen.

Für mich kam die Prävention zu spät. Es machte mir zwar Freude, mich mit sechzig Jahren noch richtig bewegen zu lernen, aber es linderte die Schmerzen in meinem Knie nicht mehr. So entschloss ich mich schließlich doch zu einer Knie-Endoskopie, dem Einsetzen einer Vollprothese ins rechte Kniegelenk. Die Operation gelang, bildete aber gleichzeitig den Beginn einer langen Leidenszeit, weil ich im Unterschied zu vielen anderen Patienten monatelang heftigste Schmerzen hatte, so dass ich über neun Monate Schmerzmittel einnehmen musste, über die ersten drei gar einen Cocktail von vier verschiedenen Substanzen inkl. Morphium gleichzeitig, die ich anschließend sukzessive ausschleifte. Als Nebenwirkung war mein Kopf so konfus, dass ich weder denken noch schreiben, also überhaupt nicht arbeiten konnte. Gleichzeitig investierte ich viel Zeit in die Mobilisierung des Knies und den Wiederaufbau der durch einen Skalpel-Schnitt zerstörten Beinmuskulatur: zweimal Physiotherapie pro Woche, tägliches Training, später dreimal Fitnessstudio pro Woche für je eineinhalb Stunden. Es gelang mir das Bein zu kräftigen, nach neun Monaten verschwanden schließlich auch die Schmerzen, und dreizehn Monate nach der Operation fuhr ich wieder alpin Ski. Das künstliche Knie blieb jedoch spürbar ein Fremdkörper. Ich realisierte: Ich muss mir diesen Fremdkörper

1 Weitere Informationen auf http://www.spiraldynamik.com.

einverleiben, ich muss das künstliche Kniegelenk zu meinem eigenen Knie machen. Das erforderte einen Einstellungswechsel. Das war nicht einfach, weil es lange Zeit knorrige Geräusche von sich gab wie das Gelenk einer alten, eisernen Ritterrüstung. Und am schlimmsten war es, wenn ich mich hinkniete: Es fühlte sich ganz anders an als das nichtoperierte Knie, ich spürte deutlich den Fremdkörper direkt hinter der Kniescheibe, auf eine ganz seltsame und ziemlich unangenehme Art und Weise. Dies spüre ich auch heute noch deutlich, allerdings weniger ausgeprägt als früher.

In Bezug auf die Leib-Körper-Dichotomie bildet meine Knie-Endoprothese ein anschauliches Beispiel. Zum einen weiß ich auf der Basis meines objektivierten, medizinischen und technischen Körperwissens, dass mein rechtes Knie nun tatsächlich einen Fremdkörper enthält, der nicht aus Knochensubstanz, sondern aus Tantalum (Nr. 73 des Periodensystems) besteht und mit der Trabecular Metal Technology verarbeitet wurde. Die Vollprothese enthält drei Teile: Eine Kappe aus Metalllegierung am Ende des Oberschenkelknochens, eine am Ende des Unterschenkelknochens, und dazwischen liegt eine Polyäthylenschicht, die je nach Belastung des Knies längerfristig verschleißen wird und eines Tages ersetzt werden muss. Ich habe also einen Körper mit einem künstlichen Kniegelenk, das mir für immer gewisse Bewegungseinschränkungen auferlegt: Es lässt sich nicht mehr als 130° beugen, ich kann also nie mehr in die Hocke gehen, zudem sollte ich nie mehr joggen oder rennen und auf keinen Fall damit verunfallen. Zum anderen bin ich auch mein Leib und mache die leibliche Erfahrung, wie sich dieses Knie anfühlt und welche Empfindungen ich mit ihm verbinde: mit oder ohne Schmerzen, als Fremdkörper oder als mein eigenes Knie. Leib sein und Körper haben werden als Doppelaspekt beschrieben, beide sind also grundsätzlich gleichzeitig gegeben. In meiner subjektiven Erfahrung ist die Unterscheidung allerdings nicht leicht vorzunehmen. Erstens realisierte ich nach meinem Entschluss, das künstliche Gelenk *einverleiben* zu wollen, dass ich mich dazu von der Einstellung „ein künstliches Kniegelenk haben" verabschieden musste, um das Knie ausschließlich leiblich wahrzunehmen. Das künstliche Kniegelenk einzuverleiben hieß, es als „mein Knie" zu akzeptieren und zu meinem eigenen zu machen, mich also nicht an meinem objektivierten medizinisch-technischen Wissen, sondern an meinem leiblichen Empfinden zu orientieren. Einverleiben erfordert einen *Einstellungswechsel*, den man, obwohl in die eigene Lebenseinstellung eingebettet, bewusst vollziehen kann: Ich habe die Wahl, ob ich mein rechtes Knie als „mein Knie" betrachte oder ob es für mich immer ein verdinglichter Fremdkörper bleibt. Zweitens bereitet mir die Unterscheidung von Leib und Körper in der subjektiven Erfahrung auch deswegen Probleme, weil sie ineinander überschwappen: Vermutlich können lediglich geübte Chirurgen einen menschlichen Körper rein als Körper betrachten, den man aufgrund von naturwissenschaftlich-medizinischem Wissen behandelt und operiert; wenn ich indessen auf YouTube ein Video über eine Operation anschaue und mir beispielsweise ansehe, wie bei einer Knie-Operation die Knochen abgesägt und zurechtgeschnitten werden und dann eine Prothese eingesetzt wird, schmerzt mich dies unmittelbar leiblich – es will mir gar nicht gelingen, den fremden Körper von meiner eigenen leiblichen Erfahrung wirklich abzugrenzen, selbst dann nicht, wenn ich (im Unterschied zum vorliegenden Beispiel) von jenem Krankheitssyndrom gar nicht selbst betroffen bin. Im Einklang mit Husserl ziehe ich es daher vor, lieber solche Einstellungswechsel zu erforschen als zum vorneherein von einer Leib-Körper-Dichotomie auszugehen, die im konkreten Anwendungsfall schwer aufrechtzuerhalten ist, mit tertium non datur.

3.4 Plötzliche Netzhautablösung

Mitten in der Arbeit an diesem Artikel über das leibliche Altern – eine Kausalität ist nicht erwiesen ☺ – hat mein alternder Körper brutal zugeschlagen und mich mit einer plötzlichen Netzhautablösung kräftig aus der Bahn geworfen. Am späten Abend vor dem Computer sitzend, schob sich plötzlich von unten her ein aufgehender Vollmond in mein linkes Auge und beeinträchtigte meine Sicht. Als er am nächsten Morgen nicht verschwunden war, suchte ich sofort die Augenklinik auf und wurde noch am selben Tag operiert. In den folgenden Wochen war ich nicht nur ernsthaft sehbehindert, ich durfte auch keinen Sport machen, kein Flugzeug besteigen und keine höher gelegenen Orte aufsuchen. Erneut war ich schlagartig gealtert. Während mehrerer Wochen konnte ich kaum lesen und schreiben, also erneut nicht arbeiten – alles war anstrengend und ermüdete mich rasch. Während dieser Leidenszeit stellte ich viele Reflexionen an, die ich hier aus Platzgründen leider nicht weiter ausbreiten kann. Einige Eckpunkte möchte ich jedoch stichwortartig festhalten. – Erstens: Nach den Gründen für diese plötzliche Netzhautablösung befragt, antwortete mir der operierende Arzt: „Alter!" – Zweitens: Die subjektive Erfahrung des Alterns ist geprägt von der Spezifik der jeweiligen Krankheitssyndrome. Die Beschädigung eines für meine berufliche Arbeit derart zentralen Wahrnehmungsorgans betraf mich auf eine ganz andere, nämlich wesentlich existentiellere Weise als das Problem mit meinem Knie: Mein Kontakt zur Umwelt, zur sozialen wie zur natürlichen, war ganz grundlegend gestört, und bald spürte ich, wie mich die Sehbehinderung zunehmend depressiv machte. – Drittens: Ich musste eine geplante Tauchreise in fernab gelegene Gebiete Indonesiens annullieren – und hatte Glück im Unglück: Hätte mich die Netzhautablösung nämlich während dieser Reise heimgesucht, hätte ich mein Auge höchstwahrscheinlich verloren. – Viertens: Lob der modernen westlichen Medizin! Dank der Fortschritte der Augenchirurgie konnte mein Auge gerettet werden, und so kann ich inzwischen wieder auf beiden Augen vollumfänglich sehen. Wäre mir dieses Ungeschick vor 40 Jahren passiert, wäre ich auf dem linken Auge erblindet. – Zusammengefasst: Die Krankheit entstand altersbedingt, ließ mich die subjektive Erfahrung des partiellen Erblindens erleben, konnte aber völlig geheilt werden. Was bleibt: Die Angst vor einer erneuten Netzhautablösung oder anderem Ungemach – ich werde ja immer älter – sowie das plötzliche Bewusstsein, dass meine beabsichtigten weiteren Reisen in entlegene Gebiete mit zunehmendem Alter deutlich risikoreicher werden.

4 Schlussfolgerungen

Welches sind nun meine Kerneinsichten? Ich bin laufend älter geworden, gemessen an der sozialen Zeit von Uhr und Kalender. Die gesellschaftlichen Zeitmessinstrumente helfen mir, mein Leben als kontinuierlichen Verlauf zu begreifen, indem ich mein Dahinleben, mein inneres Zeiterleben immer wieder darauf beziehe. Sie bestätigen mir auch, dass die Zeit nur in eine Richtung läuft, was mit meiner Erfahrung der Irreversibilität von Ereignissen und Handlungen völlig in Einklang steht: Man kann Erlebnisse, stattgefundene Ereignisse und vollzogene Handlungen nicht wieder rückgängig machen; man kann nur versuchen, die künftigen anders zu gestalten. Das innere Zeiterleben selbst, die durée, verläuft allerdings unterschiedlich schnell, gemessen an der Uhrzeit manchmal rasch und manchmal langsam. Der kontinuierliche Bewusstseinsstrom wird auch immer wieder unterbrochen, zum einen durch Schlafphasen, zum anderen durch Enklaven wie Träume und Phantasien. Wir leben in mannigfaltigen Wirklichkeiten (Schütz ASW V.1 2003a), die sich in konstitutiven Merkmalen voneinander unterscheiden. So sind in Träumen und Phantasiewelten beispielsweise auch Zeitsprünge möglich, und zwar vorwärts wie rückwärts, während in der Alltagswelt die Zeit stets nur in eine Richtung läuft. In der relativ-natürlichen Einstellung weiß ich, dass meine Lebenszeit begrenzt ist, dass ich eines Tages sterben werde und dass es meinen Mitmenschen genauso geht. Wir werden gemeinsam älter, durchschreiten das Leben von Generation zu Generation, und ich weiß dass meine Gleichaltrigen in ihrer Jugend ebenfalls The Beatles, The Rolling Stones, The Who, The Kinks und ähnliche Musik gehört haben, und sie sich zur „68er Generation" zählen, ob sie nun bei der Studentenrevolution selbst mitgemacht haben oder nicht. „This is my generation", sangen The Who, und „Every generation has its way" versicherte uns Joe Cocker – beides hat sich vielen eingeprägt. Wir wurden gemeinsam älter. Und zunehmend starben die Älteren weg – auch unsere Eltern – und ihr Tod erinnerte uns immer auch an unsere eigene Sterblichkeit. Bald gehören wir zur Generation, die von dieser Erde abtreten wird. In Bezug auf unsere eigene Lebensdauer orientieren wir uns an der durchschnittlichen Lebenserwartung, sind uns aber bewusst dass diese lediglich eine statistische Größe ist, die nicht auf den Einzelfall angewendet werden kann – der Tod kann uns prinzipiell jederzeit heimsuchen.

Wir werden gemeinsam älter. Schütz‘ deutschsprachige Formel „wir altern gemeinsam“ ist ebenso richtig, aber sie wirkt deplatziert, wenn man sie auf Kinder, Jugendliche oder junge Erwachsene anwendet. Von „Altern“ zu sprechen scheint mir erst in Bezug auf ältere Menschen angebracht, nämlich solche die den Zenit überschritten haben und entsprechende Symptome aufweisen. Diese im gängigen Sprachgebrauch fest institutionalisierte Unterscheidung von Älterwerden und Altern beruht zweifellos auf dem dominierenden naturwissenschaftlich-medizinischen Diskurs, genießt aber auch deswegen eine hohe Plausibilität, weil sie mit der subjektiven Erfahrung im Einklang steht. Fest eingebürgert hat sich auch die cartesianische Differenz von Körper und Geist in dem Sinne, dass im Common-sense zwischen „körperlichem Altern“ und „geistigem Altern“ unterschieden wird: Viele Menschen altern sichtbar körperlich, bleiben aber geistig fit – ja, viele werden mit zunehmender Lebenserfahrung klüger und weiser. Während der biologische Zenit ungefähr Mitte Dreißig überschritten wird und sich der körperliche Alterungsprozess zunehmend manifestiert, erreichen viele Menschen erst in ihrer zweiten Lebenshälfte, ja oft erst im hohen Alter ihren geistigen Zenit. Geistiges Altern wird meist erst Hochbetagten zugeschrieben, wenn ihre Denk- und Wahrnehmungsfähigkeiten nachlassen, ihre Konzentrationsfähigkeit und Aufmerksamkeitsspannweite schwinden, wenn sie vergesslich werden, eine „lange Leitung haben“ und etwas zerstreut oder konfus wirken – und schließlich, wenn sie nicht mehr selbstständig für sich sorgen können. So plausibel und praktisch dieser cartesianische Dualismus in der alltäglichen Kommunikationspraxis ist – theoretisch ist er selbstverständlich nicht haltbar, da auch mentale Prozesse an biologisch-neuronale Prozesse gekoppelt und von ihnen abhängig sind: Schrumpft das Hirn, wie bei Alzheimer-Patienten, zerfallen auch die geistigen Prozesse – die Patienten werden dement. Die enge Kopplung von Körper und Geist manifestiert sich auch bei Schlaganfällen, Unfällen, Hirnblutungen und vielem anderen mehr. Aber es bleibt richtig: Körperliches und geistiges Altern sind unterscheidbare Typen von Altern.

Bergsons Gleichsetzung von „vivre“ und „vieillir“, die Schütz übernommen hat, sollte besser vermieden und semantisch differenziert werden. Ich stimme mit Schütz aber absolut überein, dass Älterwerden und Altern stets nur in einem reflexiven Zugriff erfahrbar werden. Während meines schlichten Dahinlebens und Wirkens bleiben mein Älterwerden und mein Altern unbemerkt. Den Strom meines inneren Zeitbewusstseins in der Alltagswelt erlebe ich indes tatsächlich als unidirektional und irreversibel, und meine punktuellen Blicke auf die Uhr oder den Kalender zeigen mir, wie die Zeit vergeht. Allerdings denke ich bei meinen Blicken auf die Zeitmessinstrumente nur in größeren Abständen an mein Älterwerden, also in monothetischem Zugriff – so mahnen mich beispielsweise meine Geburtstage oder auch die jährliche Wiederkehr von Feiertagen wie Weihnachten, Neujahr oder Ostern, dass schon wieder ein Jahr vergangen ist, oder runde Geburtstage drängen mir die Einsicht auf, dass schon wieder ein Jahrzehnt (meines Lebens) abgelaufen ist. Mein Altern zeigte sich bisher vorwiegend in körperlichen Symptomen: Die Haut wurde sichtlich älter, das Haar schütterer, die Haltung etwas gebückter, mein Gesicht weist Falten auf und mein Haar wird grauer. Natürlich hängt es von meinem subjektiven Relevanzsystem ab – ob selbst motiviert oder durch die Diskurse meiner unmittelbaren sozialen Umwelt aufgezwungen –, ob ich jeden Tag mein Spiegelbild auf eine weitere Falte oder ein zusätzliches graues Haar absuche. Ich persönlich realisierte die kontinuierlichen kleinen Veränderungen bislang kaum, sondern erlebte vielmehr ein Altern in Raten. Erst im Abstandsverfahren, im kontrastiven Vergleich wird mir mein (körperliches) Altern bewusst, etwa beim Anblick von Fotos aus früheren Zeiten.

Solange mein Körper funktionierte, solange ich alles tun und lassen konnte, was mir beliebte, spürte ich mein Altern kaum. Am nachhaltigsten trafen mich daher körperliche Behinderungen, die als auferlegte Relevanzen eigentliche Zäsuren darstellten und entweder den Einsatz kompensatorischer Hilfsmittel oder operative Eingriffe erforderten. Erlebnismäßig machte ich richtige Sprünge ins Alter, ich erlebte eigentliche Alterungsschübe: Wegen meines immer stärker schmerzenden Knies fühlte ich mich auf einen Schlag zwanzig Jahre älter, „wie ein alter Mann"; und der plötzliche Verlust meiner Sehfähigkeit infolge einer Netzhautablösung – was ich hier aus Platzgründen nicht weiter ausführen konnte – ließ mich sogar daran zweifeln, ob ich unter diesen Bedingungen noch weiter leben möchte. Interessant ist hierbei die Frage, *wann, wo und wie oft man das Erfahrungskonzept des Alterns anwendet.* Das Leben ist ja von zahlreichen Krankheiten durchsetzt – welche bezieht man denn nun aufs Altern? Gesundheitliche Beschwerden, die wieder völlig verschwinden, zählen offenbar nicht dazu. Ebenso wenig körperliche Behinderungen, die man – ob durch Krankheit oder durch Unfall – relativ früh im Leben erleidet und mit denen man anschließend leben lernen muss. Als Altern erlebe ich in meiner subjektiven Erfahrung am nachhaltigsten das, was mir eine *definitive Beschränkung meiner leiblichen Handlungsoptionen* auferlegt – also alles, was die alltagsweltlichen Idealisierungen des „Und-so-weiter" und des „Ich-kann-immer-wieder" endgültig einschränkt. So konkretisiert sich mein Altern in all dem, was ich aufgrund meiner leiblichen Konstellation nicht mehr tun kann – und zwar definitiv nicht mehr tun kann. Die subjektive Erfahrung meines persönlichen Alterns impliziert daher ein

Abschiednehmen von dem, was ich einmal – real oder auch nur optional – tun konnte, künftig aber nicht mehr tun kann.

Mein Altern konkretisiert sich in meiner subjektiven Erfahrung also in einem *spezifischen Profil von leiblich bedingten Einschränkungen meiner Handlungsoptionen.* Nach einem Unfall oder Krankheitseinbruch und der anschließenden Operation können diese gravierend sein – viele Symptome verheilen indessen, entscheidend ist das, was bleibt. Und hier schließt sich wieder der Kreis zu den eingangs thematisierten Diskursen. Der dominierende naturwissenschaftlich-medizinische Diskurs operiert mit empirischen Belegen, dass es „typische Alterskrankheiten" gibt, die bei zunehmendem Alter bei einer Vielzahl von Menschen auftreten. Fragt man als ältere Person einen Arzt, worin die Ursache eines diagnostizierten Krankheitssyndroms liegt, hört man immer wieder die Antwort: „Das Alter!". Mit fortschreitendem Alter steigt die Wahrscheinlichkeit, dass körperliche Beschwerden zunehmen, an Häufigkeit wie an Heftigkeit. Und in der Alltagskommunikation mit „Alten" wird dies laufend bestätigt. So stellt man sich denn, je älter man wird, tendenziell auf die steigende Wahrscheinlichkeit ein, dass auch die eigenen Beschwerden zunehmen und potentiell heftiger werden – und hat entsprechend, bewusst oder unbewusst, manchmal Angst davor. Die eigene Erfahrung leiblicher Einschränkungen als auch die Beobachtung, dass die Wartezimmer in Arztpraxen von auffallend vielen älteren Leuten bevölkert werden, bestärken die entsprechende persönliche Erwartungshaltung. Dank dem medizinischen und technischen Fortschritt können inzwischen zwar viele Beeinträchtigungen kompensiert und hinausgeschoben, einige sogar verhindert werden – und daran knüpfen sich die Hoffnungen vieler; das Altern hingegen ist letztlich ein unaufhaltsam fortschreitender Prozess, der mit absoluter Gewissheit mit dem Tod endet.

Die subjektive Erfahrung meines Alterns ist *in gesellschaftliche Diskurse eingebettet*, die mir als Interpretationsressourcen dienen. Obwohl in Bezug auf das körperliche Altern der naturwissenschaftlich-medizinische Diskurs dominant ist – in Bezug auf die Vorbeugungs- und Behandlungsmethoden zeigt auch er ein differenziertes Bild. Zudem gibt es mannigfache weitere Diskurse, wie das Altern zu bewerten und wie mit ihm umzugehen sei. Die Diskursvielfalt innerhalb von pluralistischen Gesellschaften widerspiegelt und ermöglicht eben auch die Multioptionsgesellschaft, indem sie ganz unterschiedliche Sinnwelten eröffnet, mit denen verschiedene Spektren von Handlungsoptionen verknüpft sind. Die neuen Medien ermöglichen zudem, sich von den Diskursen, die einem das unmittelbare soziale Umfeld auferlegt, abzusetzen und sich ganz andere Informationsquellen und damit neue Perspektiven zu erschließen. So sind die Freiheitsgrade enorm gestiegen, selbst zu entscheiden in welche Diskurse man sich einklinken möchte und welche Gestaltungsmöglichkeiten man in Bezug auf die Gesprächsinhalte der eigenen

Kommunikation wahrnimmt. Je öfter man das Erfahrungskonzept des Alterns bemüht, desto mehr wird in dessen Rahmen interpretiert: So gibt es Leute, die bei jedem Namen, der ihnen nicht mehr einfällt, sofort Anzeichen der Altersdemenz erkennen, und bei jedem Wehwehchen die Degeneration ihres Körpers beklagen. „Ach, ich werde alt", ist ein oft gehörter Spruch, der an alles Mögliche geheftet wird und im Alltagsleben grundsätzlich eine hohe Plausibilität genießt. Damit wird der Blick stets auf die Defizite und den Schmerz des Abschiednehmens von früheren Zeiten gerichtet. Man kann umgekehrt sich aber auch auf all das konzentrieren, was noch geht, und auf das, was man immer noch weiterentwickeln kann. Neuere medizinische Diskurse belegen beispielsweise, dass auch alte Menschen durch sportliche Betätigung immer noch Muskeln aufbauen können, und Neurologen versichern, dass man die mentalen Fähigkeiten bis ins hohe Alter trainieren und elaborieren kann.

Gemessen an den gesellschaftlichen Zeitmessinstrumenten werden wir sukzessive älter. *Wir altern jedoch nicht sukzessive.* Neben den Zäsuren, die eigentliche Alterungsschübe bewirken, gibt es in der subjektiven Erfahrung auch sowas wie konjunkturelle Wellen: Man altert nicht nur, man verjüngt sich auch wieder. Während Krankheiten fühlen wir uns manchmal so mies und dem Tode nahe, dass wir uns wirklich „alt" fühlen. Oft sind wir aufgrund beruflicher Überlastung auch erschöpft, manche erleiden gar einen Burn-out, und man sieht dann auch oft entsprechend übermüdet und abgekämpft aus – man sieht eben „alt" aus. Kehren Menschen aus dem Urlaub heim, in dem sie sich richtig erholten und die Seele baumeln ließen, erscheinen sie einem oft wie verjüngt: Sie sehen jünger aus und fühlen sich auch wieder „im Saft". Hier liegt auch der wahre Kern der Alltagsweisheit, „Man ist immer so alt wie man sich fühlt". Gerade in einer Leistungs- und Beschleunigungsgesellschaft, die immer mehr von ihren Mitgliedern verlangt und viele Menschen bis an den Rand ihrer Kräfte sich verausgaben lässt, scheint man rascher zu altern – wenn man sich denn keine Ruhe- und Erholungspausen gönnt. Trotz der konjunkturellen Wellen von Altern und Verjüngung geht der Trend aber langfristig nur in eine Richtung, nämlich auf den Tod zu. Es besteht daher ein wesentlicher Perspektivenunterschied, ob man den Alterungsprozess aus der Perspektive eines 65-Jährigen oder aus der Perspektive eines Hochbetagten betrachtet. Wie mir eine Bekannte kürzlich resigniert sagte, als ich ihr zum 97. Geburtstag gratulierte: „Es geht halt nicht mehr aufwärts." Es gibt für sie keine konjunkturellen Wellen mehr.

Ich habe hier mein Altern als subjektive Erfahrung vor allem unter dem Aspekt der großen Zäsuren thematisiert. Natürlich kann man es auch in Bezug auf weit subtilere Facetten untersuchen. Seit ich begonnen habe, mich mit diesem Thema zu beschäftigen, lässt es mich nicht mehr los. So hoffe ich noch viele Jahre vor mir zu haben, während derer ich den Prozess meines Alterns vertieft studieren und dazu weitere Erkenntnisse generieren kann. „Alte Menschen", so schrieb T.S. Eliot, „sollten Forschungsreisende sein" (Eliot 1957, zit.n. Schütz, ASW VI.2, S. 136). Und schon morgen werde ich, wie Schütz betonte, ein anderer sein und neue Perspektiven und Einsichten gewinnen.

Literatur

Alloa, Emmanuel, Bedorf, Thomas & Grüny, Christian (Hrsg.) (2012). *Leiblichkeit: Geschichte und Aktualität eines Konzepts*. Tübingen: Mohr Siebeck.

Alloa, Emmanuel & Depraz, Natalie (2012). Edmund Husserl – „Ein merkwürdig unvollkommen konstituiertes Ding". In: Emmanuel Alloa, Thomas Bedorf, Christian Grün & Nikolaus Klass (Hrsg.), *Leiblichkeit: Geschichte und Aktualität eines Konzepts*. (S. 7-22). Tübingen: Mohr Siebeck.

Abraham, Anke (2002). *Der Körper im biographischen Kontext. Ein wissenssoziologischer Beitrag*. Opladen: Westdeuscher Verlag.

Abraham, Anke (2011). Der Körper als heilsam begrenzender Ratgeber? Körperverhältnisse und Zeiten der Entgrenzung. In: Reiner Keller & Michael Meuser (Hrsg.), *Körperwissen*. (S. 31-52). Wiesbaden: Springer VS

Duttweiler, Stefanie (2011). Expertenwissen, Medien und der Sex. Zum Prozess der Einverleibung sexuellen Körperwissens. In: Reiner Keller und Michael Meuser (Hrsg.), *Körperwissen*. (S. 163-183). Wiesbaden: Springer VS.

Eberle, Thomas S. (1993). Zeitmanagement-Experten. In: Ronald Hitzler, Anne Honer & Christoph Maeder (Hrsg.), *Das Wissen der Experten* (S. 124-145). Opladen: Westdeutscher Verlag.

Eliot, T.S. (1957). *Vier Quartette*, Wien: Amandus.

Fischer, Miriam & Wehrle, Maren (2010). Leib. In: Hans-Helmut Gander (Hrsg,), *Husserl-Lexikon*. (S. 188-190). Darmstadt: Wissenschaftliche Buchgesellschaft.

Gross, Peter (1994). *Die Multioptionsgesellschaft*. Frankfurt am Main: Suhrkamp.

Gross, Peter (2013). *Wir werden älter. Vielen Dank. Aber wozu?* Freiburg: Herder.

Gross, Peter & Fagetti, Karin (2008). *Glücksfall Alter*. Freiburg: Herder.

Gugutzer, Robert (2006). Der Body Turn in der Soziologie. In: Ders. (Hrsg.), *body turn. Perspektiven der Soziologie des Körpers und des Sports* (S. 9-53). Bielefeld: transcript Verlag.

Hitzler, Ronald (2011). Ist da jemand? Über Appräsentationen bei Menschen im Zustand „Wachkoma". In: Reiner Keller & Michael Meuser (Hrsg.), *Körperwissen*. (S. 69-84). Wiesbaden: Springer VS.

Hitzler, Ronald (2014). Ist der Mensch ein Subjekt? – Ist das Subjekt ein Mensch? Über Diskrepanzen zwischen Doxa und Episteme. In: Angelika Poferl & Norbert Schröer (Hrsg.), *Wer oder was handelt? Zum Subjektverständnis der Hermeneutischen Wissenssoziologie*. (S. 21-41). Wiesbaden: Springer VS.

Husserl, Edmund (1952). *Ideen zu einer reinen Phänomenologie und phänomenologischen Philosophie*. 2. Buch: Phänomenologische Untersuchungen zur Konstitution. Husserliana IV, hrsg. v. Marly Biemel. Den Haag: Martinus Nijhoff.

Husserl, Edmund (1969). *Zur Phänomenologie des inneren Zeitbewusstseins (1893-1917).* Husserliana X, hrsg. v. Rudolf Boehm. Den Haag: Martinus Nijhoff.
Husserl, Edmund (1973). *Zur Phänomenologie der Intersubjektivität.* Texte aus dem Nachlass. Zweiter Teil, 1921-1928. Husserliana XIV, hrsg. v. Iso Kern. Den Haag: Martinus Nijhoff.
Keller, Reiner & Meuser, Michael (Hrsg.) (2011a). *Körperwissen.* Wiesbaden: Springer VS.
Keller, Reiner & Meuser, Michael (2011b). Wissen des Körpers – Wissen vom Körper. In: Dies. (Hrsg.), *Körperwissen.* (S. 9-27). Wiesbaden: Springer VS.
Knoblauch, Hubert (1999). Verkörpertes Wissen – Die Bedeutung des Körpers in der sozialkonstruktivistischen Wissenssoziologie. In: Hermann Schwengel (Hrsg.), *Grenzenlose Gesellschaft.* (Verhandlungen des Internationalen Soziologiekongresses in Freiburg) (S. 97-99). Pfaffenweiler: Centaurus,
Knoblauch, Hubert (2005). Kulturkörper. Die Bedeutung des Körpers in der sozialkonstruktivistischen Wissenssoziologie. In: Markus Schroer (Hrsg.), *Soziologie des Körpers.* (S. 92-113). Frankfurt am Main: Suhrkamp.
Knoblauch, Hubert ([1999] 2012). *Begegnungen mit dem Jenseits. Die Botschaft der Nahtodberichte.* Freiburg: Aira.
Knoblauch, Hubert (2014). Diesseits des Todes. Transzendenz, Imagination und kommunikative Konstruktion der Nahtoderfahrung. In: Pierre Bühler & Simon Peng-Keller (Hrsg.), *Bildhaftes Erleben in Todesnähe. Hermeneutische Erkundungen einer heutigen ars moriendi.* (S. 197-208). Zürich: TVZ.
Luckmann, Thomas ([1970] 2007). Über die Grenzen der Sozialwelt. In: Ders., *Lebenswelt, Identität und Gesellschaft. Schriften zur Protosoziologie.* (S. 62-90), hrsg. v. Jochen Dreher. Konstanz. UVK.
Merleau-Ponty, Maurice (1984). *Phänomenologie der Wahrnehmung.* Aus dem Französischen übersetzt und eingeführt durch eine Vorrede von Rudolf Boehm. Berlin: De Gruyter, 1974.
Müller, Michael, Soeffner, Hans-Georg & Sonnenmoser, Anne (Hrsg.) (2011). *Körper Haben. Die symbolische Formung der Person.* Weilerswirt: Velbrück Wissenschaft.
Plessner, Helmuth ([1928] 1975). *Die Stufen des Organischen und der Mensch. Einleitung in die philosophische Anthropologie.* Berlin: de Gruyter.
Schawinski, Roger (2002). *Lebenslust bis 100: Das Ego-Projekt.* Landsberg; München: mvg.
Schmitz, Hermann (2011). *Der Leib.* Berlin: de Gruyter.
Schutz, Alfred (1971). *Collected Papers I: The Problem of Reality.* The Hague: Martinus Nijhoff.
Schütz, Alfred (2003a). *Theorie der Lebenswelt 1. Die kommunikative Ordnung der Lebenswelt.* ASW V.1., hrsg. v. Martin Endreß & Ilja Srubar, Konstanz: UVK.
Schütz, Alfred (2003b). *Theorie der Lebenswelt 2. Die pragmatische Schichtung der Lebenswelt.* ASW V.2, hrsg. v. Hubert Knoblauch, Ronald Kurt & Hans-Georg Soeffner, Konstanz: UVK.
Schütz, Alfred (2004a). *Der sinnhafte Aufbau der sozialen Welt. Eine Einleitung in die verstehende Soziologie.* ASW II, hrsg. v. Martin Endreß & Joachim Renn. Konstanz: UVK.
Schütz, Alfred (2004b). *Relevanz und Handeln 1. Zur Phänomenologie des Alltagswissens,* hrsg. v. Elisabeth List, unter Mitarbeit von Cordula Schmeja-Herzog. UVK: Konstanz.
Schütz Alfred (2006). *Sinn und Zeit. Frühe Wiener Studien.* ASW I, hrsg. v. Matthias Michailow. Konstanz: UVK.
Schütz, Alfred und Luckmann, Thomas (1984). *Strukturen der Lebenswelt.* Bd. 2. Frankfurt am Main: Suhrkamp.
Srubar, Ilja (1988). *Kosmion. Die Genese der pragmatischen Lebensweltheorie von Alfred Schütz und ihr anthropologischer Hintergrund.* Frankfurt a. M.: Suhrkamp.
Zink, Jörg (2014). *Ich werde gerne alt.* Freiburg: Herder.

Internet-Quellen

http://webspecial.tagesanzeiger.ch/longform/wasbringt2016/de-grey/ (abgerufen am 1.2.16)
https://de.wikipedia.org/wiki/Altern (abgerufen am 1.2.16)
http://www.spiraldynamik.com (abgerufen am 1.2.16)
http://www.zimmer.com/medical-professionals/products/knee/persona-knee.html (abgerufen am 1.2.16)

Der alte Körper als Problemgenerator

Zur Normativität von Altersbildern

Matthias Meitzler

„Das Alter ist kein Kampf, das Alter ist ein Massaker."
(Roth 2006, S. 147f.)

Im Anschluss an vorausgegangene Überlegungen zu einer *Soziologie der Vergänglichkeit* (Meitzler 2011) diskutiert dieser Beitrag aus wissenssoziologischer Perspektive die Rolle des alte(rnde)n Körpers in der modernen Gesellschaft. Die damit verbundene Normativität von Alters- und Körperbildern wird vor dem Hintergrund eines intersubjektiv geteilten Alterungswissens in den Blick genommen. Auf eine Auseinandersetzung mit dem Wissen vom kontinuierlichen Älter-Werden und der Zukunftsaussicht des Alt-Seins folgt die Betrachtung des Alterns als soziale Tatsache mitsamt kultureller Normen und Deutungsmuster. Danach richtet sich der Fokus auf den alten Körper als Problemgenerator und Krisenindikator, der u. a. mit einem mal schleichenden und mal brachialen Rückgang an Partizipationsoptionen einhergeht. Abschließend werden Körpermodifikationstechniken und positiv konnotierte Alterspotenziale thematisiert und in den gesellschaftlichen Altersdiskurs eingeordnet.

1 Alterungswissen

Die Ausgangslage in *Der seltsame Fall des Benjamin Button*, einem Film von David Fincher (USA 2008),[1] erinnert an ein sozialwissenschaftliches Krisenexperiment.

---

1 Inspiriert wurde der Film von der gleichnamigen Kurzgeschichte F. Scott Fitzgeralds aus dem Jahr 1922. Das Sujet des rückwärtigen Alterns wurde auch in weiteren Werken aufgegriffen – etwa im Roman *Die erstaunliche Geschichte des Max Tivoli* (Greer 2005).

Entgegen aller Erwartungen kommt der Protagonist Benjamin als Greis zur Welt. Sein Körper wird im Laufe seines Lebens nicht etwa älter, sondern immer jünger und vitaler – und gleicht im betagten Alter von über 70 Jahren dem eines Kindes. Seinen Krisencharakter erhält der Film durch die Hinterfragung des Selbstverständlichen, das Kenntlichmachen von stereotypen Körperbildern, durch das Spiel mit Normalitätssetzungen und mit ihrer Fragilität. Offenkundig wirkt es verunsichernd, wenn ein (kalendarisch) alter Körper ausdrücklich *kein* geschundener bzw. ‚benachteiligter' Körper ist. Auf eigenwillige Weise buchstabiert der Film aus, was in der modernen Alter(n)sforschung längst *state of the art* ist: Alter bedeutet weit mehr als die Summe der seit Geburt verstrichenen Jahre, und Alterung ist nicht bloß das Abspulen eines biologischen Programms, sondern immerzu in kulturelle Deutungsmuster integriert.

Das ‚Rückwärts-Altern' des Benjamin Button demonstriert, welches Irritationspotenzial dem Auseinanderklaffen physischer, psychischer und sozialer Aspekte des Alter(n)s innewohnt. Während der Körper gemeinhin als ständiger Adressat von Sinnzuschreibungen und als entscheidende Basis für die Konstruktion von Identität gilt, provoziert der Film die Frage, was passiert, wenn solche Zuschreibungen auf Widerstand stoßen, und welche Umgangsweisen ein Körper forciert, der als *Altersindikator* unzuverlässig ist. Schließlich ist das Lebensalter ein im Alltag immer wieder abgefragter persönlicher Auskunftgeber. Im Grunde führt somit schon eine schlichte Zahl präinteraktiv zu spezifischen Erwartungen über die Lebenswelt eines Akteurs. Soziologische Implikationen des Lebensalters speisen sich vor allem aus dessen Bedeutung als *Strukturkategorie* (ähnlich wie etwa Klasse und Geschlecht); das Alter ist Platzanweiser und Ausgangspunkt von Deutungen, Bewertungen und Normierungen, kurz: es fungiert als Stabilisierungselement für soziale Ordnung.[2]

Nimmt man das Alter als Merkmal und die Alterung als Prozess in den Blick, kommt man nicht umhin, den *Körper* mitzudenken. Er ist so zu sagen die materielle Realität des Altern(s), denn in den Körper schreibt sich das Alter unübersehbar ein. Der alternde Körper ist das handfeste Indiz für das Voranschreiten von *Zeit*, für die Zunahme von Körpervergangenheit und das „Hinschmelzen von Zukunft" (Gadamer 1993, S. 23). Als Diskursthema ist der Körper nach langer Abstinenz spätestens seit den 1990er Jahren verstärkt in den sozial- und kulturwissenschaftlichen

2 Das Lebensalter wird damit zu einem wesentlichen Differenzierungsmerkmal innerhalb einer stratifizierten Gesellschaft, deren Mitglieder sich zu unterscheidbaren Altersgruppen bzw. Generationen zusammenfassen lassen (vgl. Bude 1995; klassisch: Mannheim 1964). Angehörige derselben Generation verfügen meist über einen ähnlichen Erfahrungshorizont und bilden insofern eine eigene *Alterskultur*, als sie unter gleichen historischen Bedingungen und Ressourcen aufgewachsen sind und daraus resultierende Wertevorstellungen teilen (können).

Fokus geraten (vgl. Gugutzer 2004; Schroer 2005) – eine Entwicklung, die u. a. als *body turn* bekannt ist. Aus sozialkonstruktivistischer Perspektive schreibt Robert Gugutzer (2004, S. 6) Körpern einen zweifachen Sinngehalt zu, da sie gleichermaßen Produkte wie Produzenten von Gesellschaft sind. Gesellschaftliche *Produkte* sind sie, weil sie an (Macht-)Strukturen, Normen und Werten ausgerichtet sind, durch sie geprägt, geformt, reguliert und manipuliert werden. Ihre Rolle als *Produzenten* von Gesellschaft kommt durch ihr inhärentes Handlungspotenzial zum Ausdruck (vgl. Höppner 2011, S. 32). Körper können soziale Ordnung hervorbringen, sie aufrechterhalten – und sie stören.

Als „Medium der Selbstdarstellung, als Projektionsfläche sozialer Inszenierungen und Positionierungen" (ebd., S. 33) stellt der Körper des Einzelnen kein starres, fertiges Gebilde dar, sondern unterliegt einem permanenten Wandel, der sich auf mehreren Dimensionen vollzieht. An dieser Stelle kommt die Alterung ins Spiel. Weil niemand von sich behaupten kann, keinen Körper zu haben, kann sich auch niemand alterungsbedingten Körperveränderungsprozessen entziehen: Alterung ist ein essenzielles, universales und unvermeidbares Charakteristikum des Lebens.

Über dieses ‚Körperschicksal' herrscht ein intersubjektiv geteiltes Wissen. Das Wissen vom Altern ist insofern ein spezifisches *Körperwissen*, was hier als doppeldeutiger Begriff verstanden werden soll. Reiner Keller und Michael Meuser (2011) interpretieren Körperwissen zum einen in dem Sinne, dass Menschen im Zuge ihrer Sozialisation und aus ihrem unmittelbaren Erleben heraus ein Wissen über ihren eigenen Körper generieren, über „seine inneren oder äußeren Zustände und Prozesse, Veränderungen im Lebenslauf, Leistungsfähigkeiten und -grenzen, seine Verletzungen und potenziellen Stigmata, seine Schmerz- und Lustempfindungen […]" (ebd., S. 9). Akteure haben also bald mehr, bald weniger dezidierte Kenntnisse darüber, wie ihr eigener Körper – und der von anderen – aufgebaut ist, wie er arbeitet, wie er im Hinblick auf normative Körperbilder aussehen *soll*, was gut für ihn ist, was ihm schadet, und wie auf ihn eingewirkt werden kann, um Veränderungen zu erzielen.

Das Generieren von *Alterungswissen* ist ein sozialisatorischer Effekt, der über die bloße theoretische Faktenvermittlung durch *significant others* hinausgeht; schließlich werden solche Transformationsprozesse ‚von Beginn an' am eigenen Leib erfahren[3] und als ‚Natur des Körpers' verinnerlicht. Wissensbestände bezüglich des

3 Es handelt sich aber nicht um permanentes Erfahren. Zwar altert der Körper, streng genommen, zu jeder Zeit, die Auswirkungen werden allerdings meist nur temporär und punktuell bemerkt – z. B. beim Betrachten eines älteren Fotos (vgl. Benkel/Meitzler 2014, S. 47ff.), oder anlässlich der Begegnung mit einer Person, die man längere Zeit nicht gesehen hat.

Alterns lassen sich, wie viele weitere Körperangelegenheiten, üblicherweise ohne Konflikte auf die Körper der anderen projizieren. Genauso, wie sich mein Körper verändert, so verändern sich auch die Körper meiner Mitmenschen (vgl. Schütz 1971, S. 201, wo das „gemeinsame Altern" als Intersubjektivitätsbeweis gilt). Ab einem bestimmten frühkindlichen Lebenszeitpunkt können Akteure nicht nur ihr bisheriges Älter-Geworden-Sein konstatieren, sondern auch ihr künftiges Älter-Werden antizipieren. Gerade in der Begegnung mit älteren Körpern findet das Wissen um das eigene Alternmüssen seinen empirischen Beweis – ‚Bedenke, dass du alt werden wirst!'

Es lässt sich schwer leugnen, dass das Alterungswissen letztlich auch ein *Vergänglichkeitswissen* impliziert (vgl. Meitzler 2011). Welcher Stellenwert und welche sozialen Konsequenzen diesem Wissen zukommen, dürfte nicht zuletzt davon abhängen, in welchem Lebensalter man sich gegenwärtig befindet und welche biografischen Erfahrungen man bisher mit dem eigenen Altern gemacht hat. So erhält das Wissen um das Älter-Werden während der Kindheit und Jugend eine andere Bedeutung als im Rentenalter. Zwar verfügen sowohl junge als auch alte Menschen über ein Wissen von der eigenen Vergänglichkeit, jedoch durchdringt es den Alltag mit je unterschiedlicher Intensität und führt zu je unterschiedlichen Anschlusskommunikationen. Während es im mittleren und spätestens im hohen Alter wohl verstärkt zum Ausgangspunkt pragmatischer Erwägungen wird, verbleibt es in der Jugend für gewöhnlich auf einer abstrakten Ebene, die kaum unmittelbare Handlungsabsichten heraufbeschwören dürfte.[4] Man ist sich gewahr, dass der eigene Körper in 30 oder 40 Jahren nicht mehr ‚derselbe' sein und beginnen wird, sich nachteilig zu ‚verhalten', doch diese Erkenntnis ist für den Vollzug von Alltagspraxis (noch) nicht akut.

Die spätere Fragilität des eigenen Körpers ist in jungen Jahren also nicht erlebte Wirklichkeit, sondern vielmehr ‚zurückgedrängte' Zukunftsaussicht. Alltägliche Handlungen basieren auf einer Art Körpervertrauen, ganz so als würde die Lebenswelt dadurch konstant bleiben, dass das zuverlässige Funktionieren des Körpers ‚immer so weiter geht'. Ein ähnlicher Gedanke findet sich auch bei Schütz und Luckmann, die (in Anlehnung an Husserl) von zwei korrelierenden Idealitäten ausgehen. Eine davon ist das „Ich-kann-immer-wieder", also die „Annahme, daß ich meine früheren erfolgreichen Handlungen wiederholen kann. Solange die Welt-

4 Was indes nicht heißt, dass nicht auch schon der junge, fitte und gesunde Körper, „den es zu hegen und zu pflegen, zu trainieren, zu formen, zu ästhetisieren und zu dekorieren gilt" (Gugutzer 2004, S. 35), einer Reihe von Selbstoptimierungstechniken unterzogen werden kann, wie etwa am Beispiel des Diskurses über Fitness zu beobachten ist (vgl. Bauman 1995).

struktur als konstant hingenommen werden kann, solange meine Vorerfahrung gilt, bleibt mein Vermögen, auf die Welt in dieser und jener Weise zu wirken, prinzipiell erhalten" (Schütz / Luckmann 2003, S. 34). Der letztlich dennoch unvermeidbare, wenn auch meist nur sporadische Gedanke an das Alter basiert in der Jugend eher auf einem *vorausschauenden Körperwissen* darüber, dass das „Ich-kann-immer-wieder" eines Tages verstärkt von gegenteiligen Erfahrungen konterkariert wird.[5]

Jegliche mentale Alterungsvorwegnahme stößt ohnehin rasch an ihre Grenzen, denn sie ersetzt nicht die faktische Erfahrung. Sich selbst als alt zu denken, ist nur auf einem theoretischen Niveau möglich, etwa als deduktive Ableitung aus der Beobachtung alter Menschen oder auf der Grundlage biologischer/medizinischer Wissensvermittlung. Die kognitive Zeitreise zu einem späteren Körper-Ich, so zu sagen ein *taking the role of the elderly*, wird in diesem Moment aber aus der Perspektive eines *jungen* Körpers vorgenommen. Wie es sich anfühlt, einen gealterten Körper zu haben, darüber kann der ‚Inhaber' eines jungen Körpers ebenso wenig wissen, wie über die subjektive Erlebnisqualität von irgendjemand anderem.[6] Letzteres gibt einen Hinweis auf das so genannte *phänomenale Bewusstsein*, womit ein zentrales Problem der Philosophie des Geistes tangiert wird (vgl. Nagel 2001). Und dennoch: Man muss offenkundig nicht erst alt werden, um ‚zu wissen', wie es ist, alt zu sein. Dazu später mehr.

Körperwissen, so Keller und Meuser (2011, S. 10), meint hingegen nicht nur *Wissen über den Körper*, sondern beinhaltet darüber hinaus auch ein *Wissen des Körpers*: „In gewissem Sinne lässt sich davon sprechen, dass Körper als eigenständige Träger von Wissen fungieren, das nicht in kognitive Prozesse übersetzt ist, ja nicht übersetzt werden kann". Gemeint sind eingeschliffene Körpertechniken und -routinen, Gewohnheiten und automatisierte, habitualisierte Bewegungsabläufe, die zumeist auf einer präreflexiven Ebene verlaufen – etwa das aufrechte Gehen, das Fahren eines PKWs oder das geübte Tippen auf einer Tastatur (vgl. ebd., S. 14). Auch diese Facette des Körperwissens lässt sich auf das Alterungswissen übertragen. Im Sinne

5 Die andere, damit zusammenhängende Idealität ist die des „Und-so-weiter": „Ich vertraue darauf, daß die Welt, so wie sie mir bisher bekannt ist, weiter so bleiben wird und daß folglich der aus meinen eigenen Erfahrungen gebildete und der von Mitmenschen übernommene Wissensvorrat weiterhin seine grundsätzliche Gültigkeit beibehalten wird" (Schütz / Luckmann 2003, S. 34).

6 Interessant ist vor diesem Hintergrund das umgekehrte Szenario des rückwärtsgewandten Körperwissens – etwa ein 80-jähriger Mensch, der sich gedanklich in jüngere Körperzustände zurückversetzt. Auch wenn er Aussagen darüber treffen kann, wie es war, jung gewesen zu sein, handelt es sich dabei nicht um ein exaktes Wiedererleben, denn auch die Erinnerung unterliegt der Selektivität, Produktivität, Kontextsensitivität etc.

eines *Körpergedächtnisses* (vgl. Frey Steffen 2008, S. 9) ist der Körper ein Träger von Erinnerungsspuren und Alterszeichen. Aus diesem Blickwinkel betrachtet, bedeutet Alterung das Unvermögen des Körpers, seine Geschichte zu vergessen.

2 Die Normierung des Alter(n)s

Wie schon angesprochen, ist Alterung nicht lediglich eine biologische, sondern auch und vor allem eine *soziale Tatsache*. „Alter und Altern als bloße bio-physische Erscheinungen zu verstehen, wäre unterkomplex und deshalb ein reduziertes Altersverständnis. Die biologische Rhythmik ist lediglich der Ausgangspunkt des Alterns. Altern und Hochaltrigkeit sind Produkte von Kultur und Zivilisation" (Schroeter 2008, S. 243). Der Körper verschwindet damit nicht als materielle Basis von Altersdiskursen, sondern unterstreicht wiederum seine Bedeutung als Produkt und Produzent von Gesellschaft. Folglich ist das Älter-Werden verstrickt in ein multidimensionales Netz aus gesellschaftlichen Normen und Erwartungen, „objektiven Strukturen [...] und subjektiven Handlungsentwürfen [...] symbolischen Alternsordnungen, korpal-sozialen Performanzen, somatischen Differenzen und ‚gespürten' Realitäten" (ebd., S. 244).

Einen Beleg für die gesellschaftliche Regulierung und Bewältigung der Alterung liefern kulturspezifische Entwürfe des Lebenslaufs, der sich als „Symbol für strukturierte Lebenszeit" (ebd., S. 247) in verschiedene Phasen (typischerweise: Kindheit, Jugend, Erwachsenenalter, Alter) unterteilen lässt (vgl. Kohli 1978; Abels et al. 2008). Es handelt sich dabei um eine Kulturleistung, die dem biophysiologischen Altern eine soziokulturelle Bedeutung aufpfropft. Der gesellschaftlich errichtete ‚Zeitplan' gibt Aufschluss darüber, welche Lebensereignisse in welchem Alter stattzufinden haben. Alterung spielt sich immerzu in einem normativen Rahmen ab, der nicht nur regelt, wie sich Akteure in einer bestimmten Lebensphase zu verhalten haben, sondern auch, wie mit Menschen unterschiedlicher Altersgruppen umzugehen ist.

„Beim Merkmal Lebensalter [...] wird unterstellt, daß Individuen im Lebensalter A über die Fähigkeiten W, die Erfahrungen X und Kenntnisse der Art Y bzw. des Umfangs Z verfügen – und diese im Sinne der gesellschaftlichen Ziele und Werte einsetzen können" (Pieper 1981, S. 157). Insofern mag es kaum verwundern, dass ein und dieselbe Handlung, ausgeführt von zwei Vertretern unterschiedlicher Altersgruppen, zu unterschiedlichen Interpretationen und Bewertungen führen kann. Was in einem Fall als alterskonform akzeptiert, ja erwartet wird, provoziert im anderen Fall negative Sanktionen. Ein Erwachsener, der im vertieften Spiel mit bunten Holzbauklötzen beobachtet wird, sorgt damit sehr wahrscheinlich für Unverständnis, weshalb sein Verhalten als kindisch (heißt also: *nicht altersgemäß*) deklariert wird und nach Plausibilisierung verlangt. Eine 13-jährige Schwangere wiederum setzt sich der Stigmatisierungsgefahr genauso aus wie eine 50-jährige Schwangere (wenn auch aus anderen Gründen), und ein großer Altersunterschied bei einem Liebespaar (vgl. Brandstötter 2009) wird oft als problematisch verbucht, weil er gegen die soziale Vorschrift der Altersendogamie verstößt.

Vor dem Hintergrund von lebensphasenspezifischen Kompetenzdefinitionen fällt der soziale Erwartungsdruck in der Kindheit und im betagten Alter vergleichsweise gering aus. Während die Kindheit für gewöhnlich durch ein ‚Noch-Nicht' gekennzeichnet ist, ist das ‚Nicht-Mehr' ein Merkmal des Alters. „Genau wie der Mensch erst lernen muß, sich allgemein auf dem Feld der Gesellschaft zu bewegen, so muß er auch lernen, die für das höhere Alter angemessenen Lebensformen zu entwickeln" (König 1965, S. 141). In der Zeit ‚dazwischen', also im mittleren Erwachsenenalter, partizipieren Menschen dagegen am stärksten an den sozialen Systemen, womit sie auf vielfältigen Wegen zur Beständigkeit der gesellschaftlichen Ordnung beitragen.

Altersnormen sind nicht per se informeller Natur, sondern teilweise auch im Rechtssystem verankert. Von größter juristischer Bedeutsamkeit ist hierzulande die Vollendung des achtzehnten Lebensjahres, womit das Konstrukt der Volljährigkeit in Kraft tritt und eine Ausdehnung von Autonomie (Erweiterung gesellschaftlicher Partizipationsoptionen, Wahlrecht, Fahrerlaubnis etc.) und Verantwortung (volle Strafmündigkeit) erfolgt. Für den Körper interessiert sich eine solche Formalisierung des Alters jedoch nicht.

Der unmittelbare Körperbezug lebensphasenspezifischer Erwartungen äußert sich anhand unterschiedlicher Codierungen von Alterungsprozessen. Was ist damit gemeint? Auf rein physiologischer Ebene altert ein Kinderkörper zwar ebenso wie der eines Greises – dem Alltagsverständnis nach ist die kindliche Alterung aber ein überaus positiv konnotiertes Geschehen, das gemeinhin als *Entwicklung*, also als wünschenswerter Fortschritt hin zur Autonomie des Körpers und ‚Vollständigkeit' der Person verstanden wird. Frühe Anzeichen der Körperbeherrschung, etwa die selbstständige Nahrungsaufnahme unter Beibehaltung bestimmter Verhaltensregeln, der unbeaufsichtigte Gang zur Toilette oder der Moment der ersten eigenständigen Schritte, erhalten deshalb eine besondere kulturelle Relevanz. Vergleichbares gilt für kindliche Körperveränderungen, die vermeintlich ‚von alleine' passieren, wie z. B. das Ausfallen der Milchzähne.

Gerade im Jugendalter werden einige körperliche Ereignisse mit Bedeutung aufgeladen und häufig von Initiationsmomenten begleitet, für die Arnold van Gennep (2005) den Terminus „rites de passage" geprägt hat. Die erste Menstruation, die erste Ejakulation, der einsetzende Bartwuchs, die Ausbildung sekundärer Geschlechtsmerkmale, die Defloration usf. stehen als Zeichen des Erwachsenwerdens, derweil es sich mehr um Zuschreibungen als um verlässliche Naturkorrelate handelt. Auf Kindheit und Jugend folgt eine verhältnismäßig lange Mittelphase des Lebens, in der es darum geht, die etablierten (bzw. normativ erwarteten) ‚Standards' des nunmehr ausgereiften Körpers zu halten oder bestimmte Ideale anzustreben. Dies geschieht allerdings im sicheren Wissen, dass man weiter altern wird, dass der status quo des eigenen Körpers früher oder später unaufhaltsam verloren gehen und dass man – wenn nicht zuvor das Unglück des Sterbens erfolgt – eines Tages *alt* sein wird.

3 Der alte Körper als Krisenindikator

Obwohl (oder gerade *weil*) man nach einem verbindlichen Zeitpunkt für den Beginn des Alt-Seins vergebens sucht, ist Alter weniger die Ursache als vielmehr das Resultat kultureller Zuschreibungen. Sozialkonstruktivistisch formuliert: Menschen ‚sind' nicht alt, sondern sie werden im Sinne eines *doing age* (vgl. Schroeter 2008, S. 249) bzw. *doing old* (vgl. Gildemeister/Robert 2008, S. 322) *alt gemacht* (und machen sich selbst alt!). Keineswegs geschieht dies ausschließlich über Altersdiskriminierung, sondern manifestiert sich, ganz im Gegenteil, durchaus auch in der Norm des respektvollen und zuvorkommenden Umgangs gegenüber alten Menschen. Der ‚alten Dame' Hilfe beim Überqueren der Straße oder einen Sitzplatz im Bus anzubieten, sind einerseits sozial erwünschte Gesten, die andererseits einen nicht unerheblichen Beitrag zum *doing old* leisten, weil sie die Erwartungshaltung implizieren, dass die begünstigte Person derartige Offerten aufgrund ihres Alters nötig hat (vgl. Meitzler 2011, S. 74). Solche Interpretationnen basieren auf sozial vermittelten Vorstellungen über die Lebenswirklichkeit alter Menschen, deren Gesamtheit sich mit Begriffen wie ‚Altersbilder', „Alterssemantiken" (Saake 2008, S. 263) oder „Alterserwartungscodes" (Göckenjan 2000, S. 25) fassen lässt.

Obschon Altersbilder heterogene Inhalte bündeln können, der gewählte Plural also seine Berechtigung hat, spricht vieles dafür, dass das Alter im Wettstreit mit anderen Lebensphasen am schlechtesten davon kommt. Gewiss fiel die Reputation des Alters nicht immer und überall so aus, wie sie gegenwärtig im westlichen Kulturkreis ausfällt; seine negative Einfärbung ist gleichwohl als Kernelement innerhalb der Kulturgeschichte des Alters etabliert (vgl. Thane 2005). In der so genannten ‚Lebenstreppe' findet sie eine ikonografische Repräsentanz: Während die Stufen auf der linken Treppenseite, die stellvertretend für die Jugend steht, nach oben führen und damit den sozialen Aufstieg symbolisieren, verlaufen sie auf der rechten Seite nach unten und berichten so vom altersbedingten Abstieg. Das dominierende Altersbild ist hier ein defizitäres – Alter steht für Verfall. Im Alltag macht sich das auf unterschiedliche Weise bemerkbar: Dem Wort ‚alt' wohnt, allemal als Personenmerkmal, häufig ein negativer Unterton inne. Das neugierige Abfragen des Alters kann in einigen Kontexten sogar als Zudringlichkeit gehandelt werden.

Und auch über die typischen Altersindikatoren besteht ein sozial tradiertes Wissen: Schwäche, Langsamkeit, Lustlosigkeit, Verwundbarkeit, Kontrollverlust und dergleichen mehr werden zu Stigmasymbolen des gealterten Körpers (vgl. Goffman 1967, S. 59). Die Zuschreibung solcher Effekte, mithin: die Deutung des alten Körpers als *Krisenindikator*, erfolgt nicht etwa, weil sie vorliegen, sondern bereits durch das Erreichen eines kalendarischen Alters. Allein die Information, eine (ansonsten unbekannte) Person habe just ihr 83. Lebensjahr vollendet, transportiert ein implizites Körperwissen. Ganz anders, und doch strukturell ähnlich liegt der Fall bei Kleinkindern, was bekräftigt, wie sehr die Altersangabe ‚normalistische' Deutungen forciert.

Die Geringschätzung des (hohen) Alters korrespondiert mit Stereotypen in einer jugendzentrierten Gesellschaft, in der viele positiv konnotierte Werte (wie Dynamik, Vitalität, Aktivität, Kreativität, Spontaneität, Mobilität, Innovation und Leistung) mit dem Alter unvereinbar scheinen. Auch wenn über Existenz, Ort und Breite der Trennlinie zwischen Altsein und Nicht-Altsein Uneinigkeit herrscht, wird die Lebensphase Alter wohl am einfachsten bestimm- und erklärbar, wenn sie als Kontrastfolie zur Jugend fungiert – dialektisch gewendet also zu all dem, was dem Alter fehlt (vgl. Saake 2006, S. 247). In der Tat, im Unterschied zur Jugendlichkeit ist das Identifikationspotenzial mit dem hohen Alter stark begrenzt. Letzteres stellt schließlich beinahe schon eine unerwünschte Abweichung dar, ein „spezieller Modus der körperlich-geistigen Andersheit" (Beck 2005, S. 12). Angesichts der Topoi von Jugendwahn und Altersfeindlichkeit erscheint es geradezu bemerkenswert, dass es gegenwärtig so viele Alte gibt wie nie zuvor und dass das Alter mit etwa einem Drittel inzwischen den längsten Abschnitt der Normalbiografie ausmacht. Im Schatten der demografischen Alterung äußert sich das sozial geteilte Begehren danach, jung zu sein, sich jung zu fühlen – oder zumindest jung zu wirken (vgl. Derra 2012). Jugend aber ist ein knappes Gut, und das Wissen, sie sukzessive zu verlieren, lässt sich bei vielen Menschen schwerlich von Unbehagen und Unwägbarkeiten (vgl. Pelizäus-Hoffmeister 2014) isolieren.

Problempotenziale des Alters gelten in erster Linie als Problempotenziale eines scheinbar ‚unbestechlichen' Körpers. Die Liste prominenter Altersgebrechen ist lang und reicht von Zahnbeschädigungen über Muskelrückbildungen, Gelenkverschleiß und verlangsamten Bewegungsabläufen bis hin zur Verschlechterung sensorischer Fähigkeiten. Ihre Gemeinsamkeit liegt darin, dass sich der alte Körper dem Ideal einer bewussten Kontrolle zunehmend und schleichend, manchmal aber auch plötzlich und brachial entzieht. Viele Körperfunktionen, auf die jahrzehntelang Verlass war, lassen im Alter nach. Im Vergleich zum ‚Körper-Damals' wird der gealterte Körper als widerständiger, unberechenbarer, ja als eigenwilliger erlebt. Vermehrt stellt er sich als Hindernis heraus, wenn die Momente der „leiblich-körperlichen Grenzerfahrungen" (Gugutzer 2002, S. 271) hinsichtlich Häufigkeit und Dauer zunehmen. Während in jungen Jahren die Funktionalität wie eine zuverlässige Konstante des eigenen Körpererlebens anmutete, sodass diesem Funktionieren selten Beachtung geschenkt werden musste, lässt sich das Alter als Verlust von ‚Körperselbstverständlichkeiten' lesen. Vermehrt zieht der alte Körper die Aufmerksamkeit auf sich, drängt sich auf, klinkt sich ein, schiebt sich störend zwischen Handlungsabsicht und Handlungsvollzug. Die sukzessive zur Gewissheit werdende Zuverlässigkeit, dass der alte Körper ein unzuverlässiger Körper ist, macht die Generierung eines speziellen Körperwissens notwendig.

Vor allem die mit dem betagten Alter assoziierte *Vulnerabilität*, die zudem mit zwar meist routinierten, aber nicht selten unangenehmen medizinischen Präventions- und Interventionsmaßnahmen einhergeht, bildet das negative Pendant zur Wunschvorstellung autonomer Leistungsfähigkeit. Im Alter lernt man seinen Hausarzt besser kennen – und auch den eigenen Körper, der nicht nur visuell, sondern auch sinnlich ‚ein anderer' ist. Das Unbehagen gegen das Alter speist sich also auch aus der angenommenen Krankheitswahrscheinlichkeit und einer antizipierten Verminderung von Lebensqualität. Durch das im hohen Alter anfälligere Immunsystem steigt das Risiko, an (oftmals chronischen) Erkrankungen zu leiden – bis hin zur Multimorbidität. Generell ist der Körper im Alter nicht nur sensibler (etwa bei Knochenbrüchen in Folge von Stürzen), sondern bedarf zudem mehr Zeit zur Regeneration. Diese Voraussicht lässt den alten Körper wie einen ausbruchsicheren Käfig aussehen, der seinem Häftling sämtliche Handlungsfreiheiten stiehlt. Alter, so könnte man diese Lesart im Einklang mit der so genannten *Disengagement-Theorie* (vgl. Cumming/Henry 1961) deuten, erzwingt einen Rückzug, der durch das Nachlassen der eigenen Kraft bedingt ist.[7]

Die Neuordnung des Körpers im Alter erfordert häufig eine Neuordnung des Alltags. Das äußert sich beispielsweise in einer veränderten Wohnsituation, der wahrscheinlicher werdenden Nutzung von Körperprothesen (Brillen, Hörgeräte, Gehstöcke, Rollatoren, Gebisse, Herzschrittmacher etc.) und der stärkeren Ab-

---

7 Dieser Theorie zufolge sei der Ausgliederungsprozess bei aller persönlichen Tragik dennoch „funktional für die soziale Ordnung, weil hierdurch sozialer Wandel und Besetzung von Statuspositionen mit Jüngeren möglich wird" (Kelle 2008, S. 26). Übertragen auf die Sterblichkeit der Gesellschaft, taucht dieser Gedanke in ähnlicher Form auch bei Niklas Luhmann (1984, S. 554) auf. Siehe dazu den Beitrag von Thorsten Benkel in diesem Band.

hängigkeit von anderen, sofern vormals selbstverständliche, leicht zu realisierende Tätigkeiten zur körperlichen Belastung werden. Der Verlust von Alltagskompetenzen und funktioneller Autonomie kann differierende Ausprägungsgrade annehmen und findet seinen Gipfel in einem als Pflegebedürftigkeit deklarierten Zustand, der Betroffene und deren Angehörige vor große Herausforderungen stellt. Sich nicht mehr eigenständig um seinen Körper sorgen zu können, das vermehrte Auftreten hygienischer ‚Missgeschicke' etwa aufgrund von mangelhafter Kontinenz (vgl. Benkel 2011, S. 14f.) sowie die Tatsache, für den Rest des Lebens (wie kurz es dann auch noch sein mag) permanent auf ein Gegenüber angewiesen und das Gefühl, beinahe nur mehr leere Körperhülle zu sein, zählen zu den gravierendsten Schreckbildern und Bedrohungsszenarien, die mit dem Alter in Verbindung gebracht werden.

Das Abhängigkeitsverhältnis macht im Pflegezusammenhang Eingriffe in die eigene Körperintimität unumgänglich. Andere Menschen erhalten notwendigerweise zu bestimmten Körperstellen regelmäßigen Zugang, der zuvor für gewöhnlich nur Intimpartnern gewährt wurde – das wirft en passant die spannende Frage nach der Kontextgebundenheit des ‚Rechts am eigenen Körper' auf. Intimität erfährt so eine neue oder zumindest expandierte Sinnzuschreibung. Der Umgang mit dem Problem der Hilfsbedürftigkeit im Alter hat mit der Einrichtung von Alters- bzw. Pflegeheimen eine Raumgebung und Institutionalisierung erfahren. Betroffene werden an einem Ort betreut, an dem sich ‚bis zum Schluss' ihr – dann eben nicht mehr alltägliches – Alltagsleben abspielen wird.[8]

Die wenig hoffnungsvolle Metapher, wonach der Körper im Alter allmählich ‚den Geist aufgibt', wird auch im wörtlichen Sinne zur bitteren Realität von Betroffenen, die unter einer der häufigsten Alterskrankheiten leiden – der Demenz infolge organischer Gehirnerkrankungen. Dass physische und kognitive Fähigkeiten zusammenhängen, ist längst ein allgemeiner, jenseits von Expertendiskursen verbreiteter Wissensbestand. Signifikante Schwierigkeiten beim Speichern, Verknüpfen und Abrufen von Informationen machen sich bekanntlich in Interaktionsmomenten bemerkbar und ziehen Stigmatisierungen nach sich, die einen „Statusverlust als kompetente erwachsene Person und daraus resultierend ein Verlust sozialer Einflussnahme" (Höppner 2011, S. 36) anzeigen.

Die Art und Weise, wie sich der Körper „bewegt und wie er ‚spricht', bewirkt soziale Ein- und Ausgrenzung, schafft Distinktion und Nähe" (Klein 2001, S. 61). Angesichts des bisher skizzierten Bildes vom alten Körper könnte man in Anlehnung an Pierre Bourdieu folgern, dass das Alter – vielmehr: Altersgebrechen als Verlust von *Körperkapital* (vgl. Bourdieu 1979, S. 329; Schroeter 2008, S. 257f.)

---

8 Aus diesem Grund zählt Erving Goffman (1977, S. 16) das Altenheim, neben Gefängnis, Kloster, Psychiatrie und Hospital, zu den *totalen Institutionen*.

– ökonomisches, soziales und symbolisches Kapital schwinden lässt bzw. dessen fortdauerndes Generieren behindert oder gar unmöglich macht. Von dieser Warte aus betrachtet, bedeutet das Alter die Gefährdung (oder Vernichtung?) eines über Jahrzehnte aufgebauten Lebens- und Sozialstandards.

Dem alten Körper wird ein zuverlässiges Leistungspotenzial häufig abgesprochen, weshalb man ihn aus dem Erwerbsalltag entlässt. „Die Machtmittel und der Status der Menschen verändern sich, sei es langsam, sei es schnell, sei es früher oder später, wenn sie 60, 70, 80 oder 90 Jahre alt werden" (Elias 2002, S. 73). Das ‚Nicht-mehr-zuverlässig-Funktionieren' des Körpers korrespondiert mit einem sozialen Funktionsverlust, der sich in erster Linie als Rollenverlust äußert. Oftmals wird in diesem Zusammenhang der Renteneintritt als besonders krisenhaftes Biografie-Ereignis angeführt und sogar mit einem „‚Herausfallen' aus der Gesellschaft" (Kohli 1993, S. 22) verglichen. Ohne eigenes soziales oder ökonomisches Leistungspotenzial verliert das Individuum heute an Legitimationsgründen für eine Einbeziehung in soziale Kreise (vgl. Meitzler 2013, S. 228). Gesellschaftliche Marginalisierung vollzieht sich darüber hinaus aufgrund der Beeinträchtigung der körperlichen Mobilität im Alter. Menschen, die ihre Wohnung oder gar ihr Bett nicht mehr verlassen können, fällt es schwer, soziale Kontakte zu pflegen, geschweige denn aufzubauen. Die ‚Vereinsamung' im Alter (be-)trifft insbesondere Verwitwete und solche, die ledig bzw. kinderlos geblieben sind. Letzteres ist eine Konsequenz des sozialen Wandels, der u. a. ein gleichberechtigtes Nebeneinander differierender Lebensentwürfe antreibt. Weil Heirat und Nachwuchs statt Konventionen nur mehr Optionen sind, kann davon ausgegangen werden, dass „in den nächsten Jahrzehnten […] der Anteil der Alten ohne Kinder und Enkel drastisch zunehmen" wird (Schenk 2011, S. 34).[9]

Die (nicht nur im Alter) stattfindende gesellschaftliche Exklusion wird gelegentlich in die Formel vom *sozialen Sterben* gekleidet. Ein Resultat gegenwärtiger Gesellschaftsdiagnosen rund um das Lebensende besteht darin, dass dem leiblichen immer häufiger schon vorzeitig ein sozialer Tod voraus geht (vgl. Feldmann 2010, S. 126ff.). In Zeiten der Medikalisierung hat sich, so könnte man schließen, nicht nur das Leben, sondern auch das Sterben verlängert. „Die gewonnenen Jahre" (Imhof

9 Diese Entwicklung hat Auswirkungen auf künftige Versorgungsbedingungen alter Menschen. Während die Zahl der hilfebedürftigen vereinsamten Alten gestiegen ist, wird gleichzeitig die Sorge um die Alten aus der Obhut der Familie bzw. Nachbarschaft zunehmend in die professionellen Hände von Institutionen übergeben. Dahinter steckt eine veränderte Sozialstruktur, die bereits Ferdinand Tönnies (vgl. 1991; Erstauflage: 1887) konstatierte, indem er eine Transformation der *Gemeinschaft* (harmonische Übereinkunft, Solidarität und Bekanntschaft) zur *Gesellschaft* (Anonymität, Eigennutz, zweckrationale Willensakte) annahm.

1981), eine Errungenschaft der Moderne, erhalten vor diesem Hintergrund einen bitteren Beigeschmack. Gleichzeitig wird damit das letztendliche Kernproblem der leiblichen Existenz zur Sprache gebracht, das weniger in der Störanfälligkeit, sondern vielmehr in der ‚Laufzeitbeschränkung' des Körpers zu suchen ist – das zentrale Schicksal der Alten ist die *Todesnähe*. Die Brandmarkung des Lebens als „Sein zum Tode" (Heidegger 1993, S. 252) findet in der Alterung – und erst recht im Alter – ihre materiellen Beweisstücke. Die Assoziationsnähe von Alter und Tod bildet damit einen weiteren, wenn nicht sogar den mächtigsten Grundpfeiler für die negative Reputation dieses letzten Lebensabschnitts, auf den ‚nichts mehr' folgt, der also in jedem Fall tödlich endet. Zwar ist der Tod als *Körperveränderung par excellence* in jedem Lebensalter möglich und alltäglich, doch hat das *memento mori* gerade im höheren Alter aus guten Gründen besondere Präsenz.

Wie ein flüchtiger Blick in die Geschichte offenbart, war der Tod nicht immer so offenkundig für das hohe Alter reserviert wie heute. Obwohl in der zentraleuropäischen Gegenwartsgesellschaft die Säuglingssterblichkeitsrate niedriger denn je ist und selbst die Alten immer älter werden, ist es noch keine 150 Jahre her, als nicht die Gruppe der Ältesten, sondern die der Jüngsten dem Tod am nächsten stand. Unter den damaligen Verstorbenen hatte fast jeder zweite das fünfte Lebensjahr nicht vollendet (vgl. Imhof 1981, S. 23) und auch denjenigen, die man heutzutage als Jugendliche oder junge Erwachsene bezeichnen würde, haftete stets ein gewisses Mortalitätsrisiko an: auf männlicher Seite bedingt durch Krieg und bewaffnete Konflikte, und auf weiblicher Seite durch Schwangerschaft und Geburt (vgl. Gehring 2013, S. 191). Mittlerweile aber hat sich der Tod, zumindest durch die Brille der Statistik betrachtet, ins Greisenalter zurückgezogen (vgl. Lafontaine 2010, S. 103), was wiederum nicht bedeutet, dass nicht auch schon weit davor (etwa in Folge von Krankheiten, Unfällen und Selbstmorden) in aller Regelmäßigkeit gestorben wird. Die Formulierung ‚Bedenke, dass du alt werden wirst' müsste richtiger lauten: ‚Bedenke, dass du alt werden *kannst*', denn so unerwünscht diese letzte Lebensphase auf den ersten Blick auch scheint, ihr Nicht-Erreichen ist üblicherweise noch unerwünschter.[10]

Ebenso würde es zu kurz greifen, das Problempotenzial des Körpers ausschließlich im Alter zu suchen. Schließlich kann der Körper als *Resonanzfläche* prinzipiell in jedem Lebensalter sowohl zur Lust- als auch zur Unlustquelle werden (vgl. Meitzler 2010, S. 288). Im alltäglichen Vollzug von Körperpraxis entsteht ein selbstreflexives Wissen davon, durch welche Vorgänge und Techniken der Körpermanipulation

10 Das als zu früh apostrophierte Lebensende forciert spezifische Umgangsformen, wie u. a. zahlreiche Todesanzeigen, Grabinschriften oder temporär errichtete Trauerorte an öffentlichen Plätzen belegen (vgl. Meitzler 2014).

gezielt Lust erfahren, und mittels welcher Strategien die Wahrscheinlichkeit einer Vermeidung von Unlust erhöht werden kann. Auch wenn der junge Körper in der modernen Gesellschaft üblicherweise als funktionierender, krisenferner Körper gedacht wird, ist er grundsätzlich nicht vor Irritationen im Sinne punktueller oder chronischer Schmerzerfahrungen gefeit. Zudem sollte die Tatsache angeborener oder frühzeitig erworbener Erkrankungen und Behinderungen (vgl. Kastl 2010) nicht übersehen werden, die gleichsam, und stärker, exkludierende Wirkungen erzielen können.

4 Positivierung und Altersbewältigungstechniken

Körper machen Leute – schließlich gilt der Körper als zentrales Medium sozialer Klassifikation, sein äußeres Erscheinungsbild gibt Auskünfte über die Lebenswelt seines ‚Eigentümers'. Die doppelte Bedeutung des Körpers für das Alter besteht folglich darin, dass die Alterung nicht nur eine subjektive Erfahrung darstellt, sondern dass „das Alter auch über den Körper *re*präsentiert wird" (Backes / Wolfinger 2008, S. 153). Alt sein meint in diesem Zusammenhang: alt aussehen. Aber: „Die Tatsache, daß es für den Beobachter notwendig ist, sich auf die Darstellung von Dingen zu verlassen, schafft die Möglichkeit der falschen Darstellung" (Goffman 2007, S. 229). Übertragen auf den alten Körper heißt das, dass sich Alterszeichen auf unterschiedliche Weise kaschieren, maskieren und verfälschen lassen. Mit Foucault gesprochen, handelt es sich um *Techniken des Selbst*, die es dem Einzelnen ermöglichen, „aus eigener Kraft oder mit Hilfe anderer eine Reihe von Operationen an seinem Körper oder seiner Seele, seinem Denken, seinem Verhalten und seiner Existenzweise vorzunehmen, mit dem Ziel, sich so zu verändern, dass er einen gewissen Zustand des Glücks, der Reinheit, der Weisheit, der Vollkommenheit oder der Unsterblichkeit erlangt" (Foucault 2007, S. 289).

Solche Körpertechniken sind ebenfalls nicht nur auf die Lebensphase Alter bezogen; es gehört beispielsweise zur Alltagsbewältigung vieler (minderjähriger) Jugendlicher, sich durch bestimmte Kleidung, Schminke und Inszenierung älter zu geben als sie sind. Auch Jugend wird evident an den Zeichen des Körpers. Aller gesellschaftlichen Jugendzentriertheit zum Trotz geht es ausgerechnet in diesem relativ frühen Lebensabschnitt häufig nicht um die Betonung des eigenen Jungseins. Techniken des ‚Sich-älter-Machens' erfolgen auf der Grundlage eines Jugendbildes der Unvollkommenheit und Unvollständigkeit. Von seinem Interaktionspartner intuitiv als älter wahrgenommen zu werden, kann dabei helfen, die angenommene Unvollständigkeit zu bewältigen und sichert soziales Kapital in Form von Anerkennung oder sonst verschlossenen Zugängen. Das Credo ‚Man ist so alt, wie man auf andere wirkt' lässt an das *Thomas-Theorem* denken, demzufolge Dinge, die von Menschen als real definiert werden, dies für sie auch in ihren Konsequenzen sind (vgl. Thomas 1965, S. 114). Bei den Körpertechniken im Alter mögen Vorstellungen von Unvollständigkeit ebenfalls eine Rolle spielen, hierbei handelt es sich aber um eine rückwärtsgewandte Bewältigung, etwa wenn versucht wird, sich über (Lifestyle-) Produkte zu ‚verjüngen'. Sie sind Teil eines, vor allem auf der medialen Bühne (re-) produzierten, Körperwissens darüber, dass das Problem des Alters nicht einfach hingenommen werden muss, sondern unter Anwendung effektiver Strategien bis zu einem gewissen Grad beeinflussbar zu sein scheint.

Weil soziale Interaktionen in erster Linie am Gesicht des Gegenübers ansetzen, verwundert es kaum, dass Alterszeichen an diesem Ort zuerst verarztet werden. Haarfärbungen und Faltenbehandlungen – von einfachen Gesichtspflegemitteln bis zu dauerhaften chirurgischen Eingriffen – stehen als Maßnahmen gegen das ‚Alt-Aussehen' hoch im Kurs. Dass sie so oft nachgefragt werden, ist ein Hinweis auf die Gratifikation der ‚Unsichtbarmachung' des alt(ernd)en Körpers. Durch gezielte Körpermodifikationen eine vorteilhafte Diskrepanz zwischen kalendarischem Alter und optischer Erscheinung zu erzeugen, gilt als anerkannte Leistung, die nicht selten mit sozialen Gewinnen belohnt wird: „Es geht […] also um die Aufrechterhaltung des Körperkapitals, um die Chance, materielle oder symbolische Vorteile aus dem Körper zu ziehen" (Derra 2012, S. 129). Auch hieran zeigt sich, dass Menschen nicht schlichtweg einen Körper haben, sondern dass die *Arbeit am Körper* im Sinne einer Selbstmodellierung bzw. Selbstoptimierung von gesellschaftlichen Normen und Idealen angeleitet wird. Die Arbeit am Körper stellt sich als „Arbeit gegen das Alter" (Degele 2008, S. 171) heraus, bei der weniger das Können als vielmehr das Sollen im Vordergrund steht.

Nicht umsonst werden Urteile wie „Für dein Alter siehst du gut aus!" als Kompliment aufgefasst – trotz der Relativierung, dass somit das faktische Alter, verstanden als weiterhin platzanweisende Anzahl gelebter Lebensjahre, nicht geleugnet, sondern sogar betont wird (vgl. Mehlmann / Ruby 2010, S. 9). Mit der Schönheit tritt ein naher Verwandter der Jugend auf den Plan, während Alter häufig mit dem negativ besetzten Pendant der Hässlichkeit (vgl. Eco 2010) assoziiert wird: „Alt und hässlich sowie jung und schön werden somit als synonyme Gegensatzpaare verwendet, wonach sich Alter und Attraktivität förmlich ‚naturgemäß' ausschließen" (Derra 2012, S. 117). Im Unterschied zu jungen, attraktiven und funktionstüchtigen Körpern scheinen alte Körper solche zu sein, die ‚man nicht zeigt'. Anders als der junge tritt der alte Körper (im Vergleich zu anderen Kontexten) auch relativ selten als *sexueller Körper* im populären medialen Diskurs in Erscheinung.[11] Weil das Alter „als der größte Feind der Schönheit [gilt] und [...] mit allen Mitteln bekämpft werden [muss]" (Degele 2004, S. 207), steht seine Negierung im Lichte des Schönheitshandelns (*doing beautyfication*; vgl. Höppner 2011, S. 114), das gleichzeitig ein Jugendlichkeitshandeln ist.

Solche Altersverschleierungstechniken bewegen sich allerdings auf dünnem Eis – ein Zuviel wird mindestens so stark sanktioniert wie ein Zuwenig. Ein ‚zu sehr' geschminktes oder ‚unnatürlich'[12] straff wirkendes Gesicht, ein zu tiefes Dekolleté oder ein zu kurzes Kleid ziehen irritierte oder belustigende Blicke und lästerliche Nachreden auf sich. In Situationen wie diesen schleicht sich das kaschierte Alter durch die Hintertür wieder auf die soziale Vorderbühne und wird dadurch umso sichtbarer, weil dem Betroffenen das aufwändige Bemühen um die Unsichtbarkeit seines Alters buchstäblich anzusehen ist.[13]

Längst hat sich um die beschriebenen Praktiken im Dienste einer Regulation und Entschleunigung (oder gar Abschaffung?) des Alter(n)s ein florierender Markt gebildet, der unter dem Schlagwort *Anti-Aging* firmiert (vgl. Spindler 2012). Dieses Konzept umfasst aber nicht nur ein Schönheits-, sondern gewissermaßen auch ein Gesundheitshandeln. Wissen rund um den alte(rnde)n Körper – wie er funktioniert (oder nicht), worin die Ursachen für Störungen liegen, wie man diese identifizieren, ihnen vorbeugen und entgegenwirken kann, usf. – ist an ein (vermarktbares)

---

11 Dieser Umstand lässt sich insbesondere dadurch erklären, dass Sexualität gemeinhin mit Jugendlichkeit, Attraktivität und Leistungsfähigkeit verbunden wird, Sex im Alter dagegen oft mit nachlassender Potenz, Attraktivitätsverlust oder gar Ekel. Indessen hat der soziale Wandel der jüngeren Vergangenheit auch diesen Bereich eingeholt. Alterssexualität ist längst kein Tabu mehr (vgl. Bamler 2008).

12 So vielversprechend die Kultur des Schönheitshandelns der Natur des Alter(n)s auch entgegen tritt, so sehr weist das Ideal der ‚Jugend im Alter' doch die implizite Norm auf, dass der Triumph der Kultur über die Natur nicht zu deutlich ausfallen darf, um nicht zu künstlich zu erscheinen. Dem maskierten Alter wird also eine gewisse ‚Restnatürlichkeit' zugestanden bzw. abverlangt, und erst dadurch erhält das Schönheitshandeln seine Wertigkeit. Schönheitsideale im Alter bewegen sich demgemäß zwischen Körpertechnik und Körperauthentizität. So betrachtet, leuchtet ein, weshalb es für gesellschaftliche Deutungen, Zuschreibungen und Bewertungen einen Unterschied macht, ob dem Alter mit alltäglichen (Faltencreme, Kleidung, Schminke) oder mit schönheitschirurgischen Mitteln (vgl. Taschen 2008) begegnet wird. Die Frage, ob am Körper des anderen ‚alles echt' sei, gilt überdies als Indiskretion und führt häufig zu entsprechenden Reaktionen. Bei all dem ist nicht zu vergessen, dass Vorstellungen von Natürlichkeit immerzu *kulturabhängige* Ideen sind.

13 Obwohl Schönheitsideale zunehmend auch für Männerkörper relevant werden (vgl. Meuser 2005, S. 286ff.), ist das Schönheitshandeln (im Alter) bislang offenbar hauptsächlich ein weibliches Phänomen (Derra 2012, S. 119f.).

,Expertenwissen' gekoppelt, welches man über unterschiedliche Kanäle (z. B. Ratgeberliteratur) sich aneignen, verinnerlichen und weitergeben kann.

Zeichneten die bisher aufgeführten Altersbilder die letzte Lebensphase in eher düsteren Farben, soll nun abschließend mit der *Altersdiversifizierung* und den *Alterspotenzialen* ein Blick auf die andere Seite des Altersdiskurses geworfen werden. Das hohe Alter ist schließlich nicht per se die „Lebensphase des Siechtums" (Thieme 2008, S. 160). Zunächst lässt sich konstatieren, dass in Zeiten von Individualisierung (vgl. Beck 1986) und Pluralisierung (vgl. Gross 1994) und der daraus resultierenden „neue[n] Unübersichtlichkeit" (Habermas 1985) Alterung weniger denn je einen linearen Prozess, und das Alter auch kein homogenes Szenario mehr darstellt. Folglich wäre der Versuch, allgemeingültige Aussagen zu treffen, zum Scheitern verurteilt. Die Heterogenität der Lebensphase Alter trägt überdies ihrer zeitlichen Ausdehnung Rechnung. Alte unterscheiden sich auch in punkto Lebensalter voneinander, bisweilen trennt sie eine ganze Generation. Ist es somit plausibel, einen 65-Jährigen, der gerade aus seinem Beruf ausgeschieden ist, in die gleiche Gruppe zu verorten wie eine 95-Jährige, die seit einiger Zeit im Pflegeheim lebt und wohl ganz andere Eigenschaften und Interessen hat?

Um solchen Problematiken entgegen zu wirken, liegt es nahe, die lang und unübersichtlich gewordene Lebensphase Alter nochmals in einzelne Teilabschnitte zu gliedern (etwa in junges, mittleres und hohes Alter; vgl. Schenk 2011, S. 32). Doch auch dabei lauern Abgrenzungsschwierigkeiten, was zur berechtigten Frage führt, ob die Unterteilung des Alters nach der jeweiligen Anzahl gelebter Lebensjahre ausreicht, um seiner Komplexität gerecht zu werden – oder ob hierbei nicht auch körperliche Faktoren und andere Gesichtspunkte berücksichtigt werden müssen. In jedem Fall aber trägt eine Untergliederung zu differenzierteren Altersbildern bei und lässt die Alterung als höchst ambivalenten Prozess erkennen, der nicht nur negative Aspekte beinhaltet.

Ein oft ins Feld geführtes Beispiel für die Positivierung des Alters stellt die so genannte ,Altersweisheit' dar, die Zuschreibung von Prestige aufgrund altersbedingter Erfahrung und Reife. In manchen gesellschaftlichen Teilsystemen (wie Politik, Wirtschaft und Wissenschaft) ist ein positiver Zusammenhang zwischen Lebensalter und Reputation zu beobachten. Hier kann das Alter nicht grundsätzlich mit einem Verschließen von Lebensgestaltungsoptionen gleichgesetzt werden. Zum öffentlichen Diskurs über das Alter gehört ferner das Bild vom ,zweiten Frühling', wenn vom Erleben später Freiheiten die Rede ist (vgl. Rosenmayr 1983 sowie den damit korrespondierenden Begriff der „Alters-Coolness" bei Zimmermann 2013).

„In der Tat war [im Alter] nie zuvor so viel die Rede von Selbsterfahrung, Selbstorganisation und Selbstverwirklichung" (Fürstenberg 2002, S. 80). In diesen Kontext fallen auch solche Begriffe wie ,gutes' oder ,erfolgreiches Altern'; statt einer schon seit dem Mittelalter bekannten *ars morendi* hat vielmehr eine dem Tode abgewandte *ars vivendi* oberste Priorität. An sinnstiftenden Vorbildern, die bisweilen mit über 90 Jahren noch regelmäßig mediale Aufmerksamkeit genießen, mangelt es jedenfalls nicht. Das Alter wird damit zu einem selbst zu verantwortenden „Kunstwerk" (Grebe 2013, S. 136), welches gelingen, aber auch misslingen kann. Abermals ertönt dabei die Melodie der Individualisierung, wonach, vereinfacht gesagt, jeder seines Körpers Schmied ist. Um nicht ins Abseits zu geraten, müssen Alterspotenziale nicht nur erkannt, sondern auch genutzt werden – sofern sie überhaupt (noch) vorhanden sind, denn die Potenziale des Alters bzw. des Körpers sind nicht unter allen Akteuren gleich verteilt, sondern dürften in erster Linie den *jungen Alten* (vgl. Opaschowski 1998) vorbehalten sein. Derweil befinden sich die meisten der ‚alten Alten' in einem Körperzustand, der sie an der Teilhabe am gesellschaftlichen Leben hindert, weshalb sie „im öffentlichen Raum so gut wie unsichtbar" sind (Dederich 2010, S. 109).

Es zeigt sich: Das Alter und seine Diskurse oszillieren in einem Kontinuum von Vitalität und Wertschätzung auf der einen und Fragilität und Ausschluss auf der anderen Seite. Faktoren, die darüber entscheiden, in welche Richtung das Pendel letzten Endes schlägt, seien es körperliche Kräfte, finanzielle Ressourcen oder soziale Integrität, lassen sich schwerlich isoliert betrachten, sondern sind immer im wechselseitigen Verhältnis zu sehen. Und auch eine bedingungslose Positivierung des Alters ist kritisch zu hinterfragen: „Das Bild eines äußerst flexibel ‚copenden' Individuums, das seine Lebensmöglichkeiten beständig optimiert und auch im hohen Alter Sinn und Erfüllung bspw. darin findet, durch Bewegung, Sport, Bildung usw. ein möglichst langes, gesundes, ereignisreiches und ggf. gesellschaftlich nützliches Leben zu erreichen, kann den Blick für soziale Probleme und existenzielle Grundfragen vieler alter Menschen eher verschließen als öffnen" (Kelle 2008, S. 25). Die Aufwertung des Alters im Sinne einer „schönen neuen Alterswelt" (van Dyk et al. 2010, S. 30) droht dabei, zur Farce zu verkommen. Fraglich ist, inwieweit gesellschaftlich proklamierte und nicht selten verkrampft wirkende Bemühungen, ob auf der sozialpolitischen Makroebene oder im intersubjektiven Nahraum, die bestehenden Altersklischees nicht noch weiter festigen. Die sozialen Kräfte, die dabei fließen, sind überaus prägend, und die sozialkonstruktivistische Facette ist nicht zu unterschätzen. Jean-Paul Sartre (1993, S. 28) hat einmal geschrieben: Wenn einer, der sich jung fühlt, von anderen als Greis behandelt wird – dann zählen nicht die Lebensjahre, sondern es zählt lediglich die Zuschreibung, und dann sind letztlich *diese anderen* ‚sein Alter'.

Literatur

Abels, Heinz et al. (Hrsg.) (2008). *Lebensphasen. Eine Einführung.* Wiesbaden: Springer VS.

Backes, Gertrud M. & Clemens, Wolfgang (2002). *Zukunft der Soziologie des Alter(n)s.* Opladen: Leske + Budrich.

Backes, Gertrud & Wolfinger, Martina (2008). Körper und Alter(n). *Zeitschrift für Gerontologie und Geriatrie 41 (3)*, 153-155.

Bamler, Vera (2008). *Sexualität im weiblichen Lebenslauf. Biografische Konstruktionen und Interpretationen alter Frauen.* Weinheim: Beltz Juventa.

Bauer, Nina, Korte, Hermann, Löw, Martina & Schroer, Markus (2008). *Handbuch Soziologie.* Wiesbaden: Springer VS.

Bauman, Zygmunt (1995). Zeit des Recycling: Das Vermeiden des Festgelegt-Seins. Fitneß als Ziel. *Psychologie und Gesellschaftskritik 19 (2-3)*, 7-23.

Beck, Stefan (2005). Altersstile. Ethnografische Erkundungen in einer verriesterten Gesellschaft. In: Stefan Beck (Hrsg.), *Alt sein – entwerfen, erfahren. Ethnografische Erkundungen in Lebenswelten alter Menschen* (S. 7-14). Berlin: Panama Verlag.

Beck, Ulrich (1986). *Risikogesellschaft. Auf dem Weg in eine andere Moderne.* Frankfurt am Main: Suhrkamp.

Benkel, Thorsten (2011). Die Idee des Ekels. Analyse einer Affekt(konstrukt)ion. *Psychologie und Gesellschaftskritik 35 (1)*, 9-29.

Benkel, Thorsten & Meitzler, Matthias (2013). *Sinnbilder und Abschiedsgesten. Soziale Elemente der Bestattungskultur.* Hamburg: Kovač.

Benkel, Thorsten & Meitzler, Matthias (2014). Sterbende Blicke, lebende Bilder. Die Fotografie als Erinnerungsmedium im Todeskontext. *Medien & Altern. Zeitschrift für Forschung und Praxis 3 (5)*, 41-56.

Bourdieu, Pierre (1979). *Die feinen Unterschiede. Kritik der gesellschaftlichen Urteilskraft.* Frankfurt am Main: Suhrkamp.

Brandstötter, Brigitte (2009). *Wo die Liebe hinfällt. Das neue Rollenbild ungleicher Paare – Frauen mit jüngerem Partner.* Wiesbaden: Springer VS.

Bude, Heinz (1995). *Das Altern einer Generation. Die Jahrgänge 1938-1948.* Frankfurt am Main: Suhrkamp.

Cumming, Elaine & Henry, William E. (1961). *Growing old: The Process of Disengagement.* New York: Basic Books.

Dederich, Markus (2010). Zur medialen Repräsentation alter behinderter Körper in der Gegenwart. In: Sabine Mehlmann & Sigrid Ruby (Hrsg.), *Für dein Alter siehst Du gut aus! Von der Un/Sichtbarkeit des alternden Körpers im Horizont des demographischen Wandels* (S. 107-122). Bielefeld: transcript.

Degele, Nina (2004). *Sich schön machen. Zur Soziologie von Geschlecht und Schönheitshandeln.* Wiesbaden: Springer VS.

Degele, Nina (2008). Schöner Altern. Altershandeln zwischen Verdrängung, Resonanzen und Solidaritäten. In: Sylvia Buchen & Maja S. Mayer (Hrsg.), *Älterwerden neu denken. Interdisziplinäre Perspektiven auf den demografischen Wandel.* (S. 165-180). Wiesbaden: VS.

Derra, Julia M. (2012). *Das Streben nach Jugendlichkeit in einer alternden Gesellschaft. Eine Analyse altersbedingter Körperveränderungen in Medien und Gesellschaft.* Baden-Baden: Nomos.

Dyk, Silke van, Lessenich, Stephan, Denniger, Tina & Richter, Anna (2010). Die ‚Aufwertung' des Alters. Eine gesellschaftliche Farce. *Mittelweg 36 19 (5)*, 15-33.
Eco, Umberto (2010). *Die Geschichte der Hässlichkeit*. München: dtv.
Elias, Norbert (2002). Über die Einsamkeit Sterbenden in unseren Tagen. In: Norbert Elias, *Gesammelte Schriften, Bd.6* (S. 9-90). Frankfurt am Main: Suhrkamp.
Feldmann, Klaus (2010). *Tod und Gesellschaft. Sozialwissenschaftliche Thanatologie im Überblick*. Wiesbaden: Springer VS.
Foucault, Michel (2007). Technologien des Selbst. In: Daniel Defert & Francois Ewald (Hrsg.), *Ästhetik der Existenz. Schriften zur Lebenskunst* (S. 287-317). Frankfurt am Main: Suhrkamp.
Frey Steffen, Therese (2008). Einleitung. *figurationen 9 (1)*, 8-16.
Fürstenberg, Friedrich (2002). Perspektiven des Alter(n)s als soziales Konstrukt. In: Gertrud M. Backes & Wolfgang Clemens (Hrsg,). *Zukunft der Soziologie des Alter(n)s* (S. 75-84). Opladen: Leske & Budrich.
Gadamer, Hans-Georg (1993). *Im Alter wacht die Kindheit auf.* (Interview mit Bernhard Borgeest.) *Die Zeit*, 26.03.1993, 22-23.
Gehring, Petra (2013). Altern mit und ohne Lebensende. In: Thomas Rentsch, Harm-Peer Zimmermann & Andreas Kruse (Hrsg.), *Altern in unserer Zeit* (S. 188-203). Frankfurt am Main/New York: Campus.
Gennep, Arnold van (2005). *Übergangsriten*. Frankfurt am Main/New York: Campus.
Gildemeister, Regine & Robert, Günther (2008). *Geschlechterdifferenzierungen in lebenszeitlicher Perspektive. Interaktion – Institution – Biografie*. Wiesbaden: Springer VS.
Göckenjan, Gerd (2000). *Das Alter würdigen. Altersbilder und Bedeutungswandel des Alters*. Frankfurt am Main: Suhrkamp.
Goffman, Erving (1967). *Stigma. Über Techniken der Bewältigung beschädigter Identität*. Frankfurt am Main: Suhrkamp.
Goffman, Erving (1977). *Asyle. Über die soziale Situation psychiatrischer Patienten und anderer Insassen*. Frankfurt am Main: Suhrkamp.
Goffman, Erving (2007). *Wir alle spielen Theater. Die Selbstdarstellung im Alltag*. München: Piper.
Grebe, Heinrich (2013). Selbstsorge im Angesicht von Verletzlichkeit und Endlichkeit: Facetten einer Lebenskunst des hohen Alters. In: Thomas Rentsch, Harm-Peer Zimmermann & Andreas Kruse (Hrsg.), *Altern in unserer Zeit* (S. 136-159). Frankfurt am Main/New York: Campus.
Greer, Andrew S. (2005). *Die erstaunliche Geschichte des Max Tivoli*. Frankfurt am Main: Fischer.
Gross, Peter (1994). *Die Multioptionsgesellschaft*. Frankfurt am Main: Suhrkamp.
Gugutzer, Robert (2002). *Leib, Körper und Identität. Eine phänomenologisch-soziologische Untersuchung zur personalen Identität*. Wiesbaden: Springer VS.
Gugutzer, Robert (2004). *Soziologie des Körpers*. Bielefeld: transcript.
Habermas, Jürgen (1985). *Die neue Unübersichtlichkeit*. Frankfurt am Main: Suhrkamp.
Heidegger, Martin (1993). *Sein und Zeit*. Tübingen: Niemeyer.
Höppner, Grit (2011). *Alt und schön. Geschlecht und Körperbilder im Kontext neoliberaler Gesellschaften*. Wiesbaden: Springer VS.
Imhof, Arthur (1981). *Die gewonnenen Jahre*. München: Beck.
Kastl, Jörg M. (2010). *Einführung in die Soziologie der Behinderung*. Wiesbaden: Springer VS.

Kelle, Udo (2008). Alter und Altern. In: Nina Baur, Hermann Korte, Martina Löw & Markus Schroer (Hrsg.), *Handbuch Soziologie* (S. 11-31). Wiesbaden: Springer VS.

Keller, Reiner & Meuser, Michael (Hrsg.) (2011). *Körperwissen*. Wiesbaden: Springer VS.

Klein, Gabriele (2001). Der Körper als Erfindung. In: Gero von Randow (Hrsg.), *Wieviel Körper braucht der Mensch? Reihe Standpunkte der Kröber Stiftung* (S. 54-62). Hamburg.

König, René (1965). Die strukturelle Bedeutung des Alters in den fortgeschrittenen Industriegesellschaften. In: Rene König (Hrsg.) (1965). *Soziologische Orientierungen – Vorträge und Aufsätze* (S. 134-146). Köln/Berlin: Kiepenheuer & Witsch.

Kohli, Martin (Hrsg.) (1978). *Soziologie des Lebenslaufs*. Darmstadt/Neuwied: Luchterhand.

Kohli, Martin (1993). Fragestellungen und theoretische Grundlagen. In: Martin Kohli, Hans-Jürgen Freter, Manfred Langehennig, Silke Roth, Gerhard Simoneit & Stephan Tregel (Hrsg.), *Engagement im Ruhestand* (S. 13-44). Opladen: Leske + Budrich.

Lafontaine, Céline (2010). *Die postmortale Gesellschaft*. Wiesbaden: Springer VS.

Luhmann, Niklas (1984). *Soziale Systeme. Grundriß einer allgemeinen Theorie*. Frankfurt am Main: Suhrkamp.

Mannheim, Karl (1964). Das Problem der Generationen. In: Karl Mannheim, *Wissenssoziologie*. (S. 509-565). Neuwied/Berlin: Luchterhand.

Mehlmann, Sabine & Ruby, Sigrid (2010). Einleitung: „Für dein Alter siehst du gut aus!" Körpernormierungen zwischen Temporalität und Medialität. In: Sabine Mehlmann & Sigrid Ruby (Hrsg.), *Für dein Alter siehst du gut aus!" Von der Un/Sichtbarkeit des alternden Körpers im Horizont des demographischen Wandels* (S. 9-31). Bielefeld: transcript.

Meitzler, Matthias (2010). Die Wahl der Qual. Lustvoller Schmerz als sexuelle Dienstleistung. In: Thorsten Benkel (Hrsg.), *Das Frankfurter Bahnhofsviertel. Devianz im öffentlichen Raum* (S. 277-305). Wiesbaden: VS.

Meitzler, Matthias (2011). *Soziologie der Vergänglichkeit. Zeit, Altern, Tod und Erinnern im gesellschaftlichen Kontext*. Hamburg: Kovač.

Meitzler, Matthias (2013). Bestattungskultur im sozialen Wandel. In: Thorsten Benkel & Matthias Meitzler, *Sinnbilder und Abschiedsgesten* (S. 215-321). Hamburg: Kovac.

Meitzler, Matthias (2014). „Warum so früh?" Das lange und das kurze Leben aus gesellschaftlicher Sicht. *Zeitschrift für Bestattungskultur 66 (5)*, 12-14.

Meuser, Michael (2005). Frauenkörper – Männerkörper. Somatische Kulturen der Geschlechterdifferenz. In: Markus Schroer (Hrsg.), *Soziologie des Körpers* (S. 271-294). Frankfurt am Main: Suhrkamp.

Nagel, Thomas (2001). Wie fühlt es sich an, eine Fledermaus zu sein? In: Thomas Nagel, *Letzte Fragen* (S. 229-249). Berlin/Wien: Philo.

Opaschowski, Horst (1998). *Leben zwischen Muss und Muße. Die alte Generation. Gestern. Heute. Morgen*. Hamburg: Germa Press.

Pelizäus-Hoffmeister, Helga (Hrsg.) (2014). *Der ungewisse Lebensabend? Alter(n) und Altersbilder aus der Perspektive von (Un-)Sicherheit im historischen und kulturellen Vergleich*. Wiesbaden: Springer VS.

Pieper, Karl-Josef (1981). *Lebensalter als soziales Strukturmerkmal. Ein Beitrag zur Entwicklung einer soziologischen Theorie der Lebensalter*. Freiburg: Hochschulverlag.

Rosenmayr, Leopold (1983). *Die späte Freiheit. Das Alter – ein Stück bewußt gelebten Lebens*. Berlin: Severin & Siedler.

Roth, Philip (2006). *Jedermann*. München/Wien: Hanser.

Saake, Irmhild (2006). *Die Konstruktion des Alters. Eine gesellschaftstheoretische Einführung in die Alternsforschung*. Wiesbaden: Springer VS.

Saake, Irmhild (2008). Lebensphase Alter. Definition, Inklusion, Individualisierung. In: Heinz Abels, Michael-S. Honig, Irmhild Saake & Ansgar Weymann (Hrsg.), *Lebensphasen. Eine Einführung* (S. 235-284). Wiesbaden: Springer VS.

Sartre, Jean-Paul (1993). *Brüderlichkeit und Gewalt.* Berlin: Wagenbach.

Schenk, Herrad (2011). Vorhang auf für die neuen Alten! Vom allmählichen Wandel unseres kulturellen Altersbildes. In: Carolin Kollewe & Elmar Schenkel (Hrsg.), *Alter: unbekannt. Über die Vielfalt des Älterwerdens. Internationale Perspektiven* (S. 27-40). Bielefeld: transcript.

Schroer, Markus (Hrsg.) (2005). *Soziologie des Körpers.* Frankfurt am Main: Suhrkamp.

Schroeter, Klaus R. (2008). Verwirklichungen des Alterns. In: Anton Amann & Franz Kolland (Hrsg.), *Das erzwungene Paradies des Alters? Fragen an eine Kritische Gerontologie* (S. 235-273). Wiesbaden: Springer VS.

Schütz, Alfred (1971). Schelers Theorie der Intersubjektivität und die Generalthese vom Alter Ego. In: Alfred Schütz, *Gesammelte Aufsätze Bd.1: Das Problem der sozialen Wirklichkeit* (S. 174-206). Den Haag: Nijhoff.

Schütz, Alfred/Luckmann, Thomas (2003). *Strukturen der Lebenswelt.* Konstanz: UVK.

Spindler, Mone (2012). *„Altern ja – aber gesundes Altern." Die Neubegründung der Anti-Aging-Medizin in Deutschland.* Wiesbaden: Springer VS.

Taschen, Angelika (Hrsg.) (2008). *Schönheitschirurgie.* Köln: Taschen.

Thane, Pat (Hrsg.) (2005). *Das Alter. Eine Kulturgeschichte.* Primus: Darmstadt.

Thieme, Frank (2008). *Alter(n) in der alternden Gesellschaft. Eine soziologische Einführung in die Wissenschaft vom Alter(n).* Wiesbaden: Springer VS.

Thomas, William I. (1965). *Person und Sozialverhalten.* Berlin/Neuwied: Luchterhand.

Tönnies, Ferdinand (1991). *Gemeinschaft und Gesellschaft. Grundbegriffe der reinen Soziologie.* Darmstadt: Wissenschaftliche Buchgesellschaft.

Zimmermann, Harm-Peer (2013). Alters-Coolness – Gefasstheit und Fähigkeit zur Distanzierung. In: Thomas Rentsch, Harm-Peer Zimmermann & Andreas Kruse (Hrsg.), *Altern in unserer Zeit* (S. 101-124). Frankfurt am Main/New York: Campus.

Vom Jungbrunnen zum individuellen Management gesundheitlicher Alterungsrisiken

Neues Wissen über Altern im Umfeld der deutschen Anti-Aging-Medizin

Mone Spindler

1 Wie wird Anti-Aging neu begründet – und was ist daran problematisch?

Die Anti-Aging-Medizin in Deutschland ist angetreten, ihr in Verruf geratenes Fach als eine „seriöse und wissenschaftlich fundierte Präventivmedizin" neu zu begründen und damit zu rehabilitieren (vgl. Römmler et al. 2008). Diese Neubegründung der Anti-Aging-Medizin wurde in der Diskussion über Anti-Aging bisher kaum thematisiert. Entsprechend lagen nur wenige, teilweise konträre Thesen darüber vor (vgl. z. B. Stöhr 2005; Rüegger 2009; Heiß 2011; Eichinger 2011). Wie wird der medizinische Behandlungsbedarf des Alterns also neu begründet? Welche Konzepte vom Altern leiten die medizinische Praxis der Anti-Aging-MedizinerInnen in Deutschland? Und wie ist das neue Wissen über das Altern zu bewerten? Während Larissa Pfaller und Frank Adloff in diesem Band zeigen, wie AnwenderInnen Anti-Aging als körperliche Inszenierung einer bewussten Lebensführung nutzen, geht es im Folgenden also um professionelles Wissen: um das Wissen, das deutsche Anti-Aging-MedizinerInnen über den Umgang mit der körperlichen Vergänglichkeit produzieren.

Sozial konstruiertes und normativ strukturiertes Wissen über das Altern

Die Untersuchung ist als Diskursanalyse mit interdisziplinärem Transfer zur Ethik angelegt.[1] Anti-Aging wird in Anlehnung an die Critical Gerontology (vgl. insb. Katz 1996) als eine Wissensform untersucht. Empirisch zu zeigen, wie das Wissen über Altern biologisch und sozial konstruiert und normativ strukturiert ist, stellt

1 Der vorliegende Artikel basiert auf meiner soziologischen Promotion über Anti-Aging (Spindler 2014).

in dreierlei Hinsicht einen wichtigen soziologischen Beitrag zur Diskussion über Anti-Aging dar: Erstens wird in der Sozialgerontologie die Frage, wie alternde Körper zwischen Natur und Kultur verortet sind, relativ wenig diskutiert. In frühen *Anti*-Anti-Aging-Statements findet man häufiger das Argument, Anti-Aging sei unnatürlich – und das Altern im Umkehrschluss natürlich (vgl. Spindler 2007). Der Zugriff auf Anti-Aging als Wissensform kann die Diskussion über Anti-Aging in diesem Punkt konzeptuell schärfen. Der Fokus auf Körperwissen ist zweitens wichtig, weil die Diskussion über Anti-Aging in Deutschland überwiegend in der Ethik geführt wird (vgl. z. B. Schicktanz / Schweda 2011). Körperwissen über das Altern wird hier häufig nicht systematisch empirisch untersucht und implizit als gegeben vorausgesetzt. Die Untersuchung zielt drittens gegen ein im Untersuchungsfeld häufig anzutreffendes objektivistisches Selbstverständnis. Anti-Aging-Programme leiten sich demnach aus biologischen Tatsachen ab und bewähren sich alleine durch ihre Wirksamkeit.

Die Untersuchung umfasst zwei eng verbundene Frageschritte: Im ersten Schritt wird empirisch untersucht, welche Bedeutungsverschiebungen der Kategorie Alter sich im Umfeld der deutschen Anti-Aging-Medizin finden. Im zweiten Untersuchungsschritt wird genauer als in sozialwissenschaftlichen Arbeiten üblich diskutiert, aus welchen Gründen das vorgefundene Wissen über Altern eigentlich problematisch ist. Aus dem äußerst heterogenen Feld, das sich um das Schlagwort Anti-Aging formiert hat, wird dabei ein spezieller Anti-Aging-Kontext fokussiert. Gegenstand der Untersuchung ist der ärztlich-unternehmerische Interessenverbund, der in Deutschland seit 1999 die Anti-Aging-Medizin vertritt: die Deutsche Gesellschaft für Prävention und Anti-Aging-Medizin e. V., die sich nach ihrem ursprünglichen englischen Namen, *German Society of Anti-Aging-Medicine*, kurz GSAAM nennt.[2] Bei der GSAAM handelt es sich um eine medizinische Fachgesellschaft. Sie bietet u. a. Konferenzen und Fortbildungsveranstaltungen für MedizinerInnen an, vertritt auf (fach)politischer Ebene die Anti-Aging-Medizin in Deutschland und hat auch auf europäischer Ebene maßgeblich zu ihrer Etablierung beigetragen. Die Organisation wird von mehreren wortführenden ÄrztInnen geleitet und weist laut Website rund 1000 Mitglieder auf, die dem Verbund mehr oder weniger lose angehören. Dabei handelt es sich überwiegend um approbierte MedizinerInnen ganz unterschiedlicher Fachrichtungen.

Teilnehmende Beobachtungen von Anti-Aging-Konferenzen

Für den ersten Frageschritt habe ich im Forschungsstil der Grounded Theory im Zeitraum von 2004 bis 2011 teilnehmende Beobachtungen von zehn Anti-Aging-Me-

2 Siehe http://www.gsaam.de/ (30.5.2015).

dizin-Konferenzen in Deutschland, Österreich und Frankreich durchgeführt. Bei den überwiegend von der GSAAM oder äquivalenten Anti-Aging-Medizin-Gesellschaften organisierten Konferenzen handelt es sich um medizinische Fachkonferenzen, denen wie üblich eine Industrieausstellung angeschlossenen ist. Als zentrale Plattform des Wissenstransfers zwischen der Fachgesellschaft, medizinischem Fachpublikum, UnternehmerInnen und der Öffentlichkeit boten sich die Veranstaltungen als Untersuchungsfeld an.

Die teilnehmenden Beobachtungen wurden in Form von Feldnotizen schriftlich dokumentiert und genutzt, um KonferenzbesucherInnen für Interviews über ihre medizinische Praxis zu gewinnen. So konnte ich im Rahmen meiner Feldaufenthalte (in)formelle Einzel- und Gruppeninterviews mit 46 BesucherInnen der Anti-Aging-Konferenzen durchführen. Diese wurden zum Teil aufgezeichnet und transkribiert oder in Gesprächsprotokollen festgehalten. Zudem wurden Veröffentlichungen und andere schriftliche Dokumente wortführender Anti-Aging-MedizinerInnen hinzugezogen. Das so zusammengetragene empirische Material wurde mit Hilfe der Software atlas.ti in wiederholtem Wechsel mit Datenerhebung und theoretischer Ausarbeitung kodiert. So entstand ein Kodierschema, das drei Aspekte des Wissens über Altern unterscheidet: Erstens das Wissen darüber, was Altern ist; zweitens das Wissen darüber, was gutes Altern ausmacht; und drittens das Wissen darüber, wie das Altern deshalb gestaltet werden sollte.

Explikation normativer Bezugspunkte der Sozialgerontologie

Für die Bewertung meiner Ergebnisse im zweiten Frageschritt habe ich keine eigene „Altersethik" entwickelt. Vielmehr orientiere ich mich an normativen Bezugspunkten der Critical Gerontology und der Sozialgerontologie insgesamt. Der interdisziplinäre Transfer zur Ethik besteht darin, dass ich sozialgerontologische Texte über Anti-Aging im Hinblick auf ihre Bewertungspraktiken untersucht habe. Die den Urteilen über Anti-Aging zugrundeliegenden wertenden Prämissen – wie z. B. die Multidimensionalität des Menschen oder eine gleichberechtigte Diversität von Lebensformen – habe ich dabei genauer zu explizieren versucht, als dies in den Sozialwissenschaften selbst üblich ist.

2 Bedeutungsverschiebungen der Kategorie Alter

Welche Bedeutungsverschiebungen der Kategorie Alter(n) sind es also, durch welche die Anti-Aging-Medizin in Deutschland neu begründet wurde? In der Diskussion über Anti-Aging finden sich verschiedene, teils konträre Thesen darüber, wie der neue medizinische Handlungsbedarf in Bezug auf das Alter(n) argumentativ geschaffen wird. Eine Pathologisierung (z. B. Stöhr 2005 / Eichinger 2011) oder Biologisierung (vgl. Vincent 2007) des Alterns wird ebenso diskutiert wie eine Medikalisierung von körperlicher und kognitiver Funktionsfähigkeit (vgl. Katz 2006), von Krankheits*wahrscheinlichkeiten* oder Kundenwünschen (vgl. Eichinger 2011). Vor diesem Hintergrund lohnt es, zunächst empirisch zu klären, auf welche Weisen und in welche Richtungen genau sich Bedeutungen des Alterns verschieben, ohne dabei die Ambivalenzen und auch die Vielstimmigkeit des Wissens über Altern im Untersuchungsfeld zu überdecken.

2.1 Was ist Altern?

Alterungsdefinitionen führender Anti-Aging-MedizinerInnen in Deutschland beginnen häufig mit der Bestimmung des Verhältnisses, in dem Alterung und Krankheit zueinander stehen. Untersucht man diese Verhältnisbestimmungen im Zeitverlauf, findet sich eine erste sehr folgenreiche Bedeutungsverschiebung. Das Altern wird nicht mehr wie in Anfangszeiten der Anti-Aging-Medizin als eine Krankheit verstanden, sondern als ein Erkrankungsrisiko definiert:

Von der Systemkrankheit zum Haupterkrankungsrisiko

Insbesondere in den Lehrbüchern, die wortführende Ärzte der Deutschen Gesellschaft für Prävention und Anti-Aging-Medizin anfänglich zur Etablierung ihres Fachs herausgaben, wird die biologische Alterung mehr oder weniger deutlich als eine Krankheit verstanden. Zum Teil wird die Alterung selbst als eine Krankheit dargestellt, die Alterserkrankungen ursächlich vorgelagert ist. So wird das Altern als ein „krankhafter körperlicher Prozess" (Römmler / Wolf 2002a, S. XI), eine „chronisch-degenerative Systemerkrankung" (Römmler 2002, S. 7) oder als eine „klassische Krankheit"[3] beschrieben, die zu chronischen Erkrankungen und vorzeitigem Tod führt. Gleichzeitig finden sich Formulierungen, in denen ein ebenso zwingender ursächlicher Zusammenhang zwischen Alterung und Krankheiten angenommen wird, ohne die Alterung an sich jedoch explizit als Krankheit zu definieren. Hier wird der Alterungsprozess z. B. als „gemeinsame Grundlage" (z. B. Kleine-Gunk 2003a, S. 6) der an sich sehr verschiedenen altersassoziierten Erkrankungen verstanden oder diese Krankheiten umgekehrt als „Folgeerkrankungen" (z. B. Römmler 2002, S. 2) des Alterungsprozesses dargestellt.

---

3 Vgl. Feldnotizen 6. Konferenz der GSAAM, 2006, P11:113.

Um das Jahr 2005 lässt sich in wichtigen Stellungnahmen der deutschen Anti-Aging-MedizinerInnen jedoch eine entpathologisierende Akzentverschiebung ausmachen. Wie die Anthropologin Courtney Mykytyn für den ärztlichen Diskurs im Umfeld der US-amerikanischen Anti-Aging-Medizin beschreibt (vgl. Mykytyn 2008, S. 315), verlieren auch im deutschsprachigen Raum pathologisierende Definitionen der Alterung an Bedeutung. In den Vordergrund treten stattdessen Beschreibungen, in denen die Alterung in einen stochastischen Zusammenhang mit Erkrankungen gebracht wird. Viele dieser sprachlichen Wendungen sind um den Begriff „Risiko" zentriert. Die Alterung wird darin als ein mehr oder weniger starkes Erkrankungsrisiko gedeutet. Häufig werden biologische Alterungsprozesse als der „wichtigste" (Kleine-Gunk 2007b, S. A2054), „wesentliche"[4] „alles entscheidende" (Kleine-Gunk 2008a, S. 4) „Risikofaktor schlechthin" (Harder 2009) oder „Hauptrisikofaktor" (ebd.) für altersassoziierte Erkrankungen beschrieben.

Mit der Akzentverschiebung von Krankheit zu Risiko wird die Vorstellung von der „krankhaften" Natur des Alterns nicht gänzlich abgelegt, sondern in einen Wahrscheinlichkeitsraum gestellt: Die Alterung ist nicht mehr per se krankhaft und damit prinzipiell schlecht. Sie ist vielmehr von riskanter Natur, also lediglich potentiell schlecht oder aber auch gut.

Für die insgesamt sehr komplizierte Verhältnisbestimmung von Alterung und Krankheit werden sowohl in der Krankheits- als auch in der Risikokonzeption meist nur wenige, alltagsweltliche Gründe angeführt. Dies ist insofern bemerkenswert, als dass – stärker als in der US-amerikanischen Anti-Aging-Medizin – gleichzeitig der Anspruch formuliert wird, die medizinische Praxis mit Rückgriff auf biologische Erkenntnisse über das Altern „rationaler" zu gestalten als bisher (vgl. z. B. Kleine-Gunk 2003b). Zwar finden sich in den Anti-Aging-Lehrbüchern nachholende Versuche, das Alternskonzept mit biologischen Alterungstheorien zu unterlegen (vgl. insb. Römmler / Wolf 2002b; Kleine-Gunk 2003b). Diese bleiben jedoch trotz ihrer äußerst optimistischen Deutung des biogerontologischen Forschungsstandes wenig überzeugend. Entsprechend lassen diese anfänglichen Rationalisierungsversuche in den Publikationen der Anti-Aging-MedizinerInnen über die Zeit auch nach.

Argumentative Trennarbeiten zwischen gutem und schlechtem Altern

Dass es sich bei der Alterung um ein Risiko handelt, wird im Umfeld der deutschen Anti-Aging-Medizin also nicht in erster Linie biomedizinwissenschaftlich begründet. Die Konstruktion von Alterungsrisiken nimmt vielmehr ihren Ausgang in argumentativen Trennarbeiten zwischen gutem Altern und schlechtem Altern. Folgendes Argumentationsmuster durchzieht das untersuchte empirische Material

4 Siehe http://www.gsaam.de/was-ist-anti-aging.html (13.02.2015).

und nimmt großen Raum in den Argumentationen der Anti-Aging-ÄrztInnen ein: Immer wieder wird die schlechte Wirklichkeit des Alterns beschrieben und mit Verweis auf individuelle Leiden und gesellschaftliche Probleme des Alterns dringender Handlungsbedarf signalisiert. Darauf wird aber auch eine gute Möglichkeit des leidfreien, unproblematischen Alterns eröffnet, auf die es hinzuarbeiten gilt. Im Gegensatz zu anderen Anti-Aging-Ansätzen ist das Altern also nicht gänzlich schlecht. Gutes Altern ist – auch bereits beim derzeitigen Stand der Medizin – möglich.

Diese Eröffnung zweier alternativer Zukünfte – einer schlechten und einer guten Zukunft des Alterns – ist konstitutiv für die Begründung des Konzepts von Altern als einem Risiko (vgl. Fuchs 2008). Über die beiden polar gewerteten Szenarien des individuellen und gesellschaftlichen Alterns wird eine Handlungsalternative eröffnet: Ob die Zukunft des Alter(n)s gut oder schlecht sein wird, ist demnach nicht gänzlich determiniert, sondern durch menschliches Wissen und Handeln beeinflussbar. Krankes Alter(n) wird so von einer unausweichlichen Gefahr zu einem managebaren Risiko. Dabei wird die Möglichkeit, das Risiko zu managen, nicht nur aufgezeigt, sondern dringend empfohlen.

Insgesamt sind die Alterungsdefinitionen der Anti-Aging-Medizin in Deutschland also weniger von dem Bemühen getragen, eine wissenschaftliche Antwort auf die bis heute offene Frage nach der sinnvollen Trennbar- bzw. Vereinbarkeit von Alterung und Krankheit zu finden. Sie stehen vielmehr im Zusammenhang mit strategischen Grenzziehungen, die für die Anti-Aging-MedizinerInnen von legitimatorischer Bedeutung sind: Die Akzentverschiebung von Krankheit zu Risiko dient der deutschen Anti-Aging-Medizin explizit zur Abgrenzung von ihrer US-amerikanischen Muttergesellschaft A4M und dem Vorwurf, Anti-Aging betreibe eine Pathologisierung des Alterns.

Die alltagsweltlich begründeten argumentativen Trennarbeiten zwischen gutem und schlechtem Altern sind kein Spezifikum der deutschen Anti-Aging-Medizin. Sowohl die Ambivalenz zwischen Verwissenschaftlichungsanspruch und der Dominanz alltagsweltlicher Deutungen als auch die dichotome Ordnungsfigur „schlechtes Altern / gutes Altern" sind insgesamt charakteristisch für weite Teile der modernen Thematisierung und Gestaltung des Alterns (von Kondratowitz 2008, S. 72). Um die spezifische Prägung des Risikokonzepts der deutschen Anti-Aging-Medizin herauszuarbeiten, wird im Folgenden gezeigt, welche Vorstellungen schlechten und guten Alterns es genau sind, die die medizinische Praxis leiten.

2.2 Was ist schlechtes bzw. gutes Altern?

In den meisten der untersuchten Argumentationen wird das Konzept von Altern als Risiko als eine empirische Tatsache präsentiert. Es sind jedoch nicht nur Befunde darüber, was das Altern *ist*, sondern vor allem auch wertende Vorstellungen davon, wie was Altern *(nicht) sein sollte*, die das Risikokonzept leiten. Diese Vorstellungen guten Alterns werden im Untersuchungsfeld kaum expliziert, begründet oder diskutiert, obwohl sie von zentraler Bedeutung sind: Sie begründen das Ziel und die Kriterien der Behandlung und letztlich auch die Art des Alterns, die durch das medizinische Programm der deutschen Anti-Aging-Medizin „selektiert" werden soll. So fragt sich nicht nur, ob die Alterung auf mehr oder weniger wissenschaftliche Weise als Krankheit(srisiko) beschrieben wird, sondern auch, woran gutes bzw. schlechtes Leben im Alter genau festgemacht wird.

Die schlechte Wirklichkeit des Alterns

Im Vordergrund vieler der untersuchten Argumentationen stehen Darstellungen der schlechten Wirklichkeit des Alterns. Dieser negative Pol erscheint dabei häufig „wirklicher" als positive Alterserfahrungen, die tendenziell nur im Bereich des Möglichen und nicht des Faktischen verortet werden. Es erstaunt wenig, dass die schlechte Wirklichkeit des Alterns in mehr oder weniger zugespitzten Variationen des demografischen Krisendiskurses entworfen wird. Im Zentrum steht das gängige Argument, dass die Alterung eine Zunahme von Krankheiten bedeute, die zu untragbaren individuellen Leiden und gesellschaftlichen Kosten führten. Auf individueller Seite wird ein kontinuierlicher Verlust von Lebensqualität durch „nahezu lineare" (Wolf et al. 2005, S. 30) körperliche und kognitive Abbauprozesse bei einer gleichzeitigen „erschreckenden" (Kleine-Gunk 2008a, S. 3) Zunahme von Krankheiten angenommen. Auf gesellschaftlicher Ebene wird das Bild einer dramatischen Überalterung gezeichnet, die zum Kollaps der Sozialsysteme führt und damit den Bestand der Gesellschaft bedroht. Pflegebedürftigkeit und Demenz gelten dabei als Inbegriff der schlechten Wirklichkeit des Alterns. „Bei der alternden Gesellschaft *wird* unser System kollabieren, Wertesystem, Gesundheitssystem, allein schon Osteoporose…", warnt eine Besucherin eines GSAAM-Kongresses und fügt nach kurzem Zögern an: „Also das wurde auf dem Kongress so gesagt, ob das tatsächlich kommt, weiß ich nicht."[5]

Ein weniger erwartbarer Aspekt der Vorstellung schlechten Alterns, in dem sich die deutsche Anti-Aging-Medizin deutlich von anderen Anti-Aging-Kontexten

5 Interview P21:194 und 202.

unterscheidet, ist für die weitere Analyse von besonderer Bedeutung: Auf Darstellungen der schlechten Wirklichkeit des Alterns folgt in der Regel die Kritik, dass der Einzelne durch mangelndes Bewusstsein und schlechte Lebensführung Krankheit im Alter maßgeblich mit verschulden würde. In vielen der untersuchten Argumentationen klingt eine inverse Modernisierungstheorie des Alterns durch, der zufolge die Menschen mit Einzug der Moderne selbst die einfachsten Grundregeln gesunder Ernährung und Bewegung verlernt hätten. So ist beispielsweise von „viele Jahre eingeschliffenen, riskanten Lebensstilen" die Rede und von „schweren Fehlern im Verständnis von Gesundheitspflege und Krankheitsprävention". (Jacobi 2005, S. 2) Zwei gerne angeführte Paradebeispiele schlechter Lebensführung entbehren interessanterweise jeden Altersbezugs, sondern sind schicht- und geschlechtsspezifisch konnotiert: Dies ist zum einen der wahlweise gestresste, kettenrauchende, übergewichtige, alkoholabhängige Bauarbeiter,[6] Arbeitslose,[7] Sozialhilfeempfänger[8] oder „ausländische Mitbürger".[9] Zum anderen wird auch der Manager, der „60 Stunden am Tag *[sic]* am PC sitzt und sich nicht bewegt,"[10] kritisiert. Diese in Abschnitt 2.3 genauer untersuchte Verantwortungszuschreibung ist insofern interessant, da in anderen Anti-Aging-Kontexten nicht die individuelle Verschuldung, sondern die passive Erduldung der Leiden des Alterns problematisiert wird. Ältere Menschen würden das Altern demnach als natürlich ansehen und passiv erdulden, weil sie nicht wüssten, dass ihnen medizinisch geholfen werden kann.

Die moralische Ladung der Darstellungen der individuellen Leiden und gesellschaftlichen Kosten des Alter(n)s ist beträchtlich. Alle Menschen werden argumentativ auf zweifache Weise zu Betroffenen gemacht: Als Einzelner ist jeder potenziell von Leiden des Alter(n)s betroffen. Und als Mitglied der Gesellschaft droht allen das Ende gesellschaftlicher Solidarität. Dieses nicht nur im Umfeld der deutschen Anti-Aging-Medizin gängige Doppelargument für die Behandlungsbedürftigkeit des Alter(n)s erscheint kaum hintergehbar. Denn wenn der Einzelne sich entscheiden würde, individuelle Alterungsrisiken zu ignorieren oder bewusst in Kauf zu nehmen, würde er damit nicht nur sein eigenes Wohl, sondern auch den Bestand der Gesellschaft gefährden. Sowohl individual- also auch sozialethisch besteht demnach dringender Handlungsbedarf, welchen die Anti-Aging-Medizin zu erfüllen verspricht.

---

6 Vgl. Interview P16:291.

7 Vgl. Feldnotizen ESAAM Konferenz, Düsseldorf, 2008, P3:183.

8 Vgl. Interview P16:972ff.

9 Vgl. Interview P17:540.

10 Interview P17:141.

Die gute Möglichkeit des Alterns

Was verstehen die Anti-Aging-MedizinerInnen nun unter gutem Altern? Gutes Alter(n) wird im Umfeld der GSAAM stark vom Individuum her gedacht. Vorstellungen eines guten gesellschaftlichen Umgangs mit dem Altern werden seltener und nachgeordnet artikuliert. Fast durchgängig wird „*Lebensqualität* als *das* erstrebenswerte Merkmal längeren Lebens" (Jacobi 2005, S. 9, Hervorhebungen im Original) genannt. Was zunächst banal klingt, birgt eine wichtige Grenzziehung zu anderen Anti-Aging-Kontexten. Nicht die Quantität der Lebensjahre, sondern die Qualität des einzelnen Lebens gilt als erstrebenswert. Wobei ein qualitativ hochwertiges Leben durch eine hohe Anzahl von Lebensjahren jedoch durchaus noch an Wert gewinnt. Lebensqualität im Alter wird dabei überwiegend an zwei Kriterien festgemacht: an Gesundheit und an körperlicher und kognitiver Funktionsfähigkeit des Einzelnen. „Hohes Alter ist nur in Leistungsfähigkeit (m. E. in Gesundheit) erstrebenswert" (Jacobi 2005, S. 3), nennt ein GSAAM-Arzt als zentrale Botschaft seines medizinischen Anti-Aging-Konzepts und definiert: „Lebensqualität (= Vitalität, Leistungsfähigkeit)" (ebd., S. 8). Komplexer angelegte Konzepte von Lebensqualität finden nur am Rande theoretische Erwähnung und gehen auf dem Weg in die medizinische Praxis verloren.

Ein ähnliches Nebeneinander von komplexeren Theorien und reduzierten Praxisformeln findet sich bei den Definitionen von Gesundheit. Vielschichtigere Gesundheitsdefinitionen wie die der WHO finden zwar Erwähnung. „Was sagt die WHO?" fragt eine meiner Interviewpartnerinnen rhetorisch. „Gesundheit ist der Zustand *vollkommenen* körperlichen, geistigen und sozialen Wohlbefindens, nicht allein das Ausbleiben von Krankheiten und Gebrechen."[11] Nicht selten werden die komplexeren Begriffe von Gesundheit jedoch zu engeren Konzepten konkretisiert. So fährt die Ärztin unmittelbar fort: „Ja und genau das machen wir. Also wir helfen ein körperliches Wohlbefinden zu erreichen." (ebd.)

Neben oder auch in Verbindung mit Gesundheit werden häufig körperliche und kognitive Funktionsfähigkeit, Fitness, Vitalität oder auch Leistungsfähigkeit als Kriterien für Lebensqualität im Alter genannt. So erklären die HerausgeberInnen des GSAAM-Journals: „Entscheidend für eine Lebensqualität bis ins hohe Alter sind körperliche und geistige Fitness." (Hennig / Klentze 2005) Wie zahlreiche Untersuchungen über Anti-Aging zeigen, werden auch im Umfeld der GSAAM Funktions-, Fitness- oder Vitalitätsnormen jüngerer Altersgruppen als Bewertungsmaßstäbe herangezogen (vgl. inbs. Katz und Marshall 2004). „Ich möchte so alt werden wie es geht – und das so jung wie möglich,"[12] heißt es auf der Website der

11 Interview P21:284.

12 Siehe http://www.gsaam.de/was-ist-anti-aging/warum-anti-aging.html (25.5.2015).

Fachgesellschaft. Konkret sind es meist biologische und soziale Funktionsnormen des mittleren Lebensalters, an denen gutes Altern festgemacht wird.

Weniger diskutiert wurde bisher, dass die Leistungsnormen zudem oft von bürgerlicher Prägung sind. So diskutiert der Präsident der GSAAM Johann Wolfgang von Goethe als „Beispiel für erfolgreiches Altern." Die Güte von Goethes Alterungsprozess macht er dabei vor allem daran fest, dass es Goethe gelang, „in einem derart hohen Alter bei vollständiger geistiger Frische noch Werke wie den Faust zu vollenden." (Kleine-Gunk 2008b, S. 133). Bis ins hohe Alter zu verreisen oder Golf zu spielen sind weitere Beispiele für bürgerliche Leistungsnormen, an denen funktionsfähiges Altern festgemacht wird.

Den meisten meiner GesprächspartnerInnen schien es nicht weiter begründungsbedürftig, dass Gesundheit und Funktionsfähigkeit gutes Altern maßgeblich ausmachen. In vielen der untersuchten Argumentationen wird darauf verwiesen, dass es sich dabei um die Vorstellung guten Alterns handeln würde, die in der Gesellschaft empirisch vorherrscht und gar „im Interesse aller" (Lehr 2009, S. 9) sei. Es finden sich jedoch auch Hinweise auf die wertenden Vorannahmen, die dem Konzept von Lebensqualität im Alter zugrunde liegen. Gesundheit wird erwartungsgemäß deswegen als gut erachtet, weil sie die Freiheit von krankheitsbedingten Leiden, Schmerzen, Funktionseinbußen und Lebenszeitverlusten bedeutet. Gesundheit und Funktionsfähigkeit gelten zudem als die Voraussetzungen für Selbstverwirklichung im Alter. Das Selbst verwirklicht sich in diesem Konzept vor allem durch individuelle Handlungsfreiheit und Unabhängigkeit von anderen. „Als ‚Pflegefall' zu enden," (Hennig / Klentze 2005) gilt entsprechend als Synonym für Handlungsunfreiheit und Fremdbestimmung.

Dabei geht es jedoch nicht nur um die Aufrechterhaltung, sondern auch um die Erweiterung der Möglichkeiten der Entfaltung des Selbst. Gesund und funktionsfähig zu sein, gilt auch als Voraussetzung dafür, alles tun zu können, was man möchte, und auch derjenige oder diejenige zu sein, die man sein will. „Anti-Ageing is freedom,"[13] erklärte mir in diesem Sinne Roland Klatz, der US-amerikanische Begründer der Anti-Aging-Medizin. Die Bedingungen für Selbstverwirklichung im Alter werden also zum Großteil in körperlicher Unversehrtheit und Funktionsfähigkeit des Einzelnen gesehen. Der Einzelne bewährt sich im Alter vor allem durch Zielstrebigkeit, Aktivität und Selbstverwirklichung. Gesundes und funktionsfähiges Altern ist aber nicht nur für den Einzelnen gut. Auf gesellschaftlicher Ebene wird argumentiert, dass Fitness im Alter wichtig sei, damit die Leute „gescheit arbeiten können"[14] und

13 Vgl. Interview mit Roland Klatz, Feldnotizen Anti-Ageing Medicine World Congress Paris 2006, P5:297.

14 Interview P17:835.

„auch im Alter noch von Nutzen“ (Hennig 2005, S. 7) sind. Am Rande findet sich zudem das Argument, dass gesundes Alter deshalb erstrebenswert sei, weil der Einzelne damit der Gefahr entgehe, in der Gesellschaft als krank, pflegebedürftig und nutzlos diskriminiert zu werden.

Im Vergleich zu anderen Anti-Aging-Kontexten weist die Vorstellung guten Alterns im Umfeld der deutschen Anti-Aging-Medizin zwei Besonderheiten auf. Erstens wird in Abgrenzung zu ästhetischen Anti-Aging-Kontexten jugendliches Aussehen nur am Rande als Merkmal guten Alterns hervorgehoben. Die wortführenden GSAAM-MedizinerInnen und auch meine GesprächspartnerInnen aus dem ästhetisch-dermatologischen Bereich sind bemüht, jugendliches Aussehen nicht ins Zentrum ihres Konzepts von gutem Altern zu rücken, es aber gleichzeitig als eine zusätzliche Option offen zu halten. Zweitens finden Sterben und Tod in den Vorstellungen des guten Alterns keine nennenswerte Erwähnung. Es werden keine radikalen Anti-Aging-Positionen geäußert, denen zufolge gutes Altern nur bei einer weitgehenden Abschaffung des Todes möglich wäre. Gleichzeitig finden sich aber auch keine konkreten Vorstellungen eines guten Todes. Zwar wird ein „vorzeitiger Tod“ von einigen als Kennzeichen der leidvollen Wirklichkeit des Alterns genannt. Woran sich ein „rechtzeitiger Tod“ bemisst, wird jedoch nicht thematisiert. Lediglich an einer Stelle im untersuchten empirischen Material formuliert der GSAAM-Präsident, dass gutes Altern für ihn auch bedeute, „gesünder“ zu sterben, am besten „mit 100 gesund in die Kiste.“[15] Eine der wenigen Anti-Aging-AnwenderInnen, die ich auf einer Anti-Aging-Konferenz traf und interviewen konnte, formulierte dagegen, dass ein guter Umgang mit Sterben und Tod für sie ein zentrales Kriterium für gelungenes Altern sei. „Und ich hab – und das ist das Wichtigste – keine Angst mehr vor dem Sterben,“[16] betonte sie mehrfach.

Altern ja – aber gesundes Altern

In dieser Vorstellung guten Alter(n) begründet sich auch das Behandlungsziel der deutschen Anti-Aging-Medizin. Die Devise ist nicht mehr „forever young“, wie Abbildung 1 verdeutlicht. Die medizinische Praxis zielt also nicht mehr primär auf Verjüngung. Es handelt sich auch nicht um ein explizites (Stöhr 2005), inoffizielles (Heiß 2011, S. 94) oder paralleles (Eichinger 2011) Lebensverlängerungs- oder Unsterblichkeitsprogramm. Das Ziel der deutschen Anti-Aging-Medizin ist vielmehr gesundes, funktionsfähiges Altern. Kleine-Gunk räumt ein, dass die Anti-Aging-Medizin „bescheidener geworden“ sei: „Die vollmundigen Versprechen

15 Vgl. Feldnotizen „Longevity & Anti-Aging – Neue Märkte für die Gesundheit“, Frankfurt Global Business Week, IHK Frankfurt, Mai 2011.

16 Interview P22: 679ff.

von der ewigen Jugend werden zunehmend ersetzt durch eine realistische Medizin für ein gesundes Altern." (Kleine-Gunk 2007a, S. 3) „Altern ja – aber gesundes Altern" (Harder 2009, S. 24) ist entsprechend ein zentraler Slogan.

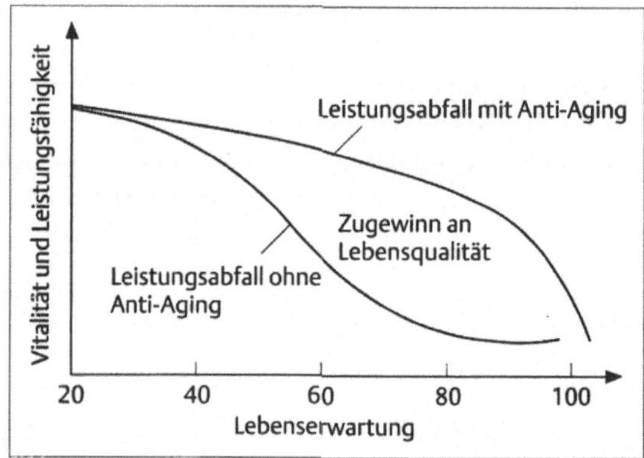

Abb. 1
Ziele der Anti-Aging-Medizin nach Jacobi
Quelle: Jacobi 2005, S. 8.

Wenn dies also die gute Möglichkeit des Alterns ist – wie kann man dem Risiko schlechten Alterns entrinnen und ein gesundes und funktionsfähiges Alter erreichen? Die Grenze zwischen gutem und schlechtem Altern wird im Umfeld der Deutschen Gesellschaft für Prävention und Anti-Aging-Medizin nicht z. B. zwischen schlechtem körperlichen und gutem geistigen Altern gezogen oder zwischen guten und schlechten Altersphasen. Vielmehr wird überwiegend zwischen guten und schlechten individuellen Alterungsverläufen unterschieden. Ob Alterungsprozesse positiv oder negativ verlaufen, wird dabei vor allem an zwei Dingen festgemacht: an günstigen genetischen Dispositionen und einer gesunden Lebensführung. Genetische Faktoren und Umweltfaktoren gelten auch in der biologischen Alterungsforschung als zentrale Einflussgrößen für Alterungsverläufe. Im Konzept der deutschen Anti-Aging-Medizin sind beide Faktoren jedoch auf spezifische Weise verkürzt: Die äußerst vielfältigen und noch keinesfalls umfassend bekannten genetischen Faktoren des Alterns sind auf einzelne genetische Polymorphismen reduziert. Und aus den zahlreichen und oft nur schwer zu erfassenden Umweltfaktoren werden lediglich individuelle Lebensstilentscheidungen im Hinblick auf Ernährung und Bewegung herausgegriffen.

Es handelt sich also nicht um eine Biologisierung des Alterns, u. a. weil der Lebensführung des Einzelnen maßgeblicher Einfluss auf den Alterungsverlauf beigemessen wird. Dies war interessanterweise nicht immer so. Anfänglich wurde im Umfeld der deutschen Gesellschaft für Prävention und Anti-Aging ein breites Spektrum nicht-biologischer Alterungsfaktoren diskutiert: von Umweltgiften über soziale Beziehungen, Beruf, Ausbildung, den Umgang mit Konflikten und Stress bis hin zum individuellen Lebensstil (vgl. z. B. Römmler 2002; Kleine-Gunk 2003b; Jacobi 2005, S. 4). Zudem herrschte in biogerontologischer Tradition durchaus Skepsis in der Frage, inwiefern sich der Alterungsverlauf über eine gesunde Lebensführung überhaupt beeinflussen lässt (vgl. z. B. Römmler 2002 S. 8; Römmler / Wolf 2002b, S. VIII). Mit der Reduktion des Umweltbegriffs auf individuelle Lebensstilentscheidungen wurde die lebensstilbezogene Kontrollierbarkeit des Alterns jedoch stark betont und in den Mittelpunkt des medizinischen Programms gerückt. Die beiden Stellschrauben für gutes Altern – Gene und Lebensstil – sind mittlerweile also klar im Körper und im Verhalten des Einzelnen verortet.

2.3 Wie sollte das Altern gestaltet werden?

Wie wird das (neue) Risikowissen über Altern in der deutschen Anti-Aging-Medizin nun medizinisch operationalisiert? Mit der Akzentverschiebung von Krankheit zu Risiko geht ein neues Prinzip der Gestaltung des Alterns einher: Es geht nicht mehr darum, die Krankheit Altern schulmedizinisch zu heilen. Das Altern soll stattdessen durch die zuvorkommende Vermeidung gesundheitlicher Alterungsrisiken verbessert werden. „Sackgasse Reparaturmedizin – Hoffnung Prävention" ([N.N.] 2008a), ist die Devise. Der präventive Ansatz soll dabei noch grundlegender ansetzen als an der Früherkennung von Symptomen des Alterns, nämlich am „frühzeitigen Erkennen von Risikofaktoren" (Kleine-Gunk 2009, S. 14), die Symptomen der Alterung ursächlich vorgelagert sind. Zu diesem Zweck bietet die deutsche Anti-Aging-Medizin ein medizinisch optimiertes, „intensives Case Management" gesundheitlicher Alterungsrisiken an.

In Veröffentlichungen wortführender Anti-Aging-MedizinerInnen findet sich entsprechend eine Akzentverschiebung in den Selbstbezeichnungen der eigenen Disziplin. Der Begriff Prävention tritt gegenüber der Bezeichnung Anti-Aging deutlich in den Vordergrund, wie sich z. B. in den schnellen Namenswechseln des Journals der deutschen Gesellschaft für Prävention und Anti-Aging-Medizin zeigt (siehe Tabelle 1).

Zur Lösung dieser Imagekrise des „verbrannten Begriffs" Anti-Agings (vgl. Kleine-Gunk 2005a) wird vermehrt auf den Begriff Prävention zurückgegriffen, obwohl die Marketingidee ursprünglich umgekehrt war: Der Begriff Anti-Aging sollte das Imageproblem der Prävention lösen, indem man versuchte, „mit diesem Begriff Anti-Aging […] aber eigentlich sozusagen eine Präventionsbotschaft rüberzubringen."[17] An dem Begriff Anti-Aging wird dennoch festgehalten, u. a. um zu markieren, dass die Anti-Aging-Medizin „mehr macht als nur Prävention." (vgl. [N.N.] 2009)

Tab. 1 Die Namenswechsel des GSAAM-Journals

Titel der zentralen GSAAM-Veröffentlichungen	Erscheinungszeitraum (Jahr/Heft)
Anti-aging for professionals Journal of preventive, regenerative and aesthetic medicine[1]	2005/1 - 2006/1
Prevention and anti-aging for professionals Journal of preventive, regenerative and aesthetic medicine	2006/2 - 2007/2
Journal of preventive medicine International journal of regenerative preventive anti-aging medicine	2007/3 - 2008/2
Prävention - Gesundheitsoptimierung, Frühdiagnostik, Lebensstilberatung[2]	2008/4 - 2010

[1] ISSN 1860-871X.
[2] ISSN: 1867-125X.
Quelle: eigene Recherche

Risikodiagnostik als neues Fundierung der Anti-Aging-Behandlung

Wie sieht das intensive Case Management individueller Alterungsrisiken in der medizinischen Praxis nun konkret aus? Das innovative Moment des Behandlungskonzepts der deutschen Anti-Aging-Medizin liegt darin, dass ihre sieben herkömmlichen Behandlungsansätzen[18] – Lebensstil, ausgewogene Ernährung, Bewegung, Supplementierung mit Nahrungsergänzungsmitteln, Hormonersatztherapie, mentale Balance und ästhetisches Anti-Aging – auf ein neues Fundament gestellt werden: Der Anti-Aging-Behandlung werden „spezielle Vorsorgeuntersuchungen mit individueller Diagnostik" vorgeschaltet. Der Risikologik folgend, soll im Rahmen dieser Voruntersuchungen möglichst frühzeitig und systematisch ermittelt werden, welche individuellen gesundheitlichen Alterungsrisiken für den Einzelnen bestehen. Die „Entwicklung von Untersuchungssystemen zur Früherkennung gesundheitlicher Risiken"[19] ist entsprechend eines der Ziele der GSAAM. In der Tat

17 Interview P25:77.

18 Vgl. http://www.gsaam.de/was-ist-anti-aging/das-anti-aging-konzept.html (Zugriff: 30.9.2015)

19 Siehe http://www.gsaam.de/gsaam-ueber-uns/definition-ziele.html (28.5.2015).

sind im Umfeld der GSAAM eine Reihe von Untersuchungsverfahren entwickelt worden, deren Ziel die „Erhebung“ (Wolf 2002), „Diagnose“ (Wolf et al. 2003) oder auch „Definition“ (Gruber / Huber 2003) von altersbezogenen Gesundheitsrisiken oder auch „‚life-time‘-Krankheitsrisiken“ bzw. „Lebensgesundheitsrisiken“ (Gruber / Huber 2003) ist.

Die Idee, anhand aktueller körperlicher Zustände, der Krankheitsgeschichte und einer Analyse des Lebensstils zukünftige problematische Entwicklungen im Alter abzuschätzen, ist an sich nicht neu. Die im Umfeld der GSAAM vertriebenen Verfahren zur Erstellung individueller Risikoprofile zeichnen sich jedoch dadurch aus, dass z. B. neue oder bisher nicht für die Risikokalkulation genutzte Techniken zum Einsatz kommen, die Untersuchungen computerunterstützt durchgeführt werden und auch neue oder auch zahlreichere Parameter in die Kalkulationen einbezogen werden. Im untersuchten empirischen Material finden u. a. (verschiedene Kombinationen) von Körperfunktions-, Blut-, Urin-, Haut- und Befindlichkeitstests Erwähnung. Eine Schlüsseltechnik der Risikodiagnostik sind zudem prädiktive Gentests.

Diese (neue) Risikodiagnostik hat sowohl auf Anbieter- als auch auf Nachfrageseite beachtliches ärztlich-unternehmerisches Interesse mobilisiert. In zahlreichen Vorträgen auf GSAAM-Konferenzen werden solche Verfahren der Risikoermittlung der ÄrztInnenschaft vorgestellt. Der ärztliche Umgang damit ist zentraler Bestandteil von Weiterbildungsangeboten der GSAAM. Ein „Messplatz“ sollte entsprechend zur Grundausstattung jedes Anti-Aging-Instituts gehören (vgl. Kleine-Gunk 2005b).

Individuelle Risikoprofile als normative Basis der medizinischen Praxis

Durch die Testverfahren wird das Alterungsrisiko am Einzelnen konkretisiert. Das Ergebnis sind individuelle Risikoprofile der getesteten Personen, die in mehrerer Hinsicht die normative Basis der medizinischen Praxis bilden: Die Ermittlung der Risiken dient zunächst dazu, ärztliches Handeln an gesunden Personen überhaupt zu begründen. Sie sollen zudem eine individualisierte Behandlung ermöglichen. Denn anhand der Testergebnisse entscheidet die Ärztin oder der Arzt, welche Anti-Aging-Maßnahmen die Testperson ergreifen sollte, um die ermittelten Risiken besser managen zu können. In der Kommunikation mit den PatientInnen werden die durch die Risikodiagnostik ermittelten „Droh- und Frohwerte“ (Kleine-Gunk 2005b, S. 376) schließlich eingesetzt, um die Testpersonen zum individuellen Management ihrer gesundheitlichen Alterungsrisiken zu aktivieren. Die Risikodiagnostik ist zudem ökonomisch interessant für viele der im Umfeld der deutschen Anti-Aging-Medizin tätigen ÄrztInnen. Die meisten Testverfahren werden als sog. individuelle Gesundheitsleistungen (IGeL-Leistungen) angeboten, die von den Testpersonen privat zu zahlen sind.

Ein neuer Diagnoseraum zwischen krank und gesund

Für die Ermittlung gesundheitlicher Alterungsrisiken wird ein neuer „diagnostischer Raum" zwischen den herkömmlichen „Diagnosepolen" Krankheit und Gesundheit eröffnet (siehe Abbildung 2). Dieses ebenso voraussetzungs- wie folgenreiche Unterfangen funktioniert im Prinzip wie folgt:

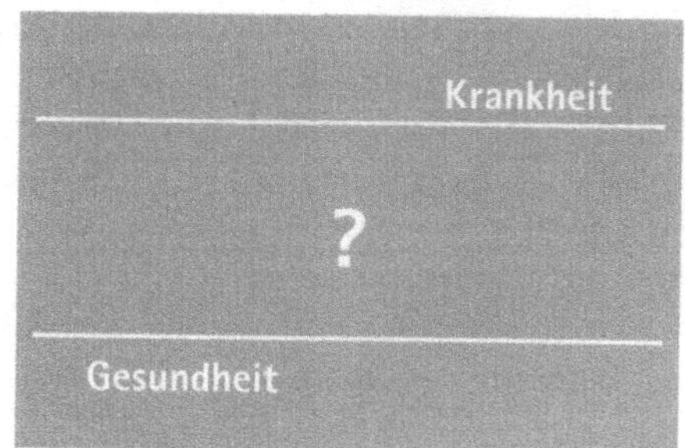

Abb. 2
Der diagnostische Raum der Risikokalkulation nach Wolf
Quelle: Wolf 2002, S. 30.

In einem Stadium, in dem die Testperson möglichst noch keine Symptome der Alterung zeigt, werden in dem graduellen Übergangsbereich zwischen Krankheit und Gesundheit körperliche, aber teilweise auch seelische und soziale Indikatoren gemessen, die darauf hindeuten, dass die getestete Person im Alter Krankheiten ausbilden wird. Es sind diese „Befunde im Zwischenraum von ‚Gesund' und ‚Pathologisch'„ die „Anlass für eine konkrete medizinische Prävention oder Intervention" (Wolf et al. 2003, S. 29) geben. „Ich guck den Patienten nicht an: Was hat er? Sondern: Was kriegt er […]. Um zu wissen, was er kriegen kann, mach ich viele Dinge", erläutert eine GSAAM-Medizinerin die „Pointe" der neuen Diagnostik.[20]

Ermittelt werden also präsymptomatische Vorboten kranken Alter(n)s. Hierin besteht ein zentraler Unterschied zu der in der Geriatrie einflussreichen „Frailty-Testung", bei der es sich um eine Früherkennung von Symptomen der Alterung handelt. Bei der Risikodiagnostik werden anhand der präsymptomatischen Vorboten schlechten Alter(n)s Prognosen der Güte des Alterungsverlaufs erstellt. Systematischer als in bisherigen Alterskonstruktionen wird eine Kategorie präsymptomatisch von krankem Alter(n) betroffener Menschen begründet. In dieser Konstruktion sind alle noch nicht (gänzlich) alten Menschen testungsbedürftig und die RisikoträgerInnen unter ihnen behandlungsbedürftig. Die Gruppe der von Alterung

20 Feldnotizen Workshop „Der Anti-Aging Patient", Hennig, 8. GSAAM Konferenz, München, 2008, P7:12.

„Betroffenen“ wird dadurch ausgeweitet und damit auch eine neue Zielgruppe der Anti-Aging-Medizin geschaffen. Die Gestaltung des Alter(n)s wird ein Stück weit ihres Altersbezugs enthoben. Denn Altersrisiken sind nicht nur bereits vor dem Auftreten erster Symptome ermittelbar, sondern schon in jungen Jahren.

Im Umfeld der deutschen Anti-Aging-Medizin wird die Erstellung der Risikoprofile als empirischer Vorgang dargestellt, bei dem es um die Erhebung einer „Ist-Situation“ (Interview P17:241) geht. Zahlreiche Messprobleme werden dabei auch kritisch diskutiert. Bei der Risikodiagnostik handelt es sich jedoch nicht nur um einen empirischen Messvorgang, sondern auch um einen normativen Vorgang, der bisher kaum als solcher thematisiert wird. Denn auch noch so präzise gemessene Werte können nur dann als (un)riskant bewertet werden, wenn auch eine ‚Soll-Situation‘ angenommen wird. Ihr Informationswert ergibt sich erst durch die Feststellung eventueller Abweichungen der Testergebnisse von dieser Norm. Bei der Ermittlung von Risikoprofilen wird darum immer auch eine Neukonzeption des Normalen vorgenommen.

Dabei handelt es sich nicht nur um ein theoretisches Problem. Diese normativen Fragen sind gerade auch für die medizinische Praxis von zentraler Bedeutung. Eines der drängendsten Praxisprobleme vieler BesucherInnen von GSAAM-Konferenzen ist es, Testergebnisse zu bewerten und in konkrete ärztliche Ratschläge zu überführen. „Was machen mit all diesen Informationen?“[21] beschreibt eine meiner Gesprächspartnerinnen die Lage. Wichtiger Bestandteil der Lehrtätigkeit wortführender GSAAM-ÄrztInnen ist vor diesem Hintergrund, ihre Neukonzeption des Normalen zu vermitteln und die entsprechenden Bewertungspraktiken einzuüben. Die in diesem Zusammenhang zahlreich auftretenden normativen Fragen werden dabei meist nicht ergebnisoffen diskutiert oder wissenschaftlich bearbeitet. In vielen Fällen werden sie autoritativ entschieden oder sind durch in Messgeräte eingeschriebene Normwerte technisch vorweggenommen.

Mehr Eigenverantwortung für gesundheitliche Alterungsrisiken

Ein Aspekt des Wissens über die Gestaltung des Alterns steht bisher weniger im Mittelpunkt der Diskussion über Anti-Aging: Das Behandlungskonzept geht mit einer klaren Verantwortungszuschreibung für gelingendes Altern einher. Die schlechte Wirklichkeit des Alter(n)s wird weniger als ein Problem ärztlicher Heilkunst oder biomedizinischer Ingenieurskunst dargestellt wie in anderen Anti-Aging-Kontexten, sondern als ein Problem mangelnder Verantwortung für gesundheitliche Alterungsrisiken. Viele meiner GesprächspartnerInnen machen ein doppeltes Verantwortungsproblem aus. Häufig und ausgiebig wird erstens kri-

21 Feldnotizen ESAAM Konferenz, Düsseldorf, 2008, P3:185.

tisiert, dass die (älteren) Menschen durch eine schlechte Lebensführung Krankheit im Alter mit verschulden würden. Als Ursachen ihrer schlechten Lebensführung werden fehlendes Wissen und Bewusstsein genannt. Vor allem wird aber ein wohlstandsbedingter Mangel an Eigenverantwortlichkeit für die Gesunderhaltung im Alter kritisiert. Im Gegensatz zu anderen Anti-Aging-Kontexten wird also nicht die passive Erduldung von Leiden des Alterns problematisiert, sondern eine individuelle Verschuldung kranken Alterns ausgemacht. Zweitens wird jedoch auch der Gesundheitspolitik mangelnde Verantwortlichkeit diagnostiziert. Die Politik gäbe zum einen uneinlösbare Versprechen einer vollen, umlagefinanzierten Gesundheitsversorgung im Alter. Zum anderen übernähme sie keine (finanzielle) Verantwortung für die systematische Etablierung von Prävention als vierte Säule des Gesundheitswesens, wie das Scheitern des Präventionsgesetzes der rot-grünen Regierung im Jahr 2005 zeige.

Angesichts dieses doppelten Verantwortungsproblems schlägt die GSAAM eine Neujustierung der Verantwortlichkeiten für gesundheitliche Alterungsrisiken vor: „Mediziner fordern mehr Eigenverantwortung und ein neues Verständnis von individueller Prävention," (N.N.] 2008: Gesunde zum Arzt!) ist die Schlagzeile einer Presseerklärung der Fachgesellschaft. Prävention sei „grundsätzlich als Lebensform denn als *[sic]* eine ‚Verordnung' zu begreifen." ([N.N.] 2007, S. 2). Jeder sollte „sozusagen als Gesundheitsmanager in eigener Sache" (Bleichrodt 2005, S. 16) Prävention betreiben. Der Eigenverantwortung für das Management gesundheitlicher Alterungsrisiken wird die Schlüsselrolle bei der Vermeidung individueller Leiden und gesellschaftlicher Kosten des Alterns zugesprochen. Die GSAAM bietet dem Einzelnen medizinische Dienstleistungen an, welche die Übernahme der Eigenverantwortung für gesundheitliche Alterungsrisiken erleichtern und optimieren sollen. „Anti-Aging verändert das Gesundheitswesen," war entsprechend der Titel der ersten Ausgabe des Journals der deutschen Anti-Aging-Medizin (Anti Aging for Professionals, 2005, Jg. 1, Bd. 1).

Nun ist Eigenverantwortung insgesamt im Zuge der neoliberalen Gesundheits- und Sozialpolitiken zu einem Schlüsselbegriff geworden. In dreierlei Hinsicht ist das Konzept von Eigenverantwortung im Umfeld der deutschen Anti-Aging-Medizin jedoch auf spezifische Weise zugespitzt: Unter Eigenverantwortung wird erstens nicht nur eine gesunde Lebensführung verstanden, sondern auch die finanzielle Eigenverantwortung für die Inanspruchnahme der selbstzuzahlenden Präventionsmaßnahmen der Anti-Aging-Medizin. Prävention gilt als eine „individuelle Maßnahme, die jeder für sich im Sinne von Eigenverantwortung auf eigene Kosten umsetzt." (Bleichrodt 2005, S. 16.) Zweitens wird die Stärkung gesundheitlicher Eigenverantwortung nicht lediglich als ein Aspekt gesundheitlicher Reformen verstanden, sondern häufig als der einzige Ausweg aus der Krise des Gesundheitswesens präsentiert. „Wo wir nichts an den Zuständen ändern können, bleibt uns die Freiheit, uns selbst zu verwandeln," (Druyen 2007, S. 285) heißt es beispielsweise um Journal der Anti-Aging-Gesellschaft.

Das Gebot zur Eigenverantwortung für gesundheitliche Alterungsrisiken ist jedoch nicht nur gesundheitsökonomischen Sachzwängen geschuldet. Sie wird drittens auch als eine gerechtere Form intergenerationeller Solidarität vorgeschlagen. Demnach ist es solidarischer, sich in gesunden Jahren auf eigene Kosten in eine Anti-Aging-Behandlung zu begeben, als im Alter umlagefinanzierte Krankheitskosten zu verursachen. Prävention erfährt dadurch eine starke sozialethische Verpflichtung und wird als eine „Dauer-Pflicht" ([N.N.] 2008b) oder gar als „staatsbürgerliche Pflicht" (Hennig 2005, S. 9) verstanden, die zu erfüllen eine „Bringschuld des Patienten" (Müller 2010, S. 3) sei.

Während der Einzelne also verstärkt in die Verantwortung für individuelle Alterungsrisiken genommen wird, kommt dem Sozialstaat in dem Konzept der Anti-Aging-MedizinerInnen lediglich die Verantwortung zu, seine BürgerInnen zum Risikomanagement zu aktivieren und den Gesundheitsmarkt für Selbstzahlerleistungen zu deregulieren. So wird beispielsweise gefordert, dass „sich die Gesundheitspolitiker endlich dazu durchringen [sollten], dem Bürger zu sagen, dass er für seine Gesundheit selbst verantwortlich ist." (Bleichrodt 2007)

3 Wie ist das Wissen über Alter(n) zu bewerten?

Wie ist das Wissen über Altern, das im Umfeld der deutschen Anti-Aging-Medizin handlungsleitend ist, nun zu bewerten? Bei der Bewertung sind mehrere Dimensionen zu betrachten, hinter denen jeweils sozialgerontologische Werte stehen:

Zunächst zur biomedizinischen Evidenz des Behandlungskonzepts. Auch für die sozialwissenschaftliche Anti-Aging-Kritik ist die Frage zentral, ob Anti-Aging nun eigentlich wirkt oder nicht. Der Anspruch der deutschen Anti-Aging-MedizinerInnen ist es, gesundheitliche Alterungsrisiken besser als bisher kalkulieren und managen zu können. Für die fokussierte genetische Risikodiagnostik ist dies in mehrerlei Hinsicht fraglich (vgl. Spindler 2014, S. 385ff). Jedoch steht insgesamt eine biomedizinische Kontroverse über die Evidenz der Risikodiagnostik sowohl innerhalb als auch außerhalb der Anti-Aging-Medizin aus. Dabei erweist sich die Evidenzprüfung aus verschiedenen Gründen schwieriger als häufig angenommen. Diese im besten Falle offene Evidenzlage findet in der Kommunikation des Behandlungskonzepts gegenüber ÄrztInnen und potentiellen AnwenderInnen kaum einen Widerhall.

Aber nicht nur auf biomedizinischer Ebene besteht ein Evidenzproblem. Das Konzept von Alterung als Risiko nimmt seinen Ausgang in stereotypen, negativen, auf den körperlichen Verfall und gesellschaftliche Kosten reduzierten Darstellungen der Wirklichkeit des Alterns. Dies widerspricht jedoch nicht nur sozialwissenschaftlichen Erkenntnissen über die Heterogenität der Lebenslagen älterer Menschen und über Stärken und Schwächen des Alterns. Die Darstellungen der Wirklichkeit des Alterns sind auch im Konflikt mit dem sozialgerontologischen Menschenbild, demzufolge der Mensch in seiner Multidimensionalität gedacht und behandelt werden sollte. Das negative Altersbild läuft zudem einem zentralen Wert des sozialgerontologischen Projekts entgegen: der gleichberechtigten Diversität von Lebensformen.

Die Vorstellung guten Alterns hingegen ähnelt auf den ersten Blick sozialgerontologischen Zielen: Nicht die Abschaffung des Alterns, sondern gesundes, funktionsfähiges Altern ist das Behandlungsziel. Allerdings ist der dahinterstehende Begriff von Lebensqualität im Alter deutlich verkürzter als in der Sozialgerontologie. Insbesondere psychische, soziale und politische Aspekte, die aus sozialgerontologischer Perspektive und auch aus der Perspektive älterer Menschen selbst, ein gutes Leben im Alter maßgeblich ausmachen, sind ausgeblendet. Zudem ist gesundes Altern nur eines der sozialgerontologischen Ziele. Neben der Förderung und Nutzung von gesundheitlichen Ressourcen im Alter geht es gleichermaßen auch um die gesamtgesellschaftliche Sorge für Schwächen des Alterns, die in der Anti-Aging-Medizin mit dem Versprechen, gesundheitliche Alterungsrisiken managen zu können, tendenziell delegitimiert wird. Mit einem auf Krankheitsfreiheit und Funktionsfähigkeit reduzierten Altersideal wird den vielen Menschen, die derzeit faktisch Schwächen des Alterns erfahren, zudem das Erreichen einer persönlich erfüllten und gesellschaftlich wertgeschätzten Altersphase zusätzlich erschwert.

Die präsymptomatische Kalkulation individueller gesundheitlicher Alterungsrisiken und ihr vorbeugendes Management sollen wirkliche Altersprävention ermöglichen und dadurch neue Handlungsräume eröffnen. An anderer Stelle werden Handlungs- und Deutungsmöglichkeiten dadurch jedoch auch eingeschränkt. Durch die Risikodiagnostik wird es schwerer, den Körper und die Lebensführung anders als unter dem Blickwinkel gesundheitlicher Alterungsrisiken zu betrachten. Denn das Risikomanagement sollte bereits in relativ jungen, gesunden Jahren beginnen und ist prinzipiell nicht abschließbar. Abweichende Lebensstile und Körpermerkmale lassen sich schwerer rechtfertigen. Auch dies läuft einer gleichberechtigten Diversität von Lebensformen entgegen.

Das Behandlungskonzept der deutschen Anti-Aging-Medizin ist explizit auch ökonomisch motiviert. Dass auch ökonomische Motive die medizinische Praxis leiten ist weder neu noch per se problematisch. Im Falle der deutschen Anti-Aging-Medizin ist jedoch eine dreifache Ökonomisierung von Gesundheitsförderung im Alter festzustellen, die sehr wohl problematisch ist, weil sie ohnehin ungleiche Verteilung ökonomischer Ressourcen noch einmal deutlicher zu Tage treten lässt. Erstens wird die Arzt-Patienten-Beziehung um eine Unternehmer-Kunden-Beziehung erweitert. Ökonomische Interessen erlangen dadurch größeren Einfluss auf die medizinische Praxis und werden nicht mehr im Gesundheitssystem, sondern in der Arztpraxis verhandelt. Eine grundlegendere Ebene der Ökonomisierung besteht zweitens darin, dass Gesundheit im Alter der deutschen Anti-Aging-Medizin zufolge insgesamt stärker als bisher als eine Ware verstanden werden sollte. Wenn Gesundheit im Alter zum Konsumgut wird, erfährt drittens die stark auf Gesundheit fokussierte Vorstellung guten Alterns eine Ökonomisierung.

Schließlich ist das spezifische Konzept von Eigenverantwortung für gesundheitliche Alterungsrisiken, das im Mittelpunkt des Behandlungskonzepts steht, aus mehreren Gründen problematisch. Das Risiko, im Alter krank zu werden und Leistungsnormen des mittleren Erwachsenenalterns nicht mehr zu entsprechen, liegt nämlich nicht so ausschließlich in der Verantwortung des Einzelnen, wie es im Konzept der deutschen Anti-Aging-Medizin suggeriert wird. Zudem sind die sozialen, psychischen und finanziellen Ressourcen, die für ein eigenverantwortliches Management gesundheitlicher Alterungsrisiken nötig sind, in der Gesellschaft sehr ungleich verteilt. Die Förderung und Nutzung gesundheitlicher Potentiale des Alterns lässt sich durchaus als ein Klugheitsgebot formulieren. Als eine „staatsbürgerliche Dauer-Pflicht" ist sie jedoch nicht plausibel zu begründen. Schließlich ist ein selbst zu zahlendes Management der eigenen gesundheitlichen Alterungsrisiken keine gerechtere Form intergenerationeller Solidarität als die umlagefinanzierte Sorge für Krankheit im Altern, sondern benachteiligt große Bevölkerungsgruppen.

4 Resümee

Was ist angesichts dieser Bedenken zu tun? Die vorliegende Untersuchung zielt nicht auf die Formulierung handlungsleitender Urteile. Dennoch wird an den aufgezeigten Problemen deutlich, auf welcher Ebene der Handlungsbedarf aus sozialgerontologischer Perspektive vor allem angesiedelt ist. Problemzugriffe auf Anti-Aging als Wissensform sind in erster Linie Plädoyers dafür, dass Anti-Aging nicht ohne seine gesellschaftlichen Bedingungen verstanden und entsprechend auch „behandelt" werden kann. Anti-Aging ist demnach nicht nur ein medizinisches Partikularfeld, das bei Regelverstößen staatlich reguliert werden muss. Anti-Aging-Methoden sind auch keine neutralen Medizintechniken, die erst in der

Anwendung problematisch werden können und entsprechend ausgestaltet werden müssen. Sozialwissenschaftliche Kritik an Anti-Aging ist immer auch Kritik an den gesellschaftlichen Bedingungen, die Anti-Aging anschlussfähig machen: an nach wie vor negativen und stereotypen Altersbildern, an aktivierenden Konzepten der Gesundheitsförderung und einer zunehmenden Ökonomisierung von gesundem Altern. Es ist das politische Fingerspitzengefühl, mit dem die deutsche Anti-Aging-Medizin an diese Diskurse anschließt und sie radikal zuspitzt, die das letztlich sehr kleine Feld zu einem interessanten Modell machen, um den aktuellen Umgang mit Gesundheit im Alter kritisch zu hinterfragen.

Literatur

[N.N.] (2007). Ergebnispapier Experten-Forum Prävention: Pressemitteilung zum 1. Europäischen Präventionstag (25.11.2007) http://gpev.eu/indexd5e8.html?id=34. Zugegriffen: 4.1.2012.

[N.N.] (2008a). „Sackgasse Reparaturmedizin – Hoffnung Prävention." Anti-Aging News 2(2) http://www.antiagingnews.net/gesundheitsvorsorge/wirkstoffe-der-praeventiv medizin/sackgasse-reparaturmedizin-hoffnung-praevention.html. Zugegriffen: 19.5.2010.

[N.N.] (2008b). „Prävention ist Dauer-Pflicht: Interview mit Alexander Römmler." Anti-Aging News 2(2) http://www.antiagingnews.net/gesundheitsvorsorge/wirkstoffe-der-praeventiv medizin/sackgasse-reparaturmedizin-hoffnung-praevention.html. Zugegriffen: 19.5.2012.

[N.N.] (2009). „Interview: Anti-Aging – Aussicht auf gesundes Altern: Wofür steht die Anti-Aging-Medizin heute?" Anti-Aging News (3) http://www.medcom24.de/content/ Interview-Anti-Aging-Aussicht-auf-gesundes-Altern. Zugegriffen: 4.1.2012.

Bleichrodt, Wolf (2005). „Präventionsversicherung – wohin führt die Reise? Private Präventionsversicherung oder staatliches Präventionsgesetz?" *Anti Aging for Professionals 1(2)*, 14-16.

Bleichrodt, Wolf (2007). Editorial. *Journal of Preventive Medicine 3(3+4)*, 271.

Druyen, Thomas (2007). Lebenszyklus im Umbruch *Journal of Preventive Medicine 3(3+4)*, 278-285.

Eichinger, Tobias (2011). Anti-Aging als Medizin? Altersvermeidung zwischen Therapie, Prävention und Wunscherfüllung In: Giovanni Maio (Hrsg.), *Altwerden ohne alt zu sein? Ethische Grenzen der Anti-Aging-Medizin.* (S. 118-155). Freiburg i. B. u. a.: Alber.

Fuchs, Peter (2008). Prävention: Zur Mythologie und Realität einer paradoxen Zuvorkommenheit In: Irmhild Saake & Werner Vogd (Hrsg.), *Moderne Mythen der Medizin. Studien zur organisierten Krankenbehandlung* (S. 363-378). Wiesbaden: VS, Verlag für Sozialwissenschaften.

Gruber, Christian & Johannes Huber (2003). „Altern: Genetische Aspekte und Polymorphismusdiagnostik" In: Bernd Kleine-Gunk & Wilfried Bieger (Hrsg.), *Anti-Aging. Moderne medizinische Konzepte* (S. 53-58). Bremen u. a.: UNI-MED Verlag.

Harder, Bernd (2009). „Alle reden von Prävention – wir machen sie: Interview mit Bernd Kleine-Gunk“ Ärztliche Praxis Prävention 2(3), 24-25.

Heiß, H. Wolfgang (2011). „Anti-Aging-Medizin und Geriatrie im Widerstreit für ein gutes Altern“ In: Giovanni Maio (Hrsg.), *Altwerden ohne alt zu sein? Ethische Grenzen der Anti-Aging-Medizin.* (S. 94-109). Freiburg i. B. u. a.: Alber.

Hennig, Claudia & Michael Klentze (2005). “Editorial” *Anti Aging for Professionals 1(1),* 3.

Hennig, Claudia (2005). Eine Zeitreise in die Realität: Claudia Hennig spricht mit Frank Schirrmacher *Anti Aging for Professionals 1(1)*, 6-9.

Jacobi, Günther (2005). Anti-Aging: Sinnbild, Sehnsucht, Wirklichkeit In: Günther Jacobi, & Nicole Baake (Hrsg.), *Kursbuch Anti-Aging* (S.2-13). Stuttgart u. a.: Thieme.

Katz, Stephen & Barbara Marshall (2004). Is the functional ‘normal’? Aging, sexuality and the bio-marking of successful living *History of the Human Sciences 17(1),* 53–75.

Katz, Stephen (1996). *Disciplining old age: The formation of gerontological knowledge.* Charlottesville: University Press of Virginia.

Katz, Stephen (2006). From chronology to functionality: Critical reflections on the gerontology of the body In: Jan Baars (Hrsg.), *Aging, globalization, and inequality. The new critical gerontology* (S. 123-127). Amityville, NY: Baywood.

Kleine-Gunk, Bernd (2003a). Wozu Anti-Aging? Vorwort und Danksagung. In: Bernd Kleine-Gunk & Wilfried Bieger (Hrsg.), *Anti-Aging. Moderne medizinische Konzepte* (S. 6-7). Bremen u. a.: UNI-MED Verlag.

Kleine-Gunk, Bernd (2003b). Alterungstheorien. In: Bernd Kleine-Gunk & Wilfried Bieger (Hrsg.), *Anti-Aging. Moderne medizinische Konzepte* (S. 18-24). Bremen u. a.: UNI-MED Verlag.

Kleine-Gunk, Bernd (2005a). Anti-Aging am Scheideweg. *Gynäkologie und Geburtshilfe 7(3)*,3.

Kleine-Gunk, Bernd (2005b). Anti-Aging: Institute und Sprechstunden. In: Günther Jacobi,& Nicole Baake (Hrsg.), *Kursbuch Anti-Aging* (S. 375-382). Stuttgart u. a.: Thieme

Kleine-Gunk, Bernd (2007a). Anti Aging zwischen Science und Fiction. Editorial. *Arzt & Prävention. Bd. 6, H. 2,* 3-4.

Kleine-Gunk, Bernd (2007b). Anti-Aging-Medizin: Hoffnung oder Humbug? *Deutsches Ärzteblatt 104 (28-29),* A2054-A2060.

Kleine-Gunk, Bernd (2008a). Editorial: Das Verstummen des Walter Jens. *Journal of Preventive Medicine 4(1),* 3-4.

Kleine-Gunk, Bernd (2008b). Johann Wolfgang von Goethe: Ein Beispiel für erfolgreiches Altern. *Journal of Preventive Medicine 4(2*), 133-135.

Kleine-Gunk, Bernd (2009). Individuelle Altersvorsorge. Ärztliche Praxis Prävention 2(1), 14-19.

Lehr, Ursula (2009). Langlebigkeit verpflichtet: Bewegungsförderung ohne Altersgrenze In: Karl-Josef Laumann (Hrsg.), *Prävention bis ins hohe Alter.* (S. 9-25) Sankt Augustin u. a.: Konrad-Adenauer-Stiftung,..

Müller, Otmar (2010). Für immer jung: Anti-Aging Medizin. Zahnärztliche Mitteilungen online (8): 26-34. http://www.zm-online.de/m5a.htm?/zm/8_10/pages2/titel1.htm Zugegrriffen: 2.1.2012.

Mykytyn, Courtney (2008). Medicalizing the optimal: Anti-Aging medicine and the quandary of intervention. *Journal of Aging Studies 22 (4*), 313-321.

Römmler, Alexander & Alfred Wolf (Hrsg.) (2002b). *Anti-Aging Sprechstunde. Teil 1: Leitfaden für Einsteiger.* Berlin: Congress-Compact-Verlag.

Römmler, Alexander & Alfred Wolf (2002a). Vorwort In: Römmler, Alexander und Alfred Wolf (Hrsg.). *Anti-Aging-Sprechstunde. Teil 1: Leitfaden für Einsteiger.* (S. VII-XII) Berlin: Congress-Compact-Verlag.

Römmler, Alexander, Markus Metka & Roland Ballier (2008). Anti-Aging am Scheideweg. Deutschsprachige Anti-Aging Fachgesellschaften distanzieren sich vom Düsseldorfer Anti-Aging Kongress: Presseerklärung (09. Sept. 2008) http://www.gsaam.de/Downloads/presse090908.pdf. Zugegrriffen: 25.8.2009.

Römmler, Alexander (2002). Einführung in die Anti-Aging Medizin In: Lothar Moltz, Alexander Römmler & Michael Klentze (Hrsg.), *AntiAging Medizin 2001. 1. Konferenz der GSAAM – German Society of Anti-Aging Medicine e. V.* (S. 5-11). Berlin: Congress-Compact-Verlag.

Rüegger, Heinz (2009). *Alter(n) als Herausforderung: Gerontologisch-ethische Perspektiven.* Zürich: TVZ, Theologischer Verlag.

Schicktanz, Silke & Mark Schweda (Hrsg.) (2011). *Pro-Age oder Anti-Aging? Altern im Fokus der modernen Medizin.* Frankfurt a. M.: Campus Verlag.

Spindler, Mone (2007). Neue Konzepte für alte Körper: Ist Anti-Aging unnatürlich? In: Heike Hartung, Christiane Streubel, Dorothea Reimuth & Angelika Uhlmann (Hrsg.), *Graue Theorie – Die Kategorien Alter und Geschlecht im kulturellen Diskurs* (S. 79-101) Wien: Böhlau.

Spindler, Mone (2014). *Altern ja – aber gesundes Altern: Die Neubegründung der Anti-Aging Medizin in Deutschland.* Wiesbaden: Springer VS.

Stöhr, Manfred (2005). *Die Wahrheit über Anti-Aging: Risiken erkennen – Chancen nutzen.* Frankfurt a. M.: Eichborn.

Vincent, John (2007). Science and imagery in the 'war on old age'. *Ageing and Society 27,* 941-961.

von Kondratowitz, Hans-Joachim (2003). Anti-Aging: Alte Probleme und neue Versprechen *Psychomed 15(3),*156-160.

von Kondratowitz, Hans-Joachim (2008). Alter, Gesundheit und Krankheit aus historischer Perspektive In: Adelheid Kuhlmey & Doris Schaeffer (Hrsg.), *Alter, Gesundheit und Krankheit.* (S. 64-81) Bern: Huber.

Wolf, Alfred, Florian Wolf & Georg Wolf (2003). Das Altern messbar machen" In: Bernd Kleine-Gunk & Wilfried P. Bieger (Hrsg.), *Anti-Aging. Moderne medizinische Konzepte* (S.25-31). Bremen u. a.: UNI-MED Verlag.

Wolf, Alfred, Georg Wolf & Florian Wolf (2005). Biologische Altersmarker, Vitalitätstests und Prävention. *Anti Aging for Professionals 1(1),* 30-35.

Wolf, Alfred (2002). Das Anti-Aging-Erstgespräch, Erstbefunde und Erstlabor In: Alexander Römmler & Alfred Wolf (Hrsg.), *Anti-Aging-Sprechstunde. Leitfaden für Einsteiger* (S. 25-38). Berlin: Congress-Compact-Verlag.

„Mein Leben ist ein Fortfahren von Eigenreparatur"

Der Körper im Zeichen des Anti-Aging

Larissa Pfaller und Frank Adloff

Unter dem Label „Anti-Aging" werden inzwischen vielfältige Anwendungen und Produkte angeboten, welche die Anzeichen des Alters verdecken, kompensieren oder ihnen vorbeugen sollen. Doch nicht nur die Schönheitsindustrie, sondern auch die Medizin nimmt das Alter(n) in den Fokus und dabei machen kosmetische Eingriffe wie Faceliftings oder Botoxanwendungen nur einen Teil des medizinischen Spektrums aus, verschreibt sich doch die Anti-Aging-Medizin in Deutschland vor allem der Prävention alterskorrelierter Krankheiten. Dass in der Analyse moderner Anti-Aging-Maßnahmen der menschliche Körper in den Blick gerät, mag nicht verwundern – ist er doch Zielscheibe kosmetischer Interventionen wie medizinischer Prävention. Soziologisch interessant wird der menschliche Körper allerdings nicht nur dadurch, dass an ihm konkrete Praktiken vollzogen werden, sondern vor allem, weil sich im Anti-Aging selbst bestimmte Körperkonzepte dokumentieren, die das Altern als prinzipiell medizinisch gestalt- und veränderbaren Prozess ausweisen. Die Bilder und Konzepte, welche uns damit über das Alter(n) vermittelt werden, bestimmen nicht nur den gesellschaftlichen Umgang mit alte(rnde)n Menschen, sondern beeinflussen und konstruieren – tief in unsere alltäglichen Praktiken eingeschrieben – sowohl unsere Körper- und Leiblichkeit, als auch unseren generellen Selbstbezug und damit fundamentale Elemente unserer Existenzweise.

In den Mittelpunkt der folgenden Analyse wollen wir dementsprechend die sich im Anti-Aging widerspiegelnden Körperkonzepte, also den „Körper im Zeichen des Anti-Aging" stellen. Hier soll die Annahme der Praxistheorie ernst genommen werden, dass jede Praxis die Körper, die an ihr teilhaben, mit-formt und sich hierbei die Körperlichkeit der Akteure nicht nur als widerständig, sondern auch als konstitutiv für eben diese Praktiken erweist. Stefan Hirschauer (2004) spricht in diesem Zusammenhang – in Anlehnung an Goffmans „Situationen und ihre Menschen" (1971) – von „Praktiken und ihren Körpern". In seiner Konzeption ist der Körper weder voraussetzungslos gegeben noch von Diskursen oder Praktiken vollständig konstruiert. Vielmehr erscheinen vieldimensionale Körper als Teilhaber an Praktiken und immer in Relation zu diesen (Hirschauer 2004, S. 75). Wir fragen in diesem Zusammenhang also danach, welche Körperkonzepte sich in im Alltag konkret ausgeführten Anti-Aging-Praktiken und in den diese Praktiken begleitenden Diskursen dokumentieren.[1]

Zunächst soll ein Überblick über das Phänomen Anti-Aging und die Ziele der Anti-Aging-Medizin gegeben werden. Nach einer kurzen Darlegung von Material und Methode – der Beitrag stützt sich auf narrative Interviews und Gruppendiskussionen (insgesamt 96 Teilnehmer/innen), die im Rahmen des BMBF-Projekts „Biomedizinische Lebensplanung für das Altern" erhoben wurden – wird die Frage nach den Körperkonzepten des Anti-Aging in drei Schritten beantwortet: Zunächst wird argumentiert, dass die Anti-Aging-Medizin den menschlichen Körper als gleichzeitig bedroht und bedrohlich konzipiert, indem sie Altern vor allem als Risikofaktor für alterskorrelierte Krankheiten versteht. Zweitens wird das aus dieser Konzeption resultierende doppelgesichtige Verhältnis zum eigenen Körper als Dialektik von Disziplin und Selbstsorge interpretiert. Drittens werden die Körperkonzepte des Anti-Aging mit der Gegenüberstellung von „Körper" und „Leib" theoretisch aufgeschlüsselt, indem gezeigt wird, welche Rolle das leibliche Spüren im Hier und Jetzt in der tagtäglichen Anwendung von Anti-Aging spielt. Schließlich plädieren wir dafür, die Wirkmacht des eigenleiblichen Spürens in der soziologischen Analyse nicht nur anzuerkennen, sondern systematisch einzubeziehen.

1 Was ist Anti-Aging?

Anti-Aging tritt uns vordergründig zwar zunächst als werbewirksames Label für eine ganze Palette an kosmetischen Produkten und Anwendungen entgegen, doch hat es auch als Anti-Aging-Medizin nicht zu unterschätzende Relevanz (vgl. Stuckelberger 2008): Spätestens mit der Gründung der *American Academy of Anti-Aging Medicine* (*A4M*) in den frühen 1990er Jahren[2], in deren Umfeld das Kunstwort

1 Wir gehen davon aus, dass es keinen fundamentalen Widerspruch zwischen einem praxistheoretischen und diskursanalytischen Vorgehen gibt. Diskurse sind auch als Praktiken zu begreifen, und zwar als Praktiken der expliziten Repräsentation im Gegensatz zu nicht-diskursiven Praktiken, die keine expliziten Aussagen über die Dinge machen (vgl. dazu Reckwitz 2008). In der Forschungspraxis überlappen sich beide Forschungsmethodologien ohnehin häufig.

2 Für die *A4M* kursieren unterschiedliche Gründungsdaten: unter http://www.worldhealth.net/about-a4m/ wird 1991, auf http://www.a4m.com/about-a4m-overview.html 1992

„Anti-Aging" überhaupt erst geprägt wurde, hat sich die Anti-Aging-Medizin als eine eigenständige medizinische Disziplin etabliert und institutionalisiert (Spindler 2014). Die *A4M* stellt hierbei Anti-Aging unter ein dezidiert biomedizinisches Forschungsprogramm:

> "The phrase ‚anti-aging,' as such, relates to the application of advanced biomedical technologies focused on the early detection, prevention, and treatment of aging-related disease. Anti-aging medicine complements regenerative medicine, as both specialties embrace cutting-edge biomedical technologies aimed at achieving benefits for both the quality and quantity of the human lifespan." (www.worldhealth.net)

Hierbei streicht die *A4M* vor allem das Potential innovativer Technologien wie der Stammzelltherapie, dem therapeutischen Klonen, der Gentechnologie und der Nanotechnologie heraus, welche – mit dem Ziel sowohl einer Verbesserung als auch einer Verlängerung des menschlichen Lebens – die Erforschung und Beeinflussung der zellulären und molekularen Grundlagen des menschlichen Alterungsprozesses bezwecken. Die *A4M* prägt mit ihrer Konzeption des Alter(n)s als behandelbarer „Meta-Krankheit" (ebd., S. 41) und dem damit verbundenen „war on aging" (de Grey 2004) seit ihrer Gründung die US-amerikanische Anti-Aging-Szene.

In den vergangenen Jahren hat sich die Anti-Aging-Medizin zunehmend auch in Europa ausgebreitet (Trüeb 2006, S. 91 f.). Die *Deutsche Gesellschaft für Prävention und Anti-Aging Medizin (GSAAM)* hat sich hierbei – nach dem offiziellen Bruch mit der amerikanischen Muttergesellschaft (Spindler 2014, S. 19) – vor allem der Prävention alterskorrelierter Krankheiten mit dem Ziel eines langen und gesunden Lebens verschrieben und kann sich damit umso mehr auf die Geltungsansprüche der rationalen Wissenschaften und die Autorität der institutionalisierten Medizin berufen. Mit dem Paradigma der Prävention adressiert sie zudem nicht zuletzt auch eine sehr junge Klientel – denn Vorbeugen kann man bekanntlich nie früh genug (vgl. Bröckling 2008). In der Rationalität der Prävention ist Alter(n) damit nicht nur ein mögliches Problem der späteren Lebensphasen – beispielsweise beim Übergang in den Ruhestand –, sondern wird zum ultimativen (medizinischen) Risikofaktor und Anti-Aging damit zum Mittel der Kontrolle der nun allzeit drohenden Gefahren des Alterns. Hierbei setzt die deutsche Anti-Aging-Medizin vor allem auf konventionelle Verfahren – allerdings mit einer vorgeschalteten individuellen Risikodiagnostik (Spindler 2014, S. 198 ff.).

Anti-Aging umfasst kosmetische Maßnahmen wie das Auftragen von Anti-Aging-Cremes oder das (Unter-)Spritzen von Botox (Botulinumtoxin) und Fillern (z. B. Hyaluronsäure, Kollagen oder Eigenfett) sowie Faceliftings, genauso wie Fragen

---

genannt. Daneben ist beispielsweise auf Wikipedia 1993 angegeben.

des Lebensstils (z. B. das Vermeiden von Rauchen, Alkohol, Übergewicht oder der regelmäßige Besuch von Vorsorgeuntersuchungen), der Ernährung (z. B. radikale Kalorienrestriktion) und Bewegung, das Einnehmen von Nahrungsergänzungsmitteln oder Hormonen (z. B. im Rahmen einer Hormonersatztherapie) bis hin zu medizinischen Utopien der radikalen Lebensverlängerung (de Grey / Rae 2010). Daneben existiert sowohl in der wissenschaftlichen – und zwar in der biogerontologischen (Vincent 2006) genauso wie in der ethischen und sozialwissenschaftlichen (Spindler 2014, S. 29 ff.) – Auseinandersetzung, als auch im alltäglichen Sprachgebrauch keine allgemein- und letztgültige Definition, welche Praktiken als Anti-Aging gelten können und welche nicht. Während im angloamerikanischen Sprachraum Anti-Aging im Alltag eher auch mit Anti-Aging-Medizin und im Speziellen vor allem mit Hormontherapie assoziiert wird, wird in der deutschen Alltagssprache Anti-Aging vor allem mit kosmetischen Maßnahmen oder Produkten und wenig mit genuin medizinischen Interventionen verbunden[3].

So unterschiedlich und mitunter kontrovers der Begriff Anti-Aging bzw. Anti-Aging-Medizin in verschiedenen nationalen, soziopolitischen, kulturellen oder praktischen Kontexten und von unterschiedlichen Akteuren – teilweise strategisch – auch verwendet wird (Mykytyn 2006; Spindler 2009), ist im Kern allen Zugangsweisen gemeinsam, dass sie Alter und Altern als Zielscheibe biomedizinischer Interventionen definieren und behandeln. Neben dieser gemeinsam geteilten Orientierung lässt sich die Fülle an Anti-Aging-Praktiken und -Definitionen unseres Erachtens nach idealerweise anhand ihrer Zielsetzungen systematisieren. Hier lassen sich (a) ästhetische Interventionen mit dem Ziel des Verhinderns oder des Korrigierens von sichtbaren Anzeichen des Alters und des Bewahrens bzw. der Herstellung eines jugendlichen Erscheinungsbildes, (b) die Prävention oder Behandlung von alterskorrelierten Funktionsstörungen, Beschwerden oder Krankheiten mit dem Ziel des Erhaltens bzw. der Herstellung von Gesundheit und (c) die Verlängerung des Lebens – als Verlängerung der individuellen Lebenserwartung, der Ausdehnung der menschlichen Lebensspanne oder der Abschaffung des Alterungsprozesses per se – unterscheiden (nach: Pfaller / Schweda, im Erscheinen):

a. Jugendliches Erscheinungsbild: Ästhetische Interventionen umfassen beispielsweise Falten-Behandlungen mit Botox oder das Unterspritzen mit Fillern, Lasertherapien gegen sogenannte Altersflecken, chemische Peelings oder

3 Bei der Rekrutierung sowie in den Interviews und Gruppendiskussionen, die als Datengrundlage für diesen Artikel dienen, wurde dieser Tatsache Rechnung getragen, indem immer auch explizit von „präventivmedizinischen Maßnahmen" gesprochen wurde, um diesen Bedeutungsgehalt des Anti-Aging ebenso abzudecken.

chirurgische Eingriffe wie Faceliftings. Darüber hinaus bietet so manche Anti-Aging-Klinik „ganzheitliche" Angebote an, die sowohl Schönheits- und Pflegeanwendungen als auch Ernährungs- und Lifestyle-Programme für ein jugendliches und attraktives Aussehen umfassen. Daneben ist Anti-Aging ein werbewirksames Label für eine breite Palette von Schönheitsprodukten und -maßnahmen wie die bekannten Gesichtscremes, aber auch für Shampoos, Zahnpasta oder spezielle Angebote wie Anti-Aging-Yoga.

b. Gesundheit: Die zweite systematisch zu unterscheidende Kategorie an Anti-Aging-Anwendungen zielt auf die Verhinderung oder Behandlung von Altersbeschwerden sowie von alterskorrelierten Funktionsstörungen und Krankheiten. Dies beinhaltet das Einnehmen von Medikamenten (z. B. Viagra) ebenso wie das von Hormonen (z. B. Wachstumshormone (HGH) oder Dehydroepiandrosteron (DHEA), eine Vorstufe menschlicher Sexualhormone, welche dazu beitragen sollen, Muskelmasse und Knochenstruktur zu erhalten). Darüber hinaus wird in erster Linie auf Prävention gesetzt, um ein gesundes Altern zu ermöglichen und jugendliche Fitness und Leistungsfähigkeit zu erhalten. Hierzu gehören vor allem Fragen des persönlichen Lebensstils wie Sport und gesunde Ernährung, aber auch geistige Fitness, das regelmäßige Besuchen von Vorsorgeuntersuchungen und das Vermeiden von Alkohol, Rauchen und Übergewicht.

c. Lebensverlängerung: Die Verlängerung des Lebens kann sowohl darauf zielen, die individuelle Lebenserwartung, als auch die generelle biologische Lebensspanne des Menschen zu verlängern. Große Erwartungen werden hier in die Methode der radikalen Kalorienrestriktion (CR) gesetzt, eine diätetische Maßnahme, die durch eine extrem reduzierte Kalorienaufnahme den biologischen Alterungsprozess verlangsamen soll. Daneben kommen auch hier Medikamente zum Einsatz, sei es in der Anwendung von Hormonen (z. B. Melatonin, Östrogen oder Testosteron) oder von Nahrungsergänzungsmitteln (wie Vitamine, Antioxidantien, oder „functional food"). Die Möglichkeit radikaler Lebensverlängerung oder der Kreation biologischer Unsterblichkeit durch die Verlangsamung, das Aufhalten oder gar die Umkehrung des Alterungsprozesses gehören bisweilen allerdings in das Reich der medizinischen Utopien. Diese Ansätze berufen sich in erster Linie auf die biologische Alters-Forschung, die Alterungsprozesse beispielsweise durch die Verkürzung von Telomeren, der Freisetzung von freien Radikalen als Nebenprodukt des Stoffwechselprozesses in den Mitochondrien oder Zellprozessen wie der Apoptose vermutet, und setzen daher auf Zell- oder Gentherapien, um die Lebensspanne des Menschen weit über die Grenze von 120 Jahren zu verlängern.

2 Material und Methode

Im Rahmen des vom BMBF-geförderten Verbundprojekts „Biomedizinische Lebensplanung für das Altern – Werte zwischen individueller ethischer Reflexion und gesellschaftlicher Normierung“[4] wurde, neben der Rekonstruktion von Expertendiskursen in Deutschland, vor allem die Bedeutung von Anti-Aging im Alltag der Anwender/innen fokussiert (vgl. Pfaller 2016; Schweda / Pfaller 2014). Hierzu wurden in den Jahren 2011 und 2012 in mehreren deutschen Städten (z. B. Berlin, München, Erlangen, Göttingen, Leipzig) 12 Fokusgruppen und 20 narrative Interviews (insgesamt 96 Teilnehmer/innen) mit Anti-Aging-Anwender/innen und am Thema interessierten Personen durchgeführt.

Alle Teilnehmer/innen wurden über Flyer, Aufrufe in einschlägigen Online-Foren und auf relevanten öffentlichen Veranstaltungen – etwa auf Messen zum Thema Alter(n) und Gesundheit – sowie über das Schneeballverfahren angesprochen. Bei der Auswahl der Gesprächspartnerinnen und -partner wurden im Sinne des Theoretical Sampling der Grounded Theory (Glaser / Strauss 2009) die Prinzipien des minimalen und maximalen Kontrastes angewendet. Durch das Suchen möglichst ähnlicher Fälle auf der einen und möglichst kontrastierender Fälle auf der anderen Seite sollte sowohl eine ausreichende Spezifizierung als auch eine möglichst umfassende Beschreibung des Feldes gewährleistet werden. Auf diese Weise erfolgte die Erhebung der Daten parallel zu ihrer Interpretation, wobei zusätzliche Fälle gesucht und einbezogen wurden, bis eine empirische Sättigung eintrat, so dass unterschiedliche individuelle Ansichten, Situationen und Hintergründe in den Gesprächen zum Tragen kommen konnten. Die ungleiche Verteilung auf die Geschlechter (60 Frauen, 36 Männer) ist den bekannten Geschlechtsunterschieden geschuldet, sowohl hinsichtlich der Bereitschaft zur Teilnahme an Gruppendiskussionen als auch des Interesses am Themenfeld „Prävention und Lebensplanung“. Die Teilnehmer/innen waren zwischen 20 und 85 Jahre alt (Mittelwert 56), hatten unterschiedliche

4 Das Ziel des interdisziplinären Verbundprojekts der Medizinethik an der Universitätsmedizin Göttingen und der Soziologie an der FAU Erlangen-Nürnberg war es, die Bedeutung der wachsenden Möglichkeiten der Biomedizin für die Lebensplanung im Hinblick auf Altern und Sterben besser zu verstehen. Hierzu wurden zwei Leitpraktiken – die Patientenverfügung und Präventions-/Anti-Aging-Medizin – betrachtet. Neben der für diesen Artikel relevanten Analyse des Alltags der Anwender/innen wurden zudem der Diskurs und die institutionelle Rahmung der Praktiken rekonstruiert (Dokumentenanalysen, Experteninterviews, Teilnehmende Beobachtungen an Kongressen und Veranstaltungen). Am Projekt waren beteiligt: Silke Schicktanz, Frank Adloff, Mark Schweda, Larissa Pfaller und Kai Brauer. 2010-2014, Förderkennzeichen: 01GP1004. Siehe auch: www.biomedizinische-lebensplanung.uni-goettingen.de.

Bildungsgrade sowie berufliche und sozioökonomische Hintergründe und kamen aus geographisch (West-Ost, Süd-Nord) wie strukturell (ländlich wie städtisch) unterschiedlichen Regionen Deutschlands.

Bei der Auswahl der Teilnehmer/innen der Interviews und Fokusgruppen war uns eine möglichst große Offenheit wichtig, um das Thema Anti-Aging nicht schon von Anfang an auf eine Altersgruppe, Geschlechtszugehörigkeit oder auf bestimmte Praktiken einzuschränken. Für die Teilnahme entscheidend war daher zunächst nur die Selbstdefinition der Teilnehmer/innen als „Anti-Aging-Anwender/innen" bzw. -Interessierte, unabhängig davon, was sie konkret unter Anti-Aging verstanden.

Die Fokusgruppen wurden entlang eines teilstrukturieren Leitfadens moderiert, der sowohl Fragen zur Praxis und Bedeutung von Anti-Aging- und Präventionsmaßnahmen, als auch Szenarien zu Chancen und Risiken der Lebensverlängerung enthielt. Die Diskussionen und Interviews wurden aufgezeichnet, transkribiert und anonymisiert. Die Pseudonyme der Sprecher/innen lassen lediglich das Geschlecht (Herr/Frau) und das Lebensalter (in Klammern nach dem Pseudonym) erkennen.

Fokusgruppen wie Interviews wurden mit der Methode der komparativen Sequenzanalyse (Nohl 2009) analysiert, welche auf die Rekonstruktion der im diskursiven Verlauf entstehenden Bedeutungsstrukturen abzielt. Sie stützt sich hierbei auf die Grundannahmen der dokumentarischen Methode, welche eine Einzelaussage als Dokument übergreifender Orientierungsmuster versteht, die im eigentlichen Interesse der Interpretation stehen und welche durch eine Rekonstruktion des Rahmens, innerhalb dessen eine Aussage überhaupt erst getroffen werden kann, herausgearbeitet werden. (Bohnsack 2008, 2012) Dieses Vorgehen ermöglicht für unsere Fragestellung, die hinter einzelnen Aussagen stehenden Körperkonzepte zu rekonstruieren, die sich – so die methodologische Annahme – im Möglichkeitsraum und der sequentiellen Abfolge des Alltagsdiskurses in den Interviews und Gruppendiskussionen dokumentieren.

3 Körperkonzepte des Anti-Aging

Im Folgenden sollen wesentliche Bestandteile des Körperkonzeptes bzw. der Körperkonzepte im Anti-Aging vorgestellt werden: Zum einen wird dargelegt, warum der Körper im Anti-Aging als gleichzeitig bedroht und bedrohlich erscheinen muss. Zum anderen wird das hieraus resultierende Verhältnis zum eigenen Körper als durch die Wechselseitigkeit von Disziplin und Selbstsorge charakterisiert. Anschließend werden die Körperkonzepte des Anti-Aging mit der Gegenüberstellung von „Körper" und „Leib" theoretisch aufgeschlüsselt, indem gezeigt wird, welche

Rolle das leibliche Spüren im Hier und Jetzt in der tagtäglichen Anwendung von Anti-Aging spielt.

Der gleichzeitig bedrohte und bedrohliche Körper

In der deutschen Anti-Aging-Medizin nimmt der Begriff des Risikos eine zentrale Bedeutung ein. Im Gegensatz zur amerikanischen Muttergesellschaft definiert die *GSAAM* Altern nicht als Meta-Krankheit, sondern als Risikofaktor alterskorrelierter Krankheiten und so erklärt sie, „Alterungsprozesse als den wesentlichen Risikofaktor für die gängigen Volks- und Zivilisationskrankheiten identifiziert" (www.GSAAM.de) zu haben. Anti-Aging wird in dieser Logik vor allem als Präventionsmedizin verstanden und Altern als biologischer Prozess gedeutet, der als körperlicher Abbau oder als Anhäufung von Fehlern bei der Zellteilung interpretiert wird. In Formulierungen wie „Hormonersatztherapie" oder „Supplementierung" (vom Lateinischen „supplere": ergänzen, ersetzen) als wichtiger Bestandteile der modernen Anti-Aging-Medizin wird der Körper im Lichte eines möglichen Mangels an Hormonen oder Nährstoffen und somit als grundsätzlich von Defiziten bedroht und degenerativ betrachtet. Die Entwicklung des Körpers im Prozess des Alterns wird hier generell als Verfall gedeutet und muss somit abgewendet werden. Daraus ergibt sich fast zwangsläufig die Verantwortung der Medizin, das Altern als solches als Angriffsfläche zu wählen. Und so drückt sich bereits im Kunstwort „Anti-Aging" der von der Biomedizin geführte Kampf gegen das Altern aus. Inzwischen lässt sich auch eine werbestrategische Suche nach alternativen Begriffen beobachten, die den negativ konnotierten Begriffsbestandteil „Anti-" umgehen und somit den Anschein von Altersfeindlichkeit zu vermeiden hoffen. Dabei sind Begriffe wie Pro-Age, Reverse- oder Down-Aging entstanden und sogar der antiquierte Begriff der Verjüngung ist wieder in Erscheinung getreten. So wurde das 1998 gegründete *Journal of Anti-Aging Medicine* bereits 2004 in *Rejuvenation Research* umbenannt. Doch konnte bisher keine dieser Wortschöpfungen den Begriff des Anti-Aging als erfolgreichen Marketingbegriff wieder ablösen. Auch die Anwender/innen selbst beschreiben den Umgang mit dem eigenen Altern in Metaphern des Kampfes und der Abwehr, doch richten sich diese in der Alltagswelt konkret gegen die als sichtbare Symptome des Alters gedeuteten Entwicklungen des Körpers:

> *[Ich] möchte natürlich die Alterserscheinungen, die wohl oder übel auftreten, möglichst gut kontrollieren und auch hintanhalten.* – Frau D (56) Interview

> *Ja und so gibt es dann eben auch Dinge, die man zwar durch Lifestyle und richtige Ernährung und Sport beherrschen kann, aber es gibt eben auch Veränderungen, wie eben Falten, die eben auftreten, wo man dann durch so*

Maßnahmen wie Botox oder Filler-Unterspritzung dagegen ankämpfen muss.
– Frau D (56) Interview

Die „*Alterserscheinungen*", treten „*wohl oder übel*" auf, sie können also nur verzögert und nie vollständig verhindert werden. Diese Bereiche, die als durch das eigene Verhalten nicht beeinflussbar erscheinen („*die eben auftreten*"), erfordern daher zusätzliche Maßnahmen. Neben dem Beherrschen der eigenen Physis tritt so der Kampf gegen körperliche Veränderungen. Die Abwehrhaltung des Anti-Aging richtet sich so auf der einen Seite gegen die Risiken der Zukunft und auf der anderen Seite gegen den Verfall des eigenen Körpers.

In der Anti-Aging-Medizin wird Altern indes nicht nur als statistischer Risikofaktor verstanden, sondern gleichzeitig der individuelle Körper als der Ort bestimmt, von dem diese Risiken ausgehen. So ist der alternde Mensch in der Anti-Aging-Medizin selbst Träger individuell bestimmbarer Risikofaktoren, die dem eigenen Körper als biologische Disposition zugeschrieben werden:

> „Zu einer fundierten Anti-Aging-Beratung gehört eine gründliche Diagnostik mit einem ausführlichen *Anamnese*-Gespräch, um Auskunft über Lebensstil und familiäre (ererbte) Risiken zu erfassen. Hinzu kommt eine ausführliche individuelle Diagnostik (Gesundheits- und Leistungsdiagnostik), mit der die Funktionalität der Organe ermittelt wird. Mittels Labortests wird der Hormonstatus, das körpereigene Schutzpotential gegenüber niedrigschwelliger Entzündungen, mögliche ererbte Risikofaktoren (Gendiagnostik) und überschießender pro-oxidativer Stoffwechsellage ermittelt." (www.GSAAM.de)

In diesem Zitat wird neben der Verortung des Risikos im individuellen Körper auch die in der Präventionslogik typische Individualisierung und Responsibilisierung deutlich: Die Anti-Aging-Medizin weist hier neben körperlichen Dispositionen die individuelle Lebensführung als Grundvoraussetzung eines gesunden Lebens und Alterns aus. So wird die Gestaltung (zukünftiger) Gesundheit individualisiert und der Verantwortung der und des Einzelnen übereignet. Im Zuge dieser Verantwortungsübertragung werden alle Individuen – also nicht nur die kranken, sondern auch die gesunden – dazu aufgerufen, sich kritisch, eigeninitiativ und selbstverantwortlich schon mit Krankheitsrisiken und darüber hinaus mit der generellen Verbesserung der eigenen Gesundheit und der Perfektionierung ihrer Körper auseinanderzusetzen und sich beständig zu bemühen, selbst kompetent und informiert zu sein. Dieser "will to health" (Rose 2001, S. 6) beinhaltet die Verpflichtung, die eigene Gesundheit zu überwachen und zu managen: "Every citizen must now become an active partner in the drive for health, accepting their responsibility for securing their own well-being" (ebd.; siehe auch: Cardona 2008). Doch steht dieser Forderung nach gesundheitlicher Eigenverantwortung die letztgültige Autorität medizinischer Expertise gegenüber, welche sich ebenso im obigen Zitat dokumentiert: Die Medizin verfügt über eigene fundierte diagnostische Verfahren, welche sich auf wissenschaftliche Objektivität stützen und diese (re-)produzieren, während dem Individuum keine vergleichbaren Werkzeuge zur Verfügung stehen und es in der Bestimmung und Beeinflussung von Risikofaktoren stets auf die Expertise und die Verfahren der Medizin angewiesen ist.

Auch für die Anwender/innen erscheint der eigene Körper nicht nur als permanent bedrohter, sondern durch die Rahmung des eigenen Alterns als biologischer Prozess gleichzeitig als bedrohlicher Körper, da er die Risiken für alterskorrelierte Krankheiten selbst in sich trägt:

> *Also was ich wirklich gefühlsmäßig erhoffe, ist wirklich möglichst lange zu leben, vielleicht auch ein bisschen mein genetisches Programm zu overwriten*
> – Herr I (32) Interview

Der eigene Körper erscheint hier beim Wunsch auf ein langes Leben als Variable, die nicht nur berücksichtigt werden muss, sondern durch Anti-Aging auch ausgeglichen werden kann.

Wenn Altern als Risikofaktor verstanden wird, erscheint der Körper des Anti-Aging als gleichzeitig bedroht und bedrohlich, da er immer auch biologischer Träger der Risiken ist, denen er ausgesetzt erscheint. Der Kampf gegen das Altern im Anti-Aging zielt so im Alltag der Anwender/innen zwar immer auf den Erhalt oder die Optimierung des Körpers, richtet sich aber auch gegen den eigenen Körper selbst bzw. gegen die Veränderungen des eigenen Körpers. Im Folgenden soll dieser Doppelcharakter des Umgangs mit dem Körper im Anti-Aging als Dialektik von Disziplin und Selbstsorge genauer betrachtet werden.

Der Körper zwischen Disziplin und Selbstsorge

Nicht selten sind mit Anti-Aging Praktiken verbunden, die im täglichen Leben als anstrengend und aufwendig erlebt werden, etwa regelmäßiger Sport, der Verzicht auf bestimmte Lebensmittel oder strikte Kalorienrestriktion. Und so beschreiben die Anwender/innen nicht nur ihre Praktiken, sondern auch, wie sie sich selbst immer wieder disziplinieren müssen, um diese regelmäßig durchzuführen. So erlebt Frau D ihr morgendliches Sportprogramm als etwas, zu dem sie sich täglich neu überwinden und zwingen muss und damit als Ausdruck von Selbstdisziplin:

> *Wobei ich sagen muss, dass meine Disziplin, mich selbst betreffend, sehr stark zugenommen hat, sowohl was Ernährung betrifft, wie auch was Sport betrifft.*

> *[...] Und für mich ist das schon Disziplin, jahraus jahrein um sechs Uhr früh bei Regen, bei Dunkelheit, im Winter aufzustehen oder in der Kälte und raus zu gehen. Dann kommt natürlich dazu, dass man ab einem gewissen Alter auch mit Gewichtsproblem zu kämpfen hat, wo man noch so zurückhaltend und gesund sich ernährt, man nimmt trotzdem zu und auch hier hilft halt der Sport, dass das so halbwegs unter Kontrolle bleibt.* – Frau D (56) Interview

Die Selbstdisziplin dokumentiert sich hier in der Metapher des Kampfes („*kämpfen*") gegen Veränderungen des eigenen Körpers. Selbstdisziplin bedeutet neben der bewussten Setzung von regelmäßigen Handlungen auch die „*Kontrolle*" des eigenen Körpers. Diese spielt sich auf verschiedenen Ebenen ab:

> *Und dann sind wir also bei der nächsten Disziplin: Ernährung. Ich esse zum Beispiel kein Weißbrot mehr oder überhaupt ganz wenig Brot. Ich versuche also wirklich mich nach den Ernährungsrichtlinien, wie sie der Herr Professor Pape*[5] *propagiert, zu halten. Natürlich passieren manchmal kleine Sünden, aber grundsätzlich bin ich da schon sehr bewusst.* – Frau D (56) Interview

Der Körper unterliegt hier einer Disziplinierung entlang der Regeln des wissenschaftlich-rationalen Wissens der Medizin („*Ernährungsrichtlinien*"), welche den Körper anhand von Kennwerten wie BMI oder Cholesterinspiegel objektiviert und damit nicht nur vermessbar, sondern auch bewertbar macht. Gleichzeitig beschreiben die Anwender/innen des Anti-Aging ein intensives Beschäftigen mit sich selbst nicht nur als objektive „Vermessung", sondern auch mit der Metapher des In-Sich-Hineinhörens:

> *Und das ist so dieses In-Mich-Hineinhören. Das hab ich früher nicht gemacht, da hab ich alles übergangen. Okay, vielleicht liegt es daran, dass ich jetzt mehr Zeit habe, mich und meinen Körper halt auch wahrzunehmen. [...] Klar, es gibt ganz viele Menschen, die Raubbau mit ihrer Gesundheit treiben. Aber wie gesagt, das obliegt ja jedem selber. Jeder ist für sich selber verantwortlich, der Meinung bin ich schon. Und dass er dann auch entsprechend für sich sorgt und was für sich macht, egal in welchem Rahmen.* –Frau C (56) Interview

Dieser individualistische und bewusste Umgang mit sich selbst und dem eigenen Körper („*wahrnehmen*" im Gegensatz zu „*übergangen*") entspricht nicht nur einer

5 Detlef Pape ist Herausgeber zahlreicher Diätbücher mit Titeln wie *Schlank im Schlaf*, *Satt-Schlank-Gesund* oder *Die Hormonformel*.

Disziplinierung, sondern auch der Deutung des Kümmerns und der Selbstsorge („*für sich sorgt*“ im Gegensatz zu „*Raubbau*“). So erscheint der Körper in der Umsetzung der Praxis Anti-Aging also auch als kostbar und schützenswert. Diese intensive Beschäftigung mit sich selbst, welche sich im In-Sich-Hineinhören dokumentiert, macht deutlich, dass Anti-Aging nicht nur eine disziplinierende, sondern auch eine selbstsorgende Haltung zum eigenen Körper mit sich bringt. Gleichzeitig werden Disziplin und Selbstsorge auch ins Verhältnis zueinander gesetzt:

> *also ich bin aber auch so, dass ich sage, wenn's mir jetzt nicht gut geht und ich bin erkältet so wie heute und ich merke, das [Joggen] geht zu sehr aufs Kreislaufsystem, also ich bin keine, die es um jeden Preis macht. Dann fahr ich eben auch zurück und bin dann eben die Hälfte der Strecke spazieren gegangen, flott. Und ich bin ja prinzipiell jemand, der so der Meinung ist, man muss schon auf seinen Körper aufpassen auch ein bisschen reinhorchen und wenn halt irgendwo was zwickt, dann sollte man nicht einfach weitermachen.* – Frau G (39) Interview

Im Zitat wird deutlich, dass die beiden Forderungen des Anti-Aging – Selbstsorge und Selbstdisziplin – auch gegeneinander abgewogen werden müssen. So wird die Selbstdisziplin auf der einen Seite aufrechterhalten, indem Frau G auch an Tagen, an denen sie sich selbst nicht „*fit*“ fühlt, ihren Sportplan einhält. Doch geschieht dies nicht „*um jeden Preis*“. Der von der Selbstdisziplin geforderte Körperbezug wird durch den der Selbstsorge gleichsam abgefedert. So gilt es, neben der Selbstüberwindung auch eine achtsame Haltung sich selbst und dem eigenen Körper gegenüber einzunehmen und daraus auch Konsequenzen zu ziehen („*aufpassen*“, „*reinhorchen*“, „*nicht einfach weitermachen*“). Frau G bringt die beiden Handlungsmuster sozusagen in einen Dialog, wägt sie gegeneinander ab und findet einen Kompromiss („*bin dann eben die Hälfte der Strecke spazieren gegangen, flott*“).

Die Deutungs- und Handlungsmuster Selbstsorge und Selbstdisziplin sind also in zweifacher Weise auf einander bezogen: Einmal als gegenseitige Bedingung – so ist die Selbstdisziplin eine Voraussetzung für die Selbstsorge – und einmal als widerstreitende Muster, die im Alltag abgewogen und abgestimmt werden müssen – so darf weder laissez faire noch übertriebene Härte gegen sich und den eigenen Körper die Überhand gewinnen.

Körperlichkeit und leibliches Spüren im Anti-Aging

In diesem Ausgleich zwischen Disziplin und Selbstsorge spielt schließlich das eigenleibliche Spüren eine entscheidende Rolle. Die Anwender/innen ergreifen immer wieder auch die Möglichkeit, den Forderungen der Anti-Aging-Medizin ein

Wohlfühlen im Hier und Jetzt entgegenzusetzen, lehnen bspw. bestimmte Praktiken für sich selbst ab, oder versuchen, ihnen einen Nutzen für den Moment abzugewinnen. So urteilt Frau D abschießend über ihr morgendliches Sport-Programm:

> *Aber es lohnt sich und ich fühle mich einfach wohl und ich bemerke auch, dass sich während des Joggens Probleme, die ich mit mir herumtrage, irgendwo in Wohlgefallen auflösen oder mir Lösungen einfallen. Also es ist wirklich auch eine geistige Reinigung und eine gewisse Befreiung. Insofern mach ich das auch weiter.* – Frau D (56) Interview

Während Frau D das Anti-Aging-Programm in ihren Alltag darüber integrieren kann, dass sie ihm auch einen Nutzen für das Hier und Jetzt abgewinnt, setzt Herr B der medizinischen Rationalität des Anti-Aging die Urteilskraft des eigenen Erlebens als körperlich-leiblicher Erfahrung eher entgegen, als dass er sie mit ihr in Einklang bringt:

> *Ich denke, ganz wichtig ist einfach der Wohlfühlfaktor. Ich habe genügend Bekannte, die fast schon sklavisch zum Laufen gehen und meinen, sie müssen jetzt wahnsinnig gesund leben, was vielleicht sein mag. Aber ob sie damit ihrer Lebenszufriedenheit etwas Gutes tun, das wage ich zu bezweifeln, wenn man sich in diese engen Korsetts oder diese engen Schienen da reinpasst. Also mir wird immer nachgesagt, dass ich sehr ruhig und ausgeglichen wäre. Ich glaube nicht, dass ich das wäre, wenn ich ein dünner Hering wäre, zum Beispiel. Also ich würde sagen: ein dickes Fell, an dem viel abprallt, was ich auch brauche oder was mir gut tut.* – Herr B (41) Fokusgruppe

Herr B macht mit Einführung des „*Wohlfühlfaktors*" eine radikal erfahrungsorientierte und individualistische Perspektive stark, die „Gut-Fühlen" einem am medizinischen Wissen orientierten „Gesund-Leben" gegenüberstellt. Die eigenen Bekannten dienen als negativer Gegenhorizont. Gesunder Lebensstil wird als „*Korsett*" und als auf „*engen Schienen*" laufend erlebt. In dieser Sichtweise gäbe es nur einen richtigen gesunden Lebensstil, der „*sklavisch*" eingehalten werden muss. Gesunder Lebensstil ist hier Ausdruck von Zwang und Normierung und medizinisches Anti-Aging-Wissen wird gleichsam als unpassender Übergriff empfunden. Dem gegenüber steht die eigene Lebenszufriedenheit, die gerade durch die Abweichung vom normierten Gesund-Leben erfahren wird. Was man selbst „*braucht*" und was einem „*gut tut*" kann eben nicht aus allgemeinen Gesundheitsregeln abgeleitet werden, sondern muss zur je eigenen Konstitution und den eigenen Lebensumständen passen. So wird das Fühlen und leibliche Spüren im Hier und

Jetzt zu einer wichtigen Facette im Körper des Anti-Aging, welches den Zielen des Anti-Agings (jugendliches Aussehen, Gesundheit und langes Leben) nicht völlig untergeordnet werden darf.

Die zur Durchführung von vielen Anti-Aging-Praktiken nötige Selbstdisziplinierung geschieht somit nicht nur als Zwang, sondern erfüllt gleichzeitig die Funktion einer Selbst-Schöpfung. Auch in Bezug auf die in der Literatur bereits beschriebene (vgl. Featherstone / Hepworth 2009; Adloff 2012; Graefe 2013) und sich ebenso im vorliegenden Material dokumentierende Dissoziation des als alterslos empfundenen Selbst vom eigenen Körper, dessen Entwicklung somit als nicht stimmig erlebt wird, erscheint Anti-Aging als Mittel der Gestaltung, nämlich um (wieder) mit sich selbst in Einklang zu gelangen – oder anders ausgedrückt, den Körper an das leibliche Empfinden anzupassen und so ein stimmiges Selbst (wieder) herzustellen. So wird gleichsam cartesianisch zwischen einem „wahren inneren Selbst" und der „äußeren Maske des Alterns" unterschieden:

> *Das ist der Witz! Wenn ich manchmal in der Zeitung lese, ein Unfall, eine 73-jährige Frau ist mit dem Rad, und so weiter und so fort. Da stell ich mir automatisch eine alte Oma vor. So Graukopf und alt. Und dann denke ich mir so „Du bist ja im gleichen Alter!" Alt werden nur die anderen. Man selber wird nicht alt. Man bleibt ja auch innen eigentlich so wie man früher war als man jung war. Aber man stellt sich eine alte Frau, einen älteren Mann vor, der eben so langsam läuft mit Stock und so. Dass mein Mann aber auch schon ein älterer Mann ist! Man ist innerlich nie alt. Und wenn man manchmal in den Spiegel kuckt, da, „Hach das bin ich!" Ja weil man sich ja mit sich selbst befasst. Die Hülle ist da sekundär. Also das Primäre ist ja, dass man eigentlich so jung geblieben ist wie man einmal war, ne?* – Frau O (73) Interview

Bei der Analyse der durch Anti-Aging erzeugten Körperlichkeit muss also auch die Rolle des Leibes (Gugutzer 2012) und des eigenleiblichen Spürens („*innerlich*") Beachtung finden, die im Spannungsverhältnis zur Wahrnehmung des eigenen Körpers als sichtbares Objekt („*Graukopf*", „*Spiegel*", „*Hülle*") stehen kann.

4 Fazit

Keineswegs sollten in diesem Artikel die medizinischen Erfolge der gesundheitlichen Primärprävention, wie sie auch im Anti-Aging vertreten wird, in Frage gestellt werden. Doch sorgt eine moderne Gesellschaft mit einer auf nahezu alle

Lebensbereiche ausgeweiteten „Ratio der Prävention" (Bröckling 2008, S. 38) nicht nur für eine gesunde Bevölkerung, sondern kauft sich auch ein verändertes Selbstverhältnis ihrer Mitglieder ein. Denn moderne Präventionsmedizin weist vor allem die individuelle Lebensführung als Grundvoraussetzung eines gesunden Lebens und Alterns aus. Damit wird das Thema Gesundheit der Verantwortung des und der Einzelnen übereignet und als relevante Bezugsgröße in der gelebten Gegenwart der Individuen gesetzt. So wird das Paradigma der Prävention nicht nur zum politischen Programm, sondern auch zum handlungsleitenden Orientierungsmuster für unseren Alltag und das „präventive Selbst" (Lengwiler / Madarász 2010) zur modernen Sozialfigur.

In der Anti-Aging-Medizin wird der individuelle Körper zu einem gestalt- und verbesserbaren Objekt und erscheint als ein „korporales Kapital" (als ein Instrument und eine Ressource), dessen Verlust man im Alter erleidet (Schroeter 2009). Die Präventions- und Anti-Aging-Medizin übersieht in dieser objektivierenden Einstellung dabei jedoch systematisch das zweigesichtige Dasein des Menschen: In seiner Kreatürlichkeit hat der Mensch zwar einen Körper, ist aber zugleich mit ihm als Leib identisch (Plessner). Den eigenen Körper können wir zwar bis zu einem gewissen Grad beherrschen und instrumentell einsetzen – zugleich sind wir aber unser eigener gelebter Leib. Die Expressivität des alternden Körpers kann uns also durchaus als inadäquates Ausdrucksmittel unseres eigentlich noch als jünger erlebten Selbst erscheinen, so dass es gilt, den Körper zu verjüngen und damit einen stimmigen Körperbezug herzustellen. Doch fühlen wir immer auch mit und in diesem alternden Körper, was ihn zu einem Teil unseres Selbst werden lässt. Das leibliche Spüren setzt somit einer rein objektivierenden Körperoptimierung Grenzen und eröffnet unterschiedliche Freiheitsgrade, sich gegenüber den Anforderungen der Anti-Aging-Medizin zu verhalten, denn die Akteure selbst sind durchaus in der Lage, diesen eine ganz andere – alltagsweltliche – Logik entgegenzusetzen, indem sie ihnen die eigene gespürte Leiblichkeit im Hier und Jetzt gegenüberstellen. Dem objektivierten Körper wird auf diese Weise im gelebten Alltag eine gespürte Leiblichkeit korrigierend zur Seite gestellt. Wie dies geschehen kann, haben wir in unserer empirischen Analyse zu zeigen versucht.

Doch braucht die Soziologie bei diesem Befund keineswegs stehen zu bleiben: Denn dass die jeweilige Qualität des eigenleiblichen Spürens auch nicht einfach „natürlich gegeben" ist, zeigt sich beispielsweise in der derzeit populären Semantik der „Achtsamkeit" gegenüber dem eigenen Körper (Nehring / Ernst 2013). Ebenso wie Stefan Hirschauers vieldimensionaler Körper (2004, S. 75) ist auch der Leib des Menschen – oder besser: der Mensch als Leib – weder voraussetzungslos gegeben, noch vollständig konstruiert, sondern muss als weitere Dimension und Teilhaber der „Praktiken und ihrer Körper" in der Analyse Berücksichtigung finden. Semantiken wie die der „Achtsamkeit" schreiben sich nicht nur in unsere Alltagssprache, sondern als Imagination ebenso in das leibliche Spüren ein und entfalten damit eine ungleich größere kulturelle Wirkmacht – was sie für die Soziologie greifbar macht. Hierzu wird diese in Zukunft nicht nur wie bisher die Leiblichkeit des Menschen neben seiner Körperlichkeit als Kategorie anerkennen, sondern besonders dem Zusammenspiel von Körper, Leiblichkeit und kultureller Imagination eine zentralere Rolle zukommen lassen müssen.

Literatur

Adloff, Frank (2012). Zwischen Aktivität und Scham: Eine kultur- und emotionssoziologische Perspektive auf die Anti-Aging-Medizin. In: Silke Schicktanz & Mark Schweda (Hrsg.), *Pro-Age oder Anti-Aging? Altern im Fokus der modernen Medizin* (S. 327-343). Frankfurt am Main/New York: Campus.

Bohnsack, Ralf (2008). *Rekonstruktive Sozialforschung: Einführung in qualitative Methoden.* Opladen: Budrich.

Bohnsack, Ralf (2012). Orientierungsschemata, Orientierungsrahmen und Habitus. Elementare Kategorien der Dokumentarischen Methode mit Beispielen aus der Bildungsmilieuforschung. In: Karin Schittenhelm (Hrsg.), *Qualitative Bildungs- und Arbeitsmarktforschung. Grundlagen, Perspektiven, Methoden.* (S. 119-153) Wiesbaden: VS Verlag für Sozialwissenschaften.

Bröckling, Ulrich (2008). Vorbeugen ist besser … Zur Soziologie der Prävention. *Behemoth. A Journal on Civilisation* 1, 38–48.

Cardona, Beatriz (2008). 'Healthy Ageing' policies and anti-ageing ideologies and practices: on the exercise of responsibility. *Medicine, Health Care and Philosophy* 11/4, 475–483.

Featherstone, Mike & Hepworth, Mike (2009). Die Maske des Alterns und der postmoderne Lebenslauf. In: Stephan Lessenich & Silke von Dyk (Hrsg.), *Die jungen Alten. Analysen einer neuen Sozialfigur* (S. 85-105). Frankfurt am Main: Campus.

Glaser, Barney G. & Strauss, Anselm L. (2009). *The Discovery of Grounded Theory: Strategies for Qualitative Research.* New Brunswick/London: Transaction Publishers.

Goffman, Erving (1971). *Interaktionsrituale. Über Verhalten in direkter Kommunikation*, Frankfurt am Main: Suhrkamp.

Graefe, Stefanie (2013). Des Widerspenstigen Zähmung: Subjektives Alter(n), qualitativ erforscht. *Forum: Qualitative Sozialforschung* 14/2.

de Grey, Aubrey D. N. J. (2004). The war on aging. In: Immortality Institute (Hrsg.), *The scientific conquest of death: Essays on infinite lifespans* (S.29-46). Buenos Aires: LibrosEnRed.

de Grey, Aubrey D. N. J. & Rae, Michael (2010). *Niemals alt! So lässt sich das Altern umkehren. Fortschritte der Verjüngungsforschung.* Bielefeld: transcript.

Gugutzer, Robert (2012). *Verkörperungen des Sozialen: neophänomenologische Grundlagen und soziologische Analysen.* Bielefeld: transcript.

Hirschauer, Stefan (2004). Praktiken und ihre Körper. Über materielle Partizipanden des Tuns. In: Karl Hörning & Julia Reuter (Hrsg.), *Doing culture. Neue Positionen zum Verhältnis von Kultur und sozialer Praxis* (S. 73-91). Bielefeld: transcript.

Lengwiler, Martin & Madarász, Jeannette (Hrsg.) (2010): *Das präventive Selbst. Eine Kulturgeschichte moderner Gesundheitspolitik*. Bielefeld: transcript.

Mykytyn, Courtney Everts (2006). Contentious terminology and complicated cartography of anti-aging medicine. *Biogerontology* 7/4, 279–285.

Nehring, Andreas & Ernst, Christoph (2013): Populäre Achtsamkeit. Kulturelle Aspekte einer Meditationspraxis zwischen Präsenzerfahrung und implizitem Wissen. In: Christoph Ernst & Heike Paul (Hrsg.), *Präsenz und implizites Wissen. Zur Interdependenz zweier Schlüsselbegriffe der Kultur- und Sozialwissenschaften* (S. 373-401). Bielefeld: transcript.

Nohl, Arnd-Michael (2009): *Interview und dokumentarische Methode. Anleitungen für die Forschungspraxis*. Wiesbaden: VS Verlag für Sozialwissenschaften.

Pfaller, Larissa (2016). *Anti-Aging als Form der Lebensführung*. Wiesbaden: VS Verlag für Sozialwissenschaften.

Pfaller, Larissa & Schweda, Mark (im Erscheinen). Altern zwischen Medikalisierung und reflexiver Praxis. In: Cordula Endter & Sabine Kienitz (Hrsg.), *Alter(n) als soziale und kulturelle Praxis. Ordnungen – Beziehungen – Materialitäten.*

Reckwitz, Andreas (2008). Praktiken und Diskurse. Eine sozialtheoretische und methodologische Relation. In: Herbert Kalthoff, Stefan Hirschauer & Gesa Lindemann (Hrsg.), *Theoretische Empirie. Zur Relevanz qualitativer Forschung* (S. 188-209). Frankfurt/Main: Suhrkamp.

Rose, Nikolas (2001). The politics of life itself. *Theory, Culture & Society* 18/6, 1–30.

Schroeter, Klaus R. (2009). Korporales Kapital und korporale Performanzen in der Lebensphase Alter. In: Herbert Willems (Hrsg.), *Theatralisierungen und Enttheatralisierungen in der Gegenwartsgesellschaft* (S. 163-182). Wiesbaden: VS Verlag für Sozialwissenschaften.

Schweda, Mark & Pfaller, Larissa (2014). Colonization of later life? Laypersons' and users' agency regarding anti-aging medicine in Germany. *Social Science & Medicine* 118C, 159–165.

Spindler, Mone (2009). Natürlich alt? Zur Neuerfindung der Natur des Alter(n)s in der Anti-Ageing-Medizin und der Sozialgerontologie. In: Stephan Lessenich & Silke van Dyk (Hrsg.), *Die jungen Alten. Analysen einer neuen Sozialfigur* (S.380-402) Frankfurt am Main: Campus.

Spindler, Mone (2014). *Altern ja – aber gesundes Altern. Die Neubegründung der Anti-Aging-Medizin in Deutschland*. Wiesbaden: VS Verlag für Sozialwissenschaften.

Stuckelberger, Astrid (Hrsg.) (2008). *Anti-Ageing Medicine: Myths and Chances*. Zürich: vdf.

Trüeb, Ralph M. (2006). *Anti-Aging. Von der Antike zur Moderne*. Darmstadt: Steinkopff.

Vincent, John A. (2006). Ageing contested. Anti-ageing science and the cultural construction of old age. *Sociology* 40/4, 681 – 698.

Im Auge des Betrachters

Blicke auf Alter, Körper und Schönheit

Tina Denninger

1 Einleitung

> *„Aber jeden Morgen dieselbe Erscheinung, dieselbe Verletzung. Vor meinen Augen zeichnet sich unausweichlich das Bild ab, das der Spiegel mir aufzwingt: mageres Gesicht, gebeugte Schultern, kurzsichtiger Blick, keine Haare mehr, wirklich nicht schön. Und in dieser hässlichen Schale meines Kopfes, in diesem Käfig, den ich nicht mag, muss ich mich nun zeigen. Durch dieses Gitter muss ich reden, blicken und mich ansehen lassen. In dieser Haut muss ich dahinvegetieren. Mein Körper ist der Ort, von dem es kein Entrinnen gibt, an dem ich verdammt bin."*
>
> (Foucault 2005, S. 25/26)

Wie dieses Zitat von Foucault eindrücklich zeigt, spielt die Visualität des Körpers eine zentrale Rolle für das Selbstverhältnis des Menschen und seinen Bezug zur (Um-)Welt. Hinsichtlich der Frage nach Alter, Körper und Schönheit ist dies nicht nur aufgrund der zentralen Relevanz der Sichtbarkeit des Körpers in der Gesellschaft interessant, sondern auch aufgrund der Sichtbarkeit des Alter(n)s am Körper. Es sind ebenjene Sichtbarkeiten, die konstitutiv sind für individuelle wie kollektive Einschätzungen und Bewertungen des Alters sowie des alternden Körpers. Urteile darüber, wer alt ist und die daraus resultierenden Zuschreibungen oder Diskriminierungen (im positiven wie im negativen Sinne) basieren vor allen Dingen darauf, welche Merkmale am Körper des anderen erkannt und wie sie gedeutet werden. Gleiches gilt für den Blick auf den eigenen Körper, der immer auch ein Blick durch den „Spiegel der Gesellschaft" (vgl. Jungwirth 2007, S. 90) ist. Das Sehen ist in diesem Sinne keineswegs nur ein rein objektiver, biologischer, sondern selbst bereits ein konstruierender Vorgang, der uns das sehen lässt, was wir sehen sollen bzw. wollen (vgl. Villa 2006, S. 98ff.). Der Aspekt der Schönheit spielt dabei eine entscheidende Rolle. So bezeichnet Cornelia Koppetsch (2000) Schönheit oder Attraktivität als einen „Weg zur Akkumulation von Aufmerksamkeitskapital in Interaktionen." (Ebd.: 100) Dieses Aufmerksamkeitskapital kann dementsprechend auch gesteigert werden, indem der Körper entsprechend gesellschaftlicher Vorstellungen bearbeitet wird. Laura Bieger beschreibt die aktuell in unserer Kultur besonders hohe Investition an Zeit, Geld, Aufwand und Kreativität, die in den Körper gesteckt wird, als „Symptom eines dringenden Bedürfnisses nach Sichtbarkeit und Anerkennung, das dieser kulturellen Formation eingeschrieben ist und fortwährend von ihr perpetuiert wird." (Bieger 2008, S. 55) Dies bedeute auch, eine „affirmierbare Erscheinung vorzuweisen; es reicht mit anderen Worten nicht aus, einen Platz einzunehmen, man muss an diesem Platz auch gesehen und bejaht werden." (Bieger 2008, S. 55) Sie zieht daraus den Schluss, dass aus diesem Grund Fragen nach dem „*Was* des Sehens [...], dem *Wie* des Sehens [...], nach dem Austausch und der Verinnerlichung von Blicken, dem Antizipieren des Betrachtetwerdens und dem Posieren für den fremden oder den eigenen Blick" gestellt werden müssen.

Im Anschluss daran soll hier also beleuchtet werden, wie diese spezifischen Aspekte des Blickens für die Frage nach Alter und Schönheit relevant werden. Welche Einschätzungen und Bewertungen nehmen ältere Menschen bezüglich ihres eigenen, aber auch fremder Körper vor? Und welche Rolle spielt dabei das Blicken? Dabei steht jedoch nicht ein reines Interesse an den Individuen selbst und deren Umgangsweisen oder etwa Bewältigungsmechanismen im Vordergrund, sondern vor allem die Frage, welche kollektiv-gesellschaftlichen Alters-, Körper- und Schönheitsnormen- und ideale in welcher Weise in diesen Bewertungen und Einschätzungen wirksam und zur Selbstdeutung genutzt werden. Der Fokus dieses Artikels liegt daher besonders auf der Normierung durch Blicke (vgl. dazu auch Kaufmann 2006) sowie den damit verbundenen Praxen, Umdeutungen und Zurückweisungen der Befragten.[1] Die Trias Alter-Körper-Schönheit wird nicht zuletzt vor dem Hintergrund mehr oder weniger neuer gesellschaftlicher Anforderungen bezüglich des alternden Körpers (vgl. Denninger/Höppner 2010) soziologisch sowie gesellschaftspolitisch relevant.

Um den Einschätzungen und Bewertungen älterer Menschen bezüglich ihres Körpers und der Körper anderer nachzugehen, wird im Folgenden zunächst der Begriff des Körperbildes entwickelt, der als theoretisch-analytischer Bezugsrahmen für die Beantwortung der Fragestellung dient. Im Anschluss daran wird – kurz – das methodische Vorgehen beschrieben, um dann zum theoretisch-methodologischen Kernstück der Arbeit zu kommen, welches im Analyseprozess entwickelt wurde:

1 Für eine ausführliche Darstellung aller empirischen Ergebnisse vgl. Denninger i. E.

dem Blicken. Gerade die Sichtbarkeit des Körpers im alltäglichen Leben sowie die Sichtbarkeit des Alters am Körper macht die Perspektive des Blickens auf den alternden Körper zu einem instruktiven Mittel der Untersuchung von Alters- und Körperbildern. In diesem Sinne werden dann die empirischen Ergebnisse bezüglich Alter, Körper und Schönheit entlang der Dimension des Blickens vorgestellt und interpretiert. Am Ende stehen die zentralen Ergebnisse dieses Analyseprozesses.

2 Körperbilder und Blicke

Um zu erkunden, wie sich gesellschaftliche Normen in den Selbstdeutungen der Befragten niederschlagen, ist der Begriff des Körperbildes als konzeptioneller Rahmen zielführend. Körperbilder sind Vorstellungen vom und Bewertungen des eigenen Körpers (Dauschek 1994, S. 58). Zwar sind diese Einschätzungen und Wertungen zunächst subjektiver Natur, bilden sich aber stets in Relation mit gesellschaftlichen Diskursen und Idealen sowie biographischen Erlebnissen und Verläufen aus (vgl. Gugutzer 2002, S. 203ff.). Neben dem Verhältnis zu gesellschaftlichen Normen und Anforderungen an den Körper geschieht diese Konstruktion immer auch im Vergleich mit konkreten Anderen sowie im biographischen Selbstvergleich. Aufgrund der längeren bereits verbrachten Lebenszeit und den darin (auch körperlich) erfahrenen Veränderungen ist gerade die zeitliche Dimension des Vergleichens für die Untersuchung älterer Personen interessant, wie die nachfolgenden empirischen Ergebnisse zeigen werden. Es ist zu betonen, dass es sich bei der Konstruktion des Körperbildes um einen andauernden interaktiven Prozess handelt, der niemals abgeschlossen wird und von daher auch immer wandelbar ist und bleibt. Gerade in der spätmodernen Gesellschaft, in der der Körper als individuelles Projekt (vgl. Gugutzer 2005) gehandhabt wird, sind Körperbild und Selbstbild keineswegs zu trennen: „Eine wertende Stellungnahme zum eigenen Körper impliziert vielmehr auch eine wertende Stellungnahme zum eigenen Selbst“ (Gugutzer 2002, S. 199). Insbesondere aufgrund dieser Verbindung des Körperbildes mit der eigenen Identität und dem eigenen Selbstbild ist das Konzept für die vorliegende Fragestellung von großem Nutzen, handelt es sich beim alternden Körper doch um einen sich ständig und deutlich verändernden.

Zusammengefasst lässt sich sagen, dass das Körperbild in diesem Sinne die konzeptionelle Schnittstelle zwischen gesellschaftlichen Normen und den Deutungen des Körpers durch die Subjekte darstellt. Die Frage, die sich im Anschluss an diese Überlegungen stellt, lautet konkretisiert: Welche Körperbilder haben alternde

Menschen und inwiefern sind diese mit gesellschaftlichen Normen verquickt und an Diskurse des Alter(n)s und des Körpers angeschlossen?

Um die subjektiven Deutungsmuster der Befragten zu erfassen, ohne den eigenen Vorannahmen zu erliegen, war der gesamte Forschungsprozess gekennzeichnet durch das Prinzip der Offenheit als Grundprinzip qualitativer Forschung. Das heißt, dass „der Erzählperson der ‚Raum' gegeben wird, ihr eigenes Relevanzsystem oder ihr Deutungsmuster zu entfalten" (Helfferich 2011, S. 114). Dies zieht sich von der Konstruktion des Leitfadens über die Auswertung bis zur Darstellung der Ergebnisse. In diesem Sinne wurden qualitative Leitfadeninterviews mit Männern und Frauen zwischen 49 und 85 Jahren geführt. Die untere Altersgrenze von 50 Jahren resultierte aus der Annahme, dass es eine Zeit gibt, in der die Beschäftigung mit dem Älterwerden des Körpers intensiver ist als zu anderen Zeiten, sozusagen eine Zeit, in der der ‚Übergang' von jung zu alt sicht- und spürbar stattfindet (vgl. Butler et al. 2006, S. 32). Nach oben wurden dem Alter der Befragten in der vorliegenden Studie keine Grenzen gesetzt, die älteste Befragte ist 86 Jahre alt.

Insgesamt gestaltete sich das Finden von Interviewpartnern schwierig und zäh. Beim Sampling bestand erstens der Vorsatz, beide Geschlechter gleichermaßen häufig heranzuziehen. Dies gelang jedoch nicht. Es erklärten sich sehr viel weniger Männer zu einer Befragung bereit und einige der mit männlichen Personen geführten Interviews erwiesen sich nur als insofern ergiebig, dass deutlich wurde, dass die Befragten ganz andere Themen als ihren Körper hatten und deshalb immer wieder vom eigentlichen Fokus abschweiften.[2] Deshalb sind letztendlich die Gespräche mit 13 Frauen und drei Männern zur Auswertung gelangt. Die Interviews wurden mit der Methode der Grounded Theory (vgl. Strauss/Corbin 1996) ausgewertet. Das Kernstück der Grounded Theory ist der Kodierprozess. Dabei hat vor allem Strauss in Fortführung der gemeinsamen Gedanken mit Glaser ein mehrstufiges Kodierverfahren entwickelt, dessen Phasen allerdings weder inhaltlich noch im Arbeitsverlauf klar voneinander abtrennbar sind (vgl. Flick 2007, S. 387 ff.). Flick bezeichnet das „offene", „axiale" und „selektive Kodieren" treffend als „verschiedene Umgangsweisen mit textuellem Material" (ebd.: 387) und eben nicht als starre Verhaltensvorschrift (vgl. auch Strauss 200, S. 435ff.). Dennoch beginnt der Kodierprozess sinnvollerweise mit dem offenen Kodieren,

2 Dieser Umstand kann möglicherweise an der Geschlechter- und Altersverteilung im Interview liegen. Die ‚Befragung' durch eine wesentlich jüngere, weibliche Interviewerin löst möglicherweise Befangenheitsgefühle aus (vgl. zur Geschlechterverteilung im Interview Przyborski/Wohlrab-Sahr 2009, S. 90). Das Phänomen kann aber auch als erster Hinweis auf die Existenz geschlechtsspezifischer Unterschiede bezüglich des Sprechens über den Körper und eventuell auch der Beschäftigung mit dem Körper gelesen werden.

dessen Ziel es ist, aus einer Menge von Daten theoretische Konzepte und Strukturen extrahieren und destillieren zu können. Im nächsten Schritt des axialen Kodierens sollen dann „qualifizierte Beziehungen" (Strübing 2004, S. 20) zwischen den bisher entwickelten Konzepten erarbeitet werden. Für die vorliegende Studie erwies sich die Offenheit der Herangehensweise ans Material als sehr gewinnbringend. Bereits im Prozess des offenen, stärker aber noch beim selektiven Kodieren kristallisierte sich das „Blicken" als zentrales Konzept für die Analyse heraus. Wie sich zeigte, ist der Blick bzw. das Sehen entscheidend für die Bilder, die die Befragten von ihren eigenen und den Körpern anderer haben. Dies offenbart sich nicht zuletzt durch das Auftreten zahlreicher semantischer Verbindungen zum Blicken, zum Sehen und Gesehenwerden oder auch zum Übersehenwerden in den Interviews. So sagt beispielsweise Linda (67 Jahre): „Man *sieht* doch die alte Haut!", und benutzt dies als Begründung dafür, warum ältere Frauen keine kurze Kleidung mehr tragen sollten. Günter (70 Jahre) verweist auf den Blick auf den eigenen Körper und sagt: „Also wenn ich mich so im Spiegel besehe, ist das alles, ist das alles in Ordnung." Und Ilse (85 Jahre) konstatiert: „Ich ich sag, ich sag, früher haben sie einem nachgeguckt, jetzt gucken sie weg, wenn man ankommt." Auf der Basis der Schlüsselkategorie des Blickens wurde eine erneute Kodierung des Materials vorgenommen. Die im Zuge des Prozesses des selektiven Kodierens entwickelten drei Unterkategorien waren dann leitend für die weiteren Interpretationen. Diese sind 1. die „Blicke auf die anderen", also das Sehen und Bewerten anderer Menschen, 2. das „Blicken der anderen", also die Tatsache und Interpretation des Gesehenwerdens und 3. die „Blicke auf sich selbst", also das sich selbst Einschätzen und Bewerten, sowohl im Rückblick auf das bereits gelebte (Körper)Leben als auch in der Gegenwart und der Antizipation eines zukünftigen Körpers und dessen Schönheit.

Für die Beantwortung der Frage danach, wie gesellschaftliche und individuelle Körperbilder sich gegenseitig bedingen, ist die Perspektive des Blickens als Verbindung zwischen beiden Ebenen interessant. Der Begriff des Blickens[3] umfasst dabei mehrere Aspekte: Wie bereits eingangs dargestellt wurde, ist Blicken ein „sozial und kulturell konditionierter" Prozess, der in „Zusammenhängen ökonomischer, politischer und kultureller Machtverhältnisse verortet ist." (Kravagna 1997, S. 8) Die hier analytisch in drei Dimensionen getrennten Blicke werden in diesem Sinne als dezidiert sozio-kulturelle Praxis verstanden. Dabei ist das Blicken immer auch leibliche Praxis, wie sich im Laufe der empirischen Analyse deutlich zeigen wird.[4]

3 Zu einer ausführlichen soziologischen Konzeptionalisierung des „Blickens" vgl. Denninger (2013) sowie Denninger (i. E.).

4 Gugutzer (2002) schreibt in Anlehnung an Merleau-Ponty: „Der Leib (mit seinen Wahrnehmungsorganen) ist das ontologische Fundament aller reflexiven Akte." (Ebd.: 84)

Durch das Ernstnehmen des Blickens als soziale Praxis lässt sich der Konstruktionsprozess von Körperbildern rekonstruieren. Diese Praxis basiert wiederum auf der Verinnerlichung visueller Ordnungen, also gesellschaftlicher Strukturen. Diese Ordnung lässt sich im Anschluss an Kaja Silverman (1996) als „gaze", zu deutsch „Blickregime" beschreiben. Das Blickregime ist als Struktur zu verstehen, welche das alltägliche Blicken anleitet: Es ist „ein ungeschriebenes, gewohnheitsmäßiges Regelwerk, sind strukturelle und soziale Codes der Verstehbarkeit, ist quasi die Institution des Sehens, die das Feld des Sichtbaren in bestimmter Weise gliedert und organisiert." (Engel 2002, S. 150) Blicke sind also immer machtförmig organisiert. Abhängig vom sozialen Status, von Geschlecht, Alter oder ethnischer Zugehörigkeit befinden sich Personen in verschiedenen hierarchischen Blickpositionen. Im Modus des Blickens materialisieren und reproduzieren sich gesellschaftliche Machtstrukturen. Je nach den sozialen Beziehungen zwischen dem Blickenden und dem Erblickten und daraus folgend je nach der sozialen Machtposition der Beteiligten wirken Blicke unterschiedlich, haben unterschiedliche Funktionen und werden verschieden interpretiert. Zusammengefasst lässt sich also in diesem Sinne nach dem Zusammenhang bestehender Blickregime und den darin enthaltenen Alters- Körper- und Schönheitsnormen mit den von den Befragten erzählten Körperbildern fragen. Die Herausarbeitung einer gleichzeitig diskursiv geprägten wie leiblich verankerten Dimension des Blickens kann hier als Mittler fungieren und zu Ergebnissen führen, die ohne diese Perspektive nicht möglich wären.

Im Folgenden werden die Ergebnisse der Auswertung entlang der drei Unterkategorien dargestellt.

2.1 Blicke auf die anderen – Sehen

Gegenstand dieser Blickrichtung ist die Frage danach, wer und was wie und wann von den Befragten gesehen und wie dieses Gesehene eingeschätzt und bewertet wird. Die Blicke auf die anderen sind vor allem geprägt von starken Ambivalenzen der Offenheit und Normierung, also einer Zurückweisung hegemonialer Schönheitsideale auf der einen Seite und doch einer starken Bewertung dessen, was schön ist. Durch die im Interview erzählten Blicke auf die anderen werden bestimmte Körper- und Schönheitsbilder gleichzeitig (re)produziert und auch um- und neugedeutet. So sagt z. B. Brigitte:

> *„Ich lese nie solche Zeitschriften und ich gucke da meistens in ziemlich leere Gesichter [...], Claudia Schiffer oder Heidi, natürlich ist es schön, schöne Menschen zu sehen, ist ästhetisch schön [...], sie einfach als Genuss, einfach*

wie man eine schöne Blume anguckt, aber nicht jetzt als Vorbild oder erstrebenswert dahin zu kommen […]. Nur schön zu sein, finde ich ist sehr wenig. Wenn da nicht noch ein, die Seele oder ein Wissen oder eine Intelligenz oder mitschwingt, ja?" (Brigitte, 60 Jahre)

Brigittes Definition von Schönheit bezieht sich an dieser Stelle auf rein äußere, „ästhetische" Schönheit, die sie durch die Top-Models verkörpert sieht. Sie reproduziert hier hegemoniale Ideale und erkennt diese als schön und ästhetisch an. Auch wenn sie die Dimension der rein äußerlichen Schönheit rhetorisch abwertet, hat sie in ihren Augen aber trotzdem ihre Berechtigung und verleitet zum Hingucken. Brigitte stellt die körperliche Schönheit „inneren" Eigenschaften gegenüber. Die zunächst unsichtbaren Eigenschaften wie „Seele", „Wissen" oder „Intelligenz" komplettieren die Person und machen aus den „leeren Gesichtern" mehr als nur schöne Hüllen. Zur wahren Schönheit gehört laut Brigitte also mehr als nur das Äußere und Sichtbare, entscheidend ist auch das Innere und eigentlich Unsichtbare und Undefinierbare. Die wahrlich anerkennenden Blicke richten sich also auf etwas Diffuses, was ‚hinter' dem sichtbaren Körper steht. Solche Argumentationen finden sich immer wieder, vor allem auch mit dem Verweis auf Ausstrahlung, die als das wahrhaft Schöne gesetzt wird.

Dabei existieren Offenheit und Wertschätzung innerer Werte sowie die Abwertung körperlicher Defizite oder eines scheinbar unangebrachten individuellen Körperwissens bzw. einer unangebrachten Körperpraxis nebeneinander – nicht zuletzt in den Erzählungen ein- und derselben Personen. Vereint zeigt sich dies in dem Phänomen, welches als Phänomen der (in)toleranten Blicke bezeichnet werden kann. Brigitte schildert, was sie bei einem Besuch am Strand empfindet:

„Es kann doch jeder irgendwo sein glücklich werden, das interessiert mich überhaupt nicht, also da bin ich ja nun tolerant, aber ich möchte sozusagen nicht in meinem Ein-Meter-Umkreis von irgendwelchen dickbäuchigen, orangenhautgestraften Menschen umgeben sein, ja? Die äh sich meinen äh ihre Hässlichkeit auch noch der Öffentlichkeit präsentieren zu müssen und sich ganz frei zu fühlen. Das ist äh, geht nicht, mache ich nicht, muss ich ja auch nicht." (Brigitte, 60 Jahre)

Tatsächlich wird die Ablehnung der Nähe zur Hässlichkeit als eine körperliche (und damit notwendige und natürliche) Reaktion erlebt, es „geht nicht", so nahe an diesen Menschen zu liegen. Dies lässt mehrere Deutungen zu: Einerseits ruft ihr Wunsch, nicht im Ein-Meter-Radius liegen zu wollen, das Bild einer Ansteckungsgefahr auf, die den Eindruck der Abscheulichkeit „falscher" Körper noch verstärkt. Er könnte aber – ganz im Sinne des Blickens – gelesen werden als das Bedürfnis, weit genug weg zu sein, um den Anblick nicht aus nächster Nähe ertragen zu müssen. Auch hier scheint der reine Anblick des aus ihrer Sicht hässlichen Körpers sie regelrecht körperlich angreifen zu können. Ihre Selbstbeschreibung als tolerant wirkt geradezu karikaturistisch im Zusammenhang mit ihren extrem diskriminierenden Aussagen, die darauf folgen. Auch sie weiß, sie muss die unschöne Körperlichkeit akzeptieren (oder zumindest weiß sie, dass sie das kommunizieren muss), ihr Körper sagt ihr aber etwas anderes und hält Abstand.

Aus Blickperspektive ist an dieser Argumentation interessant, dass die Kritik nicht nur und nicht in erster Linie den unzureichenden Körper trifft, sondern auch dessen unzulässige oder nachlässige Inszenierung. Hässlich zu sein ist schon schlimm genug, aber das dann auch noch zu zeigen führt zu den drastischen Äußerungen Brigittes. Diese extreme Abwertung der „falschen Inszenierung" findet sich immer wieder im Material: Ingrid (70 Jahre) spricht davon, wie „eklig" es ist, wenn ältere Frauen im Sommer ihre Arme nicht zumindest mit einem „lockeren Teil" bedecken. Gisela (66 Jahre) bezeichnet die Rolling Stones als „alte Säcke", wo doch junge Leute auf der Bühne viel schöner anzusehen sind (Gisela, 66 Jahre), und Günter (70 Jahre) findet, Männer, die „mit 100 kg noch in der Dreiecksbadehose am Swimmingpool oder am Strand rumzulaufen", *hätten*, „perverse Tendenzen", wobei „pervers" auf die eigentlich schlimmste bewusste, ganz häufig aber unbewusste, zwanghafte Verletzung von (eigentlich sexuellen) gesellschaftlichen Normen verweist.

An Beispielen wie dem „Ekel" Ingrids oder Günters Bezeichnung anderer Körper als das eigene „ästhetische Empfinden verletzend", wird deutlich, in welchem Maße diese Bewertungen auch auf einer leiblich-affektiven Ebene stattfinden. Diese Form der Ablehnung spricht für eine leibliche Betroffenheit (Schmitz 2005, S. 51ff.), die durch eine Verinnerlichung gesellschaftlich vermittelter Schönheitsideale im Körperleib[5] der Befragten zustande kommt und zeigt, wie stark Schönheitsideale verinnerlicht (*embodied*) sind.

Durch die Darstellung der Gleichzeitigkeit von Toleranz gegenüber angeblich unzulänglichen Körpern auf einer abstrakten Ebene und der Intoleranz auf konkreter Ebene zeigt sich, wie ambivalent sich die Konstruktion von Körperbildern vollzieht. Diese Widersprüchlichkeit ist dadurch zu erklären, dass hier zwei verschiedene Ebenen von Normen kollidieren (vgl. auch Kaufmann 2006, S. 239ff.). Auf der einen

5 Die in der Körpersoziologie übliche Trennung von Körper und Leib ist in erster Linie eine analytische (vgl. Gugutzer 2004, S. 152; Villa 2007, S. 19f.) und hilft, die Spezifika beider Dimensionen besser zu erkennen. Paula-Irene Villa führt in diesem Sinne den Begriff des Körperleibes ein, um die Gleichursprünglichkeit und wechselseitige Verschränkung beider Begrifflichkeiten deutlich zu machen (vgl. Villa 2007, S. 20).

Ebene findet sich rational ein tief verwurzeltes demokratisches Verständnis von individueller Freiheit. Des Weiteren entspricht diese Kommunikation der *Political Correctness* und dem Druck, sich im Interview als toleranter Mensch zu präsentieren. Dem widerspricht aber die Vorstellung einer ganz konkreten Norm der ästhetischen Maßstäbe und des Anspruchs an die Erblickten (und an sich selbst), den Körper zu bearbeiten und in angemessener Weise zu präsentieren. Die leiblich-affektive Dimension der Abneigung spricht für Kaufmanns These, der Wunsch zu kritisieren, würde aus dem „Körperinnern" aufsteigen und sei „stärker [...] als man selbst." (Ebd.: 247ff.) Zwar besteht eine individuelle Freiheit, mit dem Körper zu tun und vor allem zu lassen, was man will, für Menschen mit ungenügenden Körpern wäre es aus Sicht der Befragten aber „ein Fehler, sie in Anspruch zu nehmen." (Ebd.: 251)

Die Befragten ziehen hier klare Grenzen der angemessenen Inszenierung, auch bezüglich des Alters:

> *„Ich meine, das sieht, mit nem Minirock rumlaufen. Und wenn man auch zehnmal die Figur hat dazu, aber das gibt dann, ab nem bestimmten Alter hört das auf. Oder bauchfrei und solche Sachen, ne. Man sieht doch die alte Haut! Und wenn sie auch schlank ist. Man sieht's doch." (Linda, 67 Jahre)*

Linda spricht deutlich aus, was für die meisten der Befragten implizit klar ist: Mögen manche Sachen im jüngeren Alter angemessen oder sogar schön sein, sind sie das im höheren Alter nicht mehr. Alter – eindeutig abzulesen an der Haut – wird in jedem Fall als ein Ausschlusskriterium für zu jugendliche, zu freizügige Kleidung angesehen, selbst wenn die Figur als passend eingeschätzt wird. Die mehrfache Betonung darauf, dass man das Alter aufgrund der alten Haut doch *sehen* kann, zeigt erneut die hohe Relevanz des Blickens sowie die Sichtbarkeit des Alters am Körper, auf die bereits weiter oben eingegangen wurde. Einerseits sind die alternden Subjekte angerufen, sich jugendlich zu präsentieren. Gleichzeitig wird jedoch eine Beschränkung dieser Inszenierung der Jugendlichkeit gefordert. Dies zeigt sich zugespitzt (und auch hier wieder unter der Blickperspektive interessant), im Phänomen des „hinten Lyzeum, vorne Museum":

> *„Wobei ich eins nicht mag, wenn jemand der schon älter ist und faltig wird, sich anzieht wie eine 17-Jährige. Wasserstoffblond mit Zopf hinten, weißt du, so nach dem Motto ‚Von hinten Lyzeum, von vorne Museum'. Also, sowas mag ich nun wieder nicht. Oder so Glitzerzeug oder so enge Hosen. Ach nein." (Monika, 63 Jahre)*

Sie benennt hier Inszenierungspraktiken, die sie für ältere Frauen unangemessen findet. Zwar führt Schlankheit offenbar dazu, dass man von hinten als jung angesehen wird, von vorne kann dieser Eindruck aber nicht mehr aufrechterhalten werden, das Alter wird sichtbar. Diese plötzliche Sichtbarwerdung des tatsächlichen Alters ist dann Grund der Abwertung.

Hier zeigt sich die Verhandlung der Frage der ‚richtigen' Darstellung des Alters. Die Grenzen des Angemessenen sowie Grenzen von Alter und Jugend werden stark über Körperlichkeiten verhandelt. Im Laufe des Älterwerdens verändern sich die Ansprüche von außen (in diesem Fall verkörpert durch die Blicke der Befragten auf die anderen) an die körperliche Inszenierung. Was mit 17 noch schön gewesen sein mag, scheint mit 68 eine Zumutung für die Blicke anderer und sollte unterlassen werden. Die eindeutig altersbasierten Zuschreibungen angemessener Kleidungsweisen sind Hinweise auf nach Lebensalter hierarchisierten Vorstellungen der richtigen Inszenierung des Lebensalters. Der Grad der richtigen Inszenierung ist schmal und stellt Menschen vor die Herausforderung, ‚den richtigen Ton' zu treffen. Resultat falscher Inszenierung ist in den Augen der Befragten Peinlichkeit oder Lächerlichkeit (vgl. Höppner 2011, S. 42). Diese erwächst unter anderem aus der Vortäuschung jugendlichen Aussehens (symbolisiert durch den Blick von hinten und das Lyzeum) und dem tatsächlichen alten Aussehen (symbolisiert durch den Blick von vorne und das Museum). Durch die Analyse der Blicke auf die anderen zeigten sich vor allem starke Normierungen bezüglich der richtigen Inszenierung des Körpers, deren leibliche Komponente in gewisser Weise mit der rationalen Komponente kollidiert.

2.2 Blicke der anderen – Gesehen werden

In Rahmen der zweiten Kategorie, den Blicken der anderen, stellt sich die Frage, inwiefern sich aus der Tatsache des Gesehenwerdens und den (wohlgemerkt antizipierten und erzählten) Blicken der anderen spezifische Körper- Schönheits- und Altersnormen herauslesen lassen und wie diese von den Interviewten angenommen, reproduziert oder zurückgewiesen bzw. umgedeutet werden. Interpretiert werden hier nicht tatsächlich getätigte Blicke, sondern die Erzählung dieser Blicke, die natürlich bereits eine Interpretation der Befragten beinhaltet, die eben wiederum Rückschlüsse auf individuelle und gesellschaftliche Körperbilder zulässt.

In der Kategorie der Blicke auf die anderen finden sich immer wieder Thematisierungen von (Un-)Sichtbarkeit, Anerkennung sowie von Konsequenzen bei Nicht-Erfüllung bestimmter Normen. Diese Aushandlungen finden sich im Alter in spezifischer Art und Weise:

> *„Im Übrigen sagt Curt Goetz, ist es meiner Ansicht nach gewesen, je älter man wird, umso mehr muss man besorgt sein, sich der Umwelt akzeptabel zu zeigen und das bemühe ich mich zu beherzigen.*
> *[...]*
> *Ich habe dann aufgehört [mit dem Schwimmen, Anm. TD] und jetzt mag ich mich also nicht mehr im Badeanzug zeigen, also das finde ich, ist ein, Curt Goetz, muss man sich bemühen." (Ilse, 85 Jahre)*

Ilse beschäftigt die Frage danach, wie man sich seinem Umfeld angemessen präsentieren kann. Dass sie ausgerechnet das Wort „akzeptabel" verwendet, drückt den Wunsch nach Anerkennung und Zugehörigkeit in Form von Akzeptanz aus. „Die Umwelt" steht hierbei für die Gesellschaft im Allgemeinen. Für Ilse ist es vor allen Dingen das Alter, das eine entscheidende Rolle dafür spielt, sich angemessen zu zeigen.

In diesem Zusammenhang ist es für sie eine Selbstverständlichkeit, ihren nackten Körper nicht den Blicken der anderen auszusetzen:

> *„Ich möchte das anderen nicht anbieten. Wenn ich so sehe so also auch so beim Schwimmen und hier beim Turnen wenn die sich alle so ganz ausziehen, das ist nicht so mein Ding." (Z. 382ff.)*

Ilse bezieht sich mit dem „das", was sie anderen nicht anbieten will, auf ihren Körper. Schon die unpersönliche Bezeichnung ihres Körpers ist hier auffällig und zeugt von einer gewissen Distanz. Sie verweist hier außerdem auf eine Gegenseitigkeit des Blicks. Die anderen (Gleichaltrigen) im Turnen ziehen sich in der gemeinsamen Umkleide um, wodurch sich ihre Einschätzung bestätigt, dass das nicht mehr sein muss, dass es „nicht ihr Ding ist". Die Körper der anderen spiegeln ihr den eigenen Körper, den sie den anderen nicht zumuten will. Ilse betont in beiden Aussagen, das Verstecken der Alterszeichen diene auch dem Schutz der anderen. Man trägt sozusagen nicht nur Verantwortung für sich, sondern auch die Verantwortung für die anderen. Die Zeichen des Alters werden hier als Beschränkung begriffen und gelebt. Es sind nicht körperliche Beeinträchtigungen wie zum Beispiel ein mangelnder Gesundheitszustand, altersbedingte Krankheiten oder eine Einschränkung des Bewegungsapparates, die hier zur Beschränkung spezifischer Praktiken führen. Es ist das älteres Aussehen, die faltige Haut und die damit verbundenen Norm-Vorstellungen von Schönheit und angemessenem Verhalten, die in der Konsequenz eine Einschränkung des Bewegungs- und Möglichkeitenspielraums nach sich ziehen.

Dies führt auch Andrea (50 Jahre) aus: Sie schränkt sich ebenfalls ein und verzichtet inzwischen auf FKK, das sie früher praktiziert hat:

> *„Also ich würde dann glaube ich auch immer lieber zum Beispiel wenn ich alleine bin gehe ich sehr gerne ähm auch in Seen oder so mal nackt baden. Aber wenn ich irgendwie an großen Stränden bin oder so, dann denke ich im Badeanzug ist es dann okay. Also so. Weil man dann vielleicht dann die Blicke dann au- dann doch auch nicht mehr so ert- so nicht ertragen kann oder so auf sich ziehen möchte sondern irgendwie so." (Z. 439ff.)*

Andreas Praktik – trotz ihres eigentlichen Wunsches nackt zu baden – im Badeanzug schwimmen zu gehen, wird von ihr eindeutig mit dem Alter verknüpft, wie sich an den Worten „nicht mehr" erkennen lässt. Andrea verweist mit der Vermeidung der Blicke anderer erstens auf das Machtpotenzial dieser Blicke, die in der Lage sind, sie an einst geliebten Praktiken zu hindern. Zweitens impliziert das „nicht mehr ertragen können" die Antizipation einer negativen Bewertung. Sie vermutet, die Blicke, die sich heute auf ihren Körper richten würden, wären keine anerkennenden Blicke, sodass sie lieber darauf verzichtet, sie auf sich zu ziehen. Implizit liegt dieser Einschätzung ein negatives Altersbild zugrunde, welches jüngeren Körpern einen höheren Stellenwert zuweist.

In engem Zusammenhang mit dem Wissen der Befragten, stets und ständig erblickt und beurteilt zu werden, ist auch der Wunsch zu verstehen, als „normal" eingestuft zu werden. So thematisiert Sabine (49 Jahre), dass es in ihren Augen einen einzuhaltenden gesellschaftlichen „Rahmen" gebe. Sie antwortet auf die Frage, ob es ihr wichtig sei, wie andere ihr Aussehen beurteilen, zunächst nur mit „ja", und führt dann auf die Frage „warum" aus:

> *„Warum weiß ich nicht. Also, aber ich selber mach das doch auch. Ich guck doch auch, wie die anderen Leute aussehen. Und genauso will ich natürlich auch, dass die mich ansehen und nicht sagen, oh, ist die fett, oder ist, sondern ich, ich möchte schon als attraktiv gelten, auch jetzt noch [...] Klar ist es mir wichtig, weil w-, nee, nicht klar, aber mir ist es wichtig, dass, dass ich nicht r-, so aus dem, aus dem Rahmen ist das falsche Wort, sondern so, dass ich nicht als unangenehm körperlich empfunden werde, ja. Mhm. Das ist mir schon wichtig." (Z. 179ff.)*

Für sie besteht die Begründung der Wichtigkeit ihres Aussehens in der Reflexivität der Blicke. Sie will für die anderen gut aussehen, weil sie von ihren eigenen Blicken auf die anderen ausgeht und dementsprechend vermutet, dass auch sie angeguckt und bewertet wird. In ihrer Idee des Blickes wird die Normativität des Blickens sehr deutlich. Sie weiß um die Kritik, die in Blicken stecken kann und will sich „konform" verhalten und aussehen. Sie versucht genau das zu vermeiden, was bei den Blicken auf die anderen herausgearbeitet werden konnte: Sie möchte die anderen nicht mit ihrem Körper belasten. An dieser Stelle setzt sie „fett" „attraktiv" gegenüber und beschreibt „fett" implizit als unangenehmen Zustand für die Blickenden. Der Grund, warum sie nicht dick sein will ist nicht der, dass sie sich körperlich unangenehm fühlt, sondern sie möchte nicht als unangenehm empfunden werden. Sie möchte sozusagen eine leibliche Berührung durch Hässlichkeit vermeiden. Ihre Figur soll „im Rahmen" liegen, und damit auch gleichzeitig attraktiv sein. Sie möchte innerhalb der Gesellschaft sein, entsprechend gesellschaftlicher Vorstellungen aussehen, der Rahmen symbolisiert das „Normale", innerhalb dessen Grenzen man sich bewegen möchte. Normal wird verbunden mit „nicht unangenehm sein". Vorstellungen von Normalität dienen den Befragten als „weitgehend selbstverständliches Orientierungs- und Handlungsraster" (Sohn 1999, S. 9).

In der Kategorie der Blicke der anderen zeigt sich, wie antizipierte Blicke angeeignet und verinnerlicht werden. Die Befragten setzen sich in hohem Maße mit Fragen der Angemessenheit und Normalität ihrer Körperinszenierungen auseinander, um gesellschaftliche Anerkennung zu erhalten sowie ein positives individuelles Körperbild zu bewahren. Es finden permanente Aushandlungen statt, die zeigen, wie ambivalent die Auseinandersetzungen mit geltenden Schönheitsnormen und damit auch Anrufungen an die Subjekte sind. Einschränkungen der Bewegungsfreiheit und das Verdecken des Körpers können als Praktiken herausgestellt werden, die nur aufgrund eines impliziten Wissens um das herrschende Schönheitsideal der Jugend nachvollziehbar und erklärbar werden. An dieser Stelle legt die Perspektive des Blicks die Erkenntnis frei, dass gerade die Antizipation der abwertenden Blicke zu jenen Praktiken führt. Hinter dem Verdecken des Alters steht also zunächst die Antizipation eines abwertenden Blickes auf das Alter.

2.3 Blicke auf sich selbst – sich selbst sehen

Die Befragten kommunizieren im Interview Einschätzungen und Bewertungen hinsichtlich des Aussehens ihres eigenen Körpers. Dabei können sowohl unterschiedliche Wertschätzungen im Sinne negativer oder positiver Beurteilungen als auch verschiedene Bezugnahmen, auf denen diese Bewertungen beruhen, herausgearbeitet werden. Spielt beispielsweise das Alter eine Rolle bei der Bewertung oder rahmen die Befragten ihre Körpererzählungen alterslos? Welche Vorstellungen von Körper, Alter und Schönheit beeinflussen das eigene Körperbild und finden ihren Ausdruck im Reden über den Blick auf sich selbst?

Wie bereits eingangs gesagt wurde, entwickeln sich Körperbilder immer durch Relationierungen. Für die Gruppe der hier Befragten fällt auf, dass es sich vor allem um Vergleiche mit dem eigenen, früheren Körper handelt, die für aktuelle Einschätzungen des eigenen Körpers prägend sind. In den Interviews finden sich zahlreiche Körperbilder, basierend auf relationierenden Blicken zurück auf den „gehabten" Körper. Ergebnis dieser Rückschau sind dabei nicht nur positive oder negative aktuelle Körperbilder, sondern die Bezugnahmen sind sehr vielschichtig und facettenreich.

Zunächst finden sich einige Befragte, die beim Betrachten ihres alternden Körpers negative Gefühle empfinden oder zu negativen Einschätzungen kommen. So sagt Renate (69 Jahre) auf die Frage, ob sie zufrieden mit ihrem Körper sei:

> *„Hmm. Nein, nun nicht mehr so. Ich werde gleich siebzig und merke dann so, wenn das hier so an den Oberarmen hier (zeigt auf die Unterseite ihrer Oberarme), ist das so, dass das hier schlaff ist, dass es innen an den Oberschenkeln auch ein bisschen schlaff ist […]."*

Renates Antwort, sie sei heute „nicht mehr" zufrieden mit sich, verweist auf die Relevanz des Alterungsprozesses für die Einschätzung ihres Körpers. Mit der Angabe ihres chronologischen Alters wird die Beschreibung ihres Körpers unmittelbar altersbezogen gerahmt. Ihre Unzufriedenheit bezieht sich dabei explizit auf äußerliche Merkmale, die nichts mit der Gesundheit oder der Funktionstüchtigkeit des Körpers zu tun haben. Mit der negativen Beschreibung der Schlaffheit von Oberarmen und Oberschenkeln bezieht sie sich auf hegemoniale Schönheitsideale der Jugendlichkeit und Straffheit. Das Älterwerden des Körpers wird als Abweichung vom jugendlichen Ideal gelesen und führt so zu einer niedrigeren Zufriedenheit mit dem eigenen Körper. Auffällig ist die Verschränkung der Blickperspektive (von außen) mit der des körperlichen Spürens (also der Wahrnehmung von innen). In dem Ausdruck „merken" kondensiert sich das Spannungsfeld, in dem sich die „Blicke auf sich selbst" immer auch bewegen: Einerseits verweist es auf ein ‚Spüren' seitens Renate, also ein Fühlen des eigenen Körpers. Andererseits bezieht sie sich auf den ästhetischen Anblick, den sie von außen antizipiert und der sie stört. Sie sieht sich in diesem Sinne selbst im Blicke der anderen, vor dem Hintergrund gesellschaftlicher Schönheitsnormen, der Blick auf sich selbst im Spiegel ist immer der Blick auf sich selbst im Lichte gesellschaftlicher Normen und Ideale.

Während einige der Befragten mit ihrem alte(rnde)n Körper hadern, nehmen andere zwar eine Veränderung war, rationalisieren diese aber als natürlich und finden so zu einem positiven Körperbild. So sagt beispielsweise Günter (70 Jahre):

> *„Ähm, das ist natürlich sieht der Körper heute anders aus als vor zwanzig, dreißig Jahren, ne? Und auch dass die Haut nun nicht mehr so straff ist*

wie vor zwanzig, dreißig Jahren, das ist völlig normal, und dass die Altersflecken kommen, das ist auch völlig normal, aber ich habe Glück, dass meine Altersflecken nicht so vordergründig sind, dass ich mich jedes Mal erschrecke und wenn da irgendwas passiert, dass das irgendwie zu groß wird oder was Neues wächst, dann lasse ich es wegmachen, wenn es mich stört. Aber meistens stört es mich nicht.“

Einerseits zeigt sich hier die für Günter selbst erfolgreiche Deutung von Alterungsprozessen als etwas „Normales“. Er sieht zwar die Alterung seines Körpers, nimmt auch Bezug auf klassische „Problemzonen“ wie schrumpelige Haut oder Altersflecken, interpretiert dies aber als „normal“ und damit akzeptabel. Er erkennt die potenzielle ‚Schreckfunktion‘ der Altersflecken durchaus an, bezeichnet sich aber selbst als glücklich, diesem Schreck nicht (allzu oft) ausgesetzt zu sein. Neben der Normalisierung des Alterungsprozesses klingt noch eine zweite Strategie an: Wenn ihn die Altersflecken stören (und das scheint doch manchmal der Fall zu sein), lässt er sie schlicht wegmachen und weist damit darauf hin, dass seine Haltung gegenüber einer Natürlichkeit des Alterungsprozesses doch zumindest ambivalent ist.

Diese auf den ersten Blick konträren Umgangsweisen mit dem Körper haben bei all ihrer Unterschiedlichkeit vor allem eines gemeinsam: Einen deutlichen Bezug zum früheren, vergangenen Körper. Damit zusammenhängend findet sich in den Interviews immer wieder eine retrospektive Veränderung des Körperbildes, also eine Bewertung des vergangenen Körper, die sich mit der damaligen Einschätzung nicht deckt. So sagt Renate auf die Frage, wann in Ihrem Leben sie mit Ihrem Körper am zufriedensten war:

„Ja, ich denke vielleicht so zwischen dreißig und vierzig. Oder vierzig und fünfzig. Und als ich fünfzig wurde, habe ich ja dann auch so einen richtigen Schreck bekommen. Und wenn ich jetzt vergleiche zu siebzig, dann müsste ich eigentlich noch zehn Schreck Schrecke hinterher kriegen, weil es da sich doch sehr verändert, finde ich, ne? Wenn ich so alte Fotos angucke, wo ich früher gesagt habe, mein Gott, da siehst du ja fürchterlich aus. Heute würde ich sagen, ach da siehst du eigentlich noch ganz gut aus.“ (Renate, 69 Jahre)

Renate beschreibt den Anblick ihres Spiegelbilds und das am Körper sichtbare Alter ab einem bestimmten Alter als negativ. Die Beschreibung ihres eigenen Anblicks als „Schreck“ zeigt zum einen eine Plötzlichkeit, mit der Renate die Erkenntnis ihres alternden Körpers trifft. Zum anderen drückt es eine Negativbewertung aus, sie ist nicht positiv überrascht, sondern erschreckt sich vor ihrem eigenen Anblick. Der Blick zurück, vermittelt durch alte Fotos, zeigt ihr ihr früheres Körperselbst als attraktiv an, auch wenn sie weiß, dass sie das früher anders empfunden hat. Ihr Wissen um ihren heutigen „erschreckenden" Körper lässt den damaligen Körper gutaussehend erscheinen. Die retrospektive Konstruktion des eigenen, jüngeren Körpers als schön kann – so die soziologische Deutung – erst aus dem Wissen um das Aussehen und die Wirkung des heute älteren Körpers erwachsen. Darin enthalten sind negative Alters- und Körperbilder.

Diese Umdeutung des eigenen Körpers als schön verdichtet sich im Material zum Phänomen des „Früher war man sowieso schön", was hier beispielhaft ausgeführt werden soll:

> *„Früher, da war es nicht so wichtig, wenn man jung ist, da ist man irgendwie per se immer schön oder was weiß ich, die Haut ist halt noch schön oder auch straff und na ja dann ist es gar kein Thema die Figur. Weißt du, du hast ja auch noch keine Einschränkungen so, sondern da ist alles so, weiß nicht, rund und schön und aber dann später kommen halt wo man dann eben sagen muss das sind Einschränkungen, es sieht halt älter aus oder schrumpeliger." (Andrea, 50 Jahre)*

Andrea benennt hier Merkmale von Schönheit, die in jüngeren Jahren automatisch noch vorhanden sind und die deshalb auch nicht im Fokus der Aufmerksamkeit standen. Die straffe Haut oder die gute Figur, die „Rundheit" und Schönheit des Körpers waren aufgrund des jungen Alters gewährleistet. Aus ihrer heutigen Sicht begreift sie, dass diese damals als naturgegeben angesehenen Körpereigenschaften bereits Teil von Schönheit waren. Das Altern begreift sie als Einschränkung dieser Schönheit, das jugendlich codierte Runde und selbstverständlich Schöne schwindet und weicht dem Schrumpeligeren des Alters. Sie klassifiziert hier die Zeichen des Alters als minderwertiger als die Zeichen der Jugend und verweist damit auf das hierarchische Verhältnis von Jugend und Alter (vgl. Mehlmann / Ruby 2010, S. 10). Das wiederholte „halt" drückt jedoch auch eine Umgangsstrategie mit diesem Prozess aus, der Prozess der Alterung wird als natürlich und unvermeidbar normalisiert, und führt deshalb nicht zwangsläufig zu einem negativen Körperbild.

Wie sich durch die Analyse der Blicke auf sich selbst zeigen lässt, nimmt das Alter(n) einen zentralen Stellenwert in der Einschätzung und Beurteilung des eigenen Körpers ein. Alle Befragten nahmen explizit auf die Alterung ihres eigenen Körpers Bezug, auch wenn die Deutungen vielschichtig sind. Dabei wird deutlich – und auch dieser Befund lässt sich nicht lediglich auf eine Gegenüberstellung von negativ und positiv herunterbrechen – dass Schönheit mit Jugend assoziiert ist und ein prinzipiell negatives Altersbild vorherrscht. Zwar gelingt es vielen der Befragten, ein positives Köperbild zu konstruieren, dies aber meist unter der Deutung, man sei eben nicht so negativ gealtert, wie es hätte passieren können. Es zeigt sich außerdem, dass die relationale Entwicklung des eigenen Körperbildes vor allem über den Vergleich mit der eigenen (Körper)biographie stattfindet. Viel mehr als Vergleiche mit anderen oder gar mit Bildern aus den Medien dient der vergangene eigene Körper als Bewertungsmaßstab; eine Einschätzung, die den Befund, dass Alter als relevantes Kriterium für das Körperbild gelten kann, unterstützt.

3 Schlussfolgerungen

Die Frage danach, welche Einschätzungen und Bewertungen bezüglich Alter, Schönheit und Körper die Befragten vornehmen und welche kollektiv-gesellschaftlichen Alters- Körper- und Schönheitsnormen- und ideale sich hier zeigen, soll hier nun zusammengefasst beantwortet werden. Die Zusammenschau aller drei Blick-Dimensionen zeigte auf, wie stark sich diese Normierungen in den alltäglichen Deutungen sowie den Praktiken der Befragten niederschlagen. Unterschiedliche Anforderungen an die Subjekte kollidieren miteinander und führen – zusammen mit der stetigen Veränderung des Körpers – zu einer permanenten Neuverhandlung der Inszenierung des Alter(n)s sowie des Körpers. Es zeigte sich, dass das Alter nicht ganz prinzipiell eine Lebensphase der „Lockerung normativer Erwartungshaltungen" oder der Eröffnung von „Verhaltensspielräumen" (Reißmann et al. 2013, S. 227) ist, sondern durchaus auch im Sinne einer Verengung von normativen Anforderungen interpretiert werden kann. Die Ergebnisse lassen sich im Lichte der Überlegungen Jürgen Links (2066) zum Normalismus als Phänomene einer flexibel normalistischen Gesellschaft deuten. Link unterscheidet zwischen dem Protonormalismus und dem flexiblem Normalismus. Als protonormalistisch bezeichnet Link dabei die „‚zwangsneurotische' Orientierung an starren und fixen Normen" (ebd., S. 352), während er dem flexibel-normalistischen Subjekt zuschreibt, dass es die geltenden Normen flexibel gestalten kann und muss sowie „Grenzzonen von Normalität" (ebd., S. 352f.) auslotet, um dadurch eventuell größere Freiräume zu erreichen. Nach Link besteht eine gesellschaftliche „Normalitäts-Zone" mit „Rand-Charakteren", die sich außerhalb dieser Zone bewegen und gleichzeitig „locken und warnen" (ebd., S. 353). Eher im Sinne einer Mischung aus Protonormalismus und flexiblem Normalismus betont Antke Engel (2002) die Gleichzeitigkeit von Normativität und Normalisierung. Sie bezeichnet dieses Zusammenspiel als „Normalitätsregime" (ebd., S. 76) und die entsprechenden Selbsttechnologien als die Strategien, mit denen sich das Subjekt in dieses Regime einpasst. In diesem Sinne soll hier auch der Begriff des ‚Blickregimes' wieder aufgegriffen werden. Das Blickregime wurde definiert als Struktur, welche das alltägliche Blicken nach bestimmten Normen, Vorstellungen sowie Idealen organisiert. Dabei wurde festgestellt, dass Blickregimen auch immer normierende und normalisierende Momente innewohnen. Wie Link (2006) feststellt, situieren sich Subjekte stets in „normalistische[n] symbolischen[n] *Landschaften*"(ebd., S. 352, Hervorh. im Original) und vergleichen ihre Position mit der anderer Subjekte. So sagt Link – und dies zeigt sich in der vorliegenden Studie deutlich – dass das eigentliche Thema aller Alltagsgespräche im Normalismus die Frage ist, „ob das, was X und Y gemacht haben bzw. machen, noch normal ist, ggf. gefolgt von impliziten oder expliziten *Distanzierungen*" (ebd.; 351, Hervorh. im Original). Auch Jean-Claude Kaufmann (2006) weist in seiner erhellenden Studie zum „Oben-Ohne" am Strand darauf hin, dass das Subjekt – mithilfe von Blicken – die Wirklichkeit aufgrund der beobachteten Normalität konstruiert, wozu dann auch gehört, die eigenen Gewohnheiten ggfs. anzupassen (ebd., S. 155f.).[6] Genau diese Herausforderung stellt sich im Alter in besonderem Maße. Der sich verändernde Körper, aber auch die sich momentan stark verändernden gesellschaftlichen Anforderungen an das Alter in Form einer gesellschaftlichen Aktivierung des Alters (vgl. Lessenich 2008) fordern zu einem ständigen Ausloten heraus.

In Bezug auf die Fragestellung nach der Konstitution von Körperbildern älterer Menschen ist besonders die Frage von Interesse, ob Blickregime existieren, die das Blicken auf das Alter oder den alternden Körper in bestimmter Weise organisieren und strukturieren, und wie dieser Prozess ausgestaltet ist. Ähnlich zu Antke Engels (2002) Argumentation bezüglich der Simultaneität der binären Geschlechterordnung als normativer Rahmung sowie „Angebote individualisierter Integration" (ebd., S. 78) und vielfältigen Möglichkeiten der Selbstgestaltung lässt sich dies auch für den alternder Körper darstellen. In der Binarität alt/jung verhaftet bieten sich scheinbar unbegrenzte Optionen der individualisierten Gestaltung des eigenen Körpers, des eigenen Selbst, des eigenen Alter(n)s. Trotz aller Aushandlungen bestätigen die hier gewonnenen Ergebnisse ein Blickregime, welches Alter und Jugend als sich gegenüberstehende Kategorien von alt und jung begreift. Dieser Dichotomie wohnt des Weiteren ein hierarchisches Verhältnis inne. Altern ist in dieser Hierarchie das, was als weniger wert beurteilt wird. Die vorliegenden Ergebnisse knüpfen an bestehende (jedoch bislang nur spärlich vorhandene) Forschungsliteratur an. So entwickelt Julia Twigg (2003, S. 154), basierend auf ihren Studien zur Altenpflege den „gaze of youth", also das jugendliche Blickregime. Sie beschreibt damit Altern als eine Form von „otherness", auf das sich gesellschaftliche Ängste richten. Alt und

6 Für Kaufmann (2006) heißt „Konstruktion von Wirklichkeit" unter anderem, „es wie alle anderen zu machen, sein Leben mit Verhalten und Bedeutungen auszustatten, die ‚von allen' als wahr und wichtig anerkannt werden […]. (Ebd., S. 286)

jung sind dabei Gegensätze, die hierarchisch aufeinander bezogen sind. Alter wird im impliziten Vergleich mit der Jugend bzw. dem mittleren Erwachsenenalter immer als „less than" bewertet. Für sie ist der "gaze of youth [...] an exercise of power in which the ‚other' – in this case older people – are constituted under its searching eye." (Ebd.: 154) Diese Abwertung lässt also auf hegemoniale Schönheitsideale der Jugendlichkeit schließen, die sich in solchen Missachtungen des eigenen Körpers niederschlagen können. Damit verknüpft ist auch das Phänomen des „Früher war man sowieso schön" bzw. die retrospektive Umdeutung des Körperbildes. Es kann als Hinweis darauf gelten, dass ein negatives Altersbild der Selbsteinschätzung zugrunde liegt. Der Blick zurück offenbart etwas, was nur vor dem Hintergrund des jetzigen, gealterten Körpers gesehen werden kann: die frühere, nun aber (scheinbar tatsächlich) verminderte Schönheit. Diesen Schilderungen wohnt immer ein Moment des Bedauerns inne: Darüber, dass man das, was man hatte, nicht geschätzt hatte, und darüber, dass es nun vergangen ist. Es wird zwar deutlich, dass die Befragten zu allen Zeitpunkten ihres Lebens unzufrieden mit sich waren, die heutige Situation gestaltet sich aber scheinbar dennoch anders als die frühere. Der Journalist Reinhard Mohr drückt es folgendermaßen aus:

> [...] natürlich hatte es in der gesamten Zeit der Adoleszenz immer wieder Anlass zur Selbstkritik am äußeren Erscheinungsbild gegeben. Wer mag sich schon, wenn er einundzwanzig ist? Doch stets war da die berechtigte Hoffnung auf Besserung [...]. Jahrzehnte später [...] war kein Raum mehr für das Prinzip Hoffnung [...]. Nein, es würde nur noch schlechter werden. (Mohr 2003. S. 23f.)

Dass sich die Rekurierung auf Jugendlichkeit aber keineswegs immer in negativen Körperbildern niederschlagen muss, dürfte ebenfalls deutlich geworden sein. Um erneut auf die Ausführungen Antke Engel (2002) zurückzugreifen, zeigt sich hier, dass Normalisierung nicht nur als „flexibel und prozessual" verstanden werden muss, sondern dass diese gleichzeitig an verschiedenen Normen ausgerichtet ist. So besteht nicht nur die hegemoniale Norm der Jugendlichkeit, welche in den (Selbst)beschreibungen der Befragten bedeutsam wird, sondern diese koexistiert beispielsweise mit Normen der Schlankheit, der Individualität oder Vorstellungen eines klassischen Alters, welche je nach (Lebens)Situation virulent und zur (Selbst) deutung genutzt werden.

Literatur

Bieger, Laura (2008). Schöne Körper, hungriges Selbst – Über die moderne Wunschökonomie der Anerkennung. In: Annette Geiger (Hrsg.), *Der schöne Körper. Mode und Kosmetik in Kunst und Gesellschaft* (S. 53-68). Köln/Weimar/Wien: Böhlau.

Dauschek, Anja (1994). Attraktivität und Körperbild. Ein Exkurs über den Körper. In: Elisabeth Redler (Hrsg.), *Der Körper als Medium zur Welt. Eine Annäherung von außen: Schönheit und Gesundheit* (S. 57-69). Frankfurt a. Main: Mabuse-Verlag.

Denninger, Tina (2013). Sehen und gesehen werden. Panoptische Blicke auf den Körper. In: *infoblatt. Zeitung für internationalistische und emanzipatorische Perspektiven und so* 81, S. 6–11.

Denninger, Tina (i. E.). *Blicke auf Schönheit und Alter. Körperbilder alternder Menschen.* VS Verlag

Denninger, Tina; Höppner, Grit (2010). Schön alt? Eine Diskussion über Studienergebnisse. *arranca 43*, 39–43.

Engel, Antke (2002). *Wider die Eindeutigkeit. Sexualität und Geschlecht im Fokus queerer Politik der Repräsentation.* Frankfurt a. Main: Campus Verlag.

Foucault, Michel (2005). *Die Heterotopien. Der utopische Körper. Zwei Radiovorträge.* Frankfurt a. Main: Suhrkamp.

Gugutzer, Robert (2002). *Leib, Körper und Identität. Eine phänomenologisch-soziologische Untersuchung zur personalen Identität.* Wiesbaden: Westdeutscher Verlag.

Gugutzer, Robert (2004). Soziologie des Körpers. Bielefeld: transcript.

Gugutzer, Robert (2005). Der Körper als Identitätsmedium: Eßstörungen. In: Markus Schroer (Hrsg.), *Zur Soziologie des Körpers.* (S. 323-352*)* Frankfurt a. Main: Suhrkamp.

Höppner, Grit (2011). Alt und schön. Geschlecht und Körperbilder im Kontext neoliberaler Gesellschaften. Wiesbaden: VS.

Jungwirth, Ingrid (2007). Zum Identitätsdiskurs in den Sozialwissenschaften. Eine postkolonial und queer informierte Kritik an George H. Mead, Erik H. Erikson und Erving Goffman. Bielefeld: transcript.

Kaufmann, Jean-Claude (2006). *Frauenkörper-Männerblicke. Soziologie des Oben-ohne.* Konstanz: UVK.

Koppetsch, Cornelia (2000). Die Verkörperung des schönen Selbst. Zur Statusrelevanz von Attraktivität. In: Cornelia Koppetsch (Hrsg.): *Körper und Status. Zur Soziologie der Attraktivität.* (S. 98-124) Konstanz: UVK.

Kravagna, Christian (Hrsg.) (1997): *Perspektive Blick. Kritik der visuellen Kultur.* Berlin: Edition ID-Archiv.

Lessenich, Stephan (2008). Produktives Altern. Auf dem Weg zum Alterskraftunternehmer? In: Manfred Füllsack (Hrsg.), *Verwerfungen moderner Arbeit. Zum Formwandel des Produktiven.* (S. 45-46). Bielefeld: transcript.

Link, Jürgen (2006). *Versuch über den Normalismus. Wie Normalität produziert wird.* Göttingen: Vandenhoeck & Ruprecht GmbH.

Mehlmann, Sabine & Sigrid, Ruby (2010). Einleitung: „Für dein Alter siehst du gut aus!" Körpernormierungen zwischen Temporalität und Medialität. In: Sabine Mehlmann & Sigrid Ruby (Hrsg.), *„Für dein Alter siehst du gut aus!". Von der Un/sichtbarkeit des alternden Körpers im Horizont des demographischen Wandels. Multidisziplinäre Perspektiven.* (S. 9-31). Bielefeld: transcript.

Mohr, Reinhard (2003). *Generation Z oder Von der Zumutung, älter zu werden.* Berlin: Argon Verlag.

Przyborski, Aglaja & Monika Wohlrab-Sahr (2009). *Qualitative Sozialforschung. Ein Arbeitsbuch.* München: Oldenbourg Verlag.

Reißmann, Wolfgang, Antonela Nedic & Dagmar Hoffmann (2013). „Wenn ich in den Spiegel gucke, soll es noch ein kleines bisschen ästhetisch aussehen". Eine Fallstudie zum Vergleich von Körpererleben, Schönheitshandeln und Medienaneignung im Lebensverlauf. In: Clemens Schwender, Dagmar Hoffmann & Wolfgang Reißmann (Hrsg.): *Screening Age. Medienbilder – Stereotype – Altersdiskriminierung* (S. 219-238*).* München: Kopaed.

Schmitz, Hermann (2005). *System der Philosophie Band 3, Teil 2: Der Gefühlsraum.* Bonn: Bouvier.

Silverman, Kaja (1996). *The Threshold of the Visible World.* New York/London: Routledge.

Strauss, Anselm L. & Juliet Corbin (1996). *Grounded Theory: Grundlagen Qualitativer Sozialforschung.* Weinheim: Beltz. Psychologie Verlags Union.

Strübing, Jörg (2008). *Grounded Theory. Zur sozialtheoretischen und epistemologischen Fundierung des Verfahrens der empirisch begründeten Theoriebildung.* Wiesbaden: VS.

Twigg, Julia (2003). The body and bathing: help with personal care at home. In: Christopher A. Faircloth (Hrsg.): *Aging Bodies. Images and Everyday Experience.* (S. 143-170). Walnut Creek/Lanham/New York/Oxford: AltaMira Press,..

Villa, Paula-Irene (2006). *Sexy Bodies. Eine soziologische Reise durch den Geschlechtskörper.* Wiesbaden: VS.

Villa, Paula-Irene (2007). Der Körper als kulturelle Inszenierung und Statussymbol. *Aus Politik und Zeitgeschichte 18*, 18-26.

„Eigentlich sollte jeder so sterben, wie ihn Gott geschaffen hat …"

Fallstudien zum Verhältnis von Vergänglichkeit, Körpererleben und Schönheitshandeln im Lebensverlauf

Wolfgang Reißmann und Dagmar Hoffmann

1 Einleitung

Im Gegenwartsdiskurs finden sich viele Diagnosen zum Wandel von Körpererleben, Schönheits- und Gesundheitshandeln: vom Imperativ der („neuen') Gestaltbarkeit, über den Fitness- und Wellnessboom sowie Anti-Aging-Programme bis hin zum Leitbild des „forever young". Schenkt man diesen diskursiven Zuspitzungen Glauben, erleben Individuen ihre Körper immer stärker als Projekte, die entlang gesellschaftlicher und kultureller Moden zu gestalten sind (z.B. Villa 2008). Das gilt nicht nur, aber heute verstärkt auch für ältere Menschen. Proklamiert wird ein gelingendes, produktives und erfolgreiches Altern, das sich an der physischen und kognitiven Leistungsfähigkeit und zunehmend an der ästhetischen Anmutung des alternden Körpers festmacht (Schroeter 2007, Mehlmann/Ruby 2000). Entsprechend seien nicht nur typische Merkmale und verräterische Makel des Alter(n)s zu verbergen, sondern der physische Verfall möglichst zu unterlaufen oder wenigstens zu verlangsamen. Hingearbeitet werde auf Konservierung und Verjüngung; es gehe um „Körperrenovierung" (Tschirge/Grüber-Hrćan 1999, S.93) und darum, den nicht selten mit Krankheit, Kontrollverlust, Leiden, Vergänglichkeit und Tod assoziierten Abbauprozess aufzuhalten.

Obgleich wir solche Diagnosen als treffende Beschreibungen aktueller Leitbilder teilen, werben wir im vorliegenden Beitrag dafür, *kulturelle Diskurse um Alterns- und Schönheitsbilder konsequenter mit alltagsnaher Forschung zu verzahnen*. Unsere Ausgangsthese ist, dass sich das Zusammenspiel von individuellen Schönheitsvorstellungen, soziokulturellen Skripten und Körpererleben in einer lebenslauforientierten Perspektive komplizierter gestaltet als es diskursive Zuspitzungen vermuten lassen.

Vor diesem Hintergrund präsentieren wir im Folgenden Ergebnisse aus Fallstudien, die sich mit Schönheitshandeln und Körpererleben im Lebensverlauf befassen sowie der Bedeutung, die medialen Anregungen und Einflüssen hierbei zukommt.

Zu Beginn skizzieren wir das der Untersuchung zugrundeliegende Verständnis von Körper- und Schönheitshandeln. Darauf aufbauend stellen wir das Forschungsanliegen, das methodische Vorgehen und ausgewählte Ergebnisse der Fallstudien vor.

2 Schönheitshandeln im (medien-)biografischen Kontext

Individuelles Schönheitshandeln entfaltet sich unserem Verständnis nach auf der Folie sozial und medial vermittelter *Skripte*, die teils vorbewusst inkorporiert, teils aber auch gezielt gesucht und angeeignet werden. Generiert werden Skripte in den jeweiligen kulturellen Bezugssystemen inkl. des dort habitualisierten Mediengebrauchs. Individuen lernen durch (mediale) Beobachtung und (mediale) Kommunikation, welche Skripte in bestimmten Umgebungen oder Situationen angemessen und zu befolgen sind (vgl. z. B. Schank und Childers 1984). Als rezeptartige Wissensstrukturen geben sie Individuen Wahrnehmungs- und Deutungsmuster vor, an denen sie sich im Hinblick auf das eigene Handeln und situative Positionieren orientieren (können). So changiert Schönheitshandeln z. B. zwischen alltäglichen Abläufen (z. B. im häuslichen oder beruflichen Kontext) und herausgehobenen Anlässen (z. B. anlässlich einer Konfirmation, Hochzeit, erstes Date etc.). Sein Spektrum reicht von der Selbst-Gestaltung durch Kosmetik, Frisur, Kleidung über Fitness- und Wellnessprogramme sowie Bodybuilding bis hin zu kosmetisch-chirurgischen Eingriffen.

Soziokulturell betrachtet ist Schönheitshandeln eng verknüpft mit Akten der sozialen Positionierung, mit sozialer Anerkennung und sozio-kultureller Zugehörigkeit (vgl. Degele 2008). Obgleich Individuen ihr Handeln als einzigartig erleben, manifestieren sich hierin unweigerlich kulturell und gesellschaftlich geprägte *Körperpraktiken*, die sowohl über das Individuum als auch die konkreten Handlungssituationen hinausweisen. In diesen verdichten sich skriptförmiges Wissen, Normen, Regeln und Werte ebenso wie sich Riten, Zeremonien und der Rhythmus des Alltags zwischen Routine und Ereignis einschreiben. Da sich Schönheitshandeln im Alltag oft wiederholt, ist es in hohem Maße habitualisiert.

In modernen Gesellschaften, die sich durch Wertekontingenz, Lebensstilpluralität und Optionenvielfalt auszeichnen, sind *Skripte des Schönheitshandelns* im Allgemeinen sowie auch *Skripte des Alterns und des altersangemessenen Schönheitshandelns* variabler geworden. Die Ausdifferenzierung der Medien- und Populärkultur hat in der zweiten Hälfte des 20. Jahrhunderts zu einer Vielzahl an potenziellen *Stilvorlagen* geführt, mit denen die heute älteren Menschen bereits selbstverständlich aufgewachsen sind. Bedingt durch den soziodemografischen Wandel und die Expansion des höheren und hohen Lebensalters erodieren gegenwärtig zudem traditionelle Alternsskripte sowie Bilder von Alten (vgl. Flicker, Formanek/Gerstmann 2013). *Doing Age* ist nicht festgeschrieben, sondern unterliegt gerade in Zeiten der Individualisierung, Globalisierung und Mediatisierung einem Wandel (vgl. dazu auch Schröter 2012). Als Lebensphase eigenen Rechts ist heute das höhere und hohe Erwachsenenalter individuell zu gestalten und sind Entscheidungen für oder gegen die (neuen) Offerten zu treffen, die sich z. B. aus der kontinuierlichen Erweiterung des auf Anti Aging ausgerichteten Angebots an Kosmetikprodukten, medizinischen Mitteln, Behandlungsverfahren, Sport und Therapien ergeben. Ein heute 60jähriger Mensch ist im Hinblick auf seine körperliche Fitness, Lebensführung, ästhetischen Präferenzen und sein altersbezogenes Selbstverständnis daher nur mehr bedingt mit einem Gleichaltrigen vor 50 Jahren vergleichbar (vgl. Amrhein 2009). Das bedeutet nicht, dass Individuen dadurch prinzipiell freier oder selbstbestimmter über ihren Körper verfügen könnten. Es ergeben sich jedoch Deutungs- und Handlungsspielräume, die ihnen Positionierungen abverlangen und die mit biografisch sedimentierten Vorstellungen und Handlungspraxen in Einklang zu bringen sind bzw. verhandelt werden.

Auch die *medialen Darstellungen* älterer Menschen sind heute ausdifferenzierter als noch vor wenigen Jahrzehnten (vgl. Thimm 2012). Während man in der kommunikationswissenschaftlichen und medienpsychologischen Forschung im Hinblick auf die Erforschung des Zusammenhangs von medialen Körperbildern und Körperzufriedenheit sowie Selbstwertgefühl primär von Kultivierungsannahmen ausgeht (vgl. u. a. Schemer 2003; Grabe et. al. 2008, im Überblick Blake 2014), wird in medien- und kultursoziologischen Abhandlungen auf die *Komplexität der (kommunikativen) Aneignung medialer Körperbilder* hingewiesen (vgl. Hoffmann 2012, 2011). Prinzipiell steht man in der Medienaneignungs- respektive Mediensozialisations- und Medienbiografieforschung immer vor dem Problem, dass mediale und soziale Einflüsse nur schwer zu extrahieren sind (vgl. Keppler 2000; Hoffmann/ Kutscha 2010). Medien entfalten ihre Prägekräfte und Bewusstseinspotenziale oft latent (vgl. Funken/Ellrich 2009, S. 220). Sie sind in Biografien, Körperbildern, Körpererleben und Schönheitshandeln eingeschrieben, insofern die Menschen, die heute berichten, immer schon auch (Massen-)Medien und ihre symbolischen Vorräte, (Leit-)Bilder und Diskurse rezipiert und in ihrem jeweiligen sozialen Umfeld angeeignet haben. Mindestens als Akteure und ‚Objekt' von Fotografie (und ggf. Home Video) waren und sind ältere Menschen zudem selbst an der Produktion von Medien beteiligt.[1] In der Gegenwart haben Medien und ihre Inhalte für ältere Men-

1 Vgl. zur Geschichte privater Bildpraxis Reißmann (2015, S. 125-145).

schen darüber hinaus eine Bedeutung als „biografische Reflexionsfiguren" (Hartung 2013, S. 115ff.), in denen Fragmente der eigenen Lebensgeschichte wiederentdeckt und (re-)thematisiert werden oder die unerfüllte Wünsche und Sehnsüchte sichtbar machen. Wie das alles mit Blick auf Schönheitshandeln genau und interindividuell unterschiedlich zusammenhängt, ist allerdings unklar.

Um der Verflechtung medialer und nicht-medialer Einflüsse[2] sowie der individuellen Inkorporation und Verarbeitung der vielfältigen Deutungs- und Handlungsangebote nachzugehen, nehmen wir eine *biografische und lebenslauforientierte Perspektive* auf das Schönheitshandeln älterer Frauen und Männer ein. Menschen werden mit einem Konglomerat verschiedenster sozialer und kultureller Prägekräfte konfrontiert, dem sie sich in unterschiedlichster Weise temporär oder langfristig, freiwillig oder zwangsläufig, mit hohem oder niedrigem Involvement aussetzen. Auch schenken sie in bestimmten Situationen und Lebensphasen ihrem Körper unterschiedlich viel Aufmerksamkeit. Entsprechend ist in Erfahrung zu bringen, ob und wie sich Schönheitsvorstellungen und -ideale sowie das Körper- und Schönheitshandeln im Laufe des Lebens verändern und welche Geschehnisse, Einstellungen, Impulse, Ansprüche, Akteure, soziale und kommunikative Konfigurationen und biografischen Brüche[3] dafür ausschlaggebend waren.

3 Methodisches Vorgehen

Die Untersuchung ist als *zweistufige qualitative Befragung* angelegt. Ziel ist, individuelle Lebens- und Mediengeschichten zu verfolgen, die Auskunft über Schönheitsvorstellungen, Modi des Körper- und Schönheitshandelns sowie über Körpererleben und mediale Aneignungen von Körperidealen geben (vgl. auch Reißmann et al. 2013).

---

2 In einem übergeordneten Sinn läuft die Unterscheidung von medialen und nicht-medialen Einflüssen grundsätzlich ins Leere, da Kultur und Sozialität immer schon Medienkultur und Mediensozialität sind und eher von einem Verflechtungszusammenhang als von isolierbaren ‚sozialen' und ‚medialen' Anregungen auszugehen ist. Dennoch ist es sinnvoll, auf Individualebene zu erkunden, ob bestimmte Anregungen lebensphasenspezifisch z. B. aus der Beschäftigung mit medialen Präferenzen und Stilen (z. B. Jugendmedienszenen, Star-Fan-Relationen) hervorgegangenen sind, oder eher die soziale Umgebung der Familie und Peers ‚stilbildend' war, wenngleich immer mitzudenken ist, das auch die kommunikativen Konstruktionen von Familie, Peergroup usw. nicht unter Ausschluss von Medien und Medienwissen erfolgen.

3 Bisweilen wird von Identitätsbrüchen gesprochen, z. B. ausgelöst durch Krankheiten (von Kondratowitz 2000).

Während das erste Gespräch dem Kennenlernen und der Sensibilisierung für das Thema diente und mit dem Instrument des *teil-narrativen* bzw. *episodischen Interviews* (medien-)biografische Basisnarrationen generierte, ermöglichte das zweite Interview vertiefende Einblicke und Reflexionen. In beiden Gesprächen haben wir uns für leitfadengestützte Gesprächsformen entschieden. Eine offene Erzählsequenz zu Beginn der ersten Gespräche lieferte lebensgeschichtliche Rahmendaten zu Herkunft, Elternhaus und Familie, (Aus-)Bildungs- und Berufswegen, eigener Beziehungs- und Familienbiografie, sozialräumlichen Kontinuitäten und Brüchen. Im Anschluss wurde auf Schönheitsvorstellungen, das eigene Schönheitshandeln und Körpererleben im Lebensverlauf fokussiert und prägenden Medienerfahrungen und Medienpräferenzen in unterschiedlichen Lebensphasen nachgegangen. Mit der Teilstrukturierung der Interviews tragen wir dem Umstand Rechnung, dass Biografien für gewöhnlich nicht primär als Medienbiografien (vgl. Vollbrecht 2009, S. 27) – und auch nicht als ‚Schönheitsbiografien' – erinnert und erzählt werden. Eine Sensibilisierung für die in Frage stehenden Themen scheint daher angemessen.

Das zweite Gespräch stützt sich auf die Methode der *„photo elicitation“* (vgl. Harper 2002). Im Vorfeld wurden die Teilnehmenden gebeten, jeweils ca. zehn Fotos auszuwählen, die sie anhand ihrer eigenen Biografie mit dem Thema Schönheit verbinden.[4] Zusätzlich recherchierte das Forschungsteam auf der Basis des ersten Gesprächs Bildmaterial zu prägenden medialen Angeboten (vornehmlich reale und fiktive Personen/Figuren aus Musik, Film und Fernsehen), die als Vorlagen ebenfalls in das nachfolgende Gespräch eingebracht wurden. Die Konfrontation mit dem präsentativen Material sollte Erinnerungen und Assoziationen wecken und so die Verbalisierung erleichtern.

Auf der Basis des skizzierten Vorgehens wurden im Frühjahr 2012 und im Winter 2013 im häuslichen Kontext zwei Ehepaare aus einer Großstadt in Hessen befragt. Der Paarbezug ermöglicht es, kommunikative Verhandlungen in den Beziehungen und hier besprochene Themen/Diskurse nachzuzeichnen. Da uns dennoch primär die individuellen Biografien und Perspektiven, auch neben und zeitlogisch vor den jeweiligen Partner/innen interessieren, wurden die Eheleute getrennt voneinander interviewt. Da einer der Teilnehmenden (= Herr C.) ein zweites Interview abgelehnt hat, liegt Gesprächs- und Bildmaterial aus sieben Interviews vor[5].

4 Die Studienteilnehmer/innen bewahrten ihre persönlichen Fotografien in Alben auf, die im Interview gemeinsam betrachtet wurden. Die herausgehobenen und besprochenen Fotografien wurden nach dem Gespräch aus den Alben abfotografiert.

5 Die Interviews führte Antonela Nedic, der wir an dieser Stelle herzlich für ihr Engagement danken.

Wie die Erhebung erfolgte auch die *Auswertung* in zwei Schritten. Zwischen den beiden Interviewterminen fand eine Grobanalyse der bereits geführten Gespräche statt. Anhand der Interviewprotokolle und der Audioaufnahmen wurden zentrale Themenstränge sowie die genannten medialen Präferenzen identifiziert. Die Hauptauswertung fand im Anschluss anhand der vollständig transkribierten Interviews und der (per Fotokamera) dokumentierten persönlichen Fotografien und dem medialen Stimulusmaterial statt. Auf der Grundlage des ausgearbeiteten Leitfadens sowie einer offenen Kodierung wurden Kategorien gebildet, entlang derer das Material aufgebrochen, systematisiert und verdichtet wurde. Darauf aufbauend wurden Sinnzusammenhänge auf der Ebene des Einzelfalls, der Ebene der Paarbeziehung sowie der Ebene des Vergleichs der Einzelfälle und Paare rekonstruiert. Da das Gesprächsmaterial inhalts- und nicht gesprächsanalytisch ausgewertet wurde, fanden intonatorische Merkmale keine Berücksichtigung. Um jedoch eine Vorstellung von den Interviewten und der Gesprächssituation zu ermöglichen, wurden Akzente und Dialekt dokumentiert, wenngleich ohne Intention einer kompletten lautlichen Authentizität (vgl. Dittmar 2004, S. 59 ff.). Zu den Bildern wurden inhaltliche, formale und ästhetische Charakteristika festgehalten. Eine tiefergehende Analyse des (eigenlogischen) Sinngehalts der persönlichen Bilder, etwa im Anschluss an ikonografisch-ikonologische Verfahren der Bildinterpretation fand jedoch nicht statt. Bilder und zugehörige Gesprächssequenzen wurden als wechselseitige Explikationen aufgefasst, wobei uns die verbale Kontextualisierung seitens der Interviewten als primärer Sinnrahmen galt.

4 Wandel von Körpererleben und Schönheitshandeln im Kontext von Vergänglichkeit

Die folgenden Abschnitte geben Einblicke in Teilergebnisse der Fallstudien. Ausgehend von der Zielsetzung und Anlage der Untersuchung war die *Vergänglichkeit des Körpers* kein explizit gesetzter Themenfokus, wurde aber von selbst zum Gesprächsgegenstand gemacht. Vor dem Hintergrund der vorhandenen selektiven Verweise haben wir die Interviewpassagen daraufhin geprüft, inwieweit sich etwaig zugehörige Wertorientierungen und Einstellungen, Regeln des Umgangs mit dem (alternden) Körper sowie Bezüge zum lebensgeschichtlichen Schönheitshandeln herstellen lassen. Kurzportraits der Studienteilnehmer/innen eröffnen die Ergebnisdarstellung. Ausführungen zur Wahrnehmung von Vergänglichkeit bilden den Einstieg in die Thematik, gefolgt vom Erleben des eigenen Körpers im Hinblick auf Wohlbefinden und Unbehagen. Darauf aufbauend beschäftigen wir uns mit dem Schönheitshandeln selbst sowie mit den individuell unterschiedlich gesetzten Grenzen. Eine Diskussion und Reflexion der Ergebnisse schließt den Beitrag ab.

4.1 Kurzportraits der Studienteilnehmer/innen

Frau R. ist zum Gesprächszeitpunkt 71 Jahre (*1941), Herr R. ist 73 Jahre (*1939) alt. Das Paar ist seit 53 Jahren verheiratet und lebt am Stadtrand einer hessischen Großstadt im Eigenheim.

Herr R. ist mit 14 Jahren vom Gymnasium abgegangen, um eine Lehre zum Autoschlosser aufzunehmen und seine Familie finanziell unterstützen zu können. Ursprünglich hatte er Rechtsanwalt werden wollen. Später eröffnete er eine Kfz-Werkstatt, in der seine Frau als Bürokauffrau tätig war. Zwischen seinem 14. und 30. Lebensjahr begeisterte sich Herr R. für Ringen und Gewichtheben: *„Das war die Zeit, ja, das war eigentlich die schönste Zeit in der Jugend.“* Seine andere, seit der Jugend bestehende und bis dato anhaltende Leidenschaft gilt dem Jazz. Seit einigen Jahren obliegt ihm – die Erfüllung eines Lebenstraums – das Event-Management einer hessischen Jazz-Band.

Frau R. absolvierte nach dem Hauptschulabschluss eine Lehre zur Hauswirtschaftlerin. Groß geworden ist sie mit ihrer und drei weiteren Familien und insgesamt 18 Kindern auf einem Hof im ländlichen Raum. Ihre Mutter beschreibt sie als fürsorglich und fleißig, ihr Vater hingegen habe *„gesoffen wie ein Loch und hat es mit den Weibern gehabt.“* Ihre von Entbehrung gezeichnete Kindheit artikuliert sie als lebensgeschichtlich starke Prägung: *„Für mich war eigentlich das Wichtigste im ganzen Leben und entscheidend, was ich als Kind gelernt habe. Bis zu meinem siebten Lebensjahr. Diese Zeit, die hat mich geprägt fürs ganze Leben.“* Mit 15 Jahren lernt sie Herrn R. kennen. Drei Jahre später heiraten die beiden und bekommen ihre erste Tochter. Für Freizeit war in ihrem Leben bis zur Rente nach eigenen Aussagen kaum Platz. Die Wochenenden verbrachte sie am liebsten mit ihren beiden Töchtern. Nach deren eigener Heirat und Familiengründung sorgt sie sich intensiv um die Enkelkinder.

Sowohl die Gespräche mit Frau als auch mit Herrn R. durchzieht eine Grundnarration, die sich als generationsspezifische Prägung deuten lässt. Stärker als heute sei man früher, also in den 1950er und 1960er Jahren, auf sich gestellt gewesen: Man musste sich *„durchboxen“*, um Erfolg und ein Leben in relativem Wohlstand aufzubauen und zu sichern. Herr und Frau R. haben das nach eigenem Bekunden geschafft und sind stolz darauf.

Frau C. ist zum Gesprächszeitpunkt 45 Jahre (*1968), Herr C. 59 Jahre (*1953) alt. Das Paar hat sich vor 21 Jahren kennengelernt, seit 15 Jahren sind beide verheiratet. Gemeinsam mit der 13-jährigen Tochter und dem Hund bewohnt die Familie zur Miete ein Haus.

Frau C. ist Verwaltungsangestellte im öffentlichen Dienst. Aufgewachsen, gelernt und gearbeitet hat sie zunächst in einer mittelgroßen hessischen Stadt. Nachdem sie Herrn C. kennenlernte, sind beide in eine hessische Großstadt umgezogen. Das Familienklima in der eigenen Kindheit beschreibt Frau C. als behütet und „*respektvoll*". Trotz relativem Wohlstand hat sie jedoch einen gewissen materiellen Mangel erlebt. Die Familie habe „*immer so auch bisschen hinterhergehunken*", z. B. bei der Anschaffung eines „*Buntfernsehers*". Außerdem missfiel es Frau C., dass sie „*immer die abgetragenen Sachen meiner Schwester*" anziehen musste. Eigenes Geld verdienen, abgesichert sein, sich etwas leisten und reisen zu können, sind Orientierungen, die vermutlich aus dieser Erfahrung hervorgegangen sind.

Herr C. hat nach der Schule eine Lehre absolviert und als „*Maler und Lackierer*" gearbeitet. Seit 1996 ist er als „*Hausmeister*" bzw. „*Schulhausverwalter*" tätig. Seine Eltern haben stets viel gearbeitet: Die Mutter als „*Chefsekretärin*", der Vater verkaufte zunächst Südfrüchte und war später als KfZ-Mechaniker angestellt. Im Elternhaus wurde viel Wert auf eine gute materielle Ausstattung gelegt. „*Markenklamotten*" waren wichtig und auch „*in Rundfunk beziehungsweise in Elektrodingen*" waren die Eltern „*immer ganz weit vorne und wir hatten auch eine, wir hatten mit den ersten Farbfernseher gehabt.*" An Geld habe es nie gefehlt, allerdings an „*Liebe*". Vor der Partnerschaft mit Frau C. war Herr C. bereits verheiratet. Seine erste Frau ist tödlich verunglückt. Er möchte das nicht vertiefen. Die kurze Ehe blieb kinderlos.

4.2 Wahrnehmung von und Bewusstsein um Vergänglichkeit

Die vier befragten Frauen und Männer stehen hinsichtlich ihres chronologischen, aber auch ihres gefühlten Alters an lebensgeschichtlich unterschiedlichen Punkten. Gleichwohl ist ein erstes Ergebnis, dass sich bei allen vier Interviewpartner/innen eine Auseinandersetzung mit dem Thema Vergänglichkeit feststellen lässt.

Mit 45 Jahren ist Frau C. die Jüngste im Sample. Mit ihrem körperlichen Erscheinungsbild im Grunde zufrieden, stört sie sich an den zunehmenden „*Falten*" und hofft, „*dass der Alterungsprozess nicht noch schneller geht, ja, was das Äußerliche anbelangt.*" Ihr Mann verneint vehement die Frage, ob er sich alt fühle. Selbstverständlich aber habe man „*Ängste (...) Man denkt ja zuerst mal an seine Gesundheit. Hoffentlich trägt das einen so weiter.*"

Frau R. ist es wichtig, dass sie obwohl „*ich jetzt 71 bin (...) nicht so krumpelig aussehe. Ich sage immer: ‚Wenn ich in den Spiegel gucke, soll es noch ein kleines bisschen ästhetisch aussehen.'"* Herr R. hat lange Zeit aktiv Sport getrieben und in jungen Jahren semiprofessionell gerungen. Ein ansprechendes körperlich-physisches Erscheinungsbild und Leistungsfähigkeit sind Teil seiner Identität und Zeichen von Vitalität und Stärke. Die Bedeutsamkeit dieser Identitätsaspekte wird von zwei Fotos unterstrichen, die er ausgewählt hat und die ihn als Mittzwanziger beim Training und mit der Mannschaft zeigen. Mit ca. 40 oder 50 Jahren beginne es, so der 73-Jährige, dass man merke, dass man *„net mehr so lange arbeiten [kann] wie früher"* und auch schneller müde werde. Auch das sonst eher für Frauen diagnostizierte Leiden an Attraktivitätsverlust und zunehmender ‚Unsichtbarkeit' berührt ihn: *„Aber im Alter hab ich das noch nie gemerkt, dass da so einer besonders drauf achten tut, wenn ich komm' [lacht]"*.

Während sich das jüngere Paar noch eher antizipativ und projektiv mit dem ‚wirklichen' Alter beschäftigt, müssen sich Frau und Herr R. mit nicht mehr zu negierenden Alterungserscheinungen arrangieren. Thematisiert wird Vergänglichkeit in den Gesprächen in zweierlei Hinsicht: mit Blick auf *Gesundheit und Leistungsfähigkeit* als Verlust bzw. Nachlassen von Fähigkeiten; mit Blick auf die ästhetische Anmutung des eigenen Körpers als ein Verlust an *Attraktivität.*

Verstärkt wird das Bewusstsein um Vergänglichkeit einerseits durch die kontrastierende Vergegenwärtigung früherer Lebensphasen sowie andererseits durch die wahrgenommene Rolle der Massenmedien als Katalysatoren unrealistischer, jugendlicher Idealbilder.

Die *Jugend bzw. das jüngere Lebensalter* werden in den Gesprächen beinahe unwillkürlich als Phasen gleichsam natürlicher Schönheit und Vitalität gerahmt. Bereits die Auswahl der persönlichen Fotografien weist ein Übergewicht an Bildern aus der Jugend bzw. des jungen Erwachsenenalters auf. Aber auch die Kontextualisierung und Kommentierungen machen deutlich, dass die frühe(re)n Lebensphasen in körperlich-ästhetischer und leistungsbezogener Hinsicht symbolisch für den überschrittenen, nicht wiederkehrenden Höhepunkt stehen. So zeigen sieben der zwölf gewählten Fotos Frau R. im Alter zwischen 18 und 27 Jahren. Neun der elf Bilder von Herrn R. stellen ihn in Lebenssituationen dar, in denen er nicht älter als 40 Jahre ist. Eines zeigt ihn in jungen Jahren beim Gewichtheben, was er augenzwinkernd mit dem Ausruf *„Toller Typ!"* kommentiert. Anschließend verweist Herr R. auf Zeitungsausschnitte, die von seinen damaligen sportlichen Leistungen berichten. Die ersten drei Fotos von Frau C. zeigen sie als Kind. Auf vier weiteren ist sie zwischen 14 und 25 Jahren alt. Die anderen Bilder sind im Alter von 30 (Hochzeitsfoto), 40 (Geburtstag) und 45 Jahren (im Urlaub) aufgenommen. Besonders wohl gefühlt hat sich Frau C. in der Zeit um Mitte 20. Denn in diesem Alter habe man sich *„schon gefunden"*, *„auch vom Körperlichen her"* und *„man hatte damals ne tolle Figur."*

Weiterhin korrespondiert das Bewusstsein um Vergänglichkeit mit der Wahrnehmung von *Massenmedien* als einflussreichen Instanzen, die *Jugendlichkeits- und unrealistische Schönheitsideale* vermitteln. Herr R. stört sich etwa daran, dass die Leistung von Sängerinnen und Schauspielerinnen kaum mehr zähle und heute *„weniger auf das Können geachtet [werde] als auf das Aussehen."* Positiv besprochen werden von ihm jene (Medien-)Personen des öffentlichen Lebens, die er als *„normale Menschen/Typen"* identifiziert (z. B. Steffi Graf). Frau R. benutzt oft Worte wie *„ordentlich aussehen"/"Ordentlichkeit"* und *„Natur"/"Natürlichkeit"*. Diese stehen sowohl für das persönliche Ideal als auch zeitlich für die Vergangenheit. Früher hätten diese Werte gezählt. In der Gegenwart hingegen nimmt sie viel stärker *„Künstlichkeit"* wahr. Vieles sei *„übertrieben"*, womit sie vor allem auf Phänomene der Sexualisierung anspielt. Medien sind hierbei insofern von Bedeutung, als dass sie für die Verbreitung diesbezüglicher (Vor-)Bilder verantwortlich gemacht werden. Frau R. ist von ihrem grundsätzlich manipulativen Einfluss überzeugt. Auch Frau und Herr C. gehen davon aus, dass sich der Stellenwert von Schönheit verändert hat. Heute gehe es in den Medien, so Herr C., *„ja nur um Schönheit. Was gibt's denn sonst da noch? Wenn Sie heute einschalten oder was oder gucken ge, entweder Kosmetika oder irgendwelche Pillen, die man schluckt, um dass man besonders schön ist."* Umgekehrt kann sich Frau C. nicht erinnern, dass früher *„alles so schlank und rank war. War nicht gewesen. Auch nicht in meiner Jugendzeit, dass so mit, also da gabs keine Magersüchtigen oder weiß ich was."*

Zusammenfassend ist festzuhalten, dass Vergänglichkeit in den biografischen Erzählungen bei allen vier Gesprächspartner/innen ein Thema ist und mit dem Prozess des Alterns assoziiert wird. Verstärkt wird das Bewusstsein über die Kontrastierung mit früheren Lebensphasen sowie durch Massenmedien, die nicht nur, aber doch primär Schönheits- und Jugendlichkeitsideale transportieren und so eine Diskrepanz zur Realität der Vergänglichkeit erzeugen.

4.3 Körperliches und ästhetisches Wohlbefinden und Unbehagen

Die Wahrnehmung und das Bewusstsein um Vergänglichkeit erzeugen Druck, dem sich die Befragten trotz Selbstnarrationen, die teilweise demonstrativ das Gegenteil behaupten, nicht völlig entziehen können. Umgekehrt bedeutet das nicht, dass der Prozess des Älterwerdens unweigerlich mit negativem Körpererleben oder ästhetischem Unbehagen einhergeht. Die Äußerungen zeichnen ein ambivalentes Bild.

Keiner/r der Befragten berichtet von größeren gesundheitlichen Leiden, die das Wohlbefinden prinzipiell stören würden. Im Großen und Ganzen wird der Eindruck vermittelt, dass es dem jeweiligen Alter entsprechend gut ginge. So hat Frau R. nach eigenem Bekunden keine „*Probleme mit der Figur*" und hält ihr Gewicht konstant. Im Übrigen verweist sie auf ihr Alter: „*Und was soll denn da groß passieren? Ich bin 72 Jahre, hör mal.*" Herr R. hadert zeitlebens damit, vergleichsweise klein zu sein, was aber nichts mit dem Erleben von Vergänglichkeit zu tun hat. Früher, „*mit 18*", hätte er gut ausgesehen. Lakonisch kommentiert er, dass man sich im Alter halt verändere und er sich daran gemessen immer noch ganz gut halte. Frau C. fühlt sich ebenfalls wohl. Ein Thema ist das Gewicht, das sich im Lebensverlauf immer wieder verändert hat. Nach der Geburt ihrer Tochter und momentan wieder habe sie „*ein paar Kilo zu viel*". Vor der Geburt und um den 40. Geburtstag, zu dem sie ein Foto ausgewählt hat, war sie schlank. Auch hier besteht also kein direkter Zusammenhang zur Wahrnehmung von Vergänglichkeit. Diesbezüglich ist es primär die Faltenbildung und die Vorstellung, dass diese immer schneller und nachdrücklicher Spuren hinterlässt, die ihr Sorgen bereiten. Von den vier hier Befragten bedauert sie am meisten den Prozess des allmählichen Alterns: „*Also ich denk mir, früher hat man sich weniger so Gedanken gemacht, wenn man, wenn man im Alter noch so aussehen würde wie mit Mitte 30, fände ich das toll, ja.*" Auch Herr C. kämpft mit dem Gewicht: „*Ich könnte ein bisschen weniger an Kilos haben.*" Ironisch bemerkt er zu seiner Halbglatze, dass der Friseur nicht mehr viel zu tun habe. Ansonsten aber „*bin ich eigentlich mit meinem Aussehen zufrieden*" und „*hoffe, dass ich mich so halte, wie ich jetzt bin. So, bis zum Tage nimmerlein.*".

Die Befragten sind sich gewisser Makel und Problemzonen bewusst und hadern durchaus mit Alter(n)serscheinungen. Die Lebensqualität oder das Wohlbefinden scheinen trotz der Wahrnehmung anderer Idealbilder und Leitvorstellungen darunter jedoch nicht wesentlich zu leiden. Freilich ist kritisch zu fragen, inwiefern das Interview als Gesprächsformat seine Ergebnisse gerade hinsichtlich heikler Themen mitproduziert, da andersartige Einschätzungen trotz Vertrauensbildung einen potenziellen Gesichtsverlust bedeuten können. Die gegebenen Einschätzungen fügen sich jedoch in das Bild auch anderer Ergebnisstränge.

So wird deutlich, dass sich die Befragten in Lebensphasen wähnen, in denen man sich gefunden und seinen *eigenen Stil* entwickelt habe. Man weiß, was man mag und nicht mag, hat gelernt mit seinem Körper umzugehen, vertraut auf bestimmte Marken oder hat, wie Herr R., der stolz auf den Besitz eines goldgelben Sakkos ist, das er bei Auftritten der Jazz-Band anzieht, seine Lieblingskleidungsstücke. Das Zutrauen in den eigenen Stil gibt Halt. Berichtet werden zudem lebensgeschichtliche Erfahrungen und Situationen, in denen man sich mit dem eigenen *Schönheitshandeln gegenüber seiner Umwelt durchgesetzt* hat. Frau R. etwa hat lange Zeit Rücksicht darauf genommen, dass sie größer als ihr Mann ist. Eine Art Befreiungsakt war und ist für sie offenbar das Tragen von Pumps: „*Irgendwann kam die Zeit, wo ich gesagt hab, es reicht, ich bin auch noch da. Und dadurch, dass ich flache Schuhe trag, wird er nicht größer. Weißt du? Und dann hab ich Pumps getragen.*" Wahrscheinlich tragen solche Erfahrungen und die dadurch erkämpften Handlungsspielräume langfristig dazu bei, auch in anderen Feldern Widerstandsfähigkeit zu entfalten.

Das zumindest auf kommunikativer Ebene prägnanteste Ergebnis, das das relative Wohlbefinden der Befragten mitbegründet, findet sich jedoch wiederum in der Kontrastierung der gegenwärtigen mit vorangegangenen Lebensphasen. Obgleich Jugend bzw. frühere Lebensphasen als Kontrastfolien zu körperlichem und ästhetischem Verlust thematisiert werden (s. 4.2), problematisieren sie die Befragten auch. So ist Herr R. überzeugt, dass man in jungen Jahren immer an sich selbst ‚herumkritisiere': „*Da passt dir das nicht, passt dir das nicht. Da bist du nie mit dir zufrieden mit dem Aussehen.*" Frau C. ist zudem der Ansicht, dass man „*früher in der Jugend mehr beeinflusst worden [ist] durch die Medien (...). Also, man wollte immer diese Barbie-Figur haben, man wollte diese Barbie-Haut haben und ich denk mir als Jugendlicher sieht man das mit anderen Augen. Da denkt man halt auch, es ist wichtig, um bei anderen anzukommen.*" An anderer Stelle erinnert die 45-Jährige Spott und Hänselei der Mitschüler/innen im Kindes- und Jugendalter. In der Schule wurde Frau C. „*ganz schlimm*" „*wegen meiner langen Nase*" und auch „*fürchterlich wegen dieser Mütze gehänselt*".

Jugendlichkeit mag ein Ideal sein. Jugend als Lebensphase steht jedoch symbolisch auch für Unsicherheit, für fehlende Orientierung, Selbstzweifel, Peer-Druck, Beeinflussbarkeit und Außenleitung. Im Intergenerationenvergleich kursieren zudem Unterstellungen, dass es Jugendliche heute noch schwerer haben als man selbst, weil der Konsumdruck und das Statusdenken (noch) größer geworden seien. Das (höhere) Erwachsenenalter geht vor diesem Hintergrund nicht nur mit Vergänglichkeit einher. Es wird in den Gesprächen als Phase gerahmt, in der *Gelassenheit* und in gewissem Maße auch *(Selbst-)Akzeptanz* zunehmen. Frau C. fasst das so zusammen: „*Also ich glaube, keiner ist zufrieden mit seinem Äußeren, aber man akzeptiert sein Äußeres irgendwann, ja.*" Das könne bis dahin reichen, dass einstige Makel umgedeutet werden und man z. B. Stolz „*auf eine schiefe Nase oder auf keine Ahnung, so Kleinigkeiten, die halt nicht vollkommen sind*" entwickelt. Herr R. gibt zu bedenken, dass sich der Stellenwert von Äußerlichkeiten ändere: „*Das sind so Sachen, weißt du im Alter, die du anders wahrnimmst.*"

Die Gegenüberstellung von Jugend und (Erwachsenen-)Alter und ihre *Bilanzierung in Form von Vor- und Nachteilen* prägt das Nachdenken über das eigene Alter(n). Zufriedenheit und körperliches Wohlbefinden sind maßgeblich von der Konstruktion und Bewertung von Lebensphasenmerkmalen abhängig. Vergleichbares gilt aber auch für kleinere Zeitabschnitte. Frau C. liefert diesbezüglich eine interessante Rahmung ihrer Schwangerschaftszeit, in der sie sich besonders wohl gefühlt habe. Dieses Erleben führt sie darauf zurück, in dieser Zeitspanne von gängigen Schönheits- und Weiblichkeitsidealen freigestellt und entbunden gewesen zu sein: *„Man konnte essen, trinken, was man wollte und man hat zugenommen. Also das war so die Zeit, wo man sich so vom Körper her sehr wohl gefühlt hat, weil man wusste man ist schwanger, man wird von Anderen dann nicht irgendwie komisch angeguckt (…)."* Schwangerschaftserleben variiert selbstverständlich. Diese Episode illustriert jedoch, dass die kontextuelle Rahmung von kürzeren oder längeren Phasen oder auch bestimmter Sozialräume, die als außeralltäglich wahrgenommen werden, das Wohlbefinden entscheidend mitbestimmt.

Zusammengefasst weisen die Ergebnisse darauf hin, dass die Wahrnehmung von Vergänglichkeit auf der einen Seite sowie körperliches und ästhetisches Wohlbefinden bzw. Unbehagen auf der anderen Seite zwar zusammenhängen, auf individueller Ebene jedoch sehr unterschiedliche Momente in die Deutungen hineinspielen.

4.4 Vergänglichkeit und Schönheitshandeln

Wahrnehmung von Vergänglichkeit mündet nicht zwangsläufig in ein negatives Körperselbstbild oder körperlich-ästhetisches Unbehagen, begleitet aber das Körpererleben und ist Anlass zur Reflexion. Nicht minder komplex gestaltet sich der Zusammenhang, wenn zusätzlich das Schönheitshandeln betrachtet wird.

Gleichsam als Basis und Voraussetzung für alles Weitere gelten den Interviewten die tägliche *Körperpflege* (z. B. Duschen, Waschen, Hand- und Haarpflege, Rasur) sowie *gepflegte Kleidung*. Das gilt sowohl für die zwei befragten Frauen als auch ihre Männer. Frau C. ist es wichtig, „*gepflegt*" zu sein. Herr C. assoziiert Schönsein u. a. mit „*gut gekleidet sein*", „*auf sich gucken*", „*sich nicht so hängen zu lassen*" und geht selbst „*nicht unrasiert aus dem Haus*". Herr R. „*will halt die Haare gut geschnitten haben, saubere Zähne haben*" und zieht sich „*gern gut an (…). Das ist für mich schön sein.*" Er hasst es, „*wenn die Haare aus den Ohren rauskommen bei manchen, das würd ich nie machen [lacht]. Das ist unästhetisch.*" Bei Frau R. fließt die biografische Erfahrung ein, dass Geld für teure Produkte und Kosmetika in jungen Jahren fehlte. Vor dem Hintergrund einer entbehrungsreichen Kindheit ist dieser „*Spruch*" der Mutter zum Lebensmotto geworden: „*Man darf arm sein, aber sauber muss man sein.*"

Ordnung, Gepflegtheit und *Hygiene* sind basale Sinnhorizonte, die das Verhältnis der Befragten zum eigenen Körper und zur Umwelt prägen. Sie werden als globalgültig artikuliert. Vergänglichkeit spielt hierbei keine eigenständige Rolle. Das ändert sich jedoch mit Blick auf darüber hinausgehende Formen des Schönheitshandelns. Insbesondere zwei Themenkreise sind hierbei relevant: geschlechtsspezifisch

Schmink-, Makeup- und Haarfärbepraxis, geschlechtsunabhängig Ernährung, Fitness und Wellness.

Schminken und *Makeup* sind Teil des alltäglichen Schönheitshandelns von Frau C. und Frau R. und ein Muss, um außer Haus zu gehen. Frau C. macht sich *„jeden Tag die Haare"* und schminkt sich *„wenn ich auf die Arbeit gehe"*. Frau R. legt stets *„ein bisschen Rouge auf"*, wenn sie das Haus verlässt. Sie beschreibt sich als *„Naturtyp"* und schminkt sich heute eher dezent. Eine Ausnahme macht sie bei den Haaren. Zweimal habe sie *„versucht, natürlich auf dem Kopf auszusehen. Das schaff ich nicht. Und das gebe ich auch zu. Also ich werde meine Haare färben bis ich sterbe. Weil ich das Bild kann ich nicht akzeptieren."*

Im biografischen Rückblick berichten die 71-Jährige ebenso wie die 45-Jährige, in vergangenen Lebensphasen *„mehr"* gemacht zu haben. Frau R. habe sich intensiver *„gestylt"*, *„[d]ie Fingernägel angemalt, die Fußnägel angemalt"* und *„Make-up natürlich aufgelegt"*. Auch Frau C. bilanziert, dass sich ihr Schönheitshandeln über die Jahre verändert hat: *„Früher waren das mehr so die Make-up Sachen, heute sind das [die] für die Falten. Also für trockene Haut."* Beide Frauen achten darauf, gut auszusehen. Extravaganz und exponierte Darstellung von Weiblichkeit und Attraktivität vermeiden sie jedoch. Diese scheinen jungen Menschen vorbehalten zu sein. Frau C. verbindet das mit Erinnerungen an ihre Jugendzeit, in der sie *„immer total aufgemotzt"* in die Disko gegangen sei. Solche Verschiebungen im Schönheitshandeln lassen sich im Sinne *altersangemessener Erscheinungscodes* deuten. Sie beruhen nicht nur, aber auch auf der Wahrnehmung ästhetischer Vergänglichkeit und damit verbundener Lebensphasenzuschreibungen.

Weiterhin ergeben die Gespräche zum Zusammenhang von Vergänglichkeit und Schönheitshandeln, dass dieses mit zunehmendem Alter stärker mit dem Bereich des *Gesundheitshandelns* verknüpft ist. Frau und Herr C. besuchen regelmäßig ein Fitness-/ Sportstudio und nutzen in unregelmäßigen Abständen Wellness-Anwendungen wie Sauna, Solarium oder Massage. Herr C. hat mit dem Fitnessstudio erst spät und explizit aus gesundheitlichen Erwägungen begonnen. Frau C. würde gern mehr Wellness machen, z. B. ganze Wellnesswochenenden verbringen. In der Zeit zwischen Anfang 20 und Anfang 30 hat sie es sehr genossen, sich und ihrem Körper mit dem selbstverdienten Geld etwas gönnen zu können. Nach der Geburt der Tochter sind die Mittel jedoch knapper geworden.

Auch das ältere Paar spricht davon, in Bewegung bleiben zu wollen, greift hierbei aber nicht auf institutionalisierte Fitnessangebote außer Haus zurück. Vielmehr hat Herr R. seine *„Gewichte im Keller"*, fährt Rad und macht *„Kniebeugen"*. Sport spielte in seinem Leben immer schon eine große Rolle. In jungen Jahren ging es hierbei aber weniger um Gesunderhaltung als um die Demonstration physischer Leistungsfähigkeit. Frau R. ist es wichtig, *„dass man sich auch bewegt. Weißt du?*

Nicht hinsetzt und wartet, bis man so einen Hintern gekriegt hat, ja?" Sie halten Spaziergänge, die Treppe als „*Trimmpfad*" und die Enkelkinder auf Trapp.

Ebenfalls von Bedeutung ist bei beiden Paaren das Thema *Ernährung*. Frau R. achtet sehr auf ihre Figur, isst selbst wenig Fleisch und keine Butter. Herr R. kehrt heraus, Nichtraucher zu sein und wenig Alkohol zu sich zu nehmen. Des Weiteren zwinge ihn seine Frau, „*dass ich viel trinken muss, obwohl ich keinen Durst hab. [lacht] Aber sonst ich sag, wir essen immer dieses Brot da mit Körnern drin. (…) Auf jeden Fall essen wir kein Weißbrot, weils net gut ist.*" Frau und Herr C. schätzen hingegen ihr Ernährungsverhalten als verbesserungsbedürftig ein. Herr C. reflektiert, dass das Paar „*relativ spät abends*" isst und die Mahlzeiten „*manchmal sehr kalorienreich*" sind.

Wie beim Themenstrang Ordnung, Gepflegtheit und Hygiene kann das Ernährungsverhalten auf Basis zumindest dieser Interviews nicht in einen direkten Zusammenhang mit Vergänglichkeit und verändertem Körpererleben gesetzt werden. Gesundheit und daraus resultierendes Ernährungshandeln sind per se und lebensphasenübergreifend positiv besetzt. Allerdings steigt im Lebensverlauf der Wert von Gesundheit. Frau C. rekapituliert: „*Von den High Heels und Spitzenschuhen ist man jetzt eher auf die Birkenstocks getreten.*"

Zusammenfassend ist festzuhalten, dass das Bewusstsein um Vergänglichkeit und Alterungsprozesse Einfluss auf das Schönheitshandeln hat. Hierbei zeigen sich in unseren Gesprächen insbesondere alters- und lebensphasenspezifische Skripte sowie die enge Liaison, die Gesundheits- und Schönheitshandeln mit zunehmendem Alter eingehen.

4.5 Grenzen der Machbarkeit des Körpers

Weiterhin bilden die Gespräche kontroverse Diskurse über Praktiken des Schönheitshandelns ab, die die Befragten weder in Gegenwart noch Vergangenheit selbst vollzogen haben, die sie aber in ihrem sozialen Nahraum und/oder medial vermittelt wahrnehmen und die der Positionierung und Verhandlung von Grenzen des Schönheitshandelns dienen. In der Diskussion stehen hierbei neben Tätowierungen und Piercings vor allem *Schönheitsoperationen*.

Keine/r der Befragten berichtet, sich selbst bereits einer Behandlung der kosmetischen Chirurgie unterzogen zu haben. Allerdings ist der Diskurs um Schönheits-OPs wichtig, insofern über diesen Selbstverortungen vorgenommen und Möglichkeiten und Grenzen des Umgangs mit Vergänglichkeit thematisiert werden. Hierbei dominiert zunächst der Eindruck, dass prinzipiell immer mehr am Körper ‚gemacht' werde und im subjektiven Zeitvergleich Medien, insbesondere die

Fernsehprogramme, heute deutlich mehr Bilder ‚gemachter' Körper generieren und in Umlauf bringen als das früher der Fall war. So konstatiert Herr R., dass *„[d]ie Brust immer größer"* werde und sie in *„Amerika (…) sogar hier die Waden und die Hinterbacken"* machen. Frau R. ist sich sicher, dass das *„doch was mit der Industrie zu tun"* hat und perfekte Körper ausgestellt werden, um den Verkauf anzuregen: *„Zum Beispiel bei der Kosmetik, ne. Die wollen doch ihren Krempel verkaufen, also kriegste eingebabbelt. Oder sie wollen ihre Schönheitsoperationen machen. Da kriegste eingebabbelt wie du auszusehen hast. Ob der Po zwei Zentimeter höher hängt oder zwei Zentimeter tiefer, hier [tippt mit dem Zeigefinger auf die Stirn]. Oder was du für ein Gesicht zu haben hast, ja. Ob die Ohren, die du hast, ob die auch stimmen."* Die Bewertung dieser ähnlich auch von Frau und Herrn C. wahrgenommenen Entwicklung fällt zwischen den beiden Paaren jedoch unterschiedlich aus. Während das ältere Paar diese vehement kritisiert, zeigt sich beim jüngeren Paar ein größerer Denk- und Handlungsspielraum.

Für die 71-jährige Frau R. steht fest: *„Ich würde zum Beispiel, ich habe bis zum heutigen Tag würde ich keine Schönheitsoperation machen oder was. Nie im Leben."* Diesen Gedanken ausführend entwickelt sie den Grundsatz, dass man zwar alles in seiner Macht Stehende tun kann und soll, um schön und gepflegt zu wirken und zu bleiben – ‚natürlich' auferlegte Grenzen aber zu akzeptieren habe. Den Unterschied macht sie über den Vergleich von Bindegewebe und Hornhaut anschaulich. Während ersteres eine genetisch definierte Struktur aufweise, ist letztere beeinflussbar: *„Du hast von Natur entweder ein gutes Bindegewebe oder hast ein schlechtes Bindegewebe. Da kannst du Sport machen so viel du willst, du hast das schlechte Bindegewebe bis du stirbst. So. Aber alles, was du beeinflussen kannst, das solltest du tun. Ich meine, ich kann mit blanken Füßen rumlaufen, aber ich muss nicht eine Hornhaut an den Füßen haben, dass ich denke, ich hätte ein Paar Schuhe an. Als Beispiel, ne. Das sind Dinge, die nicht sein müssen. Die man kontrollieren kann."* In Frau R.s moralischem Koordinatensystem gibt es Dinge, die man als Mensch verändern kann, und Dinge, die der Mensch nicht verändern darf. Schönheits-OPs beziehen sich auf die körperliche Beschaffenheit, die vorgegeben ist und bei der sich Eingriffe verbieten. Diese Haltung korrespondiert mit einer grundsätzlichen Kritik an zu viel Künstlichkeit, die sie vor allem in den Medien wahrnimmt. Alles sei *„überspitzt"*, es fehle die *„Natürlichkeit"*: *„Wo ist denn das noch normal? Das ist nix mehr Natur. Die verändern den Menschen so, dass er wie ein künstliches Produkt aussieht."* Wenngleich sich Herr R. nicht so umfänglich äußert wie seine Frau, führt das Gespräch zu ähnlichen Ergebnissen: *„Künstlich an sich rummachen, das ist net gut, am Körper. Man muss mit seinem Körper zufrieden sein."*

Auf dem ersten Blick folgen auch die Äußerungen von Frau C. diesen Orientierungen. Die 45-jährige ist einerseits *„zufrieden, dass ich meine innere Ein-*

stellung über die vielen Jahren bewahrt habe, mich nicht operieren lassen habe: Keine Nasen-OP, keine Ohren-Verkleinerung, keine Ahnung was, ja." Andererseits kennzeichnen ihre weiteren Ausführungen jedoch weder eine rigorose noch eine moralisierende Ablehnung, sondern zeugen vielmehr von Gedankenspielen, in denen offensichtlich schon des Öfteren Optionen durchgespielt wurden, sowie von Offenheit und Verständnis denjenigen gegenüber, die sich für eine Schönheitsoperation entscheiden. Fast scheint es, als sei der Grund, sich nicht einer Behandlung zu unterziehen, weniger eine Frage der inneren Überzeugung als der finanziellen Ressourcen. Durchaus kann sich Frau C. vorstellen, sich die „*Falten*" ‚machen' zu lassen: „*Das wären die Oberarme und ja, die kleineren Falten im Gesicht. Also jetzt kein Lifting, aber ich denk mal so mit Botox, denk ich mal, wenn man das Geld hätte, würde es man, ich glaub, würde ich mal ausprobieren.*" In ihre Überlegungen und die Legitimierung ihrer Wünsche bezieht sie den wissenschaftlich-medizinischen Fortschritt ein. Dieser fungiert als eine Art argumentative Brücke, die es erlaubt, ältere und vermutlich sozialisationsbedingt noch prägende Glaubenssätze zu relativieren: „*Eigentlich sollte jeder so sterben, wie Gott ihn geschaffen hat, aber die Medizin ist halt so weit, wenn man das nutzen kann und da eingreift und die Leute das wirklich für ihr Wohlbefinden brauchen, ist das jedem selber überlassen.*" Ähnlich wie bei Herrn R. nehmen die Äußerungen zu diesem Themenkomplex bei Herrn C. weniger Raum ein. Er lehnt es ab, wenn immer mehr und immer wieder operiert werde, „*bis es irgendwann nicht mehr schön aussieht. Also da sag' ich auch ne, das muss nicht sein.*" Gleichwohl habe er „*nix dagegen, wenn sich Frauen eine Brust-OP machen lassen oder wenn sich Frauen die Nase… wenn es passt, dann ist es für mich in Ordnung.*" In der Rolle des männlichen Beobachters begreift er Schönheitsoperationen als primär weibliche Angelegenheit, steht diesen grundsätzlich und in den genannten Grenzen aber offen gegenüber.

Insgesamt lässt sich festhalten, dass Massenmedien und ihre Bildwelten übereinstimmend als Katalysatoren von Normverschiebungen wahrgenommen werden, die eingenommenen Haltungen und Bewertungen der neuen Machbarkeit des Körpers durch Eingriffe der kosmetischen Chirurgie jedoch sehr unterschiedlich ausfallen.

5 Diskussion und Reflexion

Von Selbstauskünften und biografischen Erzählungen kann nur bedingt auf die tatsächliche Praxis des Schönheitshandelns geschlossen werden. Sie bedienen sich des lebensgeschichtlichen Wissens der Akteure. Im Sinne der Unterscheidung in ein *Wissen über den Körper* und ein *Wissen des Körpers* (Keller/Meuser 2011, S. 11f.) aktualisieren sie das kognitiv verfügbare Wissen und stellen somit einen indirekten Zugang zur Körper- und Schönheitspraxis dar. Wenngleich Körperwissen und Körperpraxis unhintergehbar aufeinander bezogen sind, bewegen sich Selbstauskunft und Erzählung in relativer Distanz zur tatsächlichen und im Lebensverlauf schwer beobachtbaren Handlungspraxis. In biografische Erinnerungen mischen sich persönliche Erinnerungen, Empfindungen, kulturelle Wissensbestände sowie diskursive wie nicht-diskursive Praktiken. Sie sind folglich Konstruktionen, nicht selten ‚Verklärungen' und zudem abhängig von sozialen Relevanzstrukturen: „Sich erinnern kann niemals heißen, eine Vergangenheit so zu vergegenwärtigen, wie sie als Gegenwart war" (Hahn 2010, S. 19). Gleichwohl sagt die Erinnerung etwas darüber aus, was für Menschen in irgendeiner Weise in einer Phase ihres Lebens oder in der Gegenwart bedeutsam war. In diesem Sinne lesen wir die Gespräche als Zeugnisse, die uns Hinweise dazu liefern, in welcher Weise gesellschaftliche Diskurse und Tendenzen verarbeitet werden und in Zusammenhang stehen mit der eigenen Entwicklung sowie sozialräumlichen und medialen Anregungen und Orientierungen.

Was lässt sich vor diesem Hintergrund aus unseren Explorationen folgern und ableiten? Die Fallstudien bestätigen zunächst die Befunde anderer Studien, denen zufolge die Zufriedenheit mit dem Leben und dem gesundheitlichen Befinden wichtige Indikatoren für ein positives Körpererleben und auch die Bewertung der eigenen Schönheit und Attraktivität darstellen.[6] Qualitative Studien, die den Komplex von Altern, Körpererleben und Schönheitshandeln auf Individualebene im Lebensverlauf differenziert und in seiner Widersprüchlichkeit nachzeichnen, sind allerdings rar. Ausnahmen, die sowohl ältere Menschen als auch eine Lebenslaufperspektive im Blick haben, beziehen sich wie die vorliegende Studie auf zumeist geringe Fallzahlen (vgl. Höppner 2011; Liechty/Yarnal 2010). Über die zusätzliche Bedeutung von Massen- und Individualmedien in diesem Geflecht bestehen bis heute eher Vermutungen als gesicherte Kenntnisse. Auch unsere Fallstudien liefern diesbezüglich nur punktuelle Ergebnisse und werfen Fragen auf, vor allem was die Verallgemeinerbarkeit individueller Prägungen betrifft.

6 Vgl. z. B. die quantitative Untersuchung von Derra (2012).

Auf der Basis der selektiven Ergebnisse zum Verhältnis von Vergänglichkeit, Körpererleben und Schönheitshandeln möchten wir abschließend drei Zusammenhänge diskutieren, die es unserer Ansicht wert sind, weiter verfolgt zu werden: die Bedeutung von *Selbst- und Lebensphasenkonstruktionen*, die *Konvergenz von Schönheits- und Gesundheitshandeln im Lebensverlauf*, sowie die *Konkurrenz verschiedener Authentizitätsparadigmen*, was den Umgang mit der Plastizität des Körpers betrifft.

5.1 Vergänglichkeit im Spiegel von Selbst- und Lebensphasenkonstruktionen

Wer sich dem Thema Vergänglichkeit und Schönheitshandeln primär aus der kritischen Perspektive gesellschaftlicher und medialer Diskurse nähert, dem kann über die globale Diagnose neoliberaler Regime der Selbstökonomisierung, der Selbstunterwerfung unter Jugendlichkeitsnormen oder dem Leitbild des produktiven Alterns entgehen, dass ihre (sozial-)räumlich und zeitlich lokalisierte Aneignung sowie ihre biografisch-somatische Sedimentierung eigenständige Selbst- und Lebensphasenkonstruktionen produziert.

Sicherlich können wir unsere Fälle dahingehend interpretieren, dass Frau R. und Frau C. im Kontext von Vergänglichkeit dem *Diktat eines altersangemessenen Auftretens* folgen, welches ihnen wenig Spielraum für die offensive Darstellung weiblicher Attraktivität gibt, die aus ihrer Sicht jüngeren Frauen vorbehalten ist. Und hätten wir ein solches Handeln gefunden (das in anderen Fällen sicher zu berichten wäre), hätten wir es wiederum als Nachweis für den neuen Typus der „jungen Alten" (Thiele et al. 2013) deuten können, der nicht weniger neoliberalen Maximen folgt und beispielsweise Altern politökonomisch gegen das Zerrbild lebenslanger Arbeitskraft und Vitalität ausspielt.

So wichtig und richtig gesellschaftskritische Reflexion und Begleitung ist, die Ebene des Einzelfalls und der Lebensgeschichte erfordert den Einbezug zusätzlicher Momente. Hierzu zählen nicht nur, aber auch die in den Gesprächen virulenten *Vergleiche von Lebensphasen*. Sie sind einerseits Quelle des Leidens an der Vergänglichkeit körperlicher Kräfte und dem vermeintlichen Verlust an Schönheit und Attraktivität. Altern erscheint in dieser Perspektive als natürlicher Feind von Produktivität und Attraktivität. Nach Möglichkeit sind die Folgen entsprechend einzudämmen und zu bearbeiten. Andererseits ermöglichen sie es jedoch ebenso, den Prozess des Alterns und das Alter als Lebensphase als positiv konnotierte *persönliche Entwicklungsgeschichte* zu erfahren, an deren Ende ein Zugewinn an Unabhängigkeit, Autonomie, Charakterstärke, Lebenserfahrung und Weisheit erlebbar wird: ‚Früher musste man, heute kann man'. In jungen Jahren laufe man den Trends und Moden nach, in fortgeschrittenen Jahren lerne man, zu sich und seinem Körper zu stehen, den eigenen Stil zu finden und selbstbewusst zu vertreten. Unsere Befragten stimmen sich zuweilen versöhnlich mit körperlichen Besonderheiten, die sie in früheren Lebensphasen noch als störend empfunden haben. Lebensphasen sind Konstruktionen, die ihren Sinn erst in der Sukzession, im Kontrast und im Vergleich erhalten.

Obgleich die Grundspannung des Leidens an Vergänglichkeit nicht aufzulösen ist und weitere Fälle mehr Varianz erzeugen, kann das Alter und die affirmative Selbstattribution als Alte/r bzw. alternder Mensch durchaus auch als *Befreiung* erlebt werden. Mindestens ist festzuhalten, dass gesellschaftlich kursierende Alterstopoi wie das Alterslob, die Altersklage, der Altersspott, der Alterstrost und der Altersoptimismus (vgl. Göckenjan 2000) nicht unabhängig voneinander bestehen, sondern in individuellen Selbst- und Lebensphasenkonstruktionen eigenwillige Verbindungen eingehen.

Hinzu kommt, dass *verschiedene* heteronormative Einflüsse im Subjekt als Durchgangspunkt sozialer Praxis zusammenkommen und lebensgeschichtlich in unterschiedlichen Phasen inkorporiert und verarbeitet werden. Frau R.s Lebensmotto, man könne arm, müsse aber sauber sein, ist ein Beispiel für die große Bedeutung der eigenen familiären Sozialisation. Die biografische Erfahrung, sich gegen widrige Umstände und ‚Startchancen' durchgesetzt zu haben, hat Frau R. womöglich gelassener gemacht gegenüber Körper- und Schönheitsidealen, die ihr später begegnet sind, und denen sich Menschen ohne solche Erfahrungen vielleicht eher fügen. Vergleichbar sind auch andere, im Verlauf des Lebens erworbene Erfahrungen und Dispositionen mitzudenken, die sporadisch oder langfristig Einfluss auf Körpererleben und Schönheitshandeln haben. Frau C.s Schwangerschaftsnarration verweist etwa auf Lebensphasen kürzerer Dauer, die als außeralltäglich gerahmt sind und somit eine Freisetzung von den sonst im sozialen Umfeld wahrgenommenen Normen ermöglichen. Überträgt man solche Selbstnarrationen, ist plausibel anzunehmen, dass neben dem Alter und speziellen Zeiten wie der Schwangerschaft (sowie Reisen und Urlaube) auch bestimmte Krankheiten und/oder gleichsam institutionell und medizinisch belegte Beeinträchtigungen – zumindest mit Blick auf die Verarbeitung von Attraktivitätszwängen und Körperidealen – ‚hilfreich' sein können; was umgekehrt freilich ebenso deutlich macht, dass generell ein Druck existiert, sich zu gesellschaftlich und medial konstruierten Idealvorstellungen und Skripten verhalten zu müssen.

5.2 Lebensgeschichtlich zunehmende Verquickung von Schönheits- und Gesundheitshandeln

Die Ambivalenz der kommunikativen Konstruktion des Alternsprozesses zwischen Verlust und Autonomiegewinn setzt sich in der *Verquickung von Schönheits- und Gesundheitshandeln* fort. In der Körper- und Wissenssoziologie wird im Imperativ des *„fitten Körpers“* die gegenwärtig prägende Verschmelzung der Idealbilder des ästhetisch-schönen und des medizinisch-gesunden Körpers diagnostiziert. Der fitte Körper wird „sowohl in medizinischer als auch in ästhetischer Hinsicht als makellos imaginiert“ (Meuser 2014, S. 69). Verstanden als gesellschaftliches Leitbild ist der fitte Körper ein Idealbild, das heute lebensphasenübergreifend wirksam ist, d. h. für Ältere genauso wie für Jüngere gilt. Die spezifische Verquickung von Schönheits- und Gesundheitshandeln ändert sich jedoch im Lebensverlauf.

Mit Blick auf den Umgang mit körperlicher Vergänglichkeit gibt es, das legen die Fallstudien nahe, *biografische Übergänge*, in der der Konnex an Gewicht und Selbstverständlichkeit gewinnt. In jüngeren Jahren scheinen Gesunderhaltung und Schönheit noch weitgehend unabhängig gedacht zu werden bzw. wird Gesundheit in jungen Jahren schlichtweg weniger problematisiert und überhaupt als handlungsrelevantes Thema erfasst. Unabhängig vom tatsächlichen Handeln nimmt der Stellenwert der Themen Gesundheit und Fitness im Lebensverlauf zu. Mit fortschreitendem Alter betreffen diese nicht mehr nur diejenigen, die wie Herr R. schon als junge Menschen sportbegeistert waren, sondern drängen sich gerade über die Wahrnehmung von Vergänglichkeit in den Vordergrund. Unverkennbar ist, dass Gesundheitshandeln neben und im Verbund zum Schönheitshandeln zu einer zweiten Säule der Körperarbeit avanciert. Der fit gehaltene Körper und die Selbstwahrnehmung, sich anzustrengen und sich nicht hängen zu lassen, wie es Herr C. formuliert, strahlt auf das Erleben von Schönheit und Attraktivität aus. Umgekehrt belegen dies auch in die Gespräche eingestreute Selbstkritiken, man müsste ‚eigentlich‘ ein paar Kilo abnehmen, sich noch mehr bewegen und gesünder ernähren. Die Bedeutungszunahme von Gesundheit als Lebensthema steht mit einer schleichenden Veränderung der Selbstwahrnehmung und altersbezogenen Selbstattribution in Beziehung. Wer sich als alternd bzw. als Alte oder Alter erlebt und begreift, gewinnt einen anderen Blick auf den eigenen Körper und andere Haltungen dazu, was mit dem eigenen Körper am besten zu machen und zu lassen ist. Außerdem hat sich in den letzten Jahrzehnten das *Alltagswissen um Prozesse des Alterns* vergrößert, und es gibt ein neues Bewusstsein für die Belange und das Wohlbefinden älterer Menschen. Selbstverständlicher werden auch Beratungsangebote in Sachen Gesundheit und Ernährung im Alter (vgl. Hoffmann/Schwarz 2015).

In der sozialgerontologischen Forschung wird Fitness im Kontext der Debatten um aktives und produktives Altern sowohl affirmativ als (An-)Forderung als auch kritisch als (neoliberale) Zumutung diskutiert (vgl. van Dyk/Graefe 2010). Der alternde Körper habe sich im Sinne der potenziellen Arbeitskrafterhaltung in Schuss zu halten oder wenigstens die Sozial-, Kranken- und Pflegekassen nicht über Gebühr zu belasten. Es wäre interessant, auf biografischer Ebene zu verfolgen, wann und wie sich „seit den 1980er Jahren die programmatische Subjektivierung der Gesundheitsverantwortung" (ebd., S. 100) in konkreten Einzelfällen manifestiert und welchen Einfluss sie nachfolgend auf das Verständnis von Schönheit und die (In-)Akzeptanz von Vergänglichkeit hat. Gut möglich ist, dass entsprechende Fallstudien in 30 Jahren keine Übergänge mehr ausmachen, weil körperliche Fitness und Schönheit/Attraktivität bereits von Kindesbeinen als untrennbare Einheit wahrgenommen werden. Als Indiz dafür kann der Erfolg von Fitnessstudios gesehen werden, die noch vor wenigen Jahrzehnten für eine eher überschaubare Teilkultur standen und deren Besuch heute für viele Heranwachsende zum selbstverständlichen Freizeithandeln gehören (vgl. Mittag/Wendland 2015, siehe auch Mediadaten 2015[7]).

5.3 (Post-)Traditionelle Authentizitätsvorstellungen zur Plastizität des Körpers

Der individuelle Umgang *mit* und die Arbeit *an* der Vergänglichkeit der körperlichen Erscheinung sind stets auch Ausdruck zeitgebundener gesellschaftlicher und kultureller Praktiken und Diskurse um die *Gestaltbarkeit des Körpers*. Bereits jedes Schminken, jedes Eincremen und jedes Einkleiden ist ein Akt der (Über-) Formung und die Grenzen zwischen dem, was als normal und grenzwertig gilt, sind beständig im Fluss. Augenscheinlich probate Mittel, körperlicher Vergänglichkeit zu begegnen, bieten heute mehr und mehr auch die Optionen der ästhetisch-plastischen Chirurgie, angefangen von Permanent-Make-Up, über Lifting, Hautstraffung und Botox-Behandlungen, bis hin zu Brustvergrößerungen und -verkleinerungen, Implantaten usw. (vgl. Crossley 2005; Maasen 2005; Villa 2008). Nicht mehr nur kurative Eingriffe zum Zwecke der ästhetischen Selbstoptimierung erfahren eine zunehmende Normalisierung.

---

7 Die Arbeitsgemeinschaft Media-Analyse (e. V.) erhebt neben Daten zur Mediennutzung auch Freizeitbeschäftigungen im Altersgruppenvergleich wie zum Beispiel „Fitness/Sport treiben". Online abrufbar http://www.ard.de/home/intern/fakten/ard-mediendaten/Mediennutzung_und_Freizeitbeschaeftigung/408808/index.html [Zugriff am 2.10.2015]

Keine/r der hier Befragten hat sich einer Schönheitsoperation unterzogen. In ihrem praktischen Handeln geben sie der *natürlichen* vor der *künstlichen Verjüngung* den Vorzug (vgl. Schroeter 2012, S. 167ff.). An ihren Äußerungen lassen sich jedoch deutliche Toleranzunterschiede erkennen, die auf die jeweilige Generationszugehörigkeit und entsprechend andere Sozialisationserfahrungen hindeuten. Die neuen Machbarkeitsoptionen der Körpermodellierung werden von den jüngeren Interviewpartnern nicht kategorisch abgelehnt. Die beiden Frauen haben sich offensichtlich intensiver als ihre Männer mit den Möglichkeiten der ästhetisch-plastischen Chirurgie auseinandergesetzt, wägen für sich ab, ob sie diese potentiell in Anspruch nehmen würden. Frau R. ist dabei in ihrer ablehnenden Haltung deutlich gefestigter als Frau C., die vor allem anderen solche operativen Eingriffe zubilligt, sofern sie mit einer garantierten Befindlichkeitssteigerung verknüpft sind. Frau R.s Positionierung rekurriert im Diskurs um die ‚neue' Gestaltbarkeit des Körpers auf *traditionelle Natürlichkeitssemantiken*, die (spätestens) an der äußeren Hülle des Körpers die Grenze ziehen. Charakteristisch für solche Positionen ist, wie Viehöver (2011) in einer Sichtung von Ratgeberliteratur aufweist, die „(Selbst-)Gefährdung der Person" sowie „das Modell eines im *natürlichen Körper* verankerten Selbst" (ebd., S. 300, Hervorh. i. O.), das primär auf innere Werte abstellt. Die Verortung von Frau C. steht hingegen eher für *posttraditionale Natürlichkeitssemantiken*, in denen die Plastizität und der körperliche Eingriff nicht mehr als Tabu erscheinen, gleichwohl aber der Rekurs auf Natürlichkeit im Sinne der Hervorbringung eines ‚wahren Selbst' bestehen bleibt. Identität geht durch den Eingriff nicht verloren, sondern wird gerade durch den Imperativ einer „künstlichen Natürlichkeit" und die „Wiederherstellung der Harmonie zwischen Lebensgefühl und (idealem) körperlichen Spiegelbild" (Viehöver 2011, S. 300) erst in Aussicht gestellt.

Von einer uneingeschränkten Normalisierung der Plastizität des Körpers kann in unseren Fallstudien nicht gesprochen werden. Schönheits-OPs sind ein brisantes Thema, das die Gemüter bewegt und an Werten und Normen rührt, die noch recht fest in der eigenen Sozialisation verankert zu sein scheinen. Dennoch ist es plausibel, einen *schleichenden Prozess der intergenerationalen Einebnung und Reformulierung von Schönheits- und Natürlichkeitsnarrationen* anzunehmen, in der nicht von heute auf morgen, aber nach und nach Widerstände beharrlicher Glaubenssätze und Praktiken relativiert werden.

Diese Entwicklungen sind weiter zu beobachten und forschend zu begleiten. Featherstone und Hepworth (1991, S. 379) haben Anfang der 1990er Jahre die bis heute viel zitierte Argumentation aufgebracht, dass im Prozess des Alterns eine zunehmende Diskrepanz zwischen „ageing mask" und „inner essential self" aufbreche. Demzufolge steht dem äußerlich unhintergehbaren Alterungsprozess eine gleichsam altersunabhängige, mithin junge Identitätskonstruktion gegenüber, was mit Spannungen zwischen Innen- und Gefühlswelt und äußerer Zuschreibung und Erfahrung einhergehen kann. Es ist legitim und sozial erwünscht, der Vergänglichkeit kosmetisch oder auch habituell zu begegnen und diese im Wortsinn zu überzeichnen. Noch scheint zum Spiel aber dazuzugehören, dass die *Maske des Alters* dessen ungeachtet für andere erkenn- und lesbar zu sein hat. Sicher gibt es Altersavantgarden und prominente Fälle mit Strahlkraft, die sich – um den Begriff der heteronormativen Matrix aus der Gender-Theorie zu entlehnen – nicht in die lebensphasennormative Matrix fügen. Gleichwohl verweisen unsere Ergebnisse darauf, dass die körperlichen Selbstdarstellungspraktiken im mittleren und höheren Lebensalter üblicherweise noch vor der Folie eher konservativer sozialer Erwartungshaltungen verhandelt werden. Eine breite, in Aussicht stehende Normalisierung von Eingriffen der kosmetischen Chirurgie würde auch eine neue Reflexion auf alterssoziologische Theoreme wie das von Featherstone und Hepworth erfordern. Sie ist nicht nur in Richtung einer operativen Verdrängung von Alterungserscheinungen zu denken, sondern kann auch zur Entwertung bzw. Einebnung der Diskrepanz führen, da sich der Körper als lebenslanges, immer wieder neu zu gestaltendes Projekt ohnehin kontinuierlich in Transformation befände. Interessant sind in diesem Zusammenhang nicht zuletzt Schnittflächen, die zu anderen Entwicklungen im Bereich der Medien bestehen. Zu beobachten ist, dass über die Digitalisierung der Bildtechnik die Konfrontation mit (quasi-) plastischen Körperbildern im Alltagshandeln zunimmt (vgl. Reißmann 2012). Vor diesem Hintergrund ist nachzuverfolgen, welche Vorstellungen von Natürlichkeit und körperlicher Integrität sowie Machbarkeit des Körpers Generationen ausbilden, die gegenwärtig in ihrem bildkommunikativen Handeln die Plastizität des Körpers im digitalen Bild alltäglich erfahren.

6 Schlusswort

Mit dem vorliegenden Beitrag wollen wir dafür werben, die Erforschung kultureller Diskurse um Leitbilder des Alterns sowie der Schönheit und Attraktivität stärker mit der alltagsnahen Untersuchung individueller Lebensgeschichten zu verzahnen. Aufgabe solcher (medien-)biografischer Fallanalysen sollte es sein, zum beiderseitigen Gewinn zwischen der Ebene der Diskurse und Globaldiagnosen und der Ebene alltags- und lebensweltlich gerahmten Denkens, Handelns und Erlebens von Individuen zu vermitteln. Körperwissen, Skripte, Erleben und Handlungspraxen variieren nicht nur im Hinblick auf Alters- und Lebensphasen, sondern werden maßgeblich auch von der aktuellen Lebenssituation, von biografischen Erfahrungen und Erlebnissen sowie den lokalen Kontexten mitbestimmt. Medialen Repräsentationen vermeintlich (un-)produktiven und (nicht) gelingenden Alterns stehen zudem Gestaltbarkeitsansprüche und Maßstäbe an ein gutes Aussehen, Gesundheit und körperlich-seelisches Wohlbefinden gegenüber, die sich im Lebenslauf generiert und zum Teil verfestigt haben. Im Zuge des fortschreitenden Alterns verändert sich zudem das Bewusstsein für den Umgang mit dem Körper und auch das körperliche Erleben. Solche Zusammenhänge aufzuspüren war unser Anliegen. Ihre Erforschung bleibt aber freilich eine Herausforderung und kann sich langfristig nicht in den selektiven Ergebnissen einzelner Fälle erschöpfen.

Literatur

Amrhein, Ludwig (2009). *Drehbücher des Alter(n)s: Die soziale Konstruktion von Modellen und Formen der Lebensführung und -stilisierung älterer Menschen.* Wiesbaden: VS.

Blake, Christopher (2014). *Wie mediale Körperdarstellungen die Körperzufriedenheit beeinflussen: Eine theoretische Rekonstruktion der Wirkungsursachen.* Wiesbaden: VS.

Crossley, Nick (2005). Mapping Reflexive Body Techniques: On Body Modification and Maintenance. *Body and Society,* 11(1), 1–35.

Degele, Nina (2008). Schöner Altern. Altershandeln zwischen Verdrängung, Resonanzen und Solidaritäten. In: Sylvia Buchen & Maja S. Maier (Hrsg.), *Älterwerden neu denken: Interdisziplinäre Perspektiven auf den soziodemografischen Wandel* (S. 165-180). Wiesbaden: VS.

Derra, Julia Maria (2012). *Das Streben nach Jugendlichkeit in einer alternden Gesellschaft. Eine Analyse altersbedingter Körperveränderungen in Medien und Gesellschaft.* Baden-Baden: Nomos.

Dittmar, Norbert (2004). *Transkription. Ein Leitfaden mit Aufgaben für Studenten, Forscher und Laien.* 2. Auflage. Wiesbaden: VS.

Featherstone, Mike & Hepworth, Mike (1991). The Mask of Ageing and the Postmodern Life Course. In: Mike Featherstone, Mike Hepworth & Bryan S. Turner (Hrsg.), *The Body. Social Process and Cultural Theory* (S. 371–389). London: Sage.

Flicker, Eva, Formanek, Nina & Gerstmann, Katja (2013). Mediale Repräsentationen von Alte/r/n in Bild und Text. Indizien eines allmählichen Paradigmenwechsels. In: Clemens Schwender, Dagmar Hoffmann & Wolfgang Reißmann (Hrsg.), *Screening Age. Medienbilder – Stereotype – Altersdiskriminierung* (S. 23–38). München: kopaed.

Funken, Christiane & Ellrich, Lutz (2008). Medien & Kommunikation. In: Nina Baur, Hermann Korte, Martina Löw & Markus Schroer (Hrsg.), *Handbuch Soziologie* (S. 219–232). Wiesbaden: VS.

Göckenjan, Gerd (2000). *Das Alter würdigen. Altersbilder und der Bedeutungswandel des Alters.* Frankfurt am Main: Suhrkamp.

Grabe, Shelly, Ward, L. Monique & Shibley Hyde, Janet (2008). The role of the media in body image concerns among women: A meta-analysis of experimental and correlational studies. *Psychological Bulletin,* 134(3), 460–476.

Hahn, Alois (2010). *Körper als Gedächtnis*. Wiesbaden: VS.

Harper, Douglas (2002). Talking about pictures. A case for photo elicitation. *Visual Studies*, 17(1), 13–26.

Hartung, Anja (2013). Medienaneignung und Biografie. Die diachrone Perspektive auf Sinn- und Identitätsbildungsprozesse. In: Anja Hartung, Achim Lauber & Wolfgang Reißmann (Hrsg.), *Das handelnde Subjekt und die Medienpädagogik. Festschrift für Bernd Schorb* (S. 107–125). München: kopaed.

Hoffmann, Dagmar & Schwarz, Meike (2015). Visuelle Darstellung und Kontextualisierung älterer Menschen in zielgruppenspezifischen Gesundheitsmagazinen. Eine vergleichende Bildinhaltsanalyse. *Medien & Altern*, 7, 44–60.

Hoffmann, Dagmar (2012). Die relative Wirkmächtigkeit der Bilder. Ein Plädoyer für eine phänomenologische Betrachtung von Bildaneignungsprozessen. In: Stephanie Geise & Katharina Lobinger (Hrsg.), *Bilder – Kulturen – Identitäten. Analysen zu einem Spannungsfeld Visueller Kommunikationsforschung* (S. 207–223). Köln: Herbert von Halem.

Hoffmann, Dagmar (2011). Mediatisierte Körper – Die Dominanz der Bilder und ihre Bedeutung für die Selbstakzeptanz des Körpers. In: Yvonne Niekrenz & Matthias D. Witte (Hrsg.), *Jugend und Körper. Leibliche Erfahrungswelten* (S. 191–207). Weinheim/München: Juventa.

Hoffmann, Dagmar & Kutscha, Annika (2010). Medienbiografien – Konsequenzen medialen Handelns, ästhetischer Präferenzen und Erfahrungen. In: Dagmar Hoffmann & Lothar Mikos (Hrsg.). *Mediensozialisationstheorien. Modelle und Ansätze in der Diskussion*, 2. überarb. u. erw. Aufl. (S. 221–243). Wiesbaden: VS.

Höppner, Grit (2011). *Alt und schön. Geschlecht und Körperbilder im Kontext neoliberaler Gesellschaften*. Wiesbaden: VS.

Keller, Reiner & Meuser, Michael (2011). Wissen des Körpers – Wissen vom Körper. Körper- und wissenssoziologische Erkundungen. In: Reiner Keller & Michael Meuser (Hrsg.), *Körperwissen* (S. 9–27). Wiesbaden: VS.

Keppler, Angela (2000). Verschränkte Gegenwarten. Medien- und Kommunikationssoziologie als Untersuchung kultureller Transformationen. In: Richard Münch, Claudia Jauß & Carsten Stark (Hrsg.), *Soziologie 2000. Soziologische Revue Sonderheft 5* (S. 140–152). München: Oldenbourg.

von Kondratowitz, Hans-Joachim (2000). „Alter" und „Krankheit". Die Dynamik der Diskurse und der Wandel der historischen Aushandlungsformen. In: Josef Ehmer & Peter Gutschner (Hrsg.), *Das Alter im Spiel der Generationen* (S. 109–155). Wien: Böhlau.

Liechty, Toni & Yarnal, Careen M. (2010). Older women's body image. A lifecourse perspective. *Ageing & Society*, 30, 1197–1218.

Maasen, Sabine (2005). Schönheitschirurgie, Schnittflächen flexiblen Selbstmanagements. In: Barbara Orland (Hrsg.), *Artifizielle Körper – Lebendige Technik. Technische Modellierungen des Körpers in historischer Perspektive* (S. 239–260). Zürich: Chronos.

Mehlmann, Sabine & Ruby, Sigrid (2000). Einleitung: „Für Dein Alter siehst Du gut aus!" Körpernormierungen zwischen Temporalität und Medialität. In: Sabine Mehlmann & Sigrid Ruby (Hrsg.), *„Für Dein Alter siehst Du gut aus!" Von der Un/Sichtbarkeit des alternden Körpers im Horizont des demographischen Wandels. Multidisziplinäre Perspektiven* (S. 9–30). Bielefeld: transcript.

Meuser, Michael (2014). Körperarbeit – Fitness, Gesundheit, Schönheit. In: Alfred Bellebaum & Robert Hettlage (Hrsg.), *Unser Alltag ist voll von Gesellschaft* (S. 65–81). Wiesbaden: Springer.

Mittag, Jürgen & Wendland, Diana (2015). Freizeitsport – Sport und Bewegung in der Freizeit. In: Renate Freericks & Dieter Brinkmann (Hrsg.), *Handbuch Freizeitsoziologie*, (S. 385–414). Wiesbaden: VS.

Reißmann, Wolfgang (2015). *Mediatisierung visuell. Kommunikationstheoretische Überlegungen und eine Studie zum Wandel privater Bildpraxis*. Baden-Baden: Nomos.

Reißmann, Wolfgang (2012). Arbeit am (Bild-)Körper. Die Plastizität des Körpers im Digitalbild und jugendliches Bildhandeln in Netzwerkplattformen. In: Stephanie Geise & Katharina Lobinger (Hrsg.), *Bilder – Kulturen – Identitäten. Analysen zu einem Spannungsfeld Visueller Kommunikationsforschung* (S. 165–185). Köln: Halem.

Reißmann, Wolfgang, Nedic, Antonela & Hoffmann, Dagmar (2013). „Wenn ich in den Spiegel gucke, soll es noch ein kleines bisschen ästhetisch aussehen". Eine Fallstudie zum Verhältnis von Körpererleben, Schönheitshandeln und Medienaneignung im Lebensverlauf. In: Clemens Schwender, Dagmar Hoffmann & Wolfgang Reißmann (Hrsg.), *Screening Age. Medienbilder – Stereotype – Altersdiskriminierung* (S. 217–236). München: kopaed.

Schank, Rogers C. & Childers, Peter G. (1984). *The Cognitive Computer: On Language, Learning, and Artificial Intelligence*. Reading/Mass.: Addison-Wesley.

Schemer, Christian (2003). Schlank und krank durch Medienschönheiten: Zur Wirkung attraktiver weiblicher Medienakteure auf das Körperbild von Frauen. *Medien & Kommunikationswissenschaft*, 51(3–4), 523–540.

Schroeter, Klaus R. (2012). Altersbilder als Körperbilder: Doing Age by Bodyfication. In: Frank Berner, Judith Rossow & Klaus-Peter Schwitzer (Hrsg.), *Individuelle und kulturelle Altersbilder. Expertisen zum Sechsten Altenbericht der Bundesregierung* (S. 153–229), Wiesbaden: VS.

Schroeter, Klaus R. (2007). Zur Symbolik des korporalen Kapitals in der „alterslosen Altersgesellschaft". In: Ursula Pasero, Gertrud Backes & Klaus R. Schroeter (Hrsg.), *Altern in Gesellschaft. Ageing – Diversity – Inclusion* (S. 129–148). Wiesbaden: VS.

Thiele, Martina, Atteneder, Helena & Gruber, Laura (2013). Neue Altersstereotype. Das Diskriminierungspotenzial medialer Repräsentationen „junger Alter". In: Clemens Schwender, Dagmar Hoffmann & Wolfgang Reißmann (Hrsg.), *Screening Age. Medienbilder – Stereotype – Altersdiskriminierung* (S. 39–53). München: kopaed.

Thimm, Caja (2012). Erfolgreiches Altern als Leitbild? Neue Altersbilder in den Medien. In: Martina Kumlehn & Andreas Kubik (Hrsg.), *Konstrukte gelingenden Alterns* (S. 143–156). Stuttgart: Kohlhammer.

Tschirge, Uta & Grüber-Hrćan, Anett (1999). *Ästhetik des Alters. Der alte Körper zwischen Jugendlichkeitsideal und Alterswirklichkeit*. Stuttgart: Kohlhammer.

Van Dyk, Silke & Graefe, Stefanie (2010). Fit ohne Ende – gesund ins Grab? Kritische Anmerkungen zur Trias Alter, Gesundheit, Prävention. *Jahrbuch für kritische Medizin und Gesundheitswissenschafte*, 46: 96–120.

Viehöver, Willy (2011). Häute machen Leute, Leute machen Häute. Das Körperwissen der ästhetisch-plastischen Chirurgie, Liminalität und der Kult der Person. In: Reiner Keller & Michael Meuser (Hrsg.), *Körperwissen* (S. 289–313). Wiesbaden: VS.

Villa, Paula-Irene (Hrsg.) (2008). *schön normal. Manipulationen am Körper als Technologien des Selbst*. Bielefeld: transcript.

Vollbrecht, Ralf (2009). Der medienbiographische Ansatz in der Altersmedienforschung. In: Bernd Schorb, Anja Hartung & Wolfgang Reißmann: *Medien und höheres Lebensalter. Theorie – Forschung – Praxis* (S. 21–30). Wiesbaden: VS.

„Man darf nicht immer vergleichen mit den Jahren, als man zwanzig war.“

Zum Umgang älterer Männer mit gesundheitlichen Einschränkungen

Monika Reichert und Randi Leibner

1 Einführende Bemerkungen

Männer und Älterwerden – ist das überhaupt ein Thema? Betrachtet man die aktuelle Belletristik, so scheint das allgemeine Interesse der Gesellschaft daran durchaus vorhanden zu sein. Bücher, die die subjektive Sicht auf das Älterwerden wiedergeben, haben hohe Absatzzahlen. Eine Recherche beim Onlinewarenhaus ‚Amazon‘[1] mit den Schlagworten ‚Mann‘ und ‚Altern‘ ergab 454 Treffer. Bei der Wahl der Titel beweisen die AutorInnen Fantasie. Unter den ersten sieben Treffern finden sich griffige Titel wie „Der Mann 2000: Die Hormon-Revolution“, „Die zweite Halbzeit entscheidet: Strategien für Männer ab 40“ und „Altherrensommer: Männer in der Drittlife-Krise“. Meuser spricht diesbezüglich von ‚*Männerverständigungsliteratur*‘, d.h., wenn „Männer über sich und für sich sprechen, als Betroffene zu Betroffenen“ (Meuser 2010, S. 141). Die Entwicklungspsychologin Insa Fooken stellte bereits 1986 fest, dass sich Erfahrungsberichte von Männern über (ihr) Älterwerden vorzugsweise in literarischen Vorlagen finden lassen und seltener von Männern stammen, „…die sich wissenschaftlich mit menschlichem Erleben und Verhalten beschäftigt haben“ (Fooken 1986, S. 254). Auch neuere Veröffentlichungen konstatieren immer noch ein Defizit in der gerontologischen Forschung, wenn es um das Altern von Männern geht (Hammer 2012; vgl. auch Perrig-Chiello 2012). Zwar existieren mittlerweile im anglo-amerikanischen Raum eine Reihe von themenrelevanten Studien (z.B. Davidson et al. 2010; Smith et al. 2007) und in Deutschland sind ebenfalls zunehmend sozialwissenschaftliche Untersuchungen zu finden, die den Fokus explizit auf ältere Männer richten (Denninger et al. 2014; Hammer 2012). Gleichwohl stellt sich die Frage, warum der alternde Mann, die vielfältigen Facet-

1 www.amazon.de, letzter Zugriff am 05.02.2015.

ten seiner Lebenslage sowie seine Einstellungen, Wünsche und Bedürfnisse erst allmählich „entdeckt“ werden.

Ziel dieses Beitrages ist es, einen besonderen Aspekt der Thematik „Männer und Älterwerden“ herauszugreifen und zwar ihren Umgang mit körperlichen Veränderungen bzw. gesundheitlichen Einschränkungen. Hierzu wird in einem ersten Schritt auf diese Veränderungen bei alternden Männern eingegangen, wobei an dieser Stelle auch auf das Altersfremdbild und Altersselbstbild Bezug genommen wird. In einem zweiten Schritt werden sodann ganz allgemein Bewältigungsstrategien im Hinblick auf die Verarbeitung von (gesundheitsbezogenen) Verlusten vorgestellt. Den Kern dieses Beitrages bilden drittens die Ergebnisse von acht qualitativen Interviews mit älteren Männern, die im Rahmen einer Masterarbeit u. a. danach gefragt wurden, wie sie körperliche Einbußen und Krankheiten erleben bzw. bewältigen (Leibner 2015). Schließlich werden in einem vierten Schritt die dargestellten Ergebnisse diskutiert und weiterer Forschungsbedarf formuliert.

2 Körperliche Veränderungen beim alternden Mann – Selbstbild vs. Fremdbild

Die Biologie ist, wie der Gerontologe Paul B. Baltes (2006, S. 30) es einmal treffend ausdrückte, „keine Freundin des Alterns“. Sichtbare und unsichtbare körperliche Veränderungen vollziehen sich zwar lebenslang, sie nehmen aber mit steigendem Lebensalter quantitativ zu und führen in aller Regel zu mehr oder minder starken Beeinträchtigungen der körperlichen Funktionsfähigkeit (RKI 2009). Diese Beeinträchtigungen, vor allem, wenn sie schwere und chronische Krankheiten nach sich ziehen, stellen für viele Menschen ein äußerst kritisches Lebensereignis[2] dar (Filipp & Aymanns 2010). Die weit überwiegende Zahl älterer Männer (und Frauen) dürfte gesundheitliche Probleme als bedrohlich erleben, u. a. weil sie den Wunsch nach körperlicher Unversehrtheit in Frage stellen und das Selbstwertgefühl bzw. Selbstbild bedrohen (Kruse et al. 2001). Aber auch andere Zeichen des Älterwerdens wie die Abnahme der Hautelastizität, verlangsamtes Gehtempo und/oder graue Haare

2 Aus entwicklungspsychologischer Perspektive stellt ein kritisches Lebensereignis einen „Wendepunkt“ im Leben dar. Es ist – anders als ein alltägliches Ereignis – von einer Vielzahl von Veränderungen begleitet, die das bisherige Passungsgefüge zwischen Person und Umwelt aus dem Gleichgewicht bringen. Ziel von Bewältigungsbemühungen unterschiedlichster Art ist es, dieses Gleichgewicht wieder herzustellen.

können als einschneidendes Ereignis, als Wendepunkt von jung zu alt, angesehen werden (Coles & Vassarotti 2012, S. 31).

In Bezug auf die Wahrnehmung körperlicher Veränderungen legt Teising bei Männern eine Altersgrenze fest: „...spätestens mit etwa 45 Jahren werden körperlich verursachte Veränderungen unübersehbar, man muss seine körperlichen Grenzen anerkennen" (Teising 2005, S. 76). Auf eine detaillierte Beschreibung dieser Veränderungen und der zugrunde liegenden biologischen Abläufe kann an dieser Stelle nicht eingegangen werden[3]; stattdessen erfolgt eine Schilderung einiger gravierender Auswirkungen körperlicher Funktionseinbußen für den Alltag im Alter. Veränderungen des Sehens und Hörens können beispielsweise zur Folge haben, dass das Autofahren erschwert, wenn nicht gar unmöglich gemacht wird – gerade für Männer eine schwierige Situation, weil sie sich hierdurch in ihrer Identität und Selbständigkeit bedroht fühlen (Marottoli et al. 1997). Herz-Kreislauf-Erkrankungen wiederum sind weithin die häufigste Todesursache bei älteren Männern (Hardt 2006). Gelingt es einen Schlaganfall und/oder einen Herzinfarkt zu überleben, so kann dies mit starken physischen und psychischen Einschränkungen einhergehen, die eine Pflegebedürftigkeit bzw. die Inanspruchnahme von Hilfe durch andere Personen nach sich ziehen können (Kolominsky-Rabas 2006). Gleiches gilt für massive Einschränkungen in der Mobilität, z. B. bedingt durch rheumatische Erkrankungen (RKI 2009; 2014). Nicht zuletzt sei auf Störungen der sexuellen Funktionen hingewiesen, insbesondere auf „erektile Dysfunktion", denn von den 60- bis 69-Jährigen sind ca. 34,4 Prozent und von den 70- bis 80-Jährigen 53,3 Prozent davon betroffen (vgl. Klotz 2002, S. 249). Männer müssen diese Störung „...als normale Alterserscheinung verarbeiten und in ihr neues Selbstbild integrieren" (ebd.), auch wenn sie nach Zeier (2002, S. 17) nichts so sehr befürchten „...wie den Verlust ihrer sexuellen Potenz". Dass vielen älterwerdenden und alten Männern der ‚Horror vor der Impotenz' zu schaffen macht, ist aber nur vordergründig ein sexuelles Problem. Vor allem Männer, die ein traditionelles männliches Selbstbild[4] haben, erleben diesen Verlust als narzistische Kränkung (Peters 2011, S. 56).

Es ist somit nicht verwunderlich, dass in den Medien der Gesunderhaltung und der Fitness des männlichen Körpers eine herausragende Bedeutung zukommt. So

3 Vertiefend hierzu siehe Kuhlmey und Schaeffer (2008).

4 Mit (Alters-)Selbstbildern sind Vorstellungen und Annahmen im Hinblick auf das eigene Älterwerden verbunden (BMFSFJ, 2010). Altersfremdbilder – häufig auch als Alter(n)sstereotype bezeichnet – hingegen „..*sind mentale Repräsentationen einer sozialen Kategorie*" (BMFSFJ 2010, S. 470), die von Personen einer Gruppe und Gesellschaft in aller Regel mehr oder minder ausgeprägt geteilt werden.

wendet sich die Männerzeitschrift Men's Health seit Mitte der 1990er Jahre monatlich mit einer Auflage von knapp 200.000 Exemplaren an interessierte (ältere) Männer, die ihren Körper gesund, in Form und ihre Attraktivität erhalten bzw. steigern möchten. Und auch die Werbung für Gesundheit, Kosmetik und einen aktiven Lebensstil hat – trotz oder aber gerade weil das Alter als aktive und von Freizeit geprägte Lebensphase männlich konnotiert ist (Thimm 2009) – älter werdende Männer als Konsumenten entdeckt. Ein ganzer Wirtschaftszweig bedient sich seit einigen Jahrzehnten der Strategie „Forever young" und versucht durch Werbeversprechen diesem Wunsch entgegen zu kommen, um unerwünschte körperliche Veränderungen zu verhindern bzw. in ihrer Geschwindigkeit zu kontrollieren (vgl. Pompe 2012, S. 30). In ihrer Studie analysierten Calasanti und King (2007) den Inhalt von 96 Anti-Aging-Werbewebseiten in Bezug auf Männlichkeit und Altern. Sie konnten feststellen, dass Altern als eine Krankheit („sickness"; ebd., S. 357f.) definiert wird, die aus einem Verlust an Testosteron, gleichgesetzt mit dem Verlust von Männlichkeit, resultiert und die nur durch einen aggressiven Konsum von Anti-Aging Produkten „geheilt" werden kann (vgl. ebd.).

In diesem Zusammenhang stellt sich die Frage zur Wirkungskraft solcher, über die Werbung vermittelter, gesellschaftlicher Altersfremdbilder auf das Altersselbstbild und auf das damit verbundene bewusste und unbewusste Verhalten. Eine Vielzahl von Studien verweist diesbezüglich auf die besondere Rolle der Einstellung zum eigenen Älterwerden. Levy, Slade, May und Caracciolo (2006) sowie Wurm, Tomasik und Tesch-Römer (2008) konnten zeigen, dass „... die persönliche Sicht auf das Älterwerden auch langfristige Folgen für die Gesundheit und Langlebigkeit haben kann" (Wurm & Huxhold 2012, S. 32). Personen mit einem positiven Altersselbstbild fielen im Vergleich zu jenen, die ein eher negatives Altersselbstbild hatten, durch ein ausgeprägtes, gesundheitsförderndes Verhalten auf. Sie waren vor allem körperlich aktiver und passten zudem Art und Ausmaß ihrer körperlichen Aktivität ihrem Gesundheitszustand an. Kruse und Schmitt (2010, S. 147) kommen ebenfalls zu dem Schluss, dass die Betonung von negativen Aspekten des Alter(n)s, z. B. in der Werbung, insbesondere „...dann Auswirkungen auf Selbstbild und Leistungsfähigkeit älterer Menschen hat, wenn diese bei sich selbst Einbußen und Defizite befürchten, erwarten oder bereits annehmen (im Sinne von „stereotype threat"; Hess et al. 2003).

Trotz der herausragenden Bedeutung von physischer und psychischer Gesundheit für das Selbstbild, für Lebenszufriedenheit und Wohlbefinden rücken der (alternde) männliche Körper und der Umgang mit seiner Verletzlichkeit interessanterweise erst in jüngster Zeit verstärkt in das Blickfeld der sozialen Gerontologie (Backes 2012) und der Geschlechterforschung (vgl. Meuser 2013, S. 274). Dass der Lebensbereich „Gesundheit" für ältere Menschen einen sehr hohen Stellenwert hat, zeigen auch die Ergebnisse der Generali Altersstudie von 2013: So nannten 77 Prozent der befragten Männer und Frauen im Alter von 65 bis 85 Jahren spontan als größten Wunsch „gesund zu bleiben", wobei Unterschiede nach Altersgruppen oder Geschlecht kaum vorhanden waren. Zum Vergleich: Erst mit einem deutlichen Abstand folgte mit 17 Prozent das Wohlergehen der Familie als größter Wunsch (Generali Zukunftsfonds 2012).

Gleichwohl wird das Gesundheitsverhalten von (älteren) Männern immer wieder bemängelt, was sich in so plakativen Aussagen wie „Männer wissen häufig mehr über ihren Fußballverein als über ihren Körper" (Reitz 2008, S. 17) niederschlägt. Diese und ähnliche Aussagen sollen darauf verweisen, dass Männer mit ihrem Körper leichtfertig und wenig gesundheitsbewusst umgehen. Betrachtet man die diesbezüglichen Forschungsergebnisse, so lässt sich in der Tat beobachten, dass Männer im Vergleich zu Frauen ein riskanteres Verhalten in Bezug auf Alkohol-, Tabak- und Drogenkonsum, im Straßenverkehr und/oder in Bezug auf gefährliche Sportarten zeigen (Perrig-Chiello 2012; RKI 2014), sie aber auch im weitaus höheren Maße gesundheitsgefährdende Berufe ausüben (Dinges 2010). Hinzu kommt die geringere Inanspruchnahme von ärztlicher Behandlung im Falle physischer und psychischer Erkrankungen sowie von Angeboten der Gesundheitsvorsorge durch Männer (RKI 2014). Allerdings sollte nicht unerwähnt bleiben, dass hierfür auch strukturelle Bedingungen ursächlich sind. Dinges (2010) kommt auf der Basis seiner Untersuchung zu folgenden Erkenntnissen: Die Hauptadressantinnen von Angeboten der Gesundheitsaufklärung und Prävention sind mit weitem Abstand Frauen, d. h. Männer fühlen sich häufig davon nicht angesprochen bzw. vermissen besondere männerspezifische Angebote (vgl. auch Eickenberg, 2003; RKI 2014).

Das männliche (Risiko-)Verhalten lässt sich zum einen auf ein spezifisches Männlichkeitsmuster zurückführen (vgl. Kruse et al. 2001, S. 41). Demnach bedeutet Gesundheit für viele Männer vor allem Leistungsfähigkeit, d. h. der Körper soll – ähnlich einer Maschine – möglichst problemlos funktionieren (Radebold 2012; vgl. auch Slevin 2008). Noch immer gilt: „Der Mann wird als Souverän über seinen Körper begriffen, der von seinem Körper Gebrauch macht, um die Ziele zu erreichen, die sein freier Wille setzt" (Meuser 2013, S. 279). Die Ursache hierfür sieht die sozialwissenschaftlich orientierte Männerforschung im Wesentlichen in der kindlichen Sozialisation, in der traditionell männliche Verhaltensweisen wie Dominanz, Leistung, Konkurrenz und Gefühlsunterdrückung verstärkt werden (Böhnisch 2013; Möller-Leimkühler 2005). Inwieweit diese Aspekte auch das Bewältigungsverhalten beeinflussen, wird in Gliederungspunkt 4 erörtert.

3 Formen der Bewältigung – einige allgemeine Anmerkungen

Vor dem Hintergrund der bisherigen Ausführungen stellt sich die Frage, wie ältere Männer mit den kritischen Lebensereignissen Krankheit und Behinderung zurechtkommen, wenn diese erst einmal eingetreten sind. Auf der Basis vorliegender Forschungsergebnisse aus der Psychologie und aus den Gesundheitswissenschaften lassen sich eine Reihe von psychischen Faktoren bzw. Bewältigungsstrategien identifizieren. Im Rahmen dieses Beitrages ist es nicht möglich, alle Bewältigungsmodi und die jeweils zugrundeliegenden theoretischen Ansätze eingehend vorzustellen. Vielmehr soll hier ein Überblick über zentrale Bewältigungsformen mit dem Ziel gegeben werden, die nachstehend dargelegten Ergebnisse der bereits erwähnten Masterarbeit interpretieren zu können.

Gemäß Filipp und Aymanns (2010) kann zunächst generell zwischen „Bewältigung als mentales Geschehen“ und „Bewältigung als sozial-interaktives Geschehen“ unterschieden werden. Zu der erstgenannten Kategorie gehören z. B. Bewältigungsstile wie das sogenannte komparative Denken, das sich u. a. auf soziale Vergleiche der eigenen Lage mit der Lage anderer Personen und/oder auf temporale Vergleiche bezieht, bei der die derzeitige Lage „…relativ zu einem früheren (oder antizipierten künftigen) Referenzzeitpunkt betrachtet wird“ (ebd., S. 163). Darüber hinaus sind assimilative und akkomodative Bewältigungsprozesse zu nennen (Brandtstädter 2007). Bei Assimilation steht eher die hartnäckige Zielverfolgung im Vordergrund, d. h. es wird versucht, die wahrgenommene „Soll-Ist-Diskrepanz“ (z. B. Soll = selbständige Lebensführung, Ist = gesundheitsbedingte Mobilitätseinschränkungen) durch Veränderung der Situation und/oder des eigenen Verhaltens auszugleichen. Unter Akkomodation ist hingegen der Prozess der flexiblen Zielanpassung durch Neuordnung von Absichten und Plänen, Abwertung blockierter Ziele und/oder der sinnstiftenden Interpretation von Verlusten zu verstehen. Statt weiterhin ein u. U. unerreichbares Ziel (weiter) zu verfolgen, passt sich das Selbst an die eventuell nicht (weiter) zu verändernde Situation an. Da mit zunehmendem Alter in aller Regel die notwendigen Ressourcen – z. B. zum Erreichen des Ziels „gesund bleiben“ – nachlassen, erstaunt es nicht, dass eine Anzahl von Untersuchungen belegen kann, dass akkomodative Prozesse in späteren Phasen des Lebens immer häufiger werden und somit protektiv zur Lebenszufriedenheit beitragen (Börner 2004; Kranz et al. 2010). Darüber hinaus benennen Filipp und Aymanns unter den Stichworten „Bewältigung als mentales Geschehen“ noch weitere personale Ressourcen, die geeignet sind, den Problemdruck in schwierigen Lebenssituationen zu verringern. Genannt werden z. B. Resilienz, verstanden als psychische Widerstandsfähigkeit, Selbstwirksamkeitserwartungen bzw. internale Kontrollüberzeugungen (die Überzeugung, die eigene Lebenssituation durch das eigene Handeln beeinflussen zu können), Optimismus und/oder Humor (vgl. auch RKI 2009).

Aber auch der subjektiv wahrgenommene Gesundheitszustand kann den Umgang mit Krankheit und Behinderung in einem hohen Maße (mit) beeinflussen (Filipp & Aymanns 2010; Schneider et al. 2014). So kann eine Vielzahl von Studien den Einfluss der subjektiven Gesundheit auf die Mortalität nachweisen, d. h. Personen, die ihren subjektiven Gesundheitszustand als „gut" angeben, haben eine größere Überlebenswahrscheinlichkeit, als jene, die ihn als „schlecht" bezeichnen und dies gilt auch, wenn der objektive Gesundheitszustand (z. B. definiert durch ein Arzturteil) Berücksichtigung findet (DeSalvo et al. 2006).

Ein weiteres, eher strategisches Modell, das die Bewältigung von kritischen Lebensereignissen, aber z. B. auch von kleineren oder größeren Einschränkungen im gesundheitlichen Bereich erleichtern kann, ist das der „Selektiven Optimierung mit Kompensation (SOK-Modell)" (Baltes & Baltes 1990). Dieses Modell unterscheidet drei Strategien: Selektion (Auswahl von Zielen), Optimierung (durch Erwerb und/oder Einsatz von Ressourcen zum Erreichen des Ziels) und Kompensation (Erwerb und Einsatz von Ressourcen, um einen einmal erreichten Zustand angesichts von Ressourcenverlusten aufrechtzuerhalten). „Optimierung und Kompensation unterscheiden sich vor allem durch ihr komplementäres Verhältnis zu Gewinnen (Optimierung) und Verlusten (Kompensation)" (Lindenberger & Schäfer 2007, S. 370). Hierzu ein Beispiel: Angesichts körperlicher Einschränkungen kann eine Person zu dem Schluss gelangen, dass sie nicht mehr alle bisherigen Sportarten ausüben kann. Sie entscheidet sich somit für eine Sportart (Selektion, z. B. Joggen), die sie aber intensiver betreibt (Optimierung, z. B. täglich statt mehrfach wöchentlich). Zudem benutzt sie Hilfsmittel, die ihr die Ausübung der Sportart erleichtern (Kompensation, z. B. spezielle Laufschuhe). Letztlich postuliert das Modell, dass es mit SOK auch vor dem Hintergrund von Behinderung und Krankheit möglich ist, Entwicklungszugewinne zu maximieren und Verluste zu minimieren, um so ein eingeschränktes, aber selbstwirksames Leben führen zu können.

Bei der Bewältigung als sozial-interaktives Geschehen steht die Rolle anderer Menschen bei der Verarbeitung von kritischen Lebensereignissen im Vordergrund. Diesbezüglich bestätigen zahlreiche Untersuchungen, dass soziale Unterstützung (z. B. in Form von emotionaler oder instrumenteller Hilfe) in der Regel die Konfrontation, beispielsweise mit gesundheitlichen Problemen, wesentlich erleichtert (Klein et al. 2002). Menschen hingegen, die keinen sozialen Rückhalt haben, stehen mit Problemen im Wortsinn „alleine da". Dennoch ist zu beachten, dass das soziale Umfeld nicht immer zur Entlastung beiträgt. So kann beispielsweise ein Übermaß an (wohlgemeinter) sozialer Unterstützung, welches das Selbstwertgefühl des Hilfeempfängers/der Hilfeempfängerin in Frage stellt, ebenso kontraproduktiv sein wie vermeintlich hilfreiche Hinweise, die das kritische Ereignis in seiner Schwere herunterspielen („Das wird schon wieder"). Häufig resultieren die problematischen Aspekte von Bewältigung als sozial-interaktives Geschehen aus zwei Quellen: Zum einen aus der Hilflosigkeit und Verunsicherung des Helfers/der Helferin angesichts des zu lösenden Problems und zum anderen aus einer unterschiedlichen Vorstellung der Beteiligten, was unter „gute Bewältigung" zu verstehen ist (zur Übersicht siehe Filipp & Aymanns 2010).

Die „radikalste" Bewältigungsform stellt angesichts von (gesundheitlichen) Lebenskrisen zweifellos der Suizid dar. Vor allem für Männer nimmt das Suizidrisiko mit dem Alter deutlich zu (vgl. Schmidtke et al. 2008, S. 10). Teising sieht den Grund für die hohen Suizidziffern z.B. bei den 80-jährigen Männern in narzisstischen Kränkungen und Versuchen, „…die autonome Selbstbestimmung mit der suizidalen Handlung doch noch in der Hand zu behalten, ein letzter psychosomatischer Akt" (Teising 2005, S. 77).

Generell sei an dieser Stelle darauf hingewiesen, dass die Art der eingesetzten Bewältigungsstrategien von vielen Bedingungen abhängig ist. Filipp hat in den 1980er Jahren ein umfassendes, mehrfach überarbeitetes heuristisches Modell entwickelt, das im Folgenden kurz skizziert werden soll (Filipp, 1995; vgl. auch Filipp & Aymanns 2010). So nennt sie zunächst die sogenannten distalen (z.B. Formen der antizipatorischen Sozialisation, Bewältigungsbilanz) als auch die proximalen Faktoren (z.B. Personenmerkmale, d.h. die aktuelle biophysische und psychische Ausstattung einer Person) sowie Kontextmerkmale, d.h. die soziale und dingliche Umwelt. Die distalen Faktoren beeinflussen sowohl die Person- als auch die Kontextmerkmale, die wiederum in Wechselwirkung zueinander stehen und ein Passungsgefüge bilden. Die individuelle Einschätzung eines kritischen Lebensereignisses als bedrohlich oder nicht wird dem Modell gemäß durch objektive (z.B. Dauer) und durch subjektive Ereignismerkmale (z.B. Kontrollierbarkeit) bestimmt, wobei für diese Einschätzung die vorhandenen Personen- und Kontextmerkmale von entscheidender Bedeutung sind. Mit anderen Worten: Die letztgenannten Merkmale können nicht nur dazu beitragen, ob ein bestimmtes Lebensereignis eintritt oder nicht, sondern auch ob es als mehr oder weniger bedeutsam bzw. bedrohlich interpretiert wird. Schließlich bedingen Person- und Kontextfaktoren die Ressourcen für die Art der Auseinandersetzung mit dem kritischen Ereignis bzw. für die Möglichkeiten, das Ungleichgewicht zwischen Person und Umwelt wieder herzustellen.

Wohl wissend, dass Wechselbeziehungen und gegenseitige Beeinflussungen der aufgeführten Faktoren existieren, diese aber hier nicht beschrieben werden können, soll anhand des kritischen Lebensereignisses „chronische Erkrankung Rheuma" das Modell von Filipp noch einmal an einem Beispiel veranschaulicht werden:

Als distaler Faktor wäre hier z. B. ein Schulungskurs mit Informationen über das Krankheitsbild „Rheuma" zu nennen, der präventiv besucht worden ist (antizipatorische Sozialisation). Personenmerkmale, die den Eintritt, die Interpretation der Krankheit als bedrohlich und die Ressourcen zu ihrer Bewältigung (mit) determinieren, wären z. B. genetische Vorbelastung (sie erhöht die Wahrscheinlichkeit zu erkranken), sonstiger Gesundheitszustand und/oder Ausmaß des Erlebens von Selbstwirksamkeit. Die letztgenannten Faktoren beeinflussen sowohl die Bewertung der Krankheit als kritisch oder nicht wie auch die verfügbaren Möglichkeiten für die Wahl des Bewältigungsverhaltens: Ein guter gesundheitlicher Allgemeinzustand und ein hohes Maß an Selbstwirksamkeit erleichtern den Umgang mit der Erkrankung und erlauben zudem andere Bewältigungsmodi (z. B. eher handlungsorientierte Strategien wie regelmäßige Bewegung), als wenn das Gegenteil der Fall ist. Auch Kontextmerkmale beeinflussen die Eintrittswahrscheinlichkeit des kritischen Lebensereignisses, seine Interpretation als auch die Art des Umgangs. Das Kontextmerkmal „schlechte Wohnbedingungen" kann eine rheumatische Erkrankung fördern (Eintrittswahrscheinlichkeit), das Merkmal „günstige materielle Lage" die Finanzierung von Hilfs- und Heilmitteln und damit einen aktiven Umgang mit den Krankheitsfolgen ermöglichen.

Die bisherigen Ausführungen resümierend bleibt festzuhalten, dass es sich bei der Bewältigung von kritischen Lebensereignissen (wie z. B. eine chronische Erkrankung) um ein äußerst komplexes Geschehen handelt. Es müssen zunächst einmal Handlungsressourcen verfügbar sein, die jedoch individuell wie auch intraindividuell (nach Lebensphase, nach Lebensbereich) unterschiedlich ausgeprägt sind. Die Frage also, warum ältere Männer beispielsweise auf eine (scheinbar) gleiche Krankheit oder auf gesundheitliche Einbußen so verschieden reagieren können, wird auf der Grundlage des oben beschriebenen Modells leichter einsichtig.

4 Krankheitserleben, Krankheitsbewältigung und Gesundheitsverhalten älterer Männer – eine empirische Untersuchung

Im Folgenden werden die Daten der eingangs erwähnten Masterarbeit von Randi Leibner vorgestellt. Im Zentrum ihrer Arbeit stand die Frage, wie Männer mit Veränderungen, die das Alter(n) mit sich bringt, umgehen und wie sie diese bewerten. Als zentrale Methode wählte Leibner das qualitative leitfadengestützte Interview, das durch weitere Erhebungsinstrumente (z. B. Skalen zur subjektiven Einschätzung des Gesundheitszustandes und der allgemeinen Lebenszufriedenheit) ergänzt wurde (zu den diesbezüglichen Ergebnissen siehe Tabelle 1). Das von ihr untersuchte Sample umfasste acht Personen, die aufgrund ihrer ehemaligen beruflichen Tätigkeit (vom einfachen Arbeiter über den Facharbeiter bis hin zum Geschäftsführer) in unterschiedlichen sozialen Milieus zu verorten sind. Die Interviewten gehören den Jahrgängen 1933 bis 1954 an, d. h. sie waren zum Zeitpunkt des Interviews zwischen 59 und 81 Jahre alt (siehe Tabelle 1). Die Auswertung des Interviewmaterials basiert auf der qualitativen Inhaltsanalyse nach Mayring (2010), wobei die diesbezüglich erzielten Ergebnisse im Folgenden zunächst bezogen auf die einzelnen Befragten und mit Rückbezug auf die Ausführungen in Gliederungspunkt 3 dargelegt werden. In der Diskussion erfolgt sodann eine zusammenfassende Analyse.

Tab. 1 Soziodemografische Daten der Interviewpartner und subjektive Einschätzung von Gesundheit und Lebenszufriedenheit

Pseudonym, Alter, Jahrgang	Höchster Schulabschluss	Renten-eintrittsalter	Bewertung der Gesundheit	Lebens-zufriedenheit
Herr A, 64 Jahre, *1950	Volksschule	62	gut	sehr gut
Herr B, 69 Jahre, *1945	Volksschule	62	gut	gut
Herr C, 65 Jahre, *1949	Realschule	60	gut	gut
Herr D, 68 Jahre, *1946	Fachhochschul-reife	63	gut	gut
Herr E, 59 Jahre, *1954	Fachhochschul-reife	57	gut	befriedigend/ ausreichend
Herr F, 81 Jahre, *1933	kein Schulab-schluss	55	mäßig	gut
Herr G, 77 Jahre, *1937	Realschule	65	gut	gut
Herr H, 68 Jahre, *1946	Volksschule	49	schlecht	mangelhaft

Für diesen Beitrag sollen die Aussagen der Interviewten zu ihrem Gesundheitszustand und zum Umgang mit dem eigenen Körper in den Mittelpunkt gestellt werden. Dass das Alter – wie weiter oben dargelegt – mit vielfältigen körperlichen Beeinträchtigungen einhergehen kann, verdeutlicht das folgende Zitat einer der interviewten Männer: „Du bist nicht mehr 20, du lässt in der Kondition nach, die Körperkräfte lassen nach, ich schlaf mehr als früher, ich muss anders essen, ich werd schneller dick, also viele Faktoren, ich kann sie gar nicht alle aufzählen, die das Alter dann auch nicht grade schöner machen" (Herr D, 68 Jahre).

Welche große Bedeutung der Gesundheit beigemessen wird, lässt sich anhand der Antworten nach den Zielen bzw. Wünschen, die die interviewten Männer haben, veranschaulichen. Herr B (69 Jahre) antwortet „Dann ist eigentlich der Wunsch, auch wenn der abgedroschen sich anhört. Lass uns gesund bleiben, dann ist eigentlich alles gut ne. Man kann alles noch machen, wenn man gesund ist, kann man alles machen." Herr G (77 Jahre) hat den Wunsch: „Dass ich äh, wie soll ich sagen, ohne große Krankheiten noch etwas älter werde." Herr A (64 Jahre) wünscht sich „in relativer Gesundheit geistig und körperlich alt zu werden".

Vor dem Hintergrund dieser Zitate und der bisherigen theoretischen Ausführungen stellt sich nunmehr die Frage, wie die im Rahmen der Masterarbeit Befragten körperliche Veränderungen und gesundheitliche Einschränkungen erleben und welche Strategien sie jeweils anwenden, um diese zu bewältigen. In diesem Zusammenhang sei angemerkt, dass die Faktoren, die das Bewältigungsgeschehen maßgeblich (mit) bestimmen (z. B. Persönlichkeitsfaktoren, individuelle Sozialisationserfahrungen, genauere Lebensumstände) hier keine Berücksichtigung finden können. Gleichwohl dürften dennoch bestimmte (typische) Verhaltensmuster und psychische Anpassungsmechanismen beschreibbar sein, wenn die Aussagen der Männer nach und nach genauer betrachtet werden. Es sei noch angemerkt, dass Herr B (außer mit obigem Zitat) und Herr F sich kaum zum Themenbereich „Gesundheit" geäußert haben. Auf beide Männer wird nachstehend nicht weiter eingegangen.

Herr A (64 Jahre): Herrn A sind seine körperliche Fitness, aber auch sein Aussehen sehr wichtig. Mehrmals in der Woche treibt er Sport. Auf die Frage nach seinem Gesundheitszustand antwortet er mit „gut", schließt daran aber als Ergänzung an: „Man darf ja nicht immer dann vergleichen mit den Jahren als man zwanzig war." Die Verwendung des weiter oben beschriebenen *temporalen Vergleichs* als Form der Bewältigung erleichtert es Herrn A, die körperlichen Veränderungen anzuerkennen. Die folgende Aussage verweist zudem darauf, dass Herr A seine Erkrankung unter Kontrolle hat: „Ich leide unter Rheuma. Ja aber das ist ein ganz geringer Grad und diesen Rheumazustand, den habe ich auch gut im Griff." „Gut im Griff" passt zu dem Bild, dass der männliche Körper durch eigenes Handeln beherrschbar ist. Der Körper wird von Herrn A als ein verletzliches und zu schützendes Gut angesehen. So erzählt er, wesentlich mehr Sport zu treiben, seitdem er nicht mehr arbeitet. Da er unter Arthrose im rechten Sprunggelenk leidet, hat er die Waldläufe, die er früher regelmäßig gemacht hat, eingestellt und sich „umgestellt aufs Radfahren und Schwimmen und damit habe ich keine Probleme", ein Vorgehen, das zumindest in Teilen dem *SOK-Modell* entspricht. Beim Sport vergleicht Herr A seine Leistungsfähigkeit mit der von gleichaltrigen Männern. Unter diesem *sozialen Vergleich* leidet er aber nicht: „Ich mache meine Ziele, die mache ich an meiner Leistungsfähigkeit, an meiner eigenen Leistungsfähigkeit fest und bin damit zufrieden." Neben dem gesundheitsfördernden Aspekt benennt Herr A noch zwei weitere Vorteile, die er durch den Sport hat. Da er Sport in der Gruppe treibt, kommt er mit anderen in Kontakt. Der Sport hilft ihm auch zudem, sein äußeres Erscheinungsbild aktiv zu gestalten: „Ich achte schon darauf, dass ich nicht übergewichtig werde, dass ich relativ elastisch bleibe. Ich mache auch entsprechende Übungen und versuche mich auch zu pflegen oder pflege mich." Bei diesen Äußerungen von Herrn A wird deutlich, dass er das Gefühl hat, im Sinne *internaler Kontrolle* Einfluss auf den Prozess des Alterns nehmen zu können. Diese wiederum ermöglicht ihm eine *instrumentell orientierte* Form der Bewältigung. Daneben lassen sich bei ihm aber auch *akkommodative Prozesse* beobachten. Anstatt seine Ziele, auch auf Kosten seiner Gesundheit hartnäckig zu verfolgen, passt sich Herr A flexibel den neuen Gegebenheiten an. Er äußert: „Ich kann damit gut leben und bin damit zufrieden mit dem, was ich machen kann."

Herr E (59 Jahre): Als Kontrast zu Herrn As fürsorglichen Umgang mit dem eigenen Körper ist Herr E anzuführen, der lange Zeit seine Gesundheit wider besseres Wissen vernachlässigt hat. Mit 58 Jahren erlitt er einen Herzinfarkt. „Ja wenn man sich 58 Jahre schlecht ernährt und weiß, dass man einen Hang zur Arterienverkalkung hat, dann muss man sich nicht wundern, wenn man irgendwann umfällt. Das kann ich jetzt im Nachhinein sagen. Vorher war mir das nicht KLAR. Ich hätte da ganz anders mit umgehen können, aber das hab ich nicht irgendwie auf mein Alter geschoben. Ne." Obwohl Herr E durch die Diagnose der Arterienverkalkung über seine Disposition zu Herzinfarkt und Schlaganfall gewarnt war, hielt er sich nicht an eine gesunde Lebensweise. „Ich hatte vor einiger Zeit so einen Fast-Infarkt und da habe ich schon Stents bekommen und ich war gewarnt, aber ich hab nicht gescheit reagiert. Ich hab das irgendwie, weiß ich gar nicht, ausgeblendet? Ich hab zwar drüber geredet, aber nichts getan. Also weder anders gegessen, noch abgespeckt, noch regelmäßig zum Arzt gegangen." Begründen kann Herr E sein damaliges Verhalten nicht. Der Herzinfarkt vor einem Jahr stellte ein kritisches Lebensereignis dar, das ihn dazu bewegt hat, seinen gesundheitlichen Problemen mehr Aufmerksamkeit zu schenken und sich nunmehr verantwortlich für seine Gesundheit zu fühlen. Folglich ändert Herr E seine Bewältigungsstrategie von defensiven Reaktionsformen wie *Verdrängung* auf „*Problem bearbeiten*". „Da habe ich Schiss bekommen. Da habe ich also, da war ich HOCHmotiviert meine Ernährung zu verändern. Da musste mir dann keiner mehr gut zureden. Das war ein einschneidendes Erlebnis. Ich glaube nach nem Herzinfarkt, da ist die Welt nicht mehr so wie sie vorher war. Also diese Endlichkeit wurde da so deutlich." Hinzu kommt bei Herrn E die kognitive Verarbeitung der gesundheitlichen Einschränkungen durch den sozialen Abwärtsvergleich („*downward comparison*"). Er reflektiert dies und bekennt sich schmunzelnd dazu. So enden die Vergleiche mit Gleichaltrigen „immer zu meinen Gunsten. Mein bester Freund Wolfgang der ist zwar körperlich noch etwas fitter, aber der ist dann etwas breiter geworden, dem sind sämtliche Haare ausgefallen, der hat also auch gesundheitliche Schwierigkeiten. Bei wieder anderen, da denke ich ‚mein Gott, die interessieren sich ja für überhaupt nichts'. Also ich bin eingebildet genug, immer zu meinem Vorteil entscheiden zu können." Auftretende Krankheiten oder akute Ereignisse wie ein Herzinfarkt können den Betroffenen sehr deutlich die Endlichkeit des Lebens vor Augen führen. Sie können Auslöser sein, das Leben zu überdenken und eine Neujustierung der eigenen Werte und Ziele im Sinne *assimilativer Prozesse* vorzunehmen.

Herr D (68 Jahre): Herr D, seit einem Jahr Träger eines Herzschrittmachers, wurde sich der Endlichkeit seines Lebens während eines Arztbesuches bewusst. „Ich hab einen Schrittmacher, meine Batterie hält 16 Jahre. Nur mal als Beispiel. Da sagt der Kardiologe, Ja, da haben wir noch Zeit'. ‚Ja ja, ich sag, weiß ich, ob ich noch so alt werde?' Da kommen so ganz komische Gedanken. Manchmal will ich gar nicht so alt werden, mit der Angst ich werde dann so meschugge. Oder behindert oder oder lieg im Bett was weiß ich." Gleichwohl lässt sich bei Herrn D als Bewältigungsstrategie im Umgang mit seiner Herzerkrankung das *SOK-Modell* erkennen, denn er passt seine sportlichen Aktivitäten seiner körperlichen Leistungsfähigkeit an. „Ich kann kein Tischtennis spielen. Das ärgert mich am meisten. Ich spiele gerne Tischtennis, aber das ist mit dem Stoppen immer so, Fahrrad fahren geht" (Selektion). „Wenn ich beim Sport bin, da sitzt einer neben mir, der ist so alt wie ich, der fährt dann drei Meter weiter mit dem Fahrrad, und dann habe ich den Ehrgeiz jetzt fahre ich auch nochmal fünf Meter. Also ich vergleiche schon" (Optimierung). „Bewegung ist das A und O. Wenn ich mich nicht bewegen kann, wie auch immer, dann geht es mir gar nicht gut." „Es sind so kleine Wehwehchen im Alter, aber die kann ich ganz gut mit umgehen, hab die auch im Griff" (Kompensation).

Herr G (77 Jahre): Sehr aufschlussreich sind die Aussagen von Herrn G, denn hier zeigen sich ebenso wie bei Herrn A intraindividuell unterschiedliche Bewältigungsstile, die in Abhängigkeit vom jeweiligen gesundheitlichen Problem variieren. Herr G hat zunächst einmal ein eher fatalistisches Verhältnis zu seinem Körper. Sein Leben lang hat er keinen Sport getrieben und sieht auch keinen Sinn darin. „Es gibt ja Verrückte, die laufen den ganzen Tag durch die Gegend und meinen sie würden die Gesundheit da erhaschen." Diese Aussage lässt darauf schließen, dass Herr G das Ziel im Sinne der *Assimilation* abwertet. Stattdessen richtet sich seine Energie auf den Erhalt der Mobilität durch das Autofahren. Nach seiner Oberschenkelhalsfraktur hatte für ihn höchste Priorität, „dass ich wieder Auto fahren konnte." Er hat sich ein klares Ziel gesetzt, das er unbedingt erreichen wollte und hat seine Ressourcen diesbezüglich eingesetzt – ein gutes Beispiel für *Akkomodation* als Bewältigungsstil. Obwohl Herr G zum Zeitpunkt des Interviews an Unterarmgehstützen läuft, bewertet er seinen Gesundheitszustand als gut. „Wenn sie umfallen, wenn sie ne böse Krankheit kriegen, ist was anders, aber dies ist hier jetzt ja was ((deutet auf seinen Oberschenkel)) was man wieder heilen kann. Ja. Ist was mechanisches, was da kaputt gegangen ist. Aber sonst habe ich insofern von Krankheit bin ich verschont geblieben. Hoffe ich. (…) Außer mechanische Dinge habe ich nichts, krankheitsmäßig, und das hat mich fürchterlich geärgert, wenn sowas gebrochen ist. Dann wandern sie durch alle Krankenhäuser und dann sehen sie das ganze Elend der Welt. Da sehen sie das Elend also. Da habe ich gesagt, hier muss ich weg. (…) Hauptsächlich ist ja diese böse Krankheit wie Krebs." Diese klare Differenzierung zwischen einer Krankheit, die nicht mehr heilbar ist („Elend der Welt"), und etwas Mechanisches, „was man wieder heilen kann", ermöglicht es Herrn G seine Gesundheit als gut zu bezeichnen. Diese Vorstellung von Krankheit als etwas Mechanischem taucht noch einmal auf, als Herr G von seiner Operation entlang der Wirbelsäule vor einigen Jahren erzählt. Er schob diese Operation auf, weil er große Angst hatte: „Ich sag und wenn sie mir da hinten einen Nerv daneben setzen, dann sitze ich im Rollstuhl." Die Operation verlief erfolgreich: „Dann haben sie diese Spinalkanäle der Wirbelsäule so, acht Stück. Die Nerven eingeklemmt und die haben sie alle frei gemacht. Wie so ein altes Stromkabel was platt ist." Durch die technische Beschreibung der Operation und die anschauliche Schilderung wie „altes Stromkabel, was platt ist" nimmt Herr G der Situation offensichtlich ihre Bedrohlichkeit. Neben der Sicht des eigenen Körpers als etwas „mechanisches", als etwas zu reparierendes, bedient sich Herr G einer weiteren Form der Bewältigung: dem *sozialen Abwärtsvergleich*. Den nimmt Herr G während seines Krankhausaufenthaltes auf einer geriatrischen Station mit Menschen mit Demenz vor. „Aber wenn sie da sehen, wie die da rumlaufen die Geister. Also da möchte ich nicht in diese Kategorie rein. Und das habe ich auch den Schwestern gesagt da." Vergleicht er seinen Zustand mit dem von Menschen mit Demenz, führt dies zu einer Steigerung der *Selbstachtung* bezüglich seines eigenen Gesundheitszustandes und fördert den Bewältigungsprozess. Seine Abhängigkeit sieht er als *temporär* an, er ist im Krankenhaus, um „wieder hergerichtet" zu werden. „Ich hatte ja nur eben ein Beinbruch und war dann in diese Kategorie [geriatrische Abteilung][5] reingerutscht." Insgesamt

5 Ergänzungen der Autorinnen zum besseren Verständnis sind in eckigen Klammern.

vermittelt Herr G den Eindruck, in Bezug auf seine gesundheitliche Situation Herr der Lage zu sein, d. h. er hat offensichtlich das Gefühl von Selbstwirksamkeit und internaler Kontrolle.

Herr C (65 Jahre): Herr C geht keiner sportlichen Aktivität nach, „überhaupt nichts, aber das wird demnächst kommen, momentan NICHTS, Null". Seinen Gesundheitszustand bewertet er als gut. Als einziger Interviewter benennt Herr C keine gesundheitlichen Einschränkungen. „Nach 25 Jahren war ich zum ersten Mal beim Arzt und hab Topblutwerte wie ein Baby." Vor dem Hintergrund dieser guten Nachricht scheint bei Herrn C *Optimismus* als Bewältigungsstrategie gegen mögliche gesundheitliche Probleme durchaus angebracht. Veränderungen stellt Herr C bei sich fest: „Körperlich sicher, kann ich jetzt sagen man kommt schon mal schwerer die Treppen rauf, liegt's ja an meiner ganzen Faulheit. Das kann sich ja alles ändern." Auch hier scheint ein Bewusstsein für die eigene *Handlungsfähigkeit gemäß der internalen Kontrolle bzw. für Selbstwirksamkeit* vorzuliegen. Herr C weiß, wo er ansetzen muss, um seine körperliche Fitness in positiver Weise zu beeinflussen. Seinen Entschluss, Sport zu treiben, begründet er folgendermaßen: „Ich kann mich ja nicht über alles hinwegsetzen, da bin ich eigentlich ganz gut in Anführungsstrichen gewesen, ich kann mich nicht über die wissenschaftlichen Erkenntnisse der Ärzte.... Bewegung ist einfach nur gut. Da kann ich nicht sagen ich heiße Herr C. ICH zweifle das an. Verstehen Sie? Habe ich ja jahrelang gemacht so ist es ja." Herr C vergleicht seine Kondition mit der einer Bekannten: „Die ist siebzig, die rennt bis in den fünften Stock hoch." Dieser *soziale Aufwärtsvergleich* dient Herrn C zum einen als Ansporn und zum anderen verdeutlicht das Bild, dass es auch für ihn im höheren Alter möglich ist, fit zu sein. Zu seinen Schwächen, die er sich selbst zuschreibt, zählt Herr C, „dass ich zu viel qualme (...) Ne Packung am Tag. Wird aber weniger." Herr C hält seine Handlungsfähigkeit im Hinblick auf etwaige gesundheitliche Einschränkungen aufrecht, indem er als Grund für seine Probleme beim Treppensteigen „meine ganze Faulheit" anführt, diese lässt sich in die Rubrik ‚selber schuld' einordnen und stellt keine Gefährdung des Selbstbildes dar.

Herr H (68 Jahre): Herr H ist ein Beispiel dafür, welche Rolle die *soziale Umwelt* im Bewältigungsgeschehen einnehmen kann. Von allen Interviewpartnern ist er der einzige, der sowohl seinen Gesundheitszustand (schlecht) als auch seine Lebenszufriedenheit (mangelhaft) mit der jeweils negativsten Ausprägung bewertet. Herr H wiegt bei einer Größe von 1,93 m um die 140 kg, d. h. es handelt sich um Adipositas Grad II (vgl. Deutsche Adipositas Gesellschaft, 2015). Herr H ist sich bewusst, dass sein Übergewicht ein Risiko für seine Gesundheit darstellt. Vor über zehn Jahren wurde Herr H operiert, weil er Nierenkrebs hatte. „110 [kg] habe ich gehabt, 110 und dann sagt der Professor in B., wo er mich operiert hat … haben sie von vorne aufgeschnitten hier und dann haben sie ein Netz reingemacht. ‚Pass auf', sagt er ‚Junge', sagt er. ‚Nicht mehr als 115', sagt er, ‚Dann reißt das Netz und dann hast du den ganzen Bauch kaputt'. Ich sag ‚Mach keinen Scheiß'. ‚HÖR was ich dir sage!' So und jetzt ((murmelt vor sich hin)) naja gut." Mittlerweile liegt Herrn H's Gewicht 25 kg über der ärztlich festgelegten Obergrenze. Zum Zeitpunkt des Interviews benennt Herr H keinen konkreten Plan zur Gewichtsreduktion. Die Verantwortung für seine Ernährung sieht er bei seiner Bekannten Trude, die ihm im Haushalt hilft und öfter für ihn kocht. „Das [starke Übergewicht] ist mit Trude erst gekommen. Trude isst gerne Fleisch, sie ist ja auch so dick und heute Mittag gab es ein Kotelett, ich sage Trude, es reicht doch Kartoffelsalat. Ja aber, sagt sie, du musst doch was auf die Rippen." Herr H überträgt somit die Verantwortung für sein Übergewicht auf seine Partnerin und fügt sich im Sinne *externaler Kontrollüberzeugungen* mehr oder minder in sein Schicksal. Wichtig ist Herrn H hingegen der Erhalt seiner Sehfähigkeit. Hierfür hat er seine sonst eher passive Rolle aufgegeben und stattdessen *aktiv nach Hilfe im sozialen Umfeld gesucht*. Nachdem die Behandlung einer Augenerkrankung in B. abgeschlossen war, vereinbarte er einen Termin in einer 200 Kilometer entfernten Spezialklinik in M. Die Ärztin dort tätigte eine ausgiebige Untersuchung. „Habe ich 350 Euro selber bezahlt, war mir ja egal, war ja unwichtig." Zu einer weiteren Untersuchung fuhr Herr H in das 100 Kilometer entfernte K. Der Arzt zog eine Operation in Betracht, machte Herrn H aber auf das damit verbundene Risiko aufmerksam: „Nein, also er hat zehn Leute operiert, pass auf jetzt kommt es und von den zehn Leuten sind fünf ganz blind geworden. ‚Was heißt das?' sage ich jetzt zu ihm. ‚Das Risiko ist 50 Prozent'. ‚Ne' sage ich, ‚dass ich, wenn sie jetzt bei mir schnippeln und dann nächste Woche bin ich ganz blind. Dann sehe ich gar nichts mehr?' Und guck mal, wenn ich jetzt die Augen zu mache ((Herr H macht die Augen zu)), ne ne ne dann komm, ‚Tschüsskchen', sage ich." Herr H suchte verschiedene ÄrztInnen auf, um die Chance, seine Sehfähigkeit zu verbessern, medizinisch einschätzen zu lassen. Herr H nimmt somit durchaus *Einfluss auf seine Situation* und fühlt sich ihr nicht hilflos ausgeliefert. Er wägt die Vor- und Nachteile der Augenoperation gegeneinander ab und kommt zu dem Schluss, dass sie zu risikoreich ist. Herr H entscheidet sich, seine Restsehfähigkeit nicht aufs Spiel zu setzen. Durch die Abwägung scheint ihm bewusst zu werden, wieviel er doch zu verlieren hat, und dies fördert *akkomodative Prozesse* und das *internale Kontrollerleben*.

Da drei Männer beim Themenbereich „Gesundheit/Krankheit" explizit sexuelle Funktionsstörungen angesprochen haben, soll hierauf noch einmal gesondert eingegangen werden. So stellte die Prostataoperation vor fünf Jahren für den 68-jährigen **Herrn D** ein einschneidendes Ereignis dar. „Was mich viel MEHR [als der Austritt aus dem Berufsleben] getroffen hat war meine persönliche Krankheit mit der Prostata. Da ging ein Stück Männlichkeit weg, du wirst impotent, du wirst, die Potenz geht flöten und du wirst erstmal auch äh, musst Windeln tragen. Du kommst wieder in so ne Phase, da hätte ich mich fast erschossen. Das hat vier, fünf Jahre gedauert, mit Therapie und Hilfe meiner Frau wär ich nicht so weit gekommen (...) Und das war auch ein Stück meiner Identität, das sagen Männer ja auch selten, äh ich hab mich identifiziert über Arbeit und Potenz. Und beides ist mit einem Schlag weggefallen (...) das hat mich getroffen wie ein Hammerschlag." Die Prostataoperation hob die Lebenswelt von Herrn D aus den Angeln, *Hilflosigkeit* und *Hoffnungslosigkeit* waren die Folge. Dass Bewältigung sowohl negativ als auch positiv ein sozial-interaktives Geschehen sein kann, zeigt sich hier in zweifacher Hinsicht: Das *soziale Umfeld* reagiert einerseits mit wenig, andererseits aber auch mit viel emotionalem Beistand. „Die haben zum Teil unverständlich reagiert mit der Prostata mit dem das hat, wenn ich ehrlich bin, außer meiner Frau keiner verstanden. Und mein Therapeut." Die letztgenannten Personen tragen damit durch *collaborative coping* zur Bearbeitung des Problems bei. Herr D hat des Weiteren die Erfahrung gemacht, dass Männer kaum über sexuelle Probleme sprechen. Ein guter Freund erzählte ihm: „Der sagt ‚weißt du was, ich habe meine Prostata, trotzdem schlafe ich mit meiner Frau seit drei Jahren nicht'. Das war mir neu, da hab ich erstmal einen Schock gekriegt, äh nicht einen Schock, aber das war für mich völlig neu. Da hat DER sich geoutet." An ein weiteres Gespräch erinnert sich Herr D: „ich hab mal ein Gespräch geführt mit jemand (...). So von wegen Prostata und so und dann fing der an zu erzählen. Das hätte ich so nie gedacht. Aber das ist bei mir wieder ausgelöst, guck mal. Die reden darüber nicht."

Diese Ansicht teilt auch **Herr E (59 Jahre):** „Ja ich finde immer mehr, es gibt Männer mit denen man darüber reden kann, ohne da kumpelhaft, schlüpfrige Andeutungen zu machen, aber es sind wirklich wenige." Als Nachteil der Lebensphase „Alter" benennt Herr E generell „also schon die gesundheitlichen Einschränkungen, die Leistungsfähigkeit, die eingeschränkte Potenz das ist etwas, womit ich sehr zu kämpfen, ja habe ich damit sehr zu kämpfen? Weiß ich nicht. Doch das wirkt schon. Ich will das nicht klein reden. Also zwischen dem was ich, was man dann will und dem was man kann, gibt es große Unterschiede und wenn man dann so eine Pille bekommt, und dann sagt der Arzt, aber wahrscheinlich wird Ihre Libido dann noch mehr eingeschränkt, dann macht das keinen Spaß, weil dieses Thema Sexualität, es heißt ja LEBEN und wenn das so SEHR heruntergefahren wird, das ist schon, das ist einfach scheiße." Diese Erkenntnis scheint Herrn E stark zu belasten und ihm kaum Handlungsmöglichkeiten zu bieten.

Auch **Herr H** (68 Jahre) versucht zunächst, seine Erektionsprobleme zu lindern, indem er mit seinem Hausarzt darüber spricht. „Dann hat er mir dreimal Tabletten aufgeschrieben, versuchen, ob das so geht, aber ne, ging nichts mehr. Ich habe ihn [seinen Penis] jeden Abend angeschrien. Aber vielleicht durch den Druck. Hat er sich zurückgezogen, weiß man das? Ja man weiß es nicht ((lacht)). Der Halunke." Bezüglich seiner sexuellen Funktionsstörungen unternahm Herr H keinen erneuten Versuch, sich Hilfe – z. B. in Form einer Zweitmeinung oder Kontaktaufnahme zu einer Beratungsstelle – zu holen. Auch in seinem persönlichen Umfeld gibt es niemanden, mit dem Herr H über seine Probleme sprechen kann, selbst das Gespräch mit seiner Ehefrau darüber hat ihn große Überwindung gekostet. „Wie sollt' ich ihr das sagen?" „Wir haben einen Abend dann haben wir mal im Garten gesessen, habe ich das Thema mal angeschnitten, müssen wir was machen jetzt. Möchtest du bei mir bleiben, möchtest du gehen? Wie? Entscheide du auch, sage ich zu ihr." Für Herrn H stellt seine sexuelle Funktionsstörung einen potentiellen Grund dafür dar, dass seine Frau sich von ihm trennen könnte. Er fragt seine Ehefrau, ob sie bei ihm bleiben oder gehen möchte. Offensichtlich würde Herr H es seiner Ehefrau angesichts der Sachlage nicht verdenken, wenn sie sich für das Gehen entschiede.

Eine ähnliche Einstellung zeigt sich bei **Herrn D.** Auf seine sexuelle Funktionsstörung bezogen äußert er: „Wenn ich eine Frau gehabt hätte, die 20 Jahre jünger gewesen wär, der hätte ICH gesagt, danke das wars, lass dich scheiden, oder such dir nen Freund ((leiser)). Da bin ich ganz realistisch. Was will die mit einem Mann der nicht- keine Erektion mehr hat. Und diese ganzen Sprüche ‚Ja aber mit Knubbeln' ist ja alles in Ordnung. Aber für mich passte das nicht." Herr D führt ein Gedankenspiel durch, in dem er sich in einer Beziehung mit einer 20 Jahre jüngeren Frau sieht. Seiner Meinung nach hätte ein Partner mit Erektionsproblemen ihren vermeintlichen Ansprüchen an eine Partnerschaft nicht genügt. Vorauseilend hätte er sie aufgefordert, sich von ihm scheiden zu lassen oder sich einen Freund zu suchen.

5 Diskussion der Ergebnisse

Multimorbidität und Chronizität sind wesentliche Merkmale von Krankheiten im höheren Erwachsenenalter (Holzhausen & Schmidt-Nave 2012) und der Umgang damit erfordert ganz allgemein ein hohes Maß an Bewältigungskompetenz von älter werdenden und älteren Männern. Betrachtet man die oben präsentierten Ergebnisse, sind einige Gemeinsamkeiten im Hinblick auf die jeweils präferierten Bewältigungsmodi feststellbar. Generell zu beobachten ist das Bestreben, im Sinne des traditionellen Männerbildes Kontrolle über die Entwicklung von gesundheitlichen Beeinträchtigungen zu behalten, „Herr der Lage" zu bleiben und den Körper wie ein Maschinist wieder zu reparieren bzw. durch eigenes Handeln positiv zu beeinflussen (beispielhaft Herr A, Herr G). Andererseits werden aber auch Strategien erkennbar, die als Verdrängung angesehen werden können (beispielhaft Herr C, Herr E, Herr G) und die dazu dienen, das männliche Selbstbild als mehr oder minder „unverwundbar" aufrechtzuerhalten. Ein Beleg hierfür ist auch, dass bei einigen Männern (Herr D, Herr E, Herr H) erst eine ernsthafte gesundheitliche Krise (z. B. Herzinfarkt) dazu geführt hat, gesundheitsbezogene Präventions- und Interventionsmaßnahmen in Anspruch zu nehmen (z. B. Umstellung der Ernährung). Dies entspricht einer Reihe von Forschungsbefunden, die ebenfalls darauf verweisen, dass bei vielen Männern erst bedrohliche, die bisherige Identität und das Selbst- und Idealbild in Frage stellende Erkrankungen zu einer Akzeptanz der eigenen Vulnerabilität führen (Radebold 2012). Allerdings ist in diesem Zusammenhang die bereichsspezifisch unterschiedliche Bearbeitung der erlebten gesundheitlichen Einschränkungen von Relevanz: Während manche Gebrechen oder Krankheiten hingenommen werden, wird bei anderen alles daran gesetzt, den Status quo wieder herzustellen bzw. weitere Verschlechterungen zu vermeiden, d. h. die verfügbaren Ressourcen werden gebündelt und konsequent zur Zielerreichung eingesetzt (beispielhaft Herr G, Herr H). Es verwundert daher nicht, dass sechs von acht Interviewten ihren Gesundheitszustand in der Zusammenschau als „gut" einschätzen, wobei hier sicher auch die Strategie des sozialen und temporalen Vergleichs eine wichtige Rolle spielt.

Im Hinblick auf körperliche Einschränkungen muss den sexuellen Funktionsstörungen besondere Aufmerksamkeit gelten. Diese Störungen bedrohen die Geschlechtsidentität bzw. das Selbstwertgefühl von Männern in hohem Maße und dementsprechend werden sie als äußerst belastend geschildert (beispielhaft Herr D, Herr E und Herr H). Begründet werden kann dies zum einen damit, dass sexuelle Potenz ein wesentliches Merkmal von Männlichkeit ist (Connell 1999). Zum anderen betreffen Einschränkungen der sexuellen Leistungsfähigkeit nicht nur die Männer selbst, sondern auch die Beziehung zu ihren Partnerinnen. Welche bedeutsame Rolle der Sexualität für die Partnerschaft zugeschrieben wird, verdeutlichen eindrucksvoll die Aussagen der Herren D und H: Beide haben bzw. hätten aufgrund ihrer Potenzprobleme ihre Ehefrauen zu einer Scheidung und zur Suche nach einem andern (sexuell leistungsfähigen) Partner ausdrücklich ermutigt.

Auch die Hinweise der älteren Befragten, dass sexuelle Probleme im Alter größtenteils immer noch tabuisiert werden, sollten an dieser Stelle hervorgehoben werden, denn es deckt sich mit vielen diesbezüglichen Forschungsergebnissen (zusammenfassend Bernhardt et al. 2013. Die Bewältigung des kritischen Lebensereignisses „sexuelle Funktionsstörungen" mit Hilfe der sozialen Umwelt wird somit ggf. erschwert, da diese vielfach mit Unbeholfenheit bzw. mit Bagatellisierung des

Problems reagiert. Filipp und Aymanns (2010) schreiben hierzu ganz allgemein: „…dass die Personen im sozialen Umfeld (womöglich sogar einzelne Interaktionspartner) vielschichtig und vielgestaltig mit dem Leid der Betroffenen umgehen und womöglich auch ein Höchstmaß an ambivalenten Gefühlen aufseiten der Betroffenen erzeugen“ (S. 259). Neben vielen positiven Folgen, die soziale Unterstützung bei der Verarbeitung und Überwindung von gesundheitlichen Krisen haben kann (zusammenfassend Taylor 2007), zeigen sich gleichzeitig auch die Grenzen, z. B. in dem sich die Betroffenen letztlich doch unverstanden oder abgewertet fühlen (beispielhaft Herr D).

Die innerpsychischen Bewältigungsformen betreffend zeigen die befragten Männer ein breites Spektrum, das von der Bewältigung durch komparatives Denken über akkomodative und assimilative Bewertungsprozesse, interne und externe Kontrollüberzeugungen, dem Einsatz von Humor, Optimismus und Sarkasmus bis hin zur Anwendung des SOK-Modells reicht. So haben einige ältere Männer erkannt, dass aus gesundheitlichen Gründen nicht mehr alle Pläne und Absichten realisierbar sind. Stattdessen erfolgt eine Konzentration auf individuell bedeutsame bzw. machbare Lebensbereiche (z. B. Erhalt der Sehfähigkeit, Herr H), die entsprechend dem Modell mit unterschiedlichen Strategien optimiert und kompensatorisch gestützt werden. Es wird insgesamt erkennbar, dass Bewältigungsversuche intra- und interindividuell – je nach Bedeutung, Schwere und Verlauf der erlebten gesundheitlichen Einschränkungen – höchst unterschiedlich ausfallen können und es *die* erfolgversprechende Bewältigungsform nicht gibt.

Generell ist an dieser Stelle noch einmal hervorzuheben, dass die Bewältigung von körperlichen Veränderungen und gesundheitlichen Einschränkungen durch ältere Männer gemäß dem heuristischem Modell von Filipp von einer Vielzahl von Faktoren abhängig ist, die Art und Ausmaß problemlösungsorientierter Handlungen und psychischer Anpassungsleistungen (mit) determinieren. Zu diesen Faktoren zählt die Körperbiografie, deren Entwicklung u. a. Radebold (2012) in Bezug auf die heute über 60-Jährigen eindrucksvoll schildert. Einführend hierzu schreibt er: „Parallel zu unser persönlichen und zeitgeschichtlichen Biografie besitzen wir eine Körperbiografie. Sie wird in Kindheit und Jugendzeit geprägt durch unsere familiäre und gesellschaftliche Erziehung, durch eigene Erfahrungen mit Gesundheit und Krankheit sowie die männlichen einer Generation vorangehender Vorbilder“ (ebd., S. 33). Nicht zuletzt sind auch die zur Bearbeitung von kritischen Lebensereignissen notwendigen personen- und kontextbezogenen Ressourcen (z. B. physisch, psychisch, intellektuell, sozial und materiell) ungleich verteilt (Lehmann & Weyers 2007); auch ältere Männer sind keine homogene Gruppe! Gerade in der Lebensphase Alter müssen in Bezug auf Krankheitsverarbeitung und Gesundheitsverhalten jene Männer Beachtung finden, die in „typisch männlicher“ Art und Weise mit körperlichen Veränderungen umgehen bzw. deren Verhalten durch fehlende Rücksichtnahme auf den eigenen Körper gekennzeichnet ist. Darüber hinaus gilt es auch jene zu erreichen, die in besonderer Weise unterschiedlichsten (lebenslangen) Benachteiligungen ausgesetzt sind bzw. waren. Ziel sollte es sein, „... ein neues, gesundheitsförderndes Selbstkonzept zu erarbeiten und langfristig umzusetzen" (Radebold, 2012 S. 34) sowie vorhandene, für die Gesundheit wichtige Ressourcen zu stärken und diesbezügliche Defizite auszugleichen.

Schließlich ist die Forschung gefordert – gleich ob in der sozialen Gerontologie, Gesundheits- und/oder in der Geschlechtersoziologie – das immer noch vorhandene Informationsdefizit zum Themenkreis „Männer und die Bewältigung von Krankheit und Behinderung im Alter" zu verringern (vgl. Altgeld 2009). Die jeweils gewonnenen Erkenntnisse bzw. die daraus abzuleitenden Maßnahmen können eine evidenzbasierte Grundlage für eine nachhaltige Verbesserung der physischen und psychischen Gesundheit und damit der Lebensqualität von älter werdenden und älteren Männern bilden.

Literatur

Altgeld, Thomas (2009). Aspekte der Männergesundheit. In: Bundeszentrale für gesundheitliche Aufklärung (Hrsg.), *Gendermainstreaming in der Gesundheitsförderung und Prävention.*(S. 43-54) Dokumentation des BZgA-Workshops vom 18. April 2008 in Köln.

Backes, Gertrud M. (2012). Frauen und Männer altern unterschiedlich. *Diakonie konkret,* März 2003, 26–28.

Baltes, Paul B., & Baltes, Margret M. (1990). Psychological perspectives on successful aging: The model of selective optimization with compensation. In: Paul B. Baltes & Margret M. Baltes (Hrsg.), *Successful Aging: Perspectives from the Behavioral Sciences* (1–33). New York: Cambridge University Press.

Baltes, Paul B. (2006). Hoffnung mit Trauerflor. *Neue Züricher Zeitung,* 4./5. November, 257.

Bernhardt, Brigitta, Rüdiger, Mandy, Mewitz, Annika, Hartmann, Anja, Sieren, Katharina (2013). *Lust auf Sex – Sexualität im Alter.* München: GRIN.

BMFSFJ Bundesministerium für Familie, Senioren, Frauen und Jugend (2010). *Sechster Bericht zur Lage der älteren Generation in der Bundesrepublik Deutschland. Altersbilder in der Gesellschaft.* Bericht der Sachverständigenkommission an das Bundesministerium für Familie, Senioren, Frauen und Jugend. Berlin.

Böhnisch, Lothar (2013). *Männliche Sozialisation. Eine Einführung.* 2. Auflage. Weinheim: Juventa.

Börner, Kathrin (2004). Adaptation to disability among middle-aged and older adults: The role of assimilative and accommodative coping. *Journal of Gerontology: Psychological Sciences, 59B,* 35-42.

Brandtstädter, Jochen (2007). Hartnäckige Zielverfolgung und flexible Zielanpassung als Entwicklungsressourcen: Das Modell assimilativer und akkommodativer Prozesse. In: Jochen Brandtstädter & Ulmann Lindenberger (Hrsg.), *Entwicklungspsychologie der Lebensspanne. Ein Lehrbuch* (S. 413-445). Stuttgart: Kohlhammer.

Calasanti, Toni & King, Neal (2007). "Beware of the estrogen assult": Ideals of old manhood in anti-aging advertisements. *Journal of Aging Studies, 21*, 357-368.

Coles, Toni & Vassarotti, Therese (2012). Ageing and identity dilemmas for men. *Journal of Religion, Spirituality & Aging 24*, 30-41.

Connell, Robert W. (1999). *Der gemachte Mann. Konstruktion und Krisen von Männlichkeiten*. Geschlecht und Gesellschaft, Bd.8. Opladen: Leske + Budrich.

Davidson, Kate, Daly, Tom & Arber, Sara (2010). Exploring the social worlds of older men. In: Sara Arber, Kate Davidson & Jay Ginn (Hrsg.), *Gender and ageing. Changing roles and relationships* (S. 168-185). New Delhi: Tata Mc Graw Hill Education.

Denninger, Tine, van Dyk, Silke, Lessenich, Stephan & Richter, Anna (2014). *Leben im Ruhestand. Zur Neuverhandlung des Alters in der Aktivgesellschaft*. Bielefeld: transcript.

DeSalvo, Karen B., Bloser, Nicole, Reynolds, Kristi, He, Jiang et al. (2006). Mortality prediction with a single general self-rated health question. *Journal of General Internal Medicine 21 (3)*, 267-275.

Deutsche Adipositas Gesellschaft (2015). www.adipositas-gesellschaft.de/index.php?id=39, letzter Zugriff am 10.02.2015

Dinges, Martin (2010). Männlichkeit und Gesundheit: Aktuelle Debatte und historische Perspektiven. In: Doris Bardehle & Matthias Stiehler (Hrsg.), *Erster Deutscher Männergesundheitsbericht. Ein Pilotbericht* (S. 2-16). Germering: W. Zuckschwerdt Verlag.

Eickenberg, Hans-Udo (2003). Männergesundheit: Warum sterben Männer früher? *Blickpunkt „der Mann" 1*, 7-13.

Filipp, Sigrun-Heide (1995). Ein allgemeines Modell für die Analyse kritischer Lebensereignisse. In: Sigrun-Heide Filipp (Hrsg.), *Kritische Lebensereignisse* (S. 3-52). Wiesbaden: PVU.

Filipp, Sigrun-Heide & Aymanns, Peter (2010). *Kritische Lebensereignisse und Lebenskrisen*. Stuttgart: Kohlhammer.

Fooken, Insa (1986). Männer im Alter – Psychologische und soziale Aspekte. *Zeitschrift für Gerontologie 19 (4)*, 249-275.

Generali Zukunftsfonds (Hrsg.) & Institut für Demoskopie Allensbach (2012*). Generali Altersstudie 2013. Wie ältere Menschen leben, denken und sich engagieren*. Frankfurt: Fischer.

Hammer, Eckart (2012). Schlaglichter auf eine Politik für alte(rnde) Männer. In Markus Theunert (Hrsg.), *Männerpolitik. Was Jungen, Männer und Väter stark macht*. Wiesbaden: Springer.

Hardt, Roland (2006). Herz-Kreislauf-Erkrankungen. In: Wolf D. Oswald, Ursula Lehr, Cornel Sieber & Johannes Kornhuber (Hrsg.), *Gerontologie. Medizinische, psychologische und sozialwissenschaftliche Grundbegriffe* (S. 60 – 66). Stuttgart: Kohlhammer.

Hess, Thomas M., Auman, Corinne, Colcombe, Stanley J. & Rahhal, Tamara A. (2003). The impact of stereotype threat on age differences in memory performance. *Journal of Gerontology: Psychological Sciences 58*, 3-11.

Holzhausen, Martin & Schmidt-Nave, Christa (2012). Multimorbidität als Interventionsherausforderung. In Hans-Werner Wahl, Clemens Tesch-Römer & Jochen Ziegelmann (Hrsg.), *Angewandte Gerontologie* (S. 48-53). Stuttgart: Kohlhammer.

Klein, Thomas, Löwel, Hannelore, Schneider, Sven & Zimmermann, Monique (2002). Soziale Beziehungen, Stress und Mortalität. *Zeitschrift für Gerontologie & Geriatrie 35 (5)*, 441 – 449.

Klotz, Theodor (2002). Spezifische Gesundheitsprobleme von Männern. In Klaus Hurrelmann & Petra Kolip (Hrsg.), *Geschlecht, Gesundheit und Krankheit. Männer und Frauen im Vergleich* (S. 241-257). Bern: Huber.

Kolominsky-Rabas, Peter L. (2006). Schlaganfall. In: Wolf D. Oswald, Ursula Lehr, Cornel Sieber & Johannes Kornhuber (Hrsg.), *Gerontologie. Medizinische, psychologische und sozialwissenschaftliche Grundbegriffe* (S. 86- 94). Stuttgart: Kohlhammer.

Kranz, Dirk, Bollinger, Annicka & Nilges, Paul (2010). Chronic pain acceptance and affective well-being: A coping perspective. *European Journal of Pain 14*, 1021-1025.

Kruse, Andreas & Schmitt, Eric (2010). Lebensläufe und soziale Lebenslaufpolitik in psychologischer Perspektive. In: Gerhard Naegele (Hrsg.), *Soziale Lebenslaufpolitik* (S. 138-173). Wiesbaden: VS Verlag für Sozialwissenschaften.

Kruse, Andreas, Schmitt, Eric, Meyer, Gabriele, Pfendtner, Petra & Schulz-Nieswandt, Frank (2001). Der alte Mann – körperliche, psychische und soziale Aspekte geschlechtsspezifischer Entwicklung. In: Elmar Brähler & Jörg Kupfer (Hrsg.). *Mann und Medizin: Jahrbuch der Medizinischen Psychologie* (S. 34-53). Göttingen: Hogrefe.

Kuhlmey, Adelheid & Schaeffer, Doris (Hrsg.) (2008). *Alter, Gesundheit und Krankheit*. Bern: Huber.

Lehmann, Frank & Weyers, Simone (2007). Programme und Projekte zum Abbau sozial bedingter Ungleichheit von Gesundheitschancen in Deutschland und Europa. *Prävention und Gesundheitsförderung 2*, 98-104.

Leibner, Randi (2015). *„Man darf nicht immer vergleichen mit den Jahren, als man zwanzig war. Das Selbstbild alternder Männer. Eine empirische Untersuchung.* Unveröffentlichte Masterarbeit im Studiengang Alternde Gesellschaften der TU Dortmund.

Levy, Becca R., Slade, Martin D., May, Jeanine L., & Caracciolo, Eugene A. (2006). Physical recovery after acute myocardial infarction. Positive age self-stereotypes as a resource. *International Journal for Aging and Human Development 62 (4)*, 285-301.

Lindenberger, Ulman & Schäfer, Sabine (2007). Erwachsenenalter und Alter. In: Jochen Brandtstädter & Ulmann Lindenberger (Hrsg.), *Entwicklungspsychologie der Lebensspanne. Ein Lehrbuch* (S. 336-409). Stuttgart: Kohlhammer.

Marottoli, Richard A., Mendes de Leon, Carlos F., Glass, Thomas A., & Williams, Christianna S. (1997). Driving cessation and increased depressive symptoms: Prospective evidence from the New Haven EPESE. *Journal of the American Geriatrics Society 45*, 202-206.

Mayring, Phillip (2010). *Qualitative Inhaltsanalyse*. Weinheim: Beltz.

Meuser, Michael (2010). *Geschlecht und Männlichkeit. Soziologische Theorie und kulturelle Deutungsmuster*. 3. Auflage. Wiesbaden: VS Verlag für Sozialwissenschaften.

Meuser, Michael (2013). Frauenkörper – Männerkörper. Somatische Kulturen der Geschlechterdifferenz. In: Markus Schroer (Hrsg.), *Soziologie des Körpers*. 2. Auflage (S. 271-294). Frankfurt/Main: Suhrkamp.

Möller-Leimkühler, Anne M. (2005). Gender und Suizid. *Suizidprophylaxe 32*, 109-112.

Perrig-Chiello, Pasqualina (2012). Gesundheit und Wohlbefinden im Alter – auch eine Frage des Geschlechts. In: Brigitte Röder, Willemijn De Jong & Kurt W. Alt (Hrsg.), *Alter(n) anders denken. Kulturelle und biologische Perspektiven* (S. 319-335). Köln: Böhlau.

Peters, Meinolf (2011). *Leben in begrenzter Zeit. Beratung älterer Menschen*. Göttingen: Vandenhoeck & Ruprecht.

Pompe, Hans-Georg (Hrsg.) (2012). *Boom-Branchen 50plus. Wie Unternehmen den Best-Ager-Markt für sich nutzen können.* Wiesbaden: Gabler.

Radebold, Hartmut (2012). Männergesundheit: Keine Rücksicht auf den eigenen Körper. *Deutsches Ärzteblatt 109*, 33-34.

Reitz, André (2008). Altern Männer anders? *Heilberufe 4*, 16-21.

RKI Robert Koch-Institut (2009). *Gesundheit und Krankheit im Alter.* Berlin: Robert Koch-Institut.

RKI Robert Koch-Institut (2014). *Gesundheitliche Lage der Männer in Deutschland.* Berlin: Robert Koch-Institut.

Schmidtke, Armin, Sell, Roxanne & Löhr, Cordula (2008). Epidemiologie von Suizidalität im Alter. *Zeitschrift für Gerontologie & Geriatrie 41(1)*, 3-13.

Schneider, Barbara, Wächtler, Claus, Schaller, Syliva, Erlemeier, Norbert & Hirsch, Rolf (2014). Einflussfaktoren für Suizid und Suizidalität im Alter. In: Reinhard Lindner, Daniela Hery, Sylvia Schaller, Barbara Schneider & Uwe Sperling (Hrsg.), *Suizidgefährdung und Suizidprävention bei älteren Menschen. Eine Publikation der Arbeitsgruppe „Alte Menschen" im Nationalen Suizidpräventionsprogramm für Deutschland*, (S. 35-44). Heidelberg: Springer.

Slevin, Kathleen F. (2008). Disciplining bodies: The aging experiences of older heterosexual and gay men. *Generations 32* (1), 36-42.

Smith, James A., Braunack-Mayer, Annette, Wittert, Gary & Warin, Megan (2007). "I`ve been independent for so damn long!" Independence, masculinity and aging in a help seeking context. *Journal of Aging Studies, 21*, 325-335.

Taylor, Shelley E. (2007). Social support. In Howard S. Friedman & Roxane C. Silver (Hrsg.), *Foundations of health psychology* (S. 145-171). New York, N.Y.: Oxford University Press.

Teising, Martin (2005). Das Bild des alternden Mannes – die Entwicklung seiner Geschlechtsidentität. *Psychotherapie im Alter: Forum für Psychotherapie, Psychiatrie, Psychosomatik und Beratung 2* (4), 71-82.

Thimm, Caja (2009). Altersbilder in den Medien – Zwischen medialem Zerrbild und Zukunftsprojektionen. In: Josef Ehmer & Otfried Höffe (Hrsg.), *Altern in Deutschland*, Band 1: Bilder des Alterns im Wandel (S. 153-165.). Stuttgart: Wissenschaftliche Verlagsgesellschaft.

Wurm, Susanne & Huxhold, Oliver (2012). Sozialer Wandel und individuelle Entwicklung von Altersbildern. In: Frank Berner, Judith Rossow & Klaus-Peter Schwitzer (Hrsg.), *Individuelle und kulturelle Altersbilder. Expertisen zum Sechsten Altenbericht der Bundesregierung* (S. 27-69). Wiesbaden: VS Verlag für Sozialwissenschaften.

Wurm, Susanne, Tomasik, Martin J. & Tesch-Römer, Clemens (2008): Serious health events and their impact on changes in subjective health and life satisfaction: The role of age and a positive view on aging. *European Journal of Ageing*, 5 (2), 117-127.

Zeier, Hans (2002). *Männer über fünfzig. Körperliche Veränderungen – Chancen für die zweite Lebenshälfte.* 2. Auflage. Bern: Huber Verlag.

Alter(n) non-verbal verkörpern

Eine posthumanistisch-performative Analyse des Körperwissens von Rentner_innen in Interviews[1]

Grit Höppner

1 Einleitung

In der soziologischen Alter(n)sforschung sind noch immer Definitionen üblich, die Menschen in Kategorien wie „junge Alte" oder „alte Alte" einordnen, an die konkrete Erwartungen gebunden sind. Während die erste Kategorie mit körperlicher und geistiger Funktionsfähigkeit in Zusammenhang gebracht wird, ist die zweite durch die Vorstellung von Einschränkungen der Leistungsfähigkeit und Mobilität charakterisiert (u. a. Baltes 1996; Pichler 2010).

Anhand von Interviews meiner Studie *Praktiken der Verkörperung von Alter(n)* zeige ich in diesem Artikel, dass das Alter kein statischer Zustand ist, der in solche feststehenden Kategorien eingeteilt werden kann, denn die an diese Kategorien gebundenen Zuschreibungen können unterlaufen werden. Dies zeigt sich etwa dann, wenn eine interviewte Person der Kategorie „alte Alte" in einer Gesprächssituation unerwartet mehr Aktivität zeigt als zuvor. Ebenso wie der Ansatz *doing age* (Schroeter 2012) gehe ich in diesem Artikel davon aus, dass Menschen ihr Alter in sozialen Interaktionen performativ hervorbringen, das heißt in soziokulturell geprägten und prägenden situativen Praktiken. Ich spezifiziere diesen Ansatz allerdings für die sozialwissenschaftliche Interviewforschung, denn durch den Bezug auf Karen Barads agentiell-realistisches Konzept der *posthumanistischen Performativität* (Barad 2003) zeige ich, *wie* Personen das *doing age* während Interviews konkret verkörpern: Das Hervorbringen von Facetten des Alter(n)s ist in meiner Studie durch verbale Äußerungen und gleichzeitig durch nonverbale Körpersprache bedingt, die sich aufgrund der aktiven „Wirkmächtigkeit" (Mangelsdorf et al.

1 Ich verwende den Gender Gap, um auch auf die Geschlechter und Geschlechtsidentitäten hinzuweisen, die sich nicht in das System der Zweigeschlechtlichkeit einpassen (wollen).

2013, S. 11) von Menschen und Dingen konstituiert, das heißt aufgrund von deren Agency (siehe Kapitel 2).

Die Analyse des Alters und des Alterns – im Folgenden zusammengefasst im Begriff Alter(n) – als solch ein dynamischer „Verkörperungsprozess" (Schmitz/Degele 2010, S. 19) in Studien der qualitativen Sozialforschung hat gezeigt, dass die Erhebungsmethode (Lundgren 2013), die erhebende Person (Lee/Roth 2004) und deren Kleidung (Zubair et al. 2012) Menschen während der Datenerhebung beeinflussen. Unberücksichtigt bleibt in diesen Studien die Funktion von materiellen Praktiken, die immer zusammen mit diskursiven Praktiken das Alter(n) hervorbringen. Das Ausblenden von materiellen Praktiken birgt in einer Analyse von Verkörperungsprozessen die Gefahr, aus dem Blick zu verlieren, was Anne Fausto-Sterling (2002, S. 43) folgendermaßen formuliert hat: „Während wir aufwachsen und uns entwickeln, konstruieren wir unsere Körper nicht nur ‚in diskursiven Praktiken' (d. h. durch Sprache und kulturelle Praktiken), sondern gemachte Erfahrung ‚geht in Fleisch und Blut über'." Gerade in der soziologischen Alter(n)sforschung spielt es nicht nur eine Rolle, wie Bedeutungen und Wissensordnungen ältere Körper konstituieren. In diesem Forschungsfeld ist es wichtig, zugleich körperliche Prozesse und Veränderungen in den Blick zu nehmen, weil sie als Merkmale von Alter(n) gelten. Eine Analyse, die nach Verkörperungsprozessen von Alter(n) in Interviews fragt, kann deshalb nicht umhin, diskursive *und* materielle Praktiken zu untersuchen. Um herauszustellen, dass diskursive und materielle Praktiken stets miteinander verbunden sind, verwende ich den Begriff der „materiell-diskursiven Praktiken" (Barad 2003, S. 818, Übersetzung GH). Was in einer Analyse unter materiell-diskursiven Praktiken zu verstehen ist, unterscheidet sich in Abhängigkeit von der Disziplin, in der sie durchgeführt wird. In dieser Analyse verstehe ich verbale Äußerungen als diskursive Praktiken, die ich immer zusammen mit materiellen Praktiken betrachte, das heißt mit körperlichen Ausdrucksweisen wie dem Lachen, dem Weinen, der Art zu sprechen und der Art sich zu bewegen (siehe Kapitel 3). Um herauszustellen, dass verbale Praktiken immer nonverbale Praktiken und nonverbale Praktiken immer verbale Praktiken sind, verwende ich analog zum Begriff der materiell-diskursiven Praktiken die Bezeichnung der non-verbalen Praktiken.

Diese Differenzierung schließt in meinem Verständnis an Reiner Keller und Michael Meusers (2011) Definition von „Körperwissen" an. In dieser Definition ist das „Wissen über den Körper" nur analytisch getrennt vom „Wissen des Körpers" (Keller/Meuser 2011, S. 12). Anders als Keller und Meuser argumentiere ich jedoch, dass das verbal artikulierte Wissen über das Alter(n) und das nonverbal artikulierte altersspezifische Wissen des Körpers keine auf die menschliche Agency beschränkten Wissensformen sind. Weil sich in meiner Studie beide Wissensformen häufig in den Wechselwirkungen mit den bei der Datenerhebung anwesenden oder erinnerten Dingen konstituierten, differenziere ich die Bezugnahme auf Dinge als eine spezielle Form des Körperwissens. Ich zeige, dass sich in dieses spezielle materiell-diskursive Mensch-Ding-Wissen Bedeutungen von Alter(n) einschreiben und dass dieses Wissen zugleich Bedeutungen von Alter(n) hervorbringt (siehe Kapitel 2 und 4).

Das Potential, anwesende und erinnerte Materialitäten (hier im weiten Sinne zu verstehen als Menschen und Dinge) in der Interviewforschung zu berücksichtigen, zeigen Studien, die auf Ansätzen der *Material Feminisms* basieren. Indem sie die Agency von Menschen und Nicht-Menschen auf Prozesse der Elternschaft (Schadler 2013), der Kommunikation während Interviews (Müller/Kenney 2014) und der Zuschreibung von Alter(n) im Rahmen der Erwerbsarbeit (Irni 2010) untersuchen, fokussieren sie die Praktiken, in denen menschliche Körper zu Müttern und Vätern, zu Interviewten und Interviewer_innen und zu alten Arbeitnehmer_innen werden. Sie setzen also nicht biologisch determinierte, statische, passive Körper voraus, sondern analysieren, wie in Verkörperungsprozessen Bedeutungen und Materialitäten hervorgebracht und verknüpft werden (Schmitz/Degele 2010).

Das Ziel des Artikels ist es, jene Praktiken zu rekonstruieren, die in den von mir durchgeführten Interviews Formen von Verkörperungen bedingt haben, die die Interviewten mit dem Alter(n) verknüpften: In welchen Praktiken brachten sie körperliche Merkmale zum Ausdruck, die sie dem Alter(n) zuordneten? Welche non-verbal vermittelten Wissensformen artikulierten sie bei diesen Verkörperungsprozessen, d. h. auf welche Strategien des Umgangs mit körperlichen Veränderungen, auf welche Körpernormen, Zuschreibungen, Begründungen, Menschen und Dinge bezogen sie sich verbal und wie brachten sie diese Bezugnahme zugleich nonverbal zum Ausdruck?

Den epistemologischen Rahmen meiner Analyse bildet das von Barad entwickelte Konzept *posthumanistische Performativität* (2003), das ich mit Keller und Meusers Ansatz *Körperwissen* (2011) verbinde (siehe Kapitel 2). Diese Verbindung ermöglicht es, non-verbale Artikulationen in ihrer jeweiligen Besonderheit und in ihrer Gleichzeitigkeit zu analysieren, ohne deren Beziehung zu interviewanwesenden und erinnerten Menschen und Dingen aus dem Blick zu verlieren, in deren Bezugnahme sich diese Artikulationen konstituieren. Im 3. Kapitel skizziere ich das methodische Werkzeug für dieses Vorhaben. Indem ich es auf Daten meiner qualitativen Studie anwende, rekonstruiere ich im 4. Kapitel fünf unterschiedliche Formen, die in den von mir durchgeführten Interviews Verkörperungen von Alter(n) bedingten: Alter(n) unterbrechen, sich vom Alter(n) abgrenzen, Alter(n) beweisen, Alter(n) ausgleichen und Alter(n) aktualisieren. Ich zeige, dass durch den Vollzug dieser Verkörperungen unterschiedliche Facetten von Alter(n) hervorgebracht wurden, die jeweils spezifische Umgangsweisen mit dem Alter(n) kennzeichnen. Der Artikel endet mit dem Aufruf, das Alter(n) in Interviews als einen fortlaufenden, vielschichtigen und kontextspezifischen Verkörperungsprozess zu definieren, der sich weniger in Abhängigkeit von Konstrukten wie dem „jungen Alter" oder dem „alten Alter" denn auf der Grundlage von Praktiken und in Relation zu spezifischen Materialitäten und Bedeutungen reproduziert.

2 Alter(n) wissen und verkörpern: theoretisch-methodologische Überlegungen

In dieser Analyse greife ich aus Barads Ansatz *Agential Realism* das Konzept der *posthumanistischen Performativität* (2003) heraus, um dessen Potential für die Interviewforschung aufzuzeigen. Performativität in agentiell-realistischer Perspektive geht meines Erachtens aus zwei Gründen über den eingangs eingeführten Ansatz *doing age* (Schroeter 2012) hinaus. Erstens fasst Performativität in agentiell-realistischer Perspektive das Alter(n) nicht ausschließlich als *„soziale Praxis"* (Schroeter 2012, S. 159), sondern zugleich auch als materielle Praxis. Sie schließt in die Konzeption von Materialität die Fragen ein, „how discourse comes to matter" und „how matter comes to matter" (Barad 2007, S. 210). Im Gegensatz zum *doing age* fokussiert sie also den materiell-diskursiven Prozess, in dem bestimmte Bedeutungen, Zuschreibungen, Erwartungen, Körperkonzepte und Körperbewegungen mit dem Alter(n) verknüpft werden. Posthumanistische Performativität wendet sich daher auch gegen poststrukturalistische Ansätze, die menschliche Körper zwar ebenso als nicht vordiskursive Materialitäten verstehen. Barad (2003, S. 801-803) kritisiert jedoch, dass poststrukturalistische Ansätze der Sprache und der symbolischen Ordnung bei der Konstruktion von Wirklichkeit eine zu wichtige Funktion einräumen, wenn sie etwa unterstellen, dass sich Körper und ihre Geschlechter in performativen Sprechakten materialisieren (Butler 1993).

Ebenso wie der Ansatz *doing age* berücksichtigt Performativität in agentiell-realistischer Perspektive durch menschliche Körper präsentierte Symboliken wie die Kleidung. Allerdings – zweitens – erfolgt die Analyse im *doing age* aus einer sozialkonstruktivistischen Perspektive, die untersucht, wie sich Menschen durch diese signifikanten Symbole ihr Alter(n) gegenseitig anzeigen. Performativität in agentiell-realistischer Perspektive untersucht hingegen die aktive Wirkmächtigkeit, die solche Dinge in sich tragen und die bestimmte Praktiken ermöglicht, während sie andere ausschließt. Performativität in agentiell-realistischer Perspektive schreibt Dingen also eine aktive Rolle in der Konstituierung der materiell-diskursiven Welt zu.

Posthumanistische Performativität fokussiert nach Barad (2003, S. 816-817) den Prozess, in dem materiell-diskursive Praktiken als Teile eines Apparates Materialitäten und Bedeutungen hervorbringen. Apparate umfassen im wissenschaftlichen Bereich zum Beispiel Beforschte und Forscher_innen, die technische Ausstattung (z. B. Aufnahmegerät), eine empirische Datensammlung (z. B. Transkriptionen) und theoretische Konzepte, darüber hinaus aber auch die während der Erhebungsphase anwesenden und erinnerten Dinge und den gesellschaftlichen Kontext mit seinen soziokulturellen Annahmen, Zuschreibungen und Erwartungen, in dem eine Studie eingebettet ist. Materialitäten und Bedeutungen bilden sich in ihrer wechselseitigen Bezugnahme aufeinander, in meiner Studie während der Durchführung von Interviews. Praktiken dieser wechselseitigen Bezugnahme bezeichnet Barad in Abgrenzung zu Interaktionen als „Intra-Aktionen" (2003, S. 815). Sie stellt durch diesen Begriff heraus, dass sich während dieses Prozesses nicht prä-existierende, unabhängige Entitäten aufeinander beziehen. Vielmehr bilden bestimmte Materialitäten und Bedeutungen in ihrer vorläufigen Verknüpfung neue analytisch zu trennende Einheiten (siehe Kapitel 4).

Agency entsteht in den Intra-Aktionen zwischen diesen wirkmächtigen Einheiten. Weil der spezielle Apparat dieser Studie erst die Bedingung für die Konstitution dieser Art der Agency bereitgestellt hat, ist sie ein Produkt dieses Apparates und untrennbar mit ihm verbunden. In meiner Studie äußert sich Agency in Form von Praktiken der Verkörperung von Alter(n), durch die Menschen und Dinge gleichermaßen hervorgebracht wurden. Agency ist daher keine menschliche Eigenschaft (Barad 2007, S. 218-220). Das heißt, dass die Personen, die an den von mir durchgeführten Interviews teilgenommen haben, in den Intra-Aktionen mit anderen Materialitäten und Bedeutungen ihre Vorstellungen vom Alter(n) verkörpert haben. Es ist deshalb das Ziel dieser Analyse, diese Praktiken zu rekonstruieren.

Alle Interviewten meiner Studie konstruierten altersspezifische Körperkonzepte, wenn sie z. B. ein schönes Aussehen mit Jugendlichkeit in Verbindung brachten, das im Alter nur schwer zu erreichen sei (Frau Otto[2]) oder auf Erfahrungen zur Entwicklung von Falten rekurrierten (Herr Huber). Dieses Wissen vermittelte Frau Otto zugleich durch ein Lachen und Herr Huber durch das Betonen der Wörter „leichte", „Falten", „früher" und „net". Diese beiden Arten der Verkörperung sind an spezifische Wissensformen gebunden. Nach Keller und Meuser (2011, S. 12) bezeichne ich das verbal erzeugte, normative Wissen als das „Wissen über den Körper". Um die Gefahr abzuwenden, die in dieser Wissensform erzählbare Körperlichkeit diskursiv aufzulösen, ist dieses explizite Wissen analytisch – nicht jedoch real im Alltag – von einem in körperlichen Praktiken artikulierten, impliziten Wissen

2 Alle Namen wurden anonymisiert.

zu unterscheiden, das sich prä-reflexiv und nonverbal äußert und an den Körper gebunden ist. Keller und Meuser (2011, S. 12) bezeichnen diese Wissensform als das „Wissen des Körpers". Da der Träger dieser Wissensform der Körper ist, lässt sich dieses Wissen nur bedingt in Sprache übersetzen. Mittels einer speziellen Transkriptionsweise der Interviews, die non-verbale Praktiken berücksichtigt, habe ich beide Wissensformen für die Datenanalyse aufbereitet (siehe Kapitel 3). Diese analytische Trennung des Körperwissens in ein Wissen *über* den Körper und ein Wissen *des* Körpers zielt auf die Rekonstruktion der non-verbalen Artikulationen des Körpers, die sich in soziokulturellen Ordnungen bilden. Wechselwirkungen zwischen den beiden Wissensformen werden etwa dann deutlich, wenn sich altersspezifische Bedeutungszuschreibungen in einer spezifischen Art zu sprechen ausdrücken, die wiederum verbalisierbare Meinungen beeinflussen.

Die Fokussierung auf non-verbale Praktiken der Verkörperung von Alter(n) zielt nicht darauf ab, menschliche Körper und ihr agentiell artikuliertes Wissen in das Zentrum dieser Analyse zu stellen. Aus posthumanistisch-performativer Perspektive soll als eine spezielle Form von Körperwissen vielmehr jenes materiell-diskursive Mensch-Ding-Wissen rekonstruiert werden, in das sich während der Interviews aufgrund von Intra-Aktionen zwischen menschlichen und nicht-menschlichen Materialitäten Bedeutungen von Alter(n) einschreiben und das zugleich Bedeutungen von Alter(n) hervorbringt. In meiner Studie zeigte sich, dass viele Interviewte den Bezug auf anwesende und erinnerte Menschen und Dinge benötigten, um das Alter(n) verkörpern zu können. Ohne diesen Bezug mündeten ihre Artikulationen oft in Sprachlosigkeit wie das Beispiel von Frau Tomic zeigt. Auf die Frage, wie eine schöne Frau in ihrem Alter aussehe, antwortet sie „Jo:: i mein, wie soll i sogen. Jo: so so so so – (3 sec) Wie soll i sogen? Irgendwie::: – es ist schwierig zu sagen <leiser>.". Daraufhin nennt sie die „Bauerfrau", um durch diesen Vergleich das Attribut lebenslustig als ein solches Merkmal zu konstruieren. Aus posthumanistisch-performativer Perspektive lässt sich anhand dieses Beispiels zeigen, dass bei der Analyse von Verkörperungsprozessen alle an den artikulierten Praktiken teilhabenden Materialitäten zu berücksichtigen sind, die aufgrund ihrer aktiven Wirkmächtigkeit in einer speziellen Interviewsequenz Bedeutungen auslösen. Andere Materialitäten bleiben hingegen außen vor, weil sie (vorübergehend) nicht in die Intra-Aktionen eingeschlossen werden, wie ein Blatt Papier im Interview mit Frau Tomic in einer anderen Interviewsequenz. In dieser Perspektive ist nicht zentral, ob Erinnerungen an Menschen und Dinge verzerrt oder weitestgehend realistisch artikuliert werden. Die Rekonstruktion der Bezugnahme auf (erinnerte) Menschen und Dinge ist hingegen wichtig, weil sie darüber Aufschluss gibt, ob bestimmte Materialitäten und Bedeutungen miteinander intra-agieren und wie sich in diesen Intra-Aktionen Agency äußert.

3 Verkörperungsprozesse analysieren: methodische Hinweise

Zwischen August 2011 und März 2012 habe ich zwanzig in Wien lebende Renter_innen im Alter zwischen 60 und 92 Jahren in problemzentrierten Interviews (Witzel 2000) befragt. Das interviewte Sample unterscheidet sich vor allem im beruflichen Werdegang (u. a. pensionierte Arbeiter_innen, Abteilungsleiter), im Familienstatus (zusammen oder getrennt lebend, geschieden, verwitwet) und in der Wohnsituation (in einer Miet- oder Eigentumswohnung, im Alten- und Pflegeheim lebend). Mit der Auswahl dieses heterogenen Samples wollte ich einerseits zeigen, dass das Alter(n) vielfältig ist. Andererseits – und die Ergebnisse der hier vorgestellten Analyse zu unterschiedlichen Verkörperungen von Alter(n) sprechen für dieses Argument – hatte ich die Annahme, dass es dennoch eine ganze Reihe von gruppenspezifischen Gemeinsamkeiten und Unterschieden innerhalb der Gruppe der interviewten Personen gibt.

Aufgrund meines Forschungsapparates kann ich die artikulierte Agency zwischen Menschen und Dingen durch eine Analyse der non-verbal artikulierten Praktiken der menschlichen Studienteilnehmer_innen rekonstruieren. In diesen Praktiken „übersetzen" sie nicht-menschliche Agency in analysierbare Daten. Dies wird in meiner Studie dann deutlich, wenn die aktive Wirkmächtigkeit von Menschen und Dingen bestimmte Erinnerungen in den Interviewten auslöst und die Interviewten diese Erinnerungen in non-verbalen Praktiken verkörpern, die analysierbar sind (siehe Kapitel 4).

Alle non-verbalen Praktiken habe ich analog eines einheitlichen Schemas transkribiert (zu den Potentialen und Herausforderungen vgl. Höppner 2017). Diese Transkriptionen umfassen auch von mir beobachtete Körperbewegungen, die ich während der Datenerhebung in einem „Gesprächsprotokoll" notiert hatte (Witzel 2000). Zusätzlich zu den meist im Wiener Dialekt artikulierten inhaltlichen Aussagen habe ich in Anlehnung an das Gesprächsanalytische Transkriptionssystem (Selting et al. 1998) die folgenden nonverbalen Praktiken in den Transkriptionen gekennzeichnet:

- Pausen (z. B. (.) (3 sec))
- Geräusche (z. B. <lacht>)
- Veränderungen der Stimme und Sprechgeschwindigkeit (<lauter> <leiser> <schneller> <langsamer>)
- Dehnungen von Wörtern (: :: :::)
- Akzentuierung von Wörtern (AKZENT)
- Tonhöhen am Einheitsende (, – ? .)
- Körperbewegungen [Gesten]

Der Analyseprozess bestand aus zwei ineinander greifenden Arbeitsphasen. Zur Unterstützung und Dokumentation des Ablaufs der Analyse habe ich in einem Arbeitsschritt alle 20 Transkriptionen mittels des computergestützten Auswertungsprogramms atlas.ti strukturiert. Entsprechend des von Philipp Mayring (2009, S. 473) vorgeschlagenen Verfahrens der Qualitativen Inhaltsanalyse zur Untersuchung von protokolliertem Kommunikationsmaterial entwickelte ich aus meinen theoretischen Vorannahmen (deduktive Kategorisierung) und aus dem empirischen Material heraus (induktive Kategorisierung) einen „Codierleitfaden". In Rückkopplung an die im nächsten Abschnitt skizzierte Arbeitsphase besteht dieser Codierleitfaden aus non-verbal artikulierten Überkategorien (z. B. „Verkörperungen von Alter") und non-verbal artikulierten Unterkategorien (z. B. „Alter(n) unterbrechen").

Zur detaillierten Beschreibung der Über- und Unterkategorien habe ich die sozialwissenschaftlich-hermeneutische Detailanalyse nach Hans-Georg Soeffner (2004) angewendet. In diesem Verfahren werden konkurrierende Lesarten von Texten nach und nach ausgeschlossen, um schließlich zu einer begründeten, nachvollziehbaren Interpretation von regelgeleiteten Deutungsmustern und deren Motiven zu gelangen. Die Gültigkeit der Deutungsmuster wird durch Gruppeninterpretationen gesichert. Aus diesem Grund habe ich die Teile der Interviews Wort für Wort in Gruppen analysiert, die im Codierleitfaden als Verkörperungen von Alter(n) markiert waren. Dieses Vorgehen zielte nicht auf eine Rekonstruktion von generativen oder individuellen Deutungsmustern zum Alter(n). Entsprechend der posthumanistisch-performativen Ausrichtung dieser Analyse war es das Ziel dieses Vorgehens, im Detail all jene non-verbal artikulierten Bezugnahmen auf Menschen und Dinge nachzuzeichnen, durch die sich während eines Interviews Verkörperungen von Alter(n) bildeten. Mit Hilfe des hier vorgestellten Verfahrens konnte ich in meiner Studie die Intra-Aktionen rekonstruieren, durch die sich bestimmte Materialitäten mit bestimmten Bedeutungen verknüpften. Diese Verknüpfungen zeigen die fünf Formen der Verkörperung von Alter(n) an, die ich im folgenden Kapitel vorstelle. Die non-verbale Bezugnahme auf interviewanwesende und erinnerte Menschen und Dinge lieferte Hinweise auf die Agency. Dadurch konnte ich Motive von Verkörperungen des Alter(n)s nachzeichnen.

4 Alter(n) verkörpern: empirische Auswertung

Die Interviewten brachten während der Datenerhebung fünf Formen der Verkörperung hervor, die sie mit dem Alter(n) verknüpften: Alter(n) unterbrechen, sich vom Alter(n) abgrenzen, Alter(n) beweisen, Alter(n) ausgleichen und Alter(n) aktualisieren. Jede Verkörperungsform zeichnet sich durch charakteristische Merkmale aus, die ich im Folgenden mittels exemplarischer Interviewausschnitte veranschauliche. Diese Verkörperungen sind lediglich analytisch zu trennen, denn während der Interviews überlagerten sie sich zuweilen.

4.1 Alter(n) unterbrechen

Diese Verkörperungsform bezieht sich nicht auf Aktivitäten, die das Reaktivieren oder Bewahren von langfristiger körperlicher Fitness oder Attraktivität zum Ziel haben. Sie summiert vielmehr Praktiken, die das Alter(n) während der Interviews durch das Erinnern an frühere Lebenssituationen kurzzeitig unterbrechen. Sie zeichnet sich dadurch aus, dass sich die Interviewten von sich aus auf Dinge beziehen, die sie während der Datenerhebung erinnern, etwa ein Klavier, das eine Interviewte früher regelmäßig spielte. Sieben Männer und eine Frau erinnern sich an Berge, indem sie von Erlebnissen oder von entsprechenden Reiseplänen berichten. Der Bezug auf erinnerte Dinge materialisiert sich in einem Vergleich des früheren mit dem aktuellen Körper und im situativen Aufbrechen des bis dahin artikulierten Körperwissens.

So erzählt der 71-jährige ehemalige Postmann Herr Weber, der wegen eines Schlaganfalls in einem Alten- und Pflegeheim lebt, auf die Frage, welches Bild ihm einfalle, wenn er an einen schönen Mann in seinem Alter denke:

> „Mhm. (3 sec) JA, wo ich NOCH auf die PRÄRIE gegangen bin SCHON JA – <lacht>. Äh, so SEH ich mich OFT noch. Also, heute würde ich mir WÜNSCHEN so zu SEIN aber (.) <atmet tief ein> sind alles nur WUNSCH-TRÄUME, das ist VORBEI. Ja, ja <leiser>."

Wie auch andere Interviewte verbalisiert Herr Weber den Bezug auf erinnerte Dinge durch eine Gegenüberstellung seines frühren Körperzustands und damit verbundenen Eigenschaften (an der frischen Luft in der Natur wandern gehen können, fit sein) mit dem Körper in seiner aktuellen Lebenssituation und den daraus resultierenden Konsequenzen (seine Zeit im beengten Zimmer seines neuen Zuhauses verbringen müssen, eingeschränkt und von anderen Menschen abhängig sein). In dieser auf die Zeit bezogenen Kontrastierung entwickelt er seine Konzepte von Gesundheit und Krankheit. Mit seinem Konzept von Gesundheit verweist er indirekt auf seine Vorstellungen von Männlichkeit und damit verbundene Eigenschaften (etwa unabhängig sein, selbstbestimmt handeln können)[3], die er aufgrund seines gegenwärtigen Körperzustands nur noch begrenzt realisieren kann.

Wie bei anderen Interviewten artikuliert sich Herr Webers Wissen über seinen Körper zugleich in nonverbalen Praktiken, denn diese Erinnerung ist nicht nur verbal konstruiert, sondern sie materialisiert sich zugleich durch den Körper. Obwohl sein Körper nach dem Schlaganfall irreversibel geschädigt ist, verändert er sich hier durch die Aktivierung der Bergerinnerung: Die Analyse zeigt, dass Herr Weber die Bergerinnerung positiv besetzt und sein Lachen auf ein Gefühl von Wohlbefinden hinweist. Weil er auch Wörter akzentuiert, bringt er kurzzeitig die Merkmale Kraft und Entschlossenheit hervor. Wie auch andere Interviewte erwähnt Herr Weber hierbei keine Menschen (z. B. die Interviewerin, Heimbewohner_innen, Ehefrau), sondern intra-agiert ausschließlich mit den erinnerten Bergen: er und die erinnerten Berge bilden in dieser Interviewsequenz eine analytische Einheit. In diesen Intra-Aktionen bildet sich Agency. Sie wird deutlich, weil Herr Weber hier jene Merkmale verkörpert, die er mit Bergen in Verbindung bringt (Wohlbefinden, Kraft, Entschlossenheit). Diese Agency bewirkt im Interview ein kurzzeitiges Unterbrechen seines Alter(n)s und eine temporäre Annäherung an seine Konzepte von Gesundheit und Männlichkeit.

Diese Sequenz ist im Hinblick auf das Interview einzigartig, denn hier unterläuft Herr Weber seine vor und nach dieser Situation hervorgebrachte Verkörperung von Krankheit, die er sowohl durch das wiederholte Thematisieren seines gegenwärtigen körperlichen Zustands und seiner Schmerzen sowie durch den Bezug auf das Alten- und Pflegeheim, in dem er lebt, als auch durch ein tiefes Einatmen, leises und monotones Sprechen, das Vermeiden von Augenkontakt und das Senken des Kopfes vermittelt. Ein wesentliches Merkmal dieser Form der Verkörperung stellt somit die Artikulation eines materiell-diskursiven Mensch-Ding-Wissens dar, die den Interviewten ein situatives Aufbrechen des im restlichen Interview in gewisser Gleichförmigkeit hervorgebrachten Wissens (in Herrn Webers Beispiel zu Krankheit) ermöglicht.

4.2 Sich vom Alter(n) abgrenzen

Diese Form der Verkörperung ist durch den Bezug auf etwa gleichaltrige Menschen gekennzeichnet, an die sich die Interviewten während der Datenerhebung erinnern. Während sich die Frauen von sich aus mehrheitlich auf ihnen tatsächlich bekannte

3 Andere Männer nennen die Attribute abenteuerlustig und mutig sein. Zum Forschungsfeld Berge und Männlichkeit vgl. Gow/Rak (2008).

Frauen beziehen, etwa Freundinnen, Nachbarinnen und Heimbewohnerinnen, nennen die Männer zusätzlich zu den ihnen tatsächlich bekannten Frauen wie der Partnerin und Heimbewohnerinnen berühmte und fiktive Menschen. Diese Form der Verkörperung lässt sich durch eine Beschreibung, Beurteilung und Abgrenzung von den veränderten Körpern und Verhaltensweisen dieser Gleichaltrigen charakterisieren, die sie teils mit dem eigenen Körper bzw. eigenen Verhaltensweisen vergleichen. Dabei variieren sowohl die thematisierten Körperbereiche und Verhaltensweisen, die sich im Vergleich zu früher verändert haben als auch die Beurteilung dieser Veränderungen. Hieraus ergeben sich zwei unterschiedliche Auslegungen dieser Form der Verkörperung.

Erstens erfolgt der Bezug der Interviewten auf ihnen tatsächlich bekannte Gleichaltrige durch eine Beschreibung, Beurteilung und Abgrenzung von deren körperlichen und verhaltensbezogenen Veränderungen, beispielsweise der Haut von Freundinnen, die im Gegensatz zur eigenen nun „HUNDERTTAUSEND Knitterfalten" hat (Frau Bäumer) oder dem schlechten Gesundheitszustand der Nachbarin, die nicht mehr selbst einkaufen gehen kann und deren Einkäufe daher von der Interviewten übernommen werden (Frau Tomic). Der schon oben zitierte Herr Weber sieht die Ursache für sein aktuell mangelndes Wohlbefinden zusätzlich zu seinen körperlichen Einschränkungen im Zusammenleben mit Heimbewohner_innen, die sich seiner Ansicht nach im Hinblick auf deren Erkrankungen und Fähigkeiten deutlich von ihm unterscheiden:

> „Aber die MEISTEN sind ja, hier die Leute sind ja die meisten DEMENT? (...) Die können sich nicht mehr erinnern und reden WIRRES Zeug daher (...) ich kann mit diesen Leuten auch nichts MACHEN."

Herr Weber artikuliert hier sein Wissen über wünschenswerte soziale Fähigkeiten von Menschen seines Alters, die er als Eigenschaften von Gesundheit fasst (sich mit Gleichaltrigen unterhalten, über Erinnerungen austauschen und etwas gemeinsam unternehmen können). Er bringt dieses Wissen zugleich entschlossen durch das Akzentuieren von Wörtern hervor. Herr Webers Wissen ist im Kontext der Struktur des Alten- und Pflegeheims einzubetten, in dem er lebt (er bezieht sich durch den Verweis „hier" auf diesen Ort). Ohne den Bezug auf das Alten- und Pflegeheim und das auf diese Weise artikulierte Mensch-Ding-Wissen wäre sein Argument nicht überzeugend, dass es in seinem Umfeld einen großen Anteil an Menschen gibt, die mit Anfang siebzig nicht mehr über die von ihm bevorzugten sozialen Fähigkeiten verfügen und daher ein wichtiges Merkmal seines Gesundheitskonzepts nicht erfüllen. Um sich vom Alter(n) der erinnerten Gleichaltrigen abzugrenzen, zieht Herr Weber, wie auch andere Interviewte, für eine Gegenüberstellung von

Fähigkeiten seinen Körper und seine Verhaltensweisen heran, ohne die Ursachen für deren körperliche und verhaltensbezogene Veränderungen zu reflektieren. Dieser Form der Abgrenzung vom Alter(n) ist ein wertendes Moment inhärent, denn sie scheint darauf abzuzielen, den Umgang mit dem eigenen Körper in der Vergangenheit positiver zu bewerten als den von Gleichaltrigen und, daraus folgend, das Alter(n) des eigenen Körpers als weniger vorangeschritten darzustellen als das von diesen erinnerten Menschen.

Durch Herrn Webers Erinnerung an Gleichaltrige entsteht eine analytische Einheit, in der sich Agency bildet. Diese Agency beeinflusst zeitweise Herrn Webers Wohlbefinden. Obwohl er grundsätzlich froh darüber ist, dass er über zahlreiche soziale Fähigkeiten verfügt, verhindert der Kontext des Alten- und Pflegeheims und dessen Bewohner_innen deren regelmäßige Anwendung. Diese Diskrepanz kennzeichnet Herrn Webers Verkörperung in dieser Interviewsequenz, die einen resignierten Umgang mit dem Alter(n) andeutet.

Das Merkmal, dass die durch die Intra-Aktionen mit erinnerten Gleichaltrigen entstehende Agency das Wohlbefinden der Interviewten beeinflusst, kennzeichnet auch die *zweite* Form der Abgrenzung vom Alter(n). Diese ist jedoch durch den Bezug auf berühmte und fiktive Gleichaltrige charakterisiert. Hierbei ist nicht der Vergleich zwischen den Körpern und Verhaltensweisen dieser Gleichaltrigen mit denen der Interviewten zentral, sondern die Beurteilung der Veränderungen der Gleichaltrigen im Verlauf der Zeit und vor dem Hintergrund von kulturellen Schönheitsvorstellungen. So antwortet der 88-jährige ehemals leitende Angestellte Herr Neiler auf die Frage, wie eine schöne Frau bzw. ein schöner Mann in seinem Alter aussehe:

> „Der Udo Jürgens wor in seinen JUNGEN Jahren EIGENTLICH a HÄSSLICHER, DÜNNER, JUNGER Bursch, NICHT schön. Heute hot er MEHR Persönlichkeit, heute ist er GEFESTIGTER, heute, er ist a net SCHEN ober er WIRKT also (.) VOLLKOMMEN. (…) Das Umgekehrte gibt's natürlich auch, dass jemand, (.) vor allem auch bei Damen finden Sie des auch. Da gibt's, wos ich, jo, welche Namen soll ich Ihnen da am besten nennen? Ober, die werden dann in vorgerückten Johren SOLCHE Kisten <lauter> und woren ober in der GUTEN Zeit SCHLANK und SCHÖNHEITEN, dass wir olle verliebt woren in DIE. Und dann sogt man sich, jesses Maria, DIE schaut heut aus, ne? Wenn man sie im Fernsehen oder irgendwo auf äh Bildern sieht, sogt man, wie hat sich DAS also VERÄNDERT? Aber, das ist LEIDER von der NATUR her SEHR unterschiedlich, in einem Fall SO, im onderen Fall SO, ein Mal kehrt sich das ins Gegenteil und TRIFFT nicht alle gleich."

Während Herr Neiler die Veränderungen des erinnerten Mannes in kulturell geprägte, sich im Laufe des Lebens verändernde männliche Schönheitsnormen einbettet (in der Jugend dünn und hässlich, im Alter über mehr Charakterstärke und Persönlichkeit verfügend) und diesen Vorgang positiv bewertet, beschreibt er für Frauen eine gegensätzliche Entwicklung und Beurteilung (in der Jugend schlank und schön, im Alter dick und unförmig). Beide Formen der Veränderung fasst Herr Neiler als einen biologisch determinierten Prozess. Dieses Argument veranschaulicht er durch den Bezug auf einen real existierenden Mann. Weil ihm jedoch kein weiblicher Gegenpart zur Untermauerung seiner These einfällt, bezieht er sich auf fiktive Frauen. Dieses Vorgehen veranschaulicht die für diesen Verkörperungsprozess typische Strategie, die im Hinblick auf kulturelle Schönheitsvorstellungen beurteilten Veränderungen der erinnerten Frauen und Männer zu kontrastieren (junge vs. alte und weibliche vs. männliche Körper). Das heißt, es werden nicht individuelle Faktoren oder vergangene Lebensereignisse berücksichtigt, die konkreter die Gründe für die körperlichen Veränderungen beschreiben würden.

Insbesondere die sich durch die Intra-Aktionen mit den fiktiven Frauen konstituierende Agency äußert sich in einer verbal und durch die Praktiken „akzentuieren" und „lauter sprechen" zugleich in einer nonverbal artikulierten Betroffenheit Herrn Neilers hinsichtlich deren körperlicher Veränderungen, die nicht mit seinen Vorstellungen von schöner Weiblichkeit zusammengehen. Der Bezug auf „Kisten" zeigt, dass er diese homogene Gruppe namenloser Frauenkörper aufgrund deren sich im Alter scheinbar natürlich entwickelnden Unförmigkeit negativ beurteilt. Diese Bezugnahme ermöglicht es ihm, sich von der gleichaltrigen Frauengruppe abzugrenzen. Er konstruiert sie im Vergleich zu sich selbst als nicht erfolgreich alternd, was wiederum sein Wohlbefinden positiv beeinflusst haben könnte (vgl. Ballard et al. 2005, die diese Beobachtung zum Umgang mit dem Alter(n) für Frauen gemacht haben). Vor diesem Hintergrund erscheint ihm das heterosexuelle Begehren, das er diesen Frauen einst gegenüber empfunden hat, aus heutiger Sicht nicht mehr nachvollziehbar.

Sowohl die an diese Gegenüberstellung geknüpften Zuschreibungen als auch die genannte Begründung für die Veränderungen der Gleichaltrigen markieren diese zweite Form der Abgrenzung vom Alter(n) geschlechtsspezifisch. Ausschließlich Männer produzieren sie. Ihr non-verbal artikuliertes Wissen wirkt durch den Bezug auf berühmte und fiktive Menschen zwar abstrakt. Durch das prinzipiell für alle Medienkonsument_innen nachprüfbare Alter(n) der berühmten Menschen erscheint ihre Argumentation aber allgemeingültiger zu sein als die erste Form der Abgrenzung vom Alter(n), die auf subjektiven Einschätzungen zu körperlichen und verhaltensbezogenen Veränderungen beruht.

4.3 Alter(n) bestätigen

Wie beim „Alter(n) unterbrechen" beziehen sich die Interviewten dieser Form der Verkörperung auf einen Vergleich ihres früheren mit ihrem gegenwärtigen Körper. Sie sind sich darin einig, dass sie in ihrer gegenwärtigen Lebensphase neue Formen von körperlichen Veränderungen erleben, die sie deshalb als altersspezifisch charakterisieren. Um diese These zu verdeutlichen, beschreiben sie unterschiedliche Körperbereiche, die sich verändert haben wie die Haare, die Haut, die Zähne und die Figur. Allerdings unterscheidet sich die Art, wie sie ihr Wissen zum Ausdruck bringen – das heißt, ob sie sich non-verbal auf andere Menschen und/oder Dinge beziehen oder nicht – und welche Strategien des Umgangs mit diesen Veränderungen sie äußern. Daraus ergeben sich zwei Formen der Verkörperung, die das Alter(n) bestätigen.

Merkmale der *ersten* Form werden im folgenden Interviewausschnitt deutlich. Dort erzählt die 63-jährige gelernte Friseurin Frau Müller beim Ansehen von Werbefotos von sich aus von ihrer Haut, die sich verändert hat:

> „Jo, hob i a schon kriegt, do [hebt die Hand etwas, um der Interviewerin den Fleck zu zeigen], so a sche:nes FLE:CK <lacht>. Hob i bemerkt. Hob i gesogt, ma, des is ma wuarscht <schnell>. Wenn's NUR ei:ner ist, ist guat <lacht>."

Frau Müller beschreibt die Herausbildung einer andersfarbigen Hautstelle als eine sich eigensinnig entwickelnde Praktik ihres Körpers. Die Hautstelle, die sich in ihrer Darstellung als Konsequenz dieser Praktik ohne ihr Zutun herausgebildet hat, bezeichnet sie als Fleck. Sie bewertet die Stelle nicht neutral, sondern schreibt ihr die Bedeutung als Makel ein. Sie kann diesen Fleck akzeptieren, wenn sich dessen Anzahl nicht erhöht, zumal ein einzelner Fleck nicht per se als ein Merkmal des Alter(n)s gilt. Sie thematisiert keine Ursachen für ihre Hautveränderung, sondern äußert die auf die Zukunft gerichtete Hoffnung, dass ihr Körper keine weiteren Stellen dieser Art ausbilden möge.[4]

Um ihre verbale Aussage zu unterstreichen, die beschriebene Stelle jedoch nicht als solche zu erkennen ist, zeigt Frau Müller sie der Interviewerin zusätzlich. Erst durch die Praktik „Hand vorstrecken" lokalisiert sie jene Stelle, an der sie ein sich

4 Mehr Frauen als Männer beschreiben körperliche Veränderungen als einen unbeeinflussbaren Prozess. Zusätzlich zu dieser Strategie zum Umgang mit dem Alter(n) formuliert Frau Otto eine gewisse Aussichtslosigkeit, die auf einer Gegenüberstellung ihres früher makellos schönen und heute „nur mehr [alten]" Aussehens basiert. Frau Bäumer vermeidet die Auseinandersetzung mit dem Alter(n) und dessen Konsequenzen.

konstituierendes Merkmal des Alter(n)s beobachtet und liefert parallel einen Beweis für diese Beobachtung. Zugleich scheint sie die Bedeutung, die sie ihrer Hautveränderung zuschreibt, mit der ironischen Beschreibung „so a sche:nes FLE:CK <lacht>", der Dehnung dieser Wörter und dem parallelem Lachen aufzuweichen.

Die *zweite* Form der Bestätigung des Alter(n)s wird im folgenden Interviewausschnitt deutlich. Herr Kessler, ein 82-jähriger Pastor, der bis heute in einer Pfarrei tätig ist, nennt auf die Frage, ob ihm ein Bild oder ein Spruch einfalle, wenn er an sich denke, Gründe, die die Entstehung von „Flecken" begünstigten:

> „(...) Man hat selber auch ein bisschen (.) MITGEHOLFEN – Ich hab mi zum Beispiel zu viel der Sonne ausgesetzt, obwohl jetzt die Ärzte sagen, mein äh das ist etwas in der Familie, dass wir so so Warzen und so so Flecken und so was haben, ne. Also Leberflecken wie man's nennt, net. Aber ich hab schon AUCH a bissel Schindluder getrieben – Es waren, hab auch einige Sonnenbrände hinter mir, weil ich das GERN gemacht hab, auf am am Meer und irgend so – Da war ich a bissel u::nvorsichtiger. I hab nämlich nie nie recht geglaubt, dass des mit dem Einschmieren an Sinn hat, ne und das war ein Fe::hler, ein gro::ßer <leiser>."

Auch er schreibt seinen Hautveränderungen die Bedeutung als Makel ein. Aber anders als Frau Müller nennt er zwei Gründe für diese Veränderungen. Einerseits ist seinem Körper eine familiäre Veranlagung zur vermehrten Bildung von Leberflecken inhärent. Andererseits sieht er in seinem früheren Verhalten eine Ursache, denn er hat sich zu häufig gesonnt und damit seine biologisch determinierte Veranlagung zusätzlich begünstigt.[5]

Während des Sonnens lösten Sonnenstrahlen in Verbindung mit Herrn Kesslers Körper ein sprachlich geäußertes Vergnügen aus. Durch das Nichtanwenden von präventiven Maßnahmen zur Hautkrebsvorsorge hat sein Körper Symptome eines Sonnenbrands ausgebildet. Auf Grundlage seines heutigen Wissens über den Körper konstruiert Herr Kessler durch die Praktik „Sonnen" die Bedeutung eines kurzsichtigen Unterfangens, das langfristige Hautschäden verursacht hat. Sonnenstrahlung stoppt nicht auf der Hautoberfläche, sondern dringt in den Körper ein: Haut und Sonnenstrahlung bewirkten in ihrer Verbindung eine Grenzauflösung,

5 Zusätzlich zur Strategie, körperliche Veränderungen hinsichtlich möglicher Ursachen zu reflektieren, nennt Herr Huber das Akzeptieren von körperlichen Veränderungen als Umgangsweise mit dem Alter(n). Im Gegensatz zu einigen Frauen beschreiben einige Männer ihren früheren Körper nicht als makellos, denn sie berichten z. B. von lebenslang widerspenstigen Haaren (Herr Kessler).

die in Form von Verbrennungen Spuren in seinem Körper hinterlassen hat. Diese Verbrennungen hat er zeitverzögert nach dem Sonnen bemerkt. Heute sind sie als bräunliche Flecken sichtbar.

Das Wissen über seinen Körper intra-agiert mit dem Wissen seines Körpers, indem es sich sowohl durch die Betonung der Wörter „MITGEHOLFEN", „AUCH" und „GERN" äußert, mittels der die Teilverantwortung für die Hautveränderungen zugleich hervorgehoben wird als auch durch das Dehnen der Wörter „u::nvorsichtiger" und „Fe::hler, ein gro::ßer". Trotz der Lautstärkenveränderung am Ende des Satzes entsteht der Eindruck, als würden diese Wörter akustisch nachhallen und deshalb besondere Präsenz in der Erzählung erhalten. Die Praktiken „Wörter betonen" und „Wörter dehnen" bestätigen seine Aussage und stellen hinsichtlich seiner Hautveränderungen die Wirkung der selbstbestimmt ausgeübten Praktik „Sonnen" im Vergleich zu seiner familiären Veranlagung zusätzlich heraus.

Die Analyse dieser zwei Formen zur Bestätigung des Alter(n)s zeigt, dass die beiden Interviewten ihr Wissen auf unterschiedliche Weise zum Ausdruck bringen. Unter Berücksichtigung der Ergebnisse der anderen Interviews deutet sich die Tendenz an, dass sie sich qua Geschlecht unterscheiden (Höppner 2015b). Wie auch drei Frauen beschreibt Frau Müller ihren Körper als einen sich in eigensinnigen Praktiken entwickelnden, auf dessen Veränderungen sie keinen Einfluss hat. Wie auch andere Männer begibt sich Herr Kessler auf Ursachensuche zum besseren Verständnis dieser Veränderungen. Er identifiziert unter anderem die vergangenen Wechselwirkungen seines Körpers mit Sonnenstrahlen und die in diesen Intra-Aktionen entstandene Agency als einen Einflussfaktor; diese Agency äußerte sich in Form von Sonnenbränden. Zusätzlich zu den auch von den Frauen genannten biologisch determinierten Veränderungen thematisieren Herr Kessler und zwei andere Männer den positiven Einfluss von selbstbestimmt ausgeübten Praktiken auf ihren Körper („Liegestütze machen" [Herr Rühling], „Fahrrad fahren" [Herr Huber]). Diese Männer differenzieren ihren Körper in bewusst veränderbare (Schultern Arme, Beine) und nicht veränderbare Bereiche (Haarfarbe, Haarvolumen). Während Frau Müller der Statik ihres Körpers mehr abgewinnen kann als dessen Veränderungen, fokussiert Herr Kessler hierauf.[6] Dieser Unterschied wird durch entsprechende Zeitformenverwendungen deutlich.

Das Wissen des Körpers, das sich als Bewegung, Ausdrucksform und Sprechweise äußert, dient in Frau Müllers Darstellung durch die Praktik „Handvorstrecken" der Bestätigung ihrer Beobachtung. Zudem unterläuft sie in Form des Lachens

6 Auch Herr Huber beschreibt Phasen von körperlichen Veränderungen, wenn er sowohl seinen mit Ende Zwanzig einsetzenden Haarausfall thematisiert, der einige Jahre später stagnierte als auch das Grauwerden seiner Haare und seines Bartes in den letzten Jahren.

die Bedeutung, die sie ihrer Hautveränderung einschreibt.[7] Die von Herrn Kessler artikulierten Praktiken „Wörter betonen“ und „Wörter dehnen“ dienen der Untermauerung seiner Aussage. Da er wie andere Männer weder zusätzliche „Beweise“ in Form nonverbaler Praktiken für die Stärkung seiner Argumentation nutzt noch sein Wissen über den Körper durch nonverbale Praktiken abschwächt, wirkt seine Darstellung stringenter als die von Frau Müller.

4.4 Alter(n) ausgleichen

Diese Form der Verkörperung ist durch den Bezug auf Dinge gekennzeichnet, die während der Interviews anwesend waren, wie ein Fernseher und DVDs, ein künstliches Kniegelenk, Fotos von Familienmitgliedern und ein Bett. Nicht der Vergleich des heutigen mit dem früheren Körper und die Beurteilung der damit verbundenen Veränderungen ist hier relevant, sondern die Produktion von Praktiken, mittels derer entweder Verluste von sozialen Kontakten aufgrund eines Wohnungswechsels und des Tods von Angehörigen oder körperliche Einschränkungen wie die Abnahme der Knochendichte und der Lebensenergie kurzzeitig kompensiert werden können.

Die 85-jährige ehemalige Feldenkrais-Lehrerin Frau Schneider, die seit einiger Zeit in einem Pflegeheim lebt, sagt nach einer halben Stunde des Interviews:

> Frau Schneider: „<3 sec> So, jetzt muss ich u::nbedingt was trinken, weil ich Durst hab. Bitte, für Sie ist auch ein frisches Glas da.“
> Interviewerin: „Danke, nehm‘ ich mir einen Schluck.“
> [8 sec, Interviewte füllt Wasser in Gläser, Interviewte und Interviewerin trinken]
> Frau S: „Ja, ich TU scho:n so herumschauen, zum Beispiel ist das [zeigt auf eine Flasche auf dem Tisch] ein energetisches <atmet etwas ein> DING, das ist SEHR teu::er, da kostet so ein Ding da hier achtzig Euro – So ein gro:ßes – ABER es ist, es HILFT sofo:rt, es ist irgendwie und sind KEINE Aufputschmittel; sondern einfach da – ja, energy – KEINE Ahnung. Da nehm ich ZWEI am TAG mindestens, und das ist eine erfreuliche Sache <leiser>.“
> I: „Und damit fühlen Sie sich dann (.) wohl.“
> Frau S: „Da fühl ich mich STARK <lauter>!“
> I: „Ah ok.“

---

7 So lachen auch Frau Betke als sie von Schmerzen und einer Gewichtszunahme aufgrund einer Knieoperation berichtet und Frau Tomic als sie erzählt, dass ihre Kinder keine Zeit für sie haben.

Frau S: „NICHT unbedingt WOHL aber STARK, JA!"
I: „AHA! Das ist aber interessant!"
Frau S: „Und das ist mir WICHTIG, weil <leiser> – (3 sec) <Atmet ein> Es ist auch SO, meine Kinder leben alle in DEUTSCHLAND."

Dieser Interviewausschnitt veranschaulicht ein Merkmal dieser Form der Verkörperung, nämlich die Annäherung des durch Verluste gekennzeichneten Körpers durch den non-verbalen Bezug auf den im Interview anwesenden Gegenstand, der es Frau Schneider ermöglicht, kurzzeitig ihre Konzepte von Gesundheit und Geschlecht zu artikulieren. Indem sich Frau Schneider auf den regelmäßigen Konsum des Energydrinks bezieht, bringt sie ihre Vorstellungen von Gesundheit hervor, d.h. ihren Anspruch, für sich selbst Sorge zu tragen. Aufgrund seiner positiven Effekte auf ihren Körper ist der Energydrink zu einem wichtigen Teil ihres Lebens geworden, den sie sich trotz der hohen Kosten regelmäßig leistet. Sie grenzt den Energydrink von stimulierenden Aufputschmitteln ab, die bei regelmäßigem Konsum die Gesundheit beeinträchtigen würden. Sich über solche Produkte zu informieren verweist auf Frau Schneiders Interesse zur Verbesserung ihres Wohlbefindens. Diese Praktik wird auch unter dem Stichwort *erfolgreiches Altern* diskutiert (z.B. Rowe/Kahn 1997).

Frau Schneider nennt als Grund für den Konsum nicht körperliche Ursachen, sondern ihre aktuelle Lebenssituation (die zum Zeitpunkt des Interviews weit von ihr weg lebende Familie). Sie trinkt ihn, um sich „stark" zu fühlen. Stark zu sein bedeutet für sie nicht, über physische Kraft zu verfügen, sondern die „Bewusstheit" zu erlangen, sich selbst wahrzunehmen. Mit der Beschreibung ihrer Familiensituation und speziell den Anforderungen an ihre Rolle als Mutter an anderen Stellen des Interviews verweist sie auf ihr Konzept von Weiblichkeit, das sie als die Möglichkeit charakterisiert, prinzipiell für ihre Kinder und Enkel sorgen zu können. Ihre aktuelle Lebenssituation erfordert jedoch eine Redefinition dieses Anspruchs.

Durch Frau Schneiders Referenz auf den anwesenden Gegenstand entsteht eine analytische Einheit, in der sich Agency bildet. Sie äußert sich in Form der Zuschreibung von wechselnder Bedeutung und beeinflusst so auch Frau Schneiders Wohlbefinden: Sie spricht leiser und atmet tief ein, wenn sie auf die hohen Kosten des Getränks und die Notwendigkeit fokussiert, dieses Getränk regelmäßig konsumieren zu müssen. Demgegenüber spricht sie lauter und akzentuiert Wörter, wenn sie dessen energetische Effekte zum Ausdruck bringt. Weil sie auf das Getränkt zeigt während sie dessen positiven Einfluss auf ihren Körper beschreibt, scheint es, als ob ihr der non-verbale Bezug auf das Getränk dabei hilft, kurzzeitig die Energie zu verkörpern, die sie aufgrund ihrer Familiensituation zum Zeitpunkt des Interviews verloren hat. Diese spezielle Art, ihr Mensch-Ding-Wissen zum Ausdruck zu bringen, symbolisiert und produziert eben jene Energie, über die sie nach dem Trinken des Getränks normalerweise verfügt: Diese Strategie kennzeichnet Frau Schneiders Verkörperung in dieser Interviewsequenz, die einen auf die kurzzeitige Kompensation von sozialen und körperlichen Verlusten fokussierten Umgang mit dem Alter(n) andeutet.

4.5 Alter(n) aktualisieren

Diese Form der Verkörperung ist durch den Bezug auf mich gekennzeichnet, die um mehrere Jahrzehnte jüngere Interviewerin. Diese Bezugnahme unterscheidet sich im Hinblick auf die angesprochenen Themen, mit Ausnahme des Bezugs auf Geschlecht jedoch nicht hinsichtlich der Art und Weise, wie die Interviewten diese Themen zum Ausdruck bringen.

Durch Aussagen, die sich nicht auf körperbezogene Themen beziehen, wie „wenn Sie's hören wollen, das kann sich heute niemand mehr vorstellen" oder „A GRETA GARBO zum Beispiel, äh, die werden SIE wahrscheinlich net a mal mehr kennen, ne?" (Herr Plachke) grenzen die Interviewten ihre Erfahrungen zu politischen Entwicklungen und in ihrer Jugend berühmten Personen von meinen Kenntnissen dazu ab. Durch dieses Vorgehen verweisen sie sowohl auf unsere unterschiedlichen Erfahrungen, die sie in der Gegenüberstellung jung vs. alt und nicht erlebt vs. erlebt entwickeln, als auch auf unsere Funktionen, Angehörige von Generationen zu sein, denen spezielle Aufgaben zugeschrieben werden (Erfragen vs. Vermitteln von Wissen).

Alle Interviewten nehmen mein begrenztes Wissen zu ihren Erfahrungen zum Anlass, mehr über diese zu berichten. Unsere Intra-Aktionen verlaufen dabei mehrheitlich analog des folgenden Schemas, das in meiner Studie nicht nur für die Aktualisierung des Alter(n)s typisch ist, sondern auch für die Methode des problemzentrierten Interviews (Witzel 2000): Durch die Intra-Aktionen zwischen den Interviewten und mir, der Interviewerin, entsteht eine analytische Einheit, in der sich Agency bildet. Während die Interviewten durch ihre non-verbal geäußerten Erfahrungen Agency artikulieren, bringe ich durch die Praktiken „Bestätigen", „Nachfragen" und „Infragestellen" Agency zum Ausdruck. Die beiden letztgenannten Praktiken sind produktiv hinsichtlich der Spezifizierung der Erzählungen. Die Art, als Interviewte ihre Geschichte zu erzählen und dabei eine spezielle Form der Verkörperung zu produzieren, ist vermutlich durch Wiederholung erlernt. Meine Artikulationen bewirken eine Spezifizierung der Verkörperung ihrer Geschichte. Dieser Prozess der wechselseitigen Bezugnahme zeigt, dass nicht nur die Interviewten die empirischen Daten zum Alter(n) produzieren, sondern auch ich als Interviewerin in meiner Funktion als Ko-Konstrukteurin eben dieser (Gemignani 2014, S. 127).

Dieses Schema variiert allerdings beim Bezug auf die Themen Geschlecht und Alter(n). Während viele Frauen hierzu ein gemeinsames Körperwissen voraussetzen und auf dieser Grundlage ihre früheren und heutigen körperbezogenen Erfahrungen artikulieren, konstruieren einige Männer über meine Präsentation als Frau ihre Konzepte von Weiblichkeit, die sie zuweilen mit dem Alter(n) in Verbindung bringen. So erzählt Frau Otto von sich aus:

> „Ich wa:r (.) so jung wie SIE <lauter> u:nd man hat mir gesagt, ich bin ein fesches MÄDEL. (…) Na ja, ich WAR mal ANGEBLICH schön. JETZT bin ich nur mehr ALT <lacht>."

Frau Otto kontrastiert die Einschätzung von anderen Menschen, die sie in ihrer Jugend als schön (d. h. weiblich) charakterisiert haben, mit ihrer aktuellen Einschätzung, wonach sie sich nicht mehr als schön (d. h. als nicht mehr weiblich) wahrnimmt. In diesem Vergleich artikulieren sich ihre früheren und heutigen Erfahrungen zu Weiblichkeit. Die Praktik „Akzentuieren" unterstreicht die Oppositionen Interviewerin vs. Interviewte, jung vs. alt und schön vs. nicht schön, die Frau Otto hier konstruiert. Den Bezug auf mich zeigt sie durch das Lautersprechen zugleich nonverbal an. Mit diesem Bezug macht sie darauf aufmerksam, dass ihr Körper – wenn auch heute aufgrund des Alter(n)s nicht mehr erkennbar – einst jung (d. h. für Frau Otto faltenarm) war. Durch die Nennung der einst von anderen Menschen zugeschriebenen Bedeutung als „fesches Mädel" spricht sich Frau Otto die Funktion ab, ihr Aussehen in der Vergangenheit selbstbestimmt bewertet zu haben. Vielmehr war sie auf die Bewertung von anderen Menschen – d. h. Männern – angewiesen, denn Schönheit liegt ihrer Ansicht nach „im Auge des Betrachters". Demgegenüber muss sie diese Aufgabe im Alter selbst ausüben. Auch ihr Lachen während der Aussage, dass sie sich nur noch als alt bewertet, weist auf den Widerspruch von Schönheit bzw. Weiblichkeit und Alter(n) hin, den Frau Otto hier zum Ausdruck bringt.

Konkreter als die Frauen beziehen sich einige Männer auf meine Präsentation als Frau, indem sie explizite Vorstellungen von Weiblichkeit artikulieren und damit kein gemeinsames Körperwissen hierzu voraussetzen. Insbesondere meine „blonde[n] Haare" und, dass ich mich „gefällig kleid[e]" (Herr Kessler), wird positiv hervorgehoben. Neben solchen Komplimenten ist auffällig, dass mich diese Männer in Bezug auf die Kleidung als eine Ausnahme des heute von der Jugend präsentierten Mode-Mainstreams konstruieren. Dies zeigt der folgende Interviewausschnitt, in dem der schon oben zitierte Herr Neiler sagt:

> „In der heutigen Jugend, wenn Sie schauen, Sie sind eine rühmliche Ausnahme <lacht etwas>. Wie WIR JUNG waren, da haben die Mädchen und die jungen Frauen auf ihr Äußeres möglichst großen, guten Wert gelegt, dass man GUT aussieht. Wenn Sie HEUTE schauen, (…) wie sich die kleiden, die heutige Kleidung und des gleiche mit Jeans und des ist ausgefranst und die hoben do die Löcher (…) DAS ist für UNSERE Generation (.) STÖREND."

Auch wenn Herr Neiler die Bewertung meines Aussehens als „rühmliche Ausnahme" durch sein Lachen abschwächt, dient ihm der Bezug auf mich der Veranschaulichung seiner Vorstellung von Weiblichkeit, die er mit Jugendlichkeit in Verbindung bringt. Während Frau Otto die Bewertung als „fesches Mädel" lediglich auf sich bezieht, setzt mich Herr Neiler durch meine von ihm als ähnlich bewerteten Vorstellungen zum „richtigen" Kleidungsstil von Frauen mit den Begriffen „Mädchen" und „jungen Frauen" gleich. Deren Aussehen zu bewerten, ist seiner Ansicht nach die Aufgabe von Männern und die Artikulation dieses Mensch-Ding-Wissens übt er – im Gegensatz zu Frau Otto – seit seiner Jugend aus. Zwar konstruiert auch er die Oppositionen Interviewerin vs. Interviewter und jung vs. alt. Aber anders als Frau Otto bringt er diese Gegenüberstellung mit seinen Erfahrungen zum Modegeschmack der heutigen Jugend in Verbindung und bewertet diese als Vertreter seiner Generation als störend, das heißt als nicht schön. Er aktualisiert sein Alter(n) also durch das Anwenden eines Bewertungsmaßstabes zur Kleidung von Frauen, den er in seiner Jugend entwickelt hat. Anders als bei Frau Otto ist Herr Neilers Umgang mit dem Alter(n) in Bezug auf diese Form der Verkörperung durch Kontinuität gekennzeichnet, denn seine Rolle, die Kleidung von Frauen zu bewerten, ist im Alter unverändert geblieben.

5 Schlussfolgerungen

Ziel der posthumanistisch-performativen und körperwissensbezogenen Analyse war es, Formen der Verkörperung von Alter(n) in Interviews zu untersuchen. Die Analyse zeigt, dass die Interviewten das Alter(n) einerseits in unterschiedlichen Ausprägungen verkörpern, in denen sich ihr Wissen als Ausdruck ihrer individuellen Lebensgeschichte reproduziert, die sie unter anderem als Angehörige einer bestimmten Generation und Geschlechtergruppe kennzeichnen. Verkörperungen von Alter(n) sind andererseits durch situationsabhängige Bezugnahmen auf Materialitäten und Bedeutungen beeinflusst; in meiner Studie durch erinnerte oder interviewanwesende Menschen und Dinge. Die Analyse verdeutlicht, dass

Verbalität und Nonverbalität untrennbar miteinander verwoben sind. In diesem wechselseitigen Prozess der Beeinflussung verkörpern die Interviewten dieser Studie ihre Konzepte von Alter(n), die häufig mit ihren Vorstellungen von Weiblichkeit bzw. Männlichkeit und Gesundheit bzw. Krankheit korrespondieren. Während ihnen der Bezug auf anwesende Dinge und auf mich als Interviewerin eher dabei hilft, ihre Artikulationen zu körperlichen Einschränkungen in ihrer aktuellen Lebenssituation zu kontextualisieren, dient ihnen der Bezug auf erinnerte Dinge oder die erinnerte Funktion eines anwesenden Gegenstands eher als Potential, ihre bis zu diesen Interviewpassagen gezeigten Verkörperungen zu verändern, zum Beispiel hinsichtlich erwünschter körperlicher Fähigkeiten. Weil andere denkbare Verkörperungen – etwa das Ignorieren von Alter(n) – auf das Hervorbringen von Alternativen zum Alter(n) zielen, blieben sie in dieser Analyse unberücksichtigt.

Diese Analyse weist auf die Unbeständigkeit der von den Interviewten hervorgebrachten Körperkonzepte hin, die sich situativ und kontextgebunden materialisieren: Sie verkörpern ihre Konzepte von Alter(n) in Abhängigkeit von (erinnerten) Menschen und Dingen. Ihre Körperkonzepte sind deshalb weder als so unveränderlich zu verstehen, wie sie in Theorien des Alter(n)s vorausgesetzt (u. a. Baltes 1996; Pichler 2010) und von einigen Interviewten selbst vertreten werden noch sind sie unabhängig von der Situation, in der sie produziert werden. Diese Ergebnisse erfordern ein Überdenken von soziologischen Definitionen, die das Alter(n) in starre Kategorien wie „junge Alte“ und „alte Alte“ einordnen, ohne die jeweils konkreten non-verbalen Praktiken, daran geknüpfte Erwartungen oder Zuschreibungen und den Kontext in den Blick zu nehmen, in der sich zeitlich befristete Formen der Verkörperung materialisieren. Diese Definitionen übersehen sowohl die materiell-diskursive Vielfältigkeit des Alter(n)s als auch dessen Abhängigkeit von Forschungspraktiken, in denen Wissensformen von Alter(n) entstehen: Die spezifische materiell-diskursive Konstellation eines Forschungsprojekts beeinflusst dessen Ergebnisse (u. a. Barad 2003). So sind Formen der Verkörperung, die in dieser Studie mit dem Alter(n) verknüpft wurden, unter anderen durch die Art der Datensammlung beeinflusst, also durch die Methode des problemzentrierten Interviews (Witzel 2000) und dort spezifisch durch die Fragen des Interviewleitfadens, durch das Aufnahmegerät, durch die Settings, in denen die Interviews stattfanden und durch die Intra-Aktionen zwischen den Interviewten und der Interviewerin mit ihren jeweiligen non-verbalen Verkörperungen von Alter(n), Geschlecht, Gesundheit und Krankheit. Forscher_innen sind nach Barads (2003, S. 829, Hervorhebung im Original) Konzept der „*onto-epistem-ology* – the study of practices of knowing in being“ immer ein Teil ihrer wissenschaftlichen Praxis und daher materiell-diskursiv mit dem Wissen verbunden, das sie zu analysieren suchen; wissenschaftliches Wissen kann deshalb nur als das Ergebnis einer Verknüpfung von (materiellem)

Sein (bzw. Ontologie) und (diskursivem) Wissen (bzw. Epistemologie) verstanden werden. Die Analyse zeigt, dass insbesondere meine Verkörperungen von Geschlecht und Alter(n) während der Datenerhebung die Intra-Aktionen mit den Interviewten und daher die erhobenen Daten beeinflussten. Während meine Verkörperungen teilweise von mir nicht intendierte Effekte verursachten (etwa die Reproduktion von geschlechtsspezifischen Stereotypen), war dieser Prozess auch produktiv, um Artikulationen der Interviewten zu spezifizieren (vgl. ausführlicher Höppner 2015a)

Verkörperungen von Alter(n) sind in diesem Projekt auch beeinflusst durch die von mir gewählten theoretischen Fundierungen zu Verkörperungsprozessen und die daraus entwickelte Methodologie zur Analyse der non-verbalen Bezugnahmen auf Menschen und Dinge. Das auf der Grundlage von posthumanistisch-performativen und körperwissensbezogenen Annahmen basierende methodische Werkzeug ermöglicht die Analyse der Kontinuitäten und Diskontinuitäten von Verkörperungsprozessen. Mittels der herausgearbeiteten Spezifizierung des Ansatzes *doing age* konnte ich die non-verbal artikulierte Agency von Menschen und Dingen in der Analyse von Verkörperungen berücksichtigen. Einerseits greift die hier vorgestellte Analyse Klaus R. Schroeters (2012, S. 156) Forderung auf, menschliche Körper in Untersuchungen der Alter(n)sforschung ernst zu nehmen, ohne sie zu essentialisieren. Andererseits – und dieses Ergebnis geht über die *doing age*-Perspektive hinaus – erlaubt gerade die verknüpfende Analyse der von menschlichen Körpern und Dingen artikulierten Agency konkretere Ergebnisse hinsichtlich der Frage, wie das Alter(n) in spezifischen Interviewsituationen hervorgebracht wird.

Die in Anlehnung an Barads (2003) vorgeschlagene Inklusion der Dinge in den Ansatz *Körperwissen* (Keller/Meuser 2011) hilft, das von den Interviewten artikulierte Wissen in der Analyse zu spezifizieren. Die Analyse zeigt unter anderem, dass die Interviewten, die die Wechselwirkungen ihrer Körper mit Dingen reflektieren und dieses Mensch-Ding-Wissen als eine spezielle Form des Körperwissens zum Ausdruck bringen, eher als andere Interviewte in der Lage sind, körperliche Veränderungen als Konsequenz ihres eigenen Handelns einzuordnen. Weil sie sich nicht als ihrem Körper „ausgeliefert" konstruieren, auf dessen Entwicklungen sie keinen Einfluss nehmen können, verstehen sie diese Veränderungen nicht als ausschließlich biologisch determiniert. Dieses Vorgehen ermöglicht ihnen einen reflektierteren Umgang mit dem Alter(n).

Auch wenn die vorgestellte Analyse auf einem kleinen Sample beruht, zeigt sie, dass es sich lohnt, die materiell-diskursive Vielfältigkeit des Wissens zum Alter(n) zu rekonstruieren. Solch eine Rekonstruktion bereichert soziologische Körpertheorien und wird den komplexen Reproduktionsprozessen gerecht, die Menschen in einem Forschungssetting non-verbal verkörpern.

Literatur

Ballard, Karen, Elston, Mary Ann & Gabe, Jonathan (2005). Beyond the Mask. Women's Experiences of Public and Private Ageing during Midlife and their Use of Age-resisting Activities. *Health* 9 (2), 169-187.

Baltes, Margret M. (1996). *The Many Faces of Dependency in Old Age*. Cambridge: Cambridge University Press.

Barad, Karen (2007). *Meeting the Universe Halfway. Quantum Physics and the Entanglement of Matter and Meaning*. Durham: Duke University Press.

Barad, Karen (2003). Posthuman Performativity: Toward an Understanding of How Matter Comes to Matter. *Signs: Journal of Women in Culture and Society* 28(3), 801-831.

Butler, Judith (1993). *Bodies That Matter. On the Discursive Limits of Sex*. New York: Routledge.

Fausto-Sterling, Anne (2002). Sich mit Dualismen duellieren. In: Ursula Pasero & Anja Gottburgsen, (Hrsg.), *Wie natürlich ist Geschlecht? Gender und die Konstruktion von Natur und Technik*. (S. 17-64). Wiesbaden: Westdeutscher Verlag.

Gemignani, Marco (2014). Memory, Remembering, and Oblivion in Active Narrative Interviewing. *Qualitative* Inquiry 20(2), 127-135.

Gow, Andrew & Rak, Julie (2008). *Mountain Masculinity: The Life and Writing of Nello 'Tex' Vernon-Wood in the Canadian Rockies, 1906–1938*. Edmonton: AU Press.

Höppner, Grit (2015a). Embodying of the self during interviews: An agential realist account of the non-verbal embodying processes of elderly people. *Current Sociology (*online first), doi: 10.1177/0011392115618515.

Höppner, Grit (2015b): ‚Schöne' Materialisierung im Alter. In: Karl Braun, Claus-Marco Dietrich & Angela Treiber (Hrsg.), *Materialisierung von Kultur. Diskurse – Dinge – Praktiken. Beiträge des 39. Kongresses der Deutschen Gesellschaft für Volkskunde (dgv) in Nürnberg 2013*. (S. 429-427). Würzburg: Königshausen & Neumann.

Höppner, Grit (2017). Geschlecht verkörpern: Zur Untersuchung von Embodying in der empirischen Sozialforschung. In: Anja Kraus, Jürgen Budde, Maud Hietzge & Christoph Wulf (Hrsg.). *„Schweigendes" Wissen in Lernen und Erziehung, Bildung und Sozialisation*. (S. 192-202). Weinheim: Beltz Juventa.

Irni, Sari (2010). *Ageing apparatuses at work: transdisciplinary negotiations of sex, age and materiality*. Turku: Åbo Akademi University.

Keller, Reiner & Meuser, Michael (2011). Wissen des Körpers – Wissen vom Körper. Körper- und wissenssoziologische Erkundungen. In: Reiner Keller & Michael Meuser (Hrsg.), *Körperwissen* (S. 9- 27). Wiesbaden: VS Verlag für Sozialwissenschaften.

Lee, Yew-Jin & Roth, Wolff-Michael (2004). Making a Scientist: Discursive "Doing" of Identity and Self-Presentation During Research Interviews. *Forum: Qualitative Social Research* 5 (1).http://www.qualitative-research.net/index.php/fqs/article/view/655. Zugegriffen am 1.6.2014.

Lundgren, Anna S. (2013). Doing age: methodological reflections on interviewing. *Qualitative Research* 13(6), 668-684.

Mangelsdorf, Marion, Palm, Kerstin & Schmitz, Sigrid (2013). Körper(-sprache) – Macht – Geschlecht. *Freiburger Zeitschrift für GeschlechterStudien* 19 (2). 5-18.

Mayring, Philipp (2009). Qualitative Inhaltsanalyse. In: Uwe Flick (Hrsg.), *Qualitative Forschung. Ein Handbuch*. (S. 468-474). Reinbek.

Müller Ruth & Kenney Martha (2014). Agential conversation: Interviewing postdoctoral life scientists and the politics of mundane research practices. *Science as Culture* 23(4), 537-559.

Pichler, Barbara (2010). Aktuelle Altersbilder: „junge Alte“ und „alte Alte“. In: Kirsten Aner & Ute Karl (Hrsg.), *Handbuch Soziale Arbeit und Alter* (S. 415-425). Wiesbaden: VS Verlag für Sozialwissenschaften.

Rowe, John W. & Kahn, Robert L. (1997). Successful Aging. *The Gerontologist* 37(4), 433-440.

Schadler, Cornelia (2013). *Vater, Mutter, Kind werden: Eine posthumanistische Ethnographie der Schwangerschaft.* Bielefeld: Transcript.

Schmitz, Sigrid & Degele, Nina (2010). Embodying – ein dynamischer Ansatz für Körper und Geschlecht in Bewegung. In: Nina Degele, Sigrid Schmitz, Marion Mangelsdorf & Elke Gramespacher (Hrsg.), *Gendered Bodies in Motion.* (S. 13-36). Opladen: Budrich UniPress.

Schroeter, Klaus R. (2012). Altersbilder als Körperbilder: Doing Age by Bodyfication. In: Frank Berner & Judtih Rossow (Hrsg.), *Individuelle und kulturelle Altersbilder. Expertisen zum 6. Altenbericht der Bundesregierung.* (S. 153-229). Wiesbaden: VS Verlag für Sozialwissenschaften.

Selting, Margret, Auer, Peter, Barden, Birgit, Bergmann Jörg, Couper-Kuhlen, Elizabeth, Günthner, Susanne, Meier, Christoph, Quasthoff, Uta, Schlobinski, Peter & Uhmann, Susanne (1998). Gesprächsanalytisches Transkriptionssystem (GAT). https://www.uni-potsdam.de/u/slavistik/vc/rlmprcht/textling/comment/gat.pdf . Zugegriffen am: 24.7.2014.

Soeffner, Hans-Georg (2004). Social Scientific Hermeneutics. In: Uwe Flick, Ernst von Kardoff & Ines Steinke (Hrsg.), *A Companion to Qualitative Research* (S. 95-100). London: Sage.

Witzel, Andreas (2000). The problem-centered interview. *Forum: Qualitative Social Research* 1. http://nbn-resolving.de/urn:nbn:de:0114-fqs0001228. Zugegriffen am: 9.1.2011.

Zubair, Maria, Martin, Wendy & Victor, Christina (2012). Embodying Gender, Age, Ethnicity and Power in 'the Field': Reflections on Dress and the Presentation of the Self in Research with Older Pakistani Muslims. *Sociological Research Online* 17 (3) 21. http://www.socresonline.org.uk/17/3/21/21.pdf Zugegriffen am: 20.5.2014.

Lebensschmerz – Verkörperungen des Historischen

Biographische Leidens- und Lebenserfahrungen Hochaltriger

Stefan Dreßke und Teslihan Ayalp

1 Schmerz und die Markierung von Vergangenem

Hochaltrige Menschen verfügen bekanntermaßen über umfangreiche Lebenserfahrungen, gleichermaßen persönliche sowie solche als Zeitzeugen der jüngeren deutschen und europäischen Geschichte, in denen die Erinnerungen der eigenen Schicksale in kollektive Erinnerungen aufgehen. Diese Lebensgeschichten, das ist der Ausgangspunkt für den folgenden Beitrag, lassen sich auch am Körper wiederfinden, gewissermaßen als Körpergeschichten und als eingekörperte Ablagerungen von Erfahrungen. Der Körper als Speicher und Ausdruck von Erfahrenem braucht ein Medium, mit dem biographische Erfahrungen eingeschrieben werden – diese Aufgabe erfüllen unter anderem Schmerzen. Erlittene und durchstandene Schmerzen gehen als bedeutsame Markierungen in die Lebensgeschichten Hochaltriger ein. Schmerzen bilden im Körper ein Gegenüber, mit dem Zwiesprache gehalten wird und Erfahrungen aktualisiert werden.

Soziologisches zum Schmerz

Schmerzen werden hier in soziologischer Perspektive als Bestandteil eines Interaktionsprogramms aufgefasst – als Schmerzhandeln.[1] Das kann in einer kurzen Skizze folgendermaßen angedeutet werden: Zunächst sind Schmerzen unangenehme Erfahrungen und Sinneswahrnehmungen, die die Aufmerksamkeit auf den Körper richten. Körpergrenzen werden durch Schmerzen markiert und Fähigkeiten des

1 Die vorliegende Untersuchung wurde im Rahmen des DFG-geförderten Projekts „Schmerzfreiheit als paradoxes Handlungsziel" an der Universität Kassel durchgeführt. Zu bedanken haben wir uns bei dem Projektleiter Prof. Dr. Gerd Göckenjan für wertvolle Hinweise und Anregungen. An Datenerhebung und Auswertung haben sich Markus Kuhn und Sina Schadow beteiligt.

Körpergebrauchs erlernt (Mauss 1982); nicht zuletzt durch die Fähigkeit, Schmerzen zu vermeiden. Schmerz zu empfinden, ist eine physiologische Bedingung für das Überleben des menschlichen Organismus. Genauso wie andere physiologische Erscheinungen und Bedürfnisse, wie Hunger und Stoffwechsel, Bewegung und Ruhe, ist Schmerz sozial überformt und in das symbolische Sinnsystem und in die materiellen Austauschprozesse einer Gesellschaft bzw. ihrer sozialen Gruppen eingebettet (Le Breton 2003; Morris 1994; Zborowski 1969). Schmerzen – und hier ist immer an einen spezifisch interpretierten Modus der Körperwahrnehmung und Körperaufmerksamkeit gedacht – unterliegen sozialen Normierungen und Disziplinierungen des Körpers, die sozialisiert werden und kulturellen Deutungen entsprechen. Sie sind als Grundformen des Wissens über unseren Körper in Handlungs- und Deutungsfelder eingewoben. Auch in das einsame Schmerzaushalten sind soziale Normen eingeschrieben. Schmerzen sind Bewertungen körperlicher Sensationen entsprechend sozialer Normen ihres Ausdrucks.

In allererster Linie sind Schmerzen Alltag und drücken sich in alltäglichen Interaktionen und Zuweisungen mit signifikanten Anderen aus. Schmerzen gehen in Interaktionen ein und werden in sozialen Situationen und durch die Reaktionen des Gegenübers entsprechend den situativ gebotenen Gefühlsnormen kontextualisiert. Sehr eindrucksvoll belegt etwa Zborowski (1969) das Soziale der Schmerzen, die die Mitgliedschaft in Kollektiven und deren Weltsichten repräsentieren. Schmerzhandeln heißt, dass sich in Interaktionen Körperdeutungen kristallisieren und Körperaufmerksamkeit ausgehandelt wird. Das bedeutet auch immer verkörperte Interaktion: strategische Darstellungen, die zum Ziel haben, dass Handlungsziele erreicht und kollektive Ideale erfüllt oder Abweichungen markiert werden. So werden Schmerzen normalisiert, das Unangenehme verschwindet im Alltäglichen. Unter Umständen aber eskaliert Schmerzaufmerksamkeit. In diesen Fällen wird Schmerz selbst zum Alltag – etwa unter den Rubriken von „Krankheit" und „chronische Schmerzen" findet die Schmerzinteraktion in Hilfebeziehungen statt (Baszanger 1992; Göckenjan et al. 2013; Pfankuch 2014). Mit Schmerzhandeln sollen einerseits die unterschiedlichen Reaktionen, Kontexte, Interessen und Symbolisierungen als identitätsverleihende Körperpraxis erfasst (Hirschauer 2004; Meuser 2006) als auch thematisiert werden, dass im Schmerz Anerkennung und Stigmatisierung, Statusgewinne und Statusverluste enthalten sind (Peller 2003).

Lebensschmerz

Der konzeptionelle rote Faden der vorliegenden Untersuchung besteht in der körpersoziologischen Annahme, dass lebensgeschichtlich und biographisch Erfahrenes als Körpererfahrung inkorporiert wird und sich im Körper als explizites und implizites Wissen ansammelt und tradiert (vgl. Abraham 2002; Bourdieu 1982; Hirschauer

2008; Keller / Meuser 2011). Zu diesen Körpererfahrungen zählen insbesondere Schmerzerfahrungen, die im Laufe des Lebens kumulieren. Schmerzen repräsentieren lebensgeschichtliche Markierungen, die hier zum heuristischen Begriff des Lebensschmerzes zusammengeführt werden. Gegenstand des Lebensschmerzes sind biographische Bilanzierungen und retrospektive Deutungen, die sich in der aktuellen Lebenssituation und auf Lebensentwürfe niederschlagen. Lebensschmerz steht am Schnittpunkt von individueller Körpergeschichte und sozialem Körper und verbindet Vergangenheit, Gegenwart und Zukunft mit kollektiven Anbindungen und kollektiven Deutungen.

Lebensschmerz wird als besondere lebensgeschichtlich gedeutete Figuration des Schmerzes herausgearbeitet, womit folgende Dimensionen angesprochen werden: Zeitgeschichtliche Erfahrungen werden als Ausweis kollektiver Identität und kollektiver Anbindung inkorporiert. Dabei repräsentiert Lebensschmerz Überleben und Überstehen außerordentlicher Umstände von Not, Verlusten, Bedrohung und Gefährdung, aber auch von Entwicklung, Aufbau und Normalität. Die Angehörigen der untersuchten Jahrgänge haben extreme Notzeiten durchlebt, die sie mit den harten Zeiten ihrer Kindheit und Jugend und der prosperienden Nachkriegszeit bis hin zur heutigen gesellschaftlichen Wirklichkeit der sozialen und ökonomischen Wohlfahrt vergleichen. In der aktuellen Lebenssituation ziehen sie insbesondere die 1940er Jahre als Deutungsfolie heran. Daraus ergeben sich einzigartige und nicht wiederholbare Identitätsstiftungen und kollektive Lagerungen, woraus sich auch das Wissen um ihre Exzeptionalität ergibt. Hochaltrige können ihre Biographien in den Kontext der bedeutendsten Ereignisse der jüngeren europäischen Geschichte stellen, in der sie Akteure waren und die sie als persönliches Schicksal erlitten haben. Sie sind die letzten Zeugen, die diese Ereignisse bewusst erlebt haben, die nun mit der deutschen und europäischen Einigung und spätestens nach den Anschlägen des 11. September 2001 tatsächlich Geschichte geworden sind.[2]

2 Für unsere Zwecke sind nicht die Codierung von Täter- und Opferschaft und die sich daraus ergebenden Spielarten der psychosozialen Pathologisierungen leitend (vgl. Grundmann / Hoffmeister 2007), sondern das Durchstehen und Erleben krisenhafter Zeiten in konkreten Situationen als gestaltende und erleidende Handelnde. Untersuchungen dieser Jahrgänge, die hier alltagsgebräuchlich als Kriegsgeneration bezeichnet wird, wurden durch Schelsky (1962) und Bude (1987) durchgeführt. Diese Studien verfolgen die Schwerpunktsetzungen einer Gesellschaftsanalyse der Bundesrepublik Deutschland auf der Grundlage generativer Lagerungen sowie normativer und habitueller Einstellungen auf der Basis des Generationenkonzepts von Mannheim (1928). Eine solche Analyse kann hier nicht vorgenommen werden, da die Hochaltrigen bereits aus den zentralen gesellschaftlichen Positionen ausgegliedert sind (Dreßke 2012). Der vorliegende Beitrag thematisiert retrospektive und zeithistorische Deutungen und das Aufzeigen von Sozialgeschichte als Körpergeschichte.

Im Lebensschmerz kondensiert sich die biographische Konstruktion des Selbst als Erzählung über den Körper, womit am Ende des Lebens Schmerz normalisiert, das Leben bilanziert und Kollektivierungs- und Identitätsprozesse des alternden Körpers repräsentiert werden.

Diese Konzeptionierung bietet sich für die untersuchte Population der Hochaltrigen aufgrund ihrer sozialhistorischen und biographischen Lagerung als Kontrastbegriff gegenüber dem Schmerzverständnis jüngerer, stärker individualisierter Jahrgänge an, über die an anderer Stelle zu berichten sein wird. Im Gesamtkontext einer umfänglichen Erhebung aus unterschiedlichen Bevölkerungsmilieus im Rahmen des Forschungsprojektes „Schmerzfreiheit als paradoxes Handlungsziel" repräsentiert Lebensschmerz einen Typus in einer Schmerztypologie.

Interviews mit Hochaltrigen

Durchgeführt wurden teilnehmende Beobachtungen über einen Zeitraum von insgesamt 18 Wochen in zwei geriatrischen Abteilungen und einer Tagesklinik in den Jahren 2010 und 2012. In die Beobachtungen integriert wurden 67 qualitativ-biographische Interviews mit Patienten, davon waren 44 Frauen und 23 Männer. Drei weitere hochaltrige Patientinnen wurden aus einem Sample aus einer Schmerzklinik mitaufgenommen. Bis auf drei Patienten sind die interviewten Patienten älter als 75 Jahre, der älteste Interviewte war zum Zeitpunkt des Interviews 93 Jahre alt. Durch Absprache mit dem Personal konnte sichergestellt werden, dass kognitiv eingeschränkte Patienten nicht interviewt wurden. Die „verstehenden Interviews" (Kaufmann 1999) geben den Informanten die Gelegenheit, in ihre Biographien einzutauchen, um ihre Biographien zu sortieren und dieser Ordnung und Sinn zu geben. Das biographisch-narrative Konzept, das Zuhören und Verstehenwollen, nimmt ausdrücklich die Welt der Patienten, deren Erfahrungen, Erkenntnisse und Deutungen auf. Das Interviewmaterial enthält Schmerz- und Krankheitsberichte mit für relevant gehaltenen life events, biographischen Brüchen und gesellschaftlichen und persönlichen Sinnkonstruktionen, die die Informanten diesen Narrationen zuordnen.

Von den 70 Interviews wurden 25 Interviews in die Auswertung einbezogen. Bei der kontrastierenden Auswahl wurde auf folgende Merkmale geachtet: Geschlecht, Herkunftsmilieu (bäuerlich, gewerblich, bürgerlich) sowie Herkunftsort (städtisch/ländlich), Erfahrungen während des Zweiten Weltkrieges (Flucht, Vertreibung, Kriegseinsätze, Bombardierung, Gefangenschaft), Belastungsbiographien (stark, weniger stark belastet) sowie Schmerzeinstellung (robust bzw. empfindlich). Aus den Interviews wurden Schmerzbiographien rekonstruiert, die durch die Erinnerungs- und Deutungsarbeit der Patienten und die soziologische Analyse des Erzählmaterials entstehen. Interviews und Beobachtungen wurden in der Auswertung zusammengeführt, um Schmerzpraktiken und Schmerzdeutungen zu identifizieren. Untersucht werden die Prozesse, in denen Körperlichkeit hergestellt wird, die Kollektivität und soziale Identitäten repräsentiert.

2 Leistungsschmerzen: Sozialisation in Kindheit und Jugend

Berichtet wird von harter Arbeit in Kindheit und Jugend, insbesondere dann, wenn unsere Interviewten auf dem Land groß geworden sind. Frau Gerth (geb. 1924) erinnert sich zunächst nur an den Schmerz, den ihre Schwester bei der Feldarbeit verspürt, die sie ab dem Alter von sechs Jahren in den 1930er Jahren verrichtet[3]:

> Ja, wir mussten schon viel mitarbeiten. Da gab es keine Maschinen, die die Kartoffeln rausmachten, da ist der Papa und der Opa, die sind früh morgens schon um vier Uhr los aufs Feld mit Gabeln und haben die Kartoffeln ausgegraben. Wir Kinder hatten Eimer und Körbe und dann haben wir die Kartoffeln aufgelesen. Eine Schwester von mir sagte: „Papa, ich kann nicht mehr. Ich habe so Rückenweh. Ich habe so Kreuzweh." Dann hat der Papa gesagt: „Du bist noch so jung, du hast doch noch gar kein Kreuz."

Die biographischen Schmerzerzählungen geben Hinweise auf Schmerzsozialisationen. Gearbeitet wird in der Familie. Der Körper steht im Dienste des Familienkollektivs und der generativen Einbindung: der Opa, der Vater, die Kinder. Arbeit ist Vergesellschaftung, schafft Verpflichtung an die Familie und bedeutet Anerkennung, nicht zuletzt durch die Teilnahme an der Sicherung des Familieneinkommens. Vom Körper werden im Alltag Leistungen abgefordert. Dafür müssen Schmerzen ausgehalten werden, und sie werden, wenn sie geäußert werden, von anderen abgewiesen. Das Kreuz steht – in einer metaphorischen Interpretation – für Rückgrat, für Stärke und für Persönlichkeit. Der Rücken muss hier erst ausgebildet werden, und die harte Arbeit steht für die Stärkung des Rückens und damit für das Erwachsenwerden. Der Hinweis für die Anbindung an Kollektivnormen ist, dass Frau Gerth sich erst einmal nicht persönlich zu Schmerzen äußert. Erst auf die gezielte Nachfrage durch die Interviewerin gibt Frau Gerth zu, dass nicht nur ihre Schwester, sondern auch

---

3 Alle Eigennamen wurden pseudonymisiert. Die Interviewpassagen wurden zur besseren Lesbarkeit leicht bearbeitet.

sie selbst Schmerzen empfindet: „Wir mussten arbeiten. [...] Ja, einen ganzen Tag so liegen und dann Kartoffeln lesen, da tat einem der Rücken weh."

Es wird aber auch von Schmerzen berichtet, die nicht im Kontext von Arbeit stehen: Kinderschmerzen aufgrund von Unfällen beim Spielen oder von typischen Kinderkrankheiten. Frau Metzger (geb. 1924), die Tochter eines Gastwirts, beginnt ihre Schmerzgeschichte mit Unfällen in der frühen Kindheit und berichtet davon, wie ihr im Alter von vier Jahren beim Spielen ein schwerer Schleifstein auf den Kopf fällt: „Das [Gesicht] ist aufgerissen. Hier die ganze Backe, die war gekläfft. Im Zahnbett waren die Zähne schon geschädigt." Schmerzen kommen jedoch nicht vor, und die Narben sieht Frau Metzger als eine Ehrenverletzung, die sie als „Schmisse" in ihre „Kinderträume" einwebt, in denen sie für sich ein Studium der Medizin imaginiert. Die Bedeutung der Schmerzen verändert sich, wenn die Pflichten des Erwachsenseins zunehmend in den Vordergrund rücken. Diese Zäsur erfolgt bei Frau Metzger im Alter von zehn Jahren. Als die Mutter an Hirnhautentzündung stirbt, ist auch die Kindheit vorbei: „Das war sehr schwer. Ich hatte ja so viele Träume. Ich wollte ja so vieles anderes machen. Dadurch war ich auch an Zuhause gefesselt, dass die Mutter nicht mehr da war."

Nun bekommen auch die häufigen Unfälle eine andere Bedeutung. Ihre vierzehn Knochenbrüche, von denen sie im Interviewverlauf berichtet, sieht Frau Metzger nicht mehr im Kontext der Kindheit, sondern als Folge der harten körperlichen Arbeit auf dem Bauernhof.

Schmerzlernen ist das Lernen des Schmerzertragens und geschieht auch durch Nachahmung und Vorbild. Frau Wessling, eine Arbeiterin, (geb. 1930) berichtet über das Vorbild ihrer Mutter:

> Nun war sie ja auch eine Frau, die nie klagte. Wenn sie dann mal saß und die Wärmflasche in dem Rücken hatte: „Oh, Mama hat Rückenschmerzen!" Ja nun, wir sahen das. Aber sie hat nie geklagt. Sie sagte immer: „Mir kann doch keiner helfen, ich muss alleine da durch."

Man darf Schmerzen zeigen, jedoch nicht unmittelbar als diffuse, emotionalisierte körperliche Reaktion, wie etwa Stöhnen oder Jammern. Schon im Ausdrücken des Schmerzes ist seine Bekämpfung und seine Unterdrückung enthalten. Die „Wärmflasche" hat hier eine zweifache Bedeutung: Mit ihr wird der Schmerz bekämpft, gleichzeitig signalisiert sie die Notwendigkeit der Ruhe, des Rückzugs und der Rücksichtnahme. Die Kinder wissen: „Mama hat Rückenschmerzen." Das folgende „Ja nun..." ist eine Geste, mit der diese Schmerzäußerungen entschuldigt werden. Schmerzdarstellungen haben ihre Grenzen: Keine Klage darf erhoben werden und mit den Schmerzen muss allein und selbstdiszipliniert umgegangen werden.

Die Schmerzumgangsformen der ländlich-bäuerischen und handwerklich-gewerblichen Milieus unterscheiden sich von denen der bürgerlichen Milieus. Dort spielt weniger das Motiv der harten Arbeit eine Rolle, vielmehr die Formierung eines ästhetischen Körpers. Frau Funke (geb. 1922) kommt aus einer mittelstädtischen Beamtenfamilie. Die erinnerte Körpersozialisation findet gleichsam spielerisch als sportliche Aktivitäten in der Freizeit statt: „Der Vater hat immer gesagt: ‚Kinder, raus in die Sonne, solange die Sonne scheint!' Wir haben Ski gefahren, wir haben Tennis gespielt, wir haben geritten, wir haben geschwommen." Es wird von einem liebevollen Elternhaus berichtet, von einem „Kindervater", der sich um seine Töchter kümmert: „Der [Vater] hat uns allen fünf [Geschwistern] den Kopfsprung beigebracht. Da hat er an dem Wasserrand gestanden und uns die Beine hochgehoben, bis wir alle fünf den Kopfsprung anschließend vom Fünfmeterbrett konnten."

Trainiert werden Mut und Körperbeherrschung, aber entsprechend des bürgerlichen Bildungsideals immer als disziplinierte Einheit von Geist und Körper. Trotz der Unterschiede zu den anderen Milieus spielt auch in den Erzählungen der bürgerlichen Kinder die generative Tradierung die zentrale Rolle – weiter gegeben werden Werte und Normen, hier die bürgerlichen. Auch das Schmerzertragen in den späteren Lebensaltern bezieht sich auf die erlernten Körperumgangsformen, allerdings mit dem Motiv der Gesundheit. Die behütete Kindheit schützt vor Krankheit: „Ja, deswegen sind wir alle sehr gesund gewesen", sagt Frau Funke.

Aus der Sicht unserer Interviewpartner ist der Kinderkörper unverbraucht, biegsam, trainierbar, weich und formbar – resistent gegenüber Unfällen und Schmerzen. Der Kinderkörper, eigentlich noch im Wachsen befindlich und zerbrechlich, wird selbstverständlich gefordert – in der Retrospektive erscheint das unseren Interviewpartnern allerdings als unangemessen. Der Erwachsenenkörper dagegen ist geformt, hart und stabil – Schmerzen werden zu einem ständigen Begleiter. Schmerz ist an soziale Umstände, an Aufwachsen und Sozialisation in Milieus gebunden. Der Körper wird schon früh trainiert, um Leistungen zu erbringen, und Schmerzen begleiten dessen Formierung. Auch in der Deutung unserer Interviewpartner ist Schmerz nichts Subjektives oder Individuelles, sondern repräsentiert soziales Eingebundensein. Wenn unsere Interviewpartner ihre aktuellen Schmerzen bis hinein in die Kindheit verfolgen, so haben wir hier eine positive biographische Sinndeutung von Schmerzen vor uns und damit eine ältere Form der Schmerzsozialisation. Aus der Sicht unserer Informanten ist der Schmerz Ausdruck von Lebensleistungen. Schmerzen werden auch unter widrigen Umständen ertragen. Gerade die Notwendigkeiten harter Arbeit sind es dann, mit denen Schmerzen identifiziert werden und die dem Schmerz seinen kollektiven und sinnstiftenden Charakter verleihen.

3 Verlustschmerzen und Überleben in schweren Zeiten

Die Schmerzdeutung der Leistungsschmerzen bezieht sich auf den Alltag, der selbstverständlich bewältigt werden muss. Alltagsschmerzen sind nichts Besonderes. Daneben gibt es aber auch die besonderen Schmerzen, die bei unseren Interviewpartnern mit dem Überleben und den Verlusten unter den besonderen historischen Umständen des Zweiten Weltkrieges und der Nachkriegszeit zu tun haben. An den Erzählungen über Krieg und Bombardierung, Flucht und Vertreibung, Kriegsgefangenschaft und Arbeitslager ist allerdings eines erstaunlich: Konkrete körperliche Schmerzepisoden werden kaum thematisiert, obwohl die Eingangsfrage explizit nach Schmerzen gestellt wird und im Weiteren von den Interviewern Schmerzen immer wieder angesprochen werden. Dennoch gibt es ganz unmittelbar im Interview Schmerzäußerungen. Nicht selten weinen die Frauen oder sind zornig, wenn sie von den Verlusten des Krieges berichten. Trauer ist das vorherrschende Gefühl, vor dem der eigene, körperliche Schmerz zurückgestellt wird. Es geht um das Überleben und um zu überleben, muss der Körper mitmachen und funktionieren. Dem Körper selbst wird keine eigene Aufmerksamkeit geschenkt – an körperliche Schmerzen ist nicht zu denken oder erst im Nachhinein.

Der Körper im Krieg und der Zusammenbruch der Institutionen

Kommen die Kriegserlebnisse zur Sprache, werden der Körper und die Körperaufmerksamkeit in den Kontext zum deutschen Großkollektiv gesetzt – als Teil der staatlichen Ordnung und ethnischer Territorialkollektive sowie in Bezug zur Armee. Frau Metzger berichtet eine Episode, in der sie wegen ihrer Kopfschmerzen zum Arzt geht. Der Arzt weist sie ab und sagt ihr: „Unsere Jungs müssen ganz andere Schmerzen aushalten." Das war 1944. Den Kopfschmerz stellt der Arzt in den Kontext des Krieges. Die Kopfschmerzen repräsentieren das kollektive Leid der Soldaten, das ganz selbstverständlich ausgehalten werden muss. Frau Metzger entrüstet sich nicht und klagt nicht. Heute ist sie nur darüber verblüfft, was sie damals auszuhalten in der Lage war, wenn sie die Reaktion des Arztes gegenüber der Interviewerin kommentiert: „Das gab's auch."

Es fällt immer wieder das „Wir" in den Erfahrungsberichten auf, der Verweis auf ein Kollektiv, insbesondere dann, wenn konkrete Episoden erinnert werden. Das gilt auch für die Männer unter den Interviewten, die sich auf Soldatenkollektive beziehen, in denen „Aushalten" und Widerstandsfähigkeit gegenüber Gefahren und Härten gefordert und eingeübt wurde. Herr Kleinke (geb. 1924, Vater Beamter) begründet seine robuste Einstellung zu seinem Körper:

> Wie ich 17 Jahre alt war und wir machten einen Angriff gegen die Russen, unser Leutnant sagte immer: „Helm ab zum Gebet!" und dann guckte er uns Jungens an und sagte: „Merkt euch eins, da müssen wir durch. Da führt kein Weg dran vorbei." Und dieses eine Wort: „Da müssen wir durch." Das habe ich mir mein Leben lang gemerkt. Das war ein schönes Wort [...] Das waren so die Zeiten von früher, das sind so Sachen, die man sich noch gemerkt hat.

Körperdisziplin war kollektiv erfahrbar, damit zunächst auch die Erfahrung des eigenen Schutzes. Der kollektive Schutz auf der Ebene des Gesellschaftlichen, des staatlichen Großkollektivs wurde im Zuge der Kriegsentwicklung immer brüchiger und prekärer. Die staatlich-gesellschaftlichen Institutionen brachen zusammen. Die Mitgliedschaft in Großkollektiven bietet nun keinen Schutz mehr, sondern ist im Gegenteil eine Gefährdung. Damit beginnen die Leidensgeschichten. Die Zivilbevölkerung ist besonders vulnerabel gegenüber Übergriffen der heranrückenden Kampfeinheiten. Das zeigt in besonderer Weise Frau Ehrensperger (geb. 1925) aus einer großbäuerlichen Familie, die das Interview folgendermaßen begann:

> Interviewer: Mich interessiert ihr Leben [E: Ja.] in Bezug auf Krankheit und Schmerz. [E: Ja.] Was können Sie denn über Schmerzen sagen?
> Frau Ehrensperger: Oh, ganz viel. [I: mh] Erstmal will ich Ihnen erklären, dass ich aus Jugoslawien Volksdeutsche bin. [I: Ja, aha, okay.] Und dann haben sie mich verschleppt nach Russland.

Frau Ehrensperger repräsentiert sich als jugoslawische Volksdeutsche, eine Identität, die auf einem Territorialkollektiv beruht, das nur noch symbolisch als historisches Artefakt identitär besetzt werden kann. Seine identitätsbildende Kraft besteht aber weiterhin und ist Ausgangspunkt und Aktualisierung ihrer Leidensgeschichte. Der sechsjährige Aufenthalt in einem Arbeitslager und die Zwangsarbeit in einem russischen Kohlebergwerk unter Tage bilden den Kern ihrer Erzählung über das Schicksal als „Volksdeutsche". Sie litt an Typhus, „hohes Fieber, anderthalb Monate und schwer gehungert [...] Nicht jeden Tag so'n Stückel Brot gehabt, sehr schwer war's. Die Hälfte [der Zwangsarbeiter] ist sicher tot geblieben." Die körperliche Markierung der Zwangsarbeit sind Knieschmerzen, die nun im hohen Alter auftreten und die die Erinnerung an ihre Leiden repräsentieren:

> Ganz viele sind gestorben. [...] Ich bin jetzt im 87. Lebensjahr, ein Geschenk, dass ich so alt geworden bin, hätte ich nicht gedacht, aber meine Knie sind kaputt. Nur 90 Zentimeter war die Lava hoch, uns Arbeiter immer kniend, immer kniend.

Vor dem Hintergrund dieser grauenhaften Erfahrungen – den Tod der mitgefangenen jungen Frauen ansehen zu müssen, ihre eigene lebensbedrohende Krankheit, die menschenunwürdige Arbeit – entfaltet sich ihre gesamte Biographie. Eine glückliche Kindheit und Jugend auf dem Land enden abrupt mit dem Einmarsch von Partisanen und der russischen Armee. Frau Ehrensperger berichtet von Vergewaltigung und Mord einer Frau in ihrem Alter. „Da haben wir Angst gehabt, haben wir immer versteckt nur gelebt." Die Deportation nach Russland kommt ihr nun fast wie ein Glück vor: „Da waren wir froh, dass wir nach Russland gekommen sind. […] Die han schwer draufgezahlt, die Mädchen [die daheim geblieben sind]."

Auch der kollektive Schutz des Heeres ist für die Soldaten nicht mehr gegeben. Die Einheit löst sich auf, jeder sucht sein eigenes Glück, um zu überleben. In der Regel folgt Gefangennahme und jahrelange Kriegsgefangenschaft. Manchmal sind es recht abenteuerliche Geschichten, die erzählt werden: Herr Reder (geb. 1920, Vater Offizier) kann mit seiner versprengten Einheit bis nach Österreich ausweichen. In den letzten Kriegstagen verstecken sie sich und besorgen sich Zivilkleidung, um der Kriegsgefangenschaft zu entgehen. Herr Reder schlägt sich allein bis Wien durch, wo er einem amerikanischen Offizier das Leben rettet, wofür er in der amerikanischen Armee angestellt wird.

Neben der Erzählung der kollektiven Solidarität steht das Motiv des Erfolgs der individuellen Selbstbehauptung. Unsere Interviewpartner berichten über Umstände, die ihnen das Leben erleichterten, über glückliche Zufälle und über Personen, die zufällig da waren und geholfen haben. Dabei wird auch die eigene Leistung herausgestellt; als Lebenstechniken der vorausschauenden Pfiffigkeit, eine Chance zu nutzen und sie herbeizuführen, des praktischen Mutterwitzes und der virtuosen Beweglichkeit in einer Welt des Chaos und des Zwangs. Es sind die Fähigkeiten, zur richtigen Zeit am richtigen Ort zu sein und sich gegen andere durchzusetzen. Eine solche Geschichte berichtet auch Frau Gerth: Sie möchte ihren in Russland verletzten Ehemann im Lazarett besuchen. Als sie dort ankommt, ist er bereits tot. Unter Tränen schildert sie, wie sie seinen Leichnam im siebten Monat der Schwangerschaft mit dem Lazarettzug nach Hause überführt.

Das Auflösen gesicherter Strukturen trifft alle Gefährdungsbereiche – nirgendwo ist man mehr sicher: Bombardierung der Städte, Flucht und Vertreibung in den Ostgebieten, Kampfhandlungen und die Besetzung durch die vorrückenden alliierten Armeen, der Verlust von Hab und Gut, Übergriffe und Vergewaltigung, Gefangenschaft und Zwangsarbeit, Kälte und Hunger. Mit dem Auflösen der sozialen Ordnung, insbesondere der staatlich-gesellschaftlichen Ordnung, sind alle Sicherheiten in Frage gestellt, insbesondere aber sind Leben und Überleben nicht mehr gesichert. Allein auf sich gestellt, ohne die Unterstützung anderer und ohne Hoffnung, lassen sich die Gefühle des Verratenseins und der Enttäuschungen, die

Demütigungen, die Ohnmacht sowie materielle und körperliche Deprivationen nur sehr schwer ertragen – der Lebenswille sinkt. Erinnert sei an kollektive Selbstmorde in den letzten Kriegstagen und an die Selbstmorde vieler Frauen während der Vergewaltigungswelle in den ersten Tagen der russischen Besatzung (vgl. Anonyma 2004, Huber 2015). Frau Kreuz (geb. 1935) Tochter eines Landwirts, der fünf Monate nach ihrer Geburt stirbt, leidet ihr gesamtes Leben daran, dass ihre Mutter von alliierten Soldaten vergewaltigt und umgebracht worden ist – sie selbst konnte sich verstecken. In der Familie der Tante konnte sie sich jedoch nicht einleben, fühlte sich entfremdet und rang mit Selbstmordgedanken. Allerdings schaffte sie es, zunächst als Novizin, später als Nonne, in einen Orden einzutreten und dort ihre neue Heimat zu finden. Trotz allem erholt sie sich Zeit ihres Lebens nicht von ihren Verlusten und leidet immer wieder an depressiven Episoden.

„Normale Anomie" und Familie

Es ist wichtig, darauf hinzuweisen, dass Überlebende der Kriegs- und Notzeiten interviewt worden sind. Personen, die nicht nur selbst viel Leid und Elend erfahren haben, sondern auch ganz unmittelbar das Sterben und den Tod ihrer Angehörigen und ihrer Leidensgenossen mitansehen mussten, manchmal völlig unvorbereitet und ohne etwas dagegen tun zu können. Ihr Leben war nicht nur durch die äußeren Umstände gefährdet, sondern auch durch mangelnde Unterstützung, fehlenden Zusammenhalt und durch das Gefühl, nicht mehr dazuzugehören. In diesen Momenten kann sich nur noch auf die Familie verlassen werden, in der sich das Schmerzerleben konkretisiert. Gerade in Notzeiten, wenn alles andere zerfällt, wird die Familie wieder zum Zentrum der Existenzsicherung und der Versicherung von Sicherheit (vgl. Thurnwald 1948). In den Wirren des Kriegsendes sind die Familien aber auseinander gerissen und drohen selbst zu zerfallen. Man weiß nicht, ob man jemals wieder zusammenkommen wird. Umso mehr wird versucht, den familiären Zusammenhalt aufrecht zu erhalten und den engsten Familienkreis um sich zu scharen. Es werden Geschichten von der Suche nach Familienangehörigen erzählt, von der geglückten Wiederkehr wie von traurigen Verlusten – und von beidem gibt es sehr markante und detaillierte Berichte. An ihrer Genauigkeit lässt sich ablesen, wie sehr sich diese Momente in Familienerinnerungen abgelagert haben und wie wertvoll sie sind. Erinnert sei an die gefahrvolle Fahrt von Frau Gerth zur Ostfront. Auch Frau Metzger weiß noch sehr genau, wie ihre Schwester, die als Flakhelferin eingesetzt war, heimgekehrt ist:

> Wir hatten einen Schrecken gekriegt. Sie hatte einen Militärmantel an, der bis auf die Erde reichte. Da kam sie dann bei Nacht und Nebel an. Sie waren

> zu Fuß von Hannover, [...] per Anhalter, wenn sie mal einen Militärkonvoi erwischten.

In der Nachkriegszeit reichten die offiziellen Zuteilungen von Nahrungs- und Brennmittel oftmals nicht zum Überleben aus, sodass die Familien zu illegalem Verhalten und zu Kriminalität gezwungen waren, etwa wenn mindestens eine Person für den Schwarzmarkthandel oder Kinder für den Kohlendiebstahl abgestellt wurden. Gesellschaftliche Institutionen arbeiteten nur noch dürftig, soziale Ordnung vollzog sich nur noch in einer „normalen Anomie" (am Beispiel Kassel: Dreßke / Göckenjan 2007). Die Funktionen der zusammengebrochenen großen gesellschaftlichen Institutionen wurden in den Familien aufgefangen, die als kleinere Einheiten flexibel genug waren, das Überleben zu sichern. In ihrer materialreichen Studie berichtet Thurnwald (1948) von den desolaten Zuständen der zerrissenen Berliner Familien, die durch Hunger und Kälte im strengen Winter 1946/47 zusätzlich auf die Probe gestellt wurden. Insbesondere die Frauen folgten, trotz der enormen Erschöpfung und des schlechten Gesundheitszustandes, ihrem Selbsterhaltungstrieb. Als Grund gaben sie immer an, dass sie sich für ihre Kinder und ihre Ehemänner verantwortlich fühlten, obwohl einige von ihnen Selbstmordabsichten hegten. Das eigene Leid wird hinter das Leid anderer zurückgestellt, denen es noch schlechter geht. Sogar Krieg führt nicht zum kompletten Zerfallen der Gemeinschaften – sie sind Krisen zweifelsohne ausgesetzt, aber sie bleiben zumindest teilintakt. Familien werden zu Überlebensgemeinschaften, in denen Handlungsspielräume ausgenutzt und organisiert werden. Es geht um Existenzsicherung und um das nackte Überleben, um Anpassung an den Mangel und an äußere Zwänge. Auch diese Zeit hinterlässt ihre Markierungen im Körper. Bei Frau Eder (geb. 1922, Vater Fabrikarbeiter) hält der Ehemann eine Erklärung für die Schmerzen bereit: „Das war auch, weil du Schwellen gesägt hat." Frau Eder wehrt im Interview bescheiden ab: „Na ja, das war mal, Horst." Sie erklärt der Interviewerin: „Mein Mann sagt, ich bin so verrückt gewesen, ich habe sogar Eisenbahnschwellen durchgesägt, damit wir Brennholz hatten."

Risse und Kontinuitäten

Sowohl in zeithistorischer als auch in biographischer Perspektive ist davon auszugehen, dass ein Riss die Lebensgeschichte der Kriegsgenerationen teilt. Heinz Bude (1987: 9) schreibt über die Flakhelfergeneration:

> Die persönliche Geschichte eines jeden von ihnen ist in besonderer Weise durchdrungen von gesellschaftlicher Geschichte. Durch ihr Leben geht ein historischer Riss: 1945, der „Zusammenbruch", die „Stunde Null". Sie waren

> zwischen 15 und 19 Jahre alt. Die meisten von ihnen kamen in Kriegsgefangenschaft. […] Vorangegangen waren die Sozialisationserfahrungen im faschistischen Staat, in der Schule, im Jungvolk, in der HJ, die gipfelten in dem Aufruf, als die „letzten Helden des Führer" das Vaterland gegen die Übermacht der Feinde zu verteidigen. Schließlich brach das System zusammen, in dem sie groß geworden waren. Sie mussten sich zurechtfinden zwischen den Trümmern, in einem kulturellen Niemandsland.

Der biographische Riss, wenn man schon davon sprechen will, ist allerdings nicht ausschließlich auf den 8. Mai 1945, dem Kriegsende, datiert. Das ist lediglich das retrospektiv zugewiesene politisch-gesellschaftshistorische Symboldatum. Auch – und besonders – nach dem Kriegsende wurden die Kämpfe ums Überleben weitergeführt, wie etwa der eindrucksvolle Forschungsbericht von Thurnwald (1948) zeigt. In den einzelnen Biographien wurden Risse schon vorher erfahren, als sich für selbstverständlich gehaltene Sicherheiten aufgelöst haben, jeder auf sich allein gestellt war und – wenn man Glück hatte – nur noch Schutz im Schoß der Familie gefunden hat. Prägend für den biographischen Riss sind zum einen Enttäuschung, Verluste, Desillusionierung, Erniedrigung und Demütigung, die das alte Leben unmöglich machen. Zum anderen muss auch um das Überleben gekämpft werden und man kann sich mit den demütigenden Erfahrungen nicht weiter beschäftigen. Diejenigen, die dies getan haben, sind möglicherweise auch daran gestorben. Der Lebenswille verlangt geradezu, die eingekörperten Erfahrungen der in der Kindheit gelernten Tugenden und der harten, unmenschlichen Notzeiten zu aktualisieren und daran Schmerzen zu relativieren. Man hat immer noch seinen eigenen Körper, der sowohl den politischen und zeithistorischen Riss repräsentiert, aber in dem man auch weiterlebt und der Erfahrung kontinuiert. Dies illustriert die Geschichte von Herrn Peter (geb. 1924, Vater Bankangestellter):

Herr Peter wehrt sich erfolgreich im Lazarett gegen die Amputation seines Fußes und setzt sich gegen den behandelnden Arzt durch. Die Schmerzen im Fuß sind geblieben, aber im Nachhinein markieren sie den erfolgreichen Kampf um seine körperliche Integrität. Er hat eben nichts „Künstliches". Schmerz repräsentiert, was im Leben passiert und wie es gemeistert wird: als Versuch, eine kohärente Biographie herzustellen und gleichzeitig ihren Bruch und die erfahrene Demütigung. „Da nutzte mir auch das Silberne Verwundetenabzeichen und das EK 1 nichts." Herr Peter schließt an seine Jugend an, um diesen Bruch gleichsam zu kitten, aber auch sichtbar zu machen: „Ich war mal als junger Mensch, fünfzehn, sechszehn Jahre, war ich im 1000-Meter-Lauf in Köln, war ich mal Gaumeister. Schnell war ich nie so besonders, aber ausdauernd."

In der Retrospektive reicht die katastrophisierende Deutung des Schmerzes als „zerstörerisch" keineswegs aus. Das Wissen um das Ausgestandene formiert sich als Schmerzen, mit denen die zerstörerischen Erfahrungen gebündelt werden und die dann in der Form geteilter Schmerzen eine Sinnstiftung erfahren. Der ausgehaltene und verstandene Schmerz stiftet biographische Kontinuität und verleiht Identität und Identifikation. Biographische Kontinuität, die durch biographische Kollektive gewährleistet wird, trägt entscheidend zum Schmerznormalisieren bei.

4 Schmerz als Alltag

Kontinuität in Belastungskollektiven

Schmerzen und Belastungen müssen irgendwie in den Alltag eingehen und dort selbstverständlich gemacht werden. So erstaunt es vielleicht gar nicht, dass in den Interviews Schmerzepisoden nach der unmittelbaren Nachkriegszeit kaum angesprochen wurden und die Befragten sich selbst auf Nachfrage der Interviewer kaum daran erinnerten. Es gibt wenige Berichte von prägnanten Episoden, von Wendepunkten oder von Konflikten. Selbst die Geburtsschmerzen hielten die Frauen nicht für besonders erwähnenswert. Die Härten der Kindheit, die auch meist als glücklich gesehen wurde, die Notzeiten und Verluste wurden dagegen gut erinnert sowie dann wiederum die aktuellen Situationen als Patienten einer geriatrischen Abteilung. Tradiert haben sich allerdings die allgemeinen Einstellungen, wie bei Herrn Kleinke:

> Wir waren abgehärtet. [...] Wir haben das nicht so empfunden. Was willst du denn machen? Da musst du durch, das ist so. Wenn man mal irgendwas hat, eine Krankheit, und dann sagt man: „Na ja, du darfst drei, vier Tage liegen und dann ist das wieder vorbei." Da musst du durch.

Die Disziplinierung des ertüchtigten Körpers steht in der Verpflichtung an das Soldatenkollektiv. Die Anforderungen des Soldatenseins werden eingekörpert und zum Körperwissen, das über das ganze Leben hinweg aktualisiert wird. Scheinbar überschatten die außerordentlichen Erfahrungen, insbesondere der Kampf um das Überleben, alle anderen nachfolgenden Ereignisse: Schlimmer, als man es damals erlebt hat, kann es nicht mehr kommen. Der Körper hat sich gestählt, der Geist ist abgeklärt. Es wird auf klassische Tugenden rekurriert: Pflichterfüllung, Fleiß, Ehrlichkeit, Pünktlichkeit, aber auch auf Durchhaltevermögen, Tapferkeit und Abhärtung. Die Zeiten nach 1950 sind durch den eigenen sozialen Aufstieg und dem Streben nach Normalisierung gekennzeichnet, die gesellschaftlich in die Zeit des Wirtschaftswachstum und des erfolgreichen Wiederaufbaus fallen (Bude 1987). Insbesondere sind auf diesen Erfolg diejenigen stolz, die alles verloren und sich in der Bundesrepublik neu angesiedelt haben.

Die Erfahrungen der Notzeiten werden regelmäßig in Belastungskollektiven, insbesondere in der Familie, aktualisiert, deren Mitglieder Ähnliches erlebt haben. Diese Erfahrungen bleiben Zeit ihres Lebens in selbstverständlichen, mitunter auch verstohlenen Gesten Gegenstand kollektiver Erinnerung. Hier einige Beispiele:

Frau Ehrensperger bildet eine Schicksalsgemeinschaft mit ihrem Ehemann, einem Ungarndeutschen. Sie lernen sich im Zwangslager kennen und vereinbaren, sich nach ihrer Entlassung in Deutschland zu treffen und heiraten.

Frau Gerth heiratet in zweiter Ehe einen ehemaligen Wehrmachtssoldaten. Jedes Jahr besucht sie zum Todestag mit ihrer Tochter das Grab des ersten Mannes. Bei der Hochzeit der Tochter legt diese ihren Brautstrauß am Grab nieder.

Herr Kleinke, der im Krieg verletzt wurde, treibt regelmäßig Sport in einem Kriegsversehrtenverein. In dieser Gruppe lebt die Kollektivzugehörigkeit weiter: „In jeder Woche hatten wir drei Abende, es war schön, es war eine gute Kameradschaft, waren meist alles ehemalige Soldaten."

In Erinnerungsritualen und Körperpraktiken speichern und vergegenwärtigen sich die kollektiven Erfahrungen der Kriegsgeneration in ihrem Belastungskollektiv. Die Belastungskollektive bestehen weiter und geben Sicherheit und Orientierung auch nachdem die Notzeiten vorüber sind. Sie bestätigen und tradieren das Erfahrene in den Zeiten des Wohlstandes. In den Interviews werden Partner oder Geschwister angeführt, die ebenfalls über einen ähnlichen lebensweltlichen und historischen Erfahrungshorizont verfügen, nicht zuletzt, um Schmerzen evident zu machen. Mit ihren Haltungen unterscheiden sich die Frauen kaum von den Männern.

Belastung als Schmerzpräventiv

Die Erinnerungs- und Körperpraktiken verdeutlichen das Exzeptionelle des Erfahrenen. Gleichzeitig normalisieren sie den Schmerz und machen ihn ertragbar. Beides zeigt sich im Erstaunen der Befragten über das, was sie ausgehalten haben. Das Exzeptionelle darf jedoch auch nur in besonderen Situationen zum Tragen kommen, wie zu Jahrestagen oder eben in einem Interview. Veralltäglicht werden die Schmerzen in Arbeit und körperlicher Aktivität, wo sie ihr Gegenüber finden. Darin sind unsere Interviewpartner in ihrer Kindheit sozialisiert worden.

Im Alter von 60 Jahre hat Frau Kraft (geb. 1929, Vater Zimmermann) einen Unfall und seitdem starke Schmerzen im Arm. Trotzdem hält sie drei weitere Jahre durch, um eine angemessene Rente zu erhalten. Sie berichtet von ihrer schweren Fabrikarbeit: „Oh, ich kann ihnen sagen. Jedes Mal, wenn ich den Wickler einlegte, da konnte ich nicht mehr. Aber ich wollte gerne voll machen bis 63." Arbeit, wenngleich nicht die harte Arbeit, ist Mittel zur Schmerzbekämpfung. Stillstand und Ruhe bedeuten nur noch mehr Schmerzen. Bewegung und Arbeit, auch Gartenarbeit, sind ein Präventiv für Schmerzen. Ruhe, insbesondere Bettruhe, verstärkt dagegen Schmerzen. Frau Kraft sagt: „In der Woche ging es flott, sonnabends und sonntags hatte ich dann meine Weh-Wehchen. Immer, wenn ich zur Ruhe kam."

Tätigsein lenkt die Aufmerksamkeit auf das Getane und nicht auf den eigenen Körper. Diese Einstellung der Tätigkeit, Verantwortung und Aktivität bleiben bis ins hohe Alter bestehen: Man trägt Sorge für Ehepartner und Enkel, hält den Haushalt in Schuss und kümmert sich um den Hund. Insbesondere die Gartenarbeit bietet eine typische Identifikation für das Gefühl, gebraucht zu werden, wie bei Frau Heiderich (geb. 1938, Vater Maschinenbauschlosser):

> Ja, man kann doch nicht wegen jedem bisschen nichts tun. Das läuft doch nicht. Wenn sie einen Garten haben, dann müssen sie was tun. Da kann man keine Schmerzen vorschieben und sagen, die Kartoffeln bleiben heute mal länger drin, bis morgen. Das geht nicht.

Der eigene Garten ist keine reine Freizeitbeschäftigung, sondern knüpft an Notzeiten an und symbolisiert noch die Reste der älteren Überlebensvorstellung. Gleichzeitig erinnert der Garten auch an die Kindheit. Er ist ein Symbol für Geschaffenes, für Autonomie, seine Ernte ist Ausdruck für Leistung und Anerkennung, in denen die Anstrengungen und Schmerzen aufgehen.

Das Alter ist besonders anfällig für Schmerzen, man wird gebrechlich, Krankenhausaufenthalte häufen sich und Verletzungen heilen nicht mehr so schnell wie in jüngeren Lebensaltern. Gebrechlichkeit aber ist die Not der Inaktivität und eine Krise des Bewegungsregimes des Alltags. Damit besteht die Gefahr, dass Schmerz nicht mehr relativiert wird. Tatsächlich müssen sich Hochaltrige der Herausforderung stellen, sich immer weniger bewegen zu können, ihren Handlungsradius einzuschränken und körperliche Fähigkeiten einzubüßen. Unsere Informanten sind klug genug, von den Gefährdungen der Körperschonung zu wissen, auch darin zeigt sich ihre Lebenstechnik: Herr Diener (geb. 1924, Vater Arbeiter) wägt zwischen Bequemlichkeit und Anstrengung ab:

> Treppensteigen, versuchen soweit wie es geht. [...] Aber die Bequemlichkeit nimmt langsam überhand. Warum laufen, wenn es auch anders geht? Aber es ist verkehrt, das weiß ich. Ich versuche, möglichst auch zu Hause etwas spazieren zu gehen. Aber wenn es möglich ist, habe ich dann meine Runde und meine Kollegen, mit denen ich dann zusammen bin.

Das eingekörperte Wissen der starken Erfahrungen wird reaktiviert und schützt vor aufdringlicher Schmerzaufmerksamkeit. In der zunehmenden Gebrechlichkeit wird die ältere Orientierung auf Not und Krise erinnert und so der Körper historisch und biographisch kontextualisiert: Unsere Interviewpartner verweisen auf den Krieg, wenn sie in der aktuellen Situation als Patienten einer geriatrischen Station auf ihre Schmerzen und Krankheiten angesprochen werden. Damit relativieren sie ihre aktuellen Schmerzen: Man hat schon Schlimmeres durchgestanden. Es sind aber nicht nur diese Ereignisse, auf die verwiesen werden, es sind auch die Hinweise auf die Kollektive, in denen Schmerzen ertragen worden sind, dass es anderen genauso ging oder noch schlechter. Auch in der Rehabilitation wollen sie nicht „wie ein rohes Ei" behandelt werden, beschwert sich Herr Kleinke, der schon Schmerzhafteres im Krieg erlebt hat.

In den Lebenserfahrungen lagern sich Körperschichtungen und Körpererinnerungen ab, die im Alter abgerufen werden. Insbesondere dann, wenn wieder eine Notsituation besteht: Die ehemals kollektiv erlebten Krisen werden als biographische Krisen aktualisiert und damit auch die Fähigkeit reaktiviert, sich an schwierige Umstände anzupassen. Anstrengende Gangübungen und Treppensteigen werden mit Ernst betrieben und man distanziert sich mit Humor. Das ist das Bewegungsregime der pfiffigen Techniken des wendigen Körpers, um weiterzumachen und nicht aufzugeben. Das zentrale Motiv ist auch hier wieder der Leistungscode. Im Umgang mit Krankheit und Gebrechlichkeit schließen unsere Informanten an das an, was sie schon kennen und was schon einmal geholfen hat: Weitermachen und Normalität so weit wie möglich aufrechterhalten. Die Motive sind Kontinuität und Gebrauchtwerden. Verständigt wird sich über Schmerzen durch die Fähigkeit, Bewegungen auszuüben, über Können und über Körpertechniken. Schmerz wird dem Bewegungsregime des Alltags untergeordnet.

Diese robuste Einstellung gegenüber Schmerzen ist integriert in Vorstellungen über den alternden Körper. Genauso, wie der junge Körper des Kindes und des Jugendlichen wächst, sich aufbaut, widerstandsfähig und flexibel ist, ist der alte Körper durch seinen zunehmenden Verbrauch gezeichnet. Der alternde Körper ist endlich und wird immer weniger, seine Kräfte sind begrenzt, man spürt ihn unangenehm und er wird zunehmend unbeweglich.

Frau Pfalz (geb. 1924, Vater Beamter) hat jahrelang als Kellnerin im Restaurant ihres Ehemannes gearbeitet und musste schwer heben. Regelmäßig ließ sie sich Schmerzspritzen geben und arbeitete weiter. Sie sieht: „Dass [der Schmerz] mit dem Alter zu tun hat auch. Wenn man jünger ist, dass alles besser heilt […] man ist widerstandsfähiger, ne?" Das Leben hinterlässt seine Spuren, verlangt seinen Tribut und Belastungen zeichnen sich ab. Das Gegenwärtige reproduziert sich durch das Vergangene. Der Körperverbrauch ist die Quittung für die Lebensleistungen, deren Bilanzierung derart zur Körperbilanzierung wird. Frau Gerth führt ihren verstorbenen zweiten Ehemann an, als sie über ihre Schmerzen spricht: „Ja, ich dachte: ‚Was hast du bloß?' Und dann hat mein Mann immer gesagt: [...] ‚Du hast zu viel gearbeitet, deshalb [...] sind die Knochen ruiniert.'„

Schmerz ohne Gegenüber

Dass Belastungskollektive und Aktivität eine große Bedeutung für die Relativierung von Schmerzen haben, lässt sich an Befragten zeigen, die eben nichts mehr zu tun haben, nicht mehr in der Lage sind, etwas zu tun oder bei denen die Bestätigung der signifikanten Anderen fehlen. Hier fehlen das Korrelat für die Schmerzen und das Gegenüber, in das Schmerzen eingehen können. Die Betreffenden sind auf sich selbst zurückgeworfen, was zu einer Krise der biographischen Körperbilanzierung führt. Die Schmerzen werden „zerstörerisch", weil die materiellen Deutungsfolien des tätig Geschaffenen und die Anerkennung fehlen. Ein solcher Fall repräsentiert die Schmerzkarriere von Frau Weyer (geb. 1923, Sachbearbeiterin):

Frau Weyer „hatte immer mal Schmerzen", die erfolgreich und ganz alltagsweltlich mit Krankengymnastik behandelt worden sind. Diese Schmerzen sind nichts Außergewöhnliches. Das ändert sich: Nach einer falschen Bewegung wird in der Orthopädie eine „marode Wirbelsäule" festgestellt, was sie nicht verstehen kann: „Es ist zu viel kaputt plötzlich. Ich wüsste nicht, was ich verkehrt gemacht habe." Sie wird mit Infiltrationen behandelt und ist plötzlich schmerzfrei. Zu Hause kommen die Schmerzen wieder. Durch das Etikett „maroder Rücken" bekommen die Alltagsschmerzen, die nebenbei mitlaufen, nun endgültig eine generalisierte Aufmerksamkeit. Sie sagt: „Vorher habe ich nie etwas gemerkt. Nie etwas. Wenn die Wirbelsäule nun so marode sein soll auf einmal, dann wundert mich das eben sehr, dass sich das eben jetzt erst bemerkbar macht." Frau Weyer klagt nun andauernd und der Ehemann hält ihr Jammern nicht mehr aus. Nach mehreren Krankenhausaufenthalten wird sie zur „absoluten Schmerzpatientin". Das Ehepaar lebt in einer Einrichtung des betreuten Wohnens und wird zweimal täglich von einer Pflegekraft versorgt: „Ich bin ein bisschen verwöhnt durch meine Unterkunft", gibt Frau Weyer zu. Die Pflegekräfte auf der Geriatrie vermuten: „Sie will, dass wir alles machen, aber sie kann das" und die Beobachterin wird aufgefordert, Frau Weyer „nicht zu verwöhnen". Gemeint ist die selbstständige Verrichtung der Morgenpflege. Frau Weyer nimmt nicht die Rolle der hochmotivierten geriatrischen Patientin ein, die immer auch eine Zumutung ist.

Mit der Medikalisierung der Schmerzen, insbesondere der ungewohnten, invasiv-technischen Behandlung, die eben nicht die Motive von Aktivität und Bewegung aufnimmt, sind die Schmerzen auch nicht mehr mit den Sinndeutungen von Biographie und kollektiven Anbindung verknüpft. Auch im Alltag ist die Orientierung auf Aktivität und Bewegung kein Handlungsmotiv mehr. Die Notwendigkeit zur selbständigen Lebensführung besteht nicht weiter, vor allem, wenn man sich nicht mehr um Angehörige, den Haushalt, den Hund oder einen eigenen Garten kümmern muss. Damit fehlen aber auch die Motivationen, sich den Zumutungen und Härten des gebrechlich werdenden Körpers zu stellen, die bedeuten, Schmerzen zu ertragen und zu überwinden. Frau Weyer sieht sich in einer passiven Krankenrolle, es wird der Schonkörper trainiert und die Schmerzaufmerksamkeit verstärkt.

Das Fallbeispiel zeigt sehr eindringlich, welche Gefährdungen im Nutzen von Hilfsmitteln, im Leben in geschützten Räumen und vor allem in der Medikalisierung der Schmerzen liegen. Es wird eine Bequemorientierung unterstützt und ein Bequemkörper trainiert. Wenn Barrieren weggenommen werden, werden auch Fähigkeiten verlernt, überhaupt Barrieren zu überwinden. Und man mag sich fragen, woher überhaupt die Schmerzen kommen – gibt es doch keine Widerstände für den Körper und kein materielles Gegenüber für diese Schmerzen. Die medizinischen Behandlungen figurieren Schmerzen als eigene Entitäten, die zwar zum Körper gehören (weil sie dort gefühlt werden), aber doch gegenüber dem Körper ein Alleinstellungsmerkmal haben – Frau Weyers Bequemkörper wird auch zum Schmerzkörper. Im weiteren Behandlungsverlauf lässt sich diese Fehlsteuerung nicht rückgängig machen. Die Vulnerabilität für die schmerzmedizinischen Sichten und damit für die Medikalisierung der Schmerzen hat ihren Ursprung in den fehlenden lebensweltlichen, biographischen Erklärungen ihrer Schmerzen in ihrer aktuellen Lebenssituation. Die Schmerzen, die immer schon da waren, können sich nicht beweisen. Sie drängen sich auf und verlangen eine Aufmerksamkeit, die nicht durch die Umgebung oder durch biographische Bestätigung relativiert wird. Schmerz ohne Rechtfertigung wird zur reinen leeren Klage. In den Versorgungseinrichtungen werden diese Patienten als Schmerzpatienten geführt, denen nicht geholfen werden kann. Die nicht verstandenen Schmerzen treiben in die medizinische Versorgung, in der diese Schmerzen auch nicht verstanden werden.

Der Umgang mit Schmerzen wird problematisch, wenn unterstützende Kollektive und Alltagsfähigkeiten nicht mehr greifen. Für viele unserer Interviewpartner ist der biographische Resonanzraum der verstehenden signifikanten Anderen verloren bzw. prekär geworden. Der Ehepartner ist gestorben, der Freundeskreis aufgelöst, die Kinder besuchen selten und die Pflegerinnen des Pflegeheims interessieren sich nicht für die Lebenserzählungen. So wie bei Frau Ehrensperger, deren Knieschmerzen sich, nachdem ihr Ehemann verstorben war, verschlimmert haben. Bei ihr repräsentieren Schmerzen jedoch bedeutungsvolle biographische Phasen des Leidens und des Überstehens. Das schützt vor einer Schmerzkarriere. Das biographisch Erfahrene wird durch Schmerzen markiert und materialisiert sich in den Schmerzen. Schmerzen erhalten aber erst diese Bedeutung, wenn sie ein Gegenüber finden, dass sie versteht, denn hier haben sie einen Sinn, sogar eine Funktion, nämlich Biographisches als Leistung sichtbar zu machen und Vergangenes gegenwärtig zu halten. Der Körper ist ein Erinnerungsort, aber auch ein Ort sozialer Praxis. Das kann er aber nur sein, wenn er erfahren wird, und das heißt, wenn er aktiv ist.

5 Lebensschmerz und Belastungskollektive

Die Kriegsgeneration versteht Schmerzen nicht nur als körperlich und nicht nur als zerstörerisch, sondern umfassender als Leid – Leid an den schwierigen Verhältnissen und an Verlusten. Leid ist dabei nicht abstrakt-philosophisch verstanden, sondern hat seine konkreten Markierungen am Körper hinterlassen, mit denen das Leben gedeutet werden kann – deshalb auch die Konzeptionierung des Lebensschmerzes. Schmerzmarkierungen werden in der Retrospektive durchaus positiv gedeutet, als Mitgliedschaft, als Aushalten, als Auszeichnung und als Überleben. Denn vieles, was es nicht mehr gibt, findet seinen Niederschlag in den Deutungen des Körpers: das Haus der Kindheit in Schlesien, verlorene Familienangehörige, die Firma, in der jahrzehntelang gearbeitet wurde oder der Ehepartner. Aber vieles konnte auch neu aufgebaut werden, trotz der Verluste. Aushalten kann zu Anerkennung und Gratifikation führen und bedeutet nicht zuletzt die Mitgliedschaft in einem Kollektiv, dessen Werte und Normen geteilt werden. Lebensschmerzen sind die Form der Verkörperung in den biographischen Selbstdarstellungen. Symbolisierungen verlangen auch immer nach materiellen Substraten – das ist in diesen Fällen der eigene Körper, an dem Biographie und Lebenserfahrung gespürt und erinnert werden. Dabei suchen die Hochaltrigen trotz ihrer robusten Haltung keinen Schmerz, der unangenehm und zu vermeiden ist, und natürlich wird auch gejammert. Aber Schmerz bietet eben auch den Stoff für die Auseinandersetzung mit dem eigenen Leben.

Dieses ältere Schmerzverständnis wendet sich gegen zwei neuere Entwicklungen: gegen den „Mythos der zwei Schmerzen", den Morris (1994, S. 20) kritisiert, sowie gegen die medizinische Vorstellung der Schmerzen als Krankheit. Die Hochaltrigen machen keinen Unterschied zwischen „psychischen" und „physischen" Schmerzen. Diese Dichotomie hierarchisiert Schmerzen nach ihren Bedeutungszuweisungen der psychischen Schmerzen, die schlimmere Wunden als physische Schmerzen hinterlassen und nur schlecht oder gar nicht heilbar sind. Die Zerlegung in hierarchisch geordnete Schmerzbereiche des Geistes und des Körpers fordert ihre „Behandlungsbedürftigkeit" und den Verweis an Experten. Die Hochaltrigen sehen Schmerzen dagegen tatsächlich „ganzheitlich“ und zwar als Inkorporieren und Erfahren des Sozialen. Schmerzen sind nicht nur dem persönlichen Erfahrungsraum zugänglich, vielmehr transzendieren sie Subjektivität und ermöglichen Gemeinschaft. Nur wenn der Schmerz nicht mehr in den sozialen Anbindungen sein Gegenüber findet, wird zur Dichotomie von physischen und psychischen Schmerzen übergegangen, werden Schmerzorte und Schmerzintensitäten seziert und Schmerzaufmerksamkeit trainiert. Für alle möglichen Belastungen werden schließlich Schmerzursachen zugewiesen, die dann – mitunter als Krankheit diagnostiziert – zu behandeln sind.

Schmerz aber ist Alltag und dokumentiert Alltagsfähigkeit, womit die Deutung als Leistungsschmerz angesprochen ist. Leistungsschmerz wird entsprechend der Normen von Belastungskollektiven sozialisiert, ausgehalten, ausgedrückt und sanktioniert. Der Körper und das zugehörige Gefühlskostüm werden so formiert, dass milieutypischen Anforderungen nachgekommen und Tätigkeiten durchgeführt werden können. In diesem Gleichklang der Körper und der Körpererfahrung erfährt sich der Einzelne als bedeutendes Mitglied der Gruppe. Insofern repräsentieren Schmerzen auch den symbolischen Kosmos von Gruppen (Zborowski 1969). Das Korrelat der Leistungsschmerzen ist das Geschaffene und das Erfüllen des Erwarteten. Das Nichtertragen von Schmerzen drückt die Unfähigkeit aus, Leistungsanforderungen zu erfüllen – wie auch immer diese Unfähigkeit begründet sein mag. Der Einzelne läuft Gefahr, aus der Gruppe ausgeschlossen zu werden – zumindest sich in einer Randposition zu befinden – oder sucht sich andere Gruppen, mit denen er sich identifizieren und deren Schmerz- und Leistungsnormen er teilen wird.

Von diesen Leistungsschmerzen grenzen sich Verlustschmerzen ab, die existentieller Natur sind und die die Hochaltrigen als Kollektiv in den 1940er Jahren erfahren und die im kollektiven Gedächtnis weitergelebt haben. Der Zweite Weltkrieg und seine Folgen haben menschliche Verluste gefordert – den Tod naher Angehöriger und von Leidensgenossen sowie den Anblick und das eigene Ertragen von Elend und Leid. Desorganisation, Anomie und Zerstörung haben sich als Komplettverlust sozialer Erwartbarkeiten, Vertrauen und Sicherheit ausgewirkt. Der Verlustschmerz kennt keinen Ausweg in andere Kollektive, er ist alternativlos. Nur das Überleben – das eigene und das der Allernächsten – bildet sein Korrelat, was als bedeutende Leistung dargestellt wird. Während der Leistungsschmerz unmittelbar in der Leistungssituation auftritt, später vergeht und im Alltäglichen aufgeht, tritt der Verlustschmerz erst im Nachhinein auf, wenn die Lebensgefährdung vorüber und das Überleben gesichert ist. Es ist ein Schmerz der Erinnerung und der Heilung sozialer Wunden. Der kollektiv erlebte Verlustschmerz schweißt im Nachhinein Individuen zusammen. Dazu braucht es wenige Gesten; es reicht das geteilte Wissen um das Durchstandene, das im Schmerz eingekörpert wurde. Der Rückzug ins Private der Kriegsgeneration (Schelsky 1962; Bude 1987) ergibt sich nicht zuletzt auch durch Intensität und Stärke der eingekörperten Verlusterfahrungen und ist nicht einzig nur auf Resignation, Demütigung und Schuld zurückzuführen.

Vor dem Horizont der Verlust- und Leidenserfahrungen werden alle anderen Schmerzen relativiert; dieses bezieht sich auch auf die eigenen Krankheiten oder auf den Tod naher Angehöriger im späteren Leben. Insofern spielen die persönlichen Tragödien des normalen Kummers, der Trauer und der Härten des Lebens in den Darstellungen des Erwachsenenlebens der Hochaltrigen eine untergeordnete Rolle. Das individuell Erlebte verblasst hinter der kollektiven Erfahrung. Die Überlebenden der Kriegsgeneration haben sich und andere nicht geschont – das ist oftmals kritisiert worden und Gegenstand von Generationskonflikten. In der Lebensphase der Hochaltrigkeit spüren die Angehörigen der Kriegsgeneration nun mit der zunehmenden Gebrechlichkeit und kurz vor dem Sterben vielleicht zum zweiten Mal sehr konkret die Vergänglichkeit der eigenen Körper. Insofern ist es kein Wunder, dass sie in ihrer Bilanzierung auf die Fähigkeiten des Überlebens zurückgreifen und diese Erinnerungen aktualisieren. Viele von ihnen sind mit dem Existentiellen des Lebens vertraut, kennen dessen Grenzen und haben schon über seine Abgründe geschaut. Die sozial geteilte Erfahrung des Überlebens, also etwas überstanden zu haben und dieses auch kollektiv zu teilen, bietet eine ontologische Sicherheit, die jüngeren Generationen, die in Sicherheit aufgewachsen sind, nicht mehr beschieden ist (vgl. Giddens 1993), weil die Übung in Unsicherheit fehlt.

Literatur

Abraham, Anke (2002). *Der Körper im biographischen Kontext.* Wiesbaden: Westdeutscher Verlag.

Anonyma (2004). *Eine Frau in Berlin. Tagebuchaufzeichnungen vom 20. April bis 22. Juni 1945.* Frankfurt a. M.: Eichborn.

Baszanger, Isabelle (1992). Deciphering chronic pain. *Sociology of Health and Illness 14,* 181-215.

Bourdieu, Pierre (1982). *Die feinen Unterschiede.* Frankfurt a. M.: Suhrkamp.

Bude, Heinz (1987). *Deutsche Karrieren.* Frankfurt a. M.: Suhrkamp.

Dreßke, Stefan (2012). Ars moriendi nova – eine Kultur- und Gesellschaftstechnik der Sterbekontrolle. In: Daniel Schäfer, Christoph Müller-Busch & Andreas Frewer (Hrsg.), *Ars moriendi heute?* (S. 191-194). Stuttgart: Franz Steiner

Dreßke, Stefan & Göckenjan, Gerd (2007): Kasseler Diakonissen – soziale Arbeit und Krankenpflege in der 2. Hälfte des 20. Jahrhunderts. In: Jürgen Krauß, Michael Möller & Richard Münchmeier (Hrsg.), *Soziale Arbeit zwischen Ökonomisierung und Selbstbestimmung* (S. 637-678). Kassel: Kassel University Press.

Giddens, Anthony (1993). *Modernity and self-identity.* Stanford: Stanford University Press.

Göckenjan, Gerd, Dreßke, Stefan & Pfankuch, Olivier (2013): Pfade in der orthopädischen Schmerzversorgung. *Der Schmerz 27*, 467-474.

Grundmann, Matthias & Hoffmeister, Dieter (2007). Ambivalente Kriegskindheiten. Eine soziologische Analyseperspektive. In: Frank Lettke & Andreas Lange (Hrsg.), *Generationen und Familien*. (S. 270-296). Frankfurt a. M.: Suhrkamp.

Hirschauer, Stefan (2004). Praktiken und ihre Körper. In: Karl H. Hörning & Julia Reuter (Hrsg.*), Doing Culture. Neue Positionen zum Verhältnis von Kultur und sozialer Praxis. (S. 73-91).* Bielefeld: transcript.

Hirschauer, Stefan (2008). *Körper macht Wissen – Für eine Somatisierung des Wissensbegriffs.* In: Karl-Siegbert Rehberg (Hrsg.): *Die Natur der Gesellschaft. Verhandlungen des 33. Kongresses der DGS in Kassel* Band 2 (S. 974-984). Frankfurt a. M.: Campus..

Huber, Florian (2015). *Kind, versprich mir, dass du dich erschießt. Der Untergang der kleinen Leute 1945.* Berlin: Berlin Verlag.

Kaufmann, Jean-Claude (1999). *Das verstehende Interview.* UVK: Konstanz.

Keller, Reiner & Meuser, Michael (2011). Wissen des Körpers – Wissen vom Körper. In: Michael Meuser & Reiner Keller (Hrsg.), *Körperwissen*. (S. 9-27). Wiesbaden: VS.

Le Breton, David (2003). *Schmerz*. Zürich: Diaphanes.

Mauss, Marcel (1982). Körpertechniken. In: Marcel Mauss, *Soziologie und Anthropologie 2* (S. 199-220). Frankfurt a.M,: Fischer.

Mannheim, Karl (1964, org. 1928). Das Problem der Generationen. In: Karl Mannheim, *Wissenssoziologie*. (S. 509-565). Berlin.

Meuser, Michael (2006). Körper-Handeln. Überlegungen zu einer praxeologischen Soziologie des Körpers. In: Robert Gugutzer (Hrsg.), *body turn*. (S. 95-116). Bielefeld: transcript.

Morris, David (1994*). Geschichte des Schmerzes*. Frankfurt a. M.: Fischer.

Peller, Anni (2003). No pain, no gain. Zur Verbesserung sozialer Chancen durch das Ertragen von Schmerz. *afrika spektrum (38)*,197-214.

Pfankuch, Olivier (2014). *Schmerzkarrieren und Schmerzidentitäten*. Kassel: Kassel University Press.

Schelsky, Helmut (1962). *Die skeptische Generation*. Düsseldorf: Diederichs.

Strauss, Anselm (1994). *Grundlagen qualitativer Sozialforschung*. München: Fink.

Thurnwald, Hilde (1948). *Gegenwartsprobleme Berliner Familien*. Berlin: Weidmannsche Verlagsbuchhandlung.

Zborowski, Marc (1969). *People in pain*. San Francisco: Jossey-Bass.

Kollektiver Eigensinn oder Selbstbehinderung?

Das umstrittene Körperwissen der Anorexie[1]

Anja Schünzel und Boris Traue

1 Anorexie: Die Kultivierung von Vergänglichkeit im Jugendalter

Die Anfälligkeit des menschlichen Körpers für Krankheit, Einschränkung und Behinderung verliert mit dem ‚Fortschritt' der Humanwissenschaften in ihrer modernen Gestalt den Anschein ihrer Unvermeidlichkeit. Mit der Aktualisierung des seit der Antike gepflegten Wissens um die Möglichkeit der gesundheitlichen Selbstsorge kommt der eigenverantwortlichen Gesundheitspflege im 18. und 19. Jahrhundert immer mehr Bedeutung zu. In einer Gesellschaft der ‚Aktivierung' (Cruikshank 1993; Lessenich 2008) müssen Gesundheit, Leistungsfähigkeit und Genussfähigkeit zudem in stärkerem Ausmaß als in früheren Epochen inszeniert und zunehmend auch dokumentiert werden, und zwar nicht nur von Personen des öffentlichen Lebens, sondern von ‚Jedermann'. Fitness, gesunde Gewohnheiten und insbesondere ‚anti-' und ‚successful aging' sind Verhaltensprogramme, die über das öffentliche Gesundheitswesen, die Angebote der Sportindustrie sowie publizistische Initiativen (z. B. Gesundheitszeitschriften und Ratgeberliteratur) allgemein zugänglich werden. Die Demonstration ‚salutogenetischer Alltagskompetenzen' bekommt mit den sogenannten ‚neuen', also digitalen Medien der Selbstthematisierung (Willems/Jurga 1998; Snickars/Vonderau 2009; Leistert/Röhle 2011) neue öffentliche Foren. Wie ernsthaft solche Programme von den Adressaten solcher Kampagnen angenommen werden, variiert mit Geschlecht, sozialem Status, Betroffenheit und nicht zuletzt dem Verhältnis, das zu den propagierten Zielen eingenommen wird, wie Sander Gilman betont: „Here we can evoke Zygmunt Bauman's distinction in

1 Wir danken der Deutschen Forschungsgemeinschaft für die Unterstützung der vorliegenden Arbeit im Rahmen des Forschungsprojekts „Audiovisuelle Kulturen der Selbstthematisierung".

his 1998 *Globalization: The Human Consequences* between ‚pilgrims' and ‚tourists'. In a real sense, fasters are pilgrims who believe that their world is bounded by God (or the gods) and fasting will bind them to that world. Dieters are tourists in the new economy of the body" (Gilman 2008, S. x). Die Anorexia nervosa, besonders in ihren mediatisierten Varianten, wie wir zeigen werden, nimmt hier eine instruktive Sonderrolle ein:

Sie besteht in einer Art Übererfüllung von Schlankheitsnormen, die sich je nach Grad und Dauer des Hungerns in ihr Gegenteil verkehren kann: Selbstschädigung, Selbstbehinderung[2], Tod. Diese Paradoxie verschärft sich durch die schillernde Intentionalität der Anorexia nervosa: Im weltweit wichtigsten Katalog psychischer Krankheiten, dem DSM-IV-TR gilt AN als Suchtverhalten, analog zu Mittelabhängigkeit, Spielsucht, Sexsucht und Kaufsucht (vgl. Coombs 2004).

Zugleich wird den Anorektikerinnen (klinisch Behandelte sind zu 95 % weiblich) ein besonderer Eigensinn zugeschrieben: „During the 1980s, it was „widely publicized, glamorized, and to some extent romanticized" (Gordon 2000, S. 3)" (nach Gilmann 2008). Die Pro-Anas, die Gruppierung, mit deren Selbstthematisierung wir uns im Folgenden beschäftigen werden, beanspruchen sogar, langfristig einen extrem limitierten, kalorienarmen Ernährungsstil zu wählen bzw. zumindest die Anorexie als Bestandteil des eigenen Lebens zu akzeptieren und zu pflegen.[3]

In diesem bewussten ‚Umgang' mit Gefahren ist Pro-Ana mit (eher männlich konnotierten) Extremsportarten vergleichbar, in denen gerade eine zum äußersten entfaltete Leistungsfähigkeit – trotz aller Risikoberechnungen – mit der Inkaufnahme von schwersten Verletzungen, Invalidität und Tod einher geht. Mit den Pro-Anas, die sich im Weichfeld des ‚Dieting', der ‚Fitness', der ‚thinspiration' und der ‚healthy lifestyles' bewegen, dabei aber gewisse Radikalisierungen propagieren, liegt also ein gesellschaftliches Phänomen vor, das komplexe ethische und politische Probleme aufwirft, insofern hier eine Art freiwillige oder zumindest in Kauf genommene Beförderung der frühzeitigen Alterung[4] und eine aktive Akzeptanz der Vergänglichkeit des Körpers vorliegt. Pro-Ana erlaubt es, soziologisch relevante Fragen der Handlungsfähigkeit (‚agency') und des Eigensinns im Zeitalter aufer-

---

2 Zum Begriff der Selbstbehinderung (Self-Handicapping) vergleiche auch z.B. Higgins, Snyder & Berglas (1990).

3 Dabei wird das Einsetzen des Drangs zum Hungern nicht von allen Beteiligten als Resultat einer Entscheidung beschrieben (vgl. Traue & Schünzel 2014), wohl aber seine Aufrechterhaltung und sein ‚Management'.

4 Zu den Symptomen gehören gesundheitliche Störungen, die einer frühzeitigen Alterung entsprechen: Herzrhythmusstörungen, Unfruchtbarkeit, Osteoporose, Niereninsuffizienz. Die Todesrate bei klinisch Erkrankten liegt je nach Studie und Berechnungsweise zwischen 5 und 18 %.

legter und gesteigerter Eigenverantwortung zu stellen. Methodisch sind Grenzen der Selbstverletzung allerdings zugleich Grenzen des Verstehens (Devereux 1973). Wir nähern uns also einer Körperpraxis, die in gewisser Weise unverständlich bleibt – und deren explizite Strategie ja auch im Unverständlich-bleiben besteht, wie wir sehen werden – über die kommunikativen Praktiken der Pro-Anas in ihren eigenen Selbstthematisierungen.[5] Der Darstellung der Anorexia Nervosa im Allgemeinen und der Pro-Ana-Gruppierung im Besonderen ist eine Reflexion auf das Problem des Eigensinns vorgeschaltet, der für die Frage der Handlungsfähigkeit in Körperpraktiken sensibilieren soll.

Auf die Darstellung von Pro-Ana folgt eine Darstellung der wissenspolitischen Implikationen des ‚absichtsvollen Hungerns' und schließlich eine Verortung des Phänomens im Kontext der Diskussion um Handlungsfähigkeit und Eigensinn.[6]

2 Körper(wissen) und Eigensinn

Das Wissen über Körper – und damit die Körper selbst – unterliegen, wie die historische Forschung zeigt, einem stetigen Wandel, der sowohl lebenszeitlicher als auch langfristiger Natur ist. Körper bilden den Nullpunkt der Erfahrung, d. h. jegliches Erleben durchläuft den je eigenen Körper, und so bietet jedes Handeln und Erleben die Möglichkeit der Bestätigung oder Modifikation von Körperwissen. Auch ohne traumatische oder ekstatische Ereignisse verändert sich der Körper als Organismus in der Zeit, er reift und altert – ein Prozess, der vom Akteur mal mehr, mal weniger stark leiblich gespürt wird. Vor allem die Lebensphasen der Pubertät und

5 Wir orientieren uns hier an der wissenssoziologischen Perspektive des kommunikativen Konstruktivismus (Keller et al. 2012).

6 Das empirische Material der Untersuchung entstammt zum einen medizinischen Fachzeitschriften und Buchbeiträgen aus dem englischen und deutschen Sprachraum, in denen das Thema der Anorexie junger Frauen aus Expertenperspektive dargestellt und diskutiert wird. Ausgewählt wurden für die diskursanalytisch angelegte Untersuchung insbesondere Fachartikel, die klinische Fallbeschreibungen und ärztliche Stellungnahmen zur Einordnung des neuen Phänomens in bestehende Krankheitsbilder enthielten. Zum anderen wurden für die Akteursgruppe der Pro-Ana-Gruppierung ca. 30 Internetseiten (ebenfalls aus dem englischen und deutschen Sprachraum) diskursanalytisch – orientiert an der Wissenssoziologischen Diskursanalyse (Keller 2005) und der Visuellen Diskursanalyse (Traue 2013) – untersucht, die thematisch, d. h. anhand der Metadaten (Fotografien, Texte, Verlinkung), zu dem Themenbereich Pro-Ana gehören. Aus diesem Korpus wurden mehrere Dutzend Bilder, Videos und Texte ausgewählt, um an ihnen die Form der Kommunikation der Gruppierung in den Blick zu nehmen.

des Alterns, in denen der Körper starken Veränderungen unterworfen ist, werden meist intensiv erlebt und erzwingen eine reflexive Zuwendung auf den Körper, der nun oft ‚eigensinnig' oder gar ‚fremd' erscheint und Anlass zur Interpretation gibt.

Situierte Körper können sich also dem Körperwissen immer wieder entziehen. Dies stellt Experten, z. B. in der Medizin, Schulpraxis, Sozialarbeit oder Polizei regelmäßig vor Herausforderungen, etwa wenn Patienten trotz medizinischer Interventionen nicht gesunden ‚wollen'. Während derartige ‚Eigensinnigkeiten' der Körper für wissenschaftliche Experten oft Erschütterungen von Theoriegebäuden bedeuten, können sie für den verkörperten Akteur zu Identitätsproblemen führen, bspw. wenn Wissen über den Körper und Körpererleben nicht mehr übereinstimmen (vgl. Gugutzer 2001). Sowohl Expertinnen als auch Nicht-Expertinnen werden in diesen Fällen bemüht sein, die Lücke zwischen bestehendem Wissen und empirischer Beobachtung zu schließen, entweder indem die empirischen Ausprägungen der Momente dieses Entzugs ins bestehende Wissen aufgenommen werden (z. B. als Beschreibung von Variationen, Korridoren von Normalität oder Pathologie) oder durch Behandlungen des Körpers entfernt bzw. unsichtbar gemacht werden.

Das Konzept des Eigensinns gehört zu den immer wieder aufgerufenen, aber unterbestimmten (vgl. aber Nickel 2008; Gräfe 2010) Figuren des sozialwissenschaftlichen Sprachgebrauchs. Eigensinn ist im Mythos eine kindliche Qualität, die sich in Bezug auf mütterliche und göttliche Autorität zeigt:

> „Es war einmal ein Kind eigensinnig und that nicht was seine Mutter haben wollte. Darum hatte der liebe Gott kein Wohlgefallen an ihm und ließ es krank werden, und kein Arzt konnte ihm helfen, und in kurzem lag es auf dem Todtenbettchen. Als es nun ins Grab versenkt und Erde über es hingedeckt war, so kam auf einmal sein Ärmchen wieder hervor und reichte in die Höhe, und wenn sie es hineinlegten und frische Erde darüber thaten, so half das nicht, und das Ärmchen kam immer wieder heraus. Da mußte die Mutter selbst zum Grabe gehn und mit der Ruthe aufs Ärmchen schlagen, und wie sie das gethan hatte, zog es sich hinein, und das Kind hatte nun erst Ruhe unter der Erde" (*Von einem eigensinnigen Kinde, Brüder Grimm, KHM 117*).

Wir sehen, Eigensinn zeigt sich im Verhältnis zu elterlichen und göttlichen Erwartungen – als eine Art Trotz. Er muss nicht willentlich vollzogen oder gar sprachlich begründet werden, um als solcher wirksam zu sein, sondern kommt spontan und unbeabsichtigt zustande. Eigensinn bezeichnet damit eine Fähigkeit oder Kompetenz, die zwischen organismischen Drang, körperlicher (oder auch technischer) Störung und menschlicher Willensbekundung angesiedelt ist. Einzelne Körperteile können eigensinnig sein („das Ärmchen kam immer wieder heraus"), aber auch ‚ganze' Menschen. Eigensinn oszilliert – so können wir schließen – zwischen Störung und Ressource. Der körperliche Anstoß des Eigensinns kann – auch vom

Eigensinnigen selbst – als störend erlebt werden, da er zunächst eine Disbalance zwischen sozialen Erwartungen und Erleben anzeigt. Anders ausgedrückt, wird auf diese Weise dem Körperwissen die leibliche Stützung im Empfinden (vgl. Gugutzer 2010, S. 108) entzogen. Der als eigensinnig erlebte Körper kann für den verkörperten Akteur einen Anlass zur Selbstthematisierung bilden, indem er das gesellschaftliche Körperwissen – de facto, d. h. durch Nicht-Passung der eigenen Erlebnisse mit ihm – in Frage stellt und Anstoß für die Entwicklung von Abweichung und Neuheit gibt.

Die Industriesoziologin Hildegard Nickel fasst Eigensinn als Summe von Erwartungen an sich selbst, von (negativen) Erwartungen an Umwelten sowie von motivationalen Kompetenzen: „Der Eigensinn der Subjekte resultiert aus dem Kontrollanspruch, den Individuen in Bezug auf ihr „ganzes Leben" haben und ihrem Autonomiebedürfnis wie Gestaltungswillen (Nickel 2008, S. 4804). Demgegenüber betont Stefanie Gräfe die nicht-intentionalen Aspekte des Eigensinns, die sich aus der „Nicht-Verständlichkeit" sozialer Praxis ergebe. Der Begriff Eigensinn unterhält damit Beziehungen zu philosophischen Begriffen wie (Handlungs-)Autonomie, Fähigkeiten und (Nicht-)Intentionalität – die in ihm verknüpft und problematisiert werden. Als Konzept bildet es einen Herd von Reflexionen auf das Verhältnis von (unbewussten und nicht-intendierten) körperlich verankerten und veranlassten Neigungen einerseits und Fähigkeiten, sich Erwartungen und Vorgaben zu stellen und zu entziehen andererseits. Es fordert dazu heraus, zu überlegen, „wie sich die irreduzible Individualität der zugleich subjektivierten und sozialisierten Einzelnen denken lässt" (Graefe 2010, S. 289).

Eigensinn spielt sich im Verhältnis zwischen Ego, Alter, und Tertius (im Beispiel: Kind, Mutter und Gott) ab (vgl. zum triadischen Sozialitätsmodell Lindemann 2014). Der Eigensinn von Ego wird oft von Alter als Sturheit und Unfähigkeit erfahren und fordert Gegenmaßnahmen von Dritten heraus, oft im Bündnis mit den betroffenen Zweiten. Diese Gegenmaßnahmen – z. B. medizinische Intervention – reichen von Beratung und Betreuung bis zur korrektiven Gewalt. Die Interventionen können sich, wie wir am Beispiel der Anorexie zeigen werden, auf den Körper bzw. die Form seiner Behandlung beziehen[7] oder aber auf den Kollektivkörper von Bevölkerungen z. B. in Form legitimer staatlicher oder fürsorgender Interventionen. Der Eigensinn von Körpern kann dabei als Einschränkung und Behinderung erlebt werden, wenn Bewegungsabläufe sozialen oder selbst gehegten Erwartungen nicht genügen. Solche Behinderungen, die auf ‚kultivierte', d. h. von Individuen nicht oder nicht hinreichend bekämpfte Eigenschaften zurückgehen, können als ‚Selbstbehinderungen' – selbst

7 Der ‚pubertierende' Körper kann durch Hungern daran gehindert werden, weiblichere Formen anzunehmen.

verursachte oder sogar verschuldete – interpretiert werden. Sichtbarer Eigensinn kann aber auch Zustimmung und Beifall finden und ansteckend wirken.

Eigensinn zeigt sich also nur in der sozialen Beziehung; seine Realität ist relational: als eigensinnig kann sich etwas oder jemand nur in Bezug auf die Erwartungen und Absichten Zweiter erweisen, oder in Einrichtungen von gesellschaftlichen ‚Dritten' (vgl. Lindemann 2014). Als Eigensinn bezeichnen wir demnach eine (Teil-)Autonomie ohne voll ausgeprägte Intentionalität (also Bewusstheit oder Planmäßigkeit), die ereignishaft auftritt und sich retrospektiv als Kompetenzmangel oder Ressource interpretieren lässt. Wo sich Eigensinnigkeiten der Körper in sichtbarer Regelmäßigkeit ereignen, suchen Experten sie im Rückgriff auf ihre medialen Arsenale in ihren äußeren Gestalten und inneren Erfahrungen zu beschreiben.

3 Anorexia nervosa

Exzessives Hungern – spätestens seit Kaiserin Sissis Diät- und Fitnessregime ein Topos europäischer Körperkultur – ist eine dieser vermessenen Eigensinnigkeiten der Körper bzw. verkörperter Subjekte. Es tritt am häufigsten in der Lebensphase der Pubertät[8] auf, in der Subjekte in verstärktem Maße – ähnlich der Lebensphase des Alters – der Eigensinnigkeit ihres Körpers (z. B. hormonelle Veränderungen und Veränderungen des äußeren Erscheinungsbildes) sowie sozialen Statuspassagen ausgesetzt sind und diese krisenhaft erlebten (vgl. Erikson 1973). Die Subjekte dieses Eigensinns kommen seit der Institutionalisierung der „Anorexia nervosa" im 19. Jahrhundert mit humanwissenschaftlichem Expertenwissen in Berührung, das ihnen als Erklärung, Diagnose und Hilfsangebot gegenübertritt. Für die Betroffenen stellt sich das praktische Problem, mit den Interventionen und Wissensangeboten der Experten umzugehen – in einer Situation, in der nicht immer vorentschieden ist, ob das eigene Erleben als Ressource oder als schnell zu überwindendende Störung erwünschter Normalität zu interpretieren ist.

An unserem Beispiel wollen wir zeigen, wie das Wissen über ein spezifisches abweichendes Verhalten, das von Experten seit dem ausgehenden 19. Jahrhundert als spezifische und abgrenzbare Pathologie gedeutet wird, sich unter der Beteiligung der Patientinnen transformiert. Diese Selbstermächtigung der Praktikerinnen, die über das Internet neue Konstruktions- und Verbreitungsweisen schaffen, wird dabei von den institutionalisierten Experten für Körper- und Gesundheitsfragen äußerst kritisch beobachtet (vgl. z. B. Warras 2009): Sie befürchten, dass sich junge

8 Der Erkrankungsgipfel liegt zwischen dem 14. und 22. Lebensjahr.

Menschen nicht mehr in fachärztliche Behandlung begeben, sondern auf die Hilfe selbsternannter Expertinnen oder ‚Leidensgenossinnen' vertrauen, dass eine Krankheitseinsicht also durch Deutungsbündnisse zwischen Kranken verhindert wird. Eine solche Gefahr sehen etwa Institutionen des Jugendschutzes für eine Ende des 20. Jahrhunderts entstandene Gruppierung v. a. junger Frauen, die unter dem Namen „Pro-Ana" über das Internet ein ‚alternatives' Körperwissen über die Magersucht verbreitet. Der Jugendschutz befürchtet sowohl ein Risiko der Chronifizierung für bereits an Anorexie erkrankte Kinder und Jugendliche, als auch der ‚Infizierung' Gesunder. Mit Maßnahmen wie Einschränkungen von Pro-Ana-Webseiten oder dem Versuch, gesetzliche Verbote für eine Anstiftung zur Magersucht (bspw. in Frankreich, Italien, Großbritannien, Israel) durchzusetzen liegen Interventionen vor, mit denen die (diskursive) Gefahr gebannt werden soll.

Gemessen an der Häufigkeit des Auftretens kommt der Anorexia Nervosa als Krankheit große öffentliche Aufmerksamkeit zu: nur etwa 0.5 % der Population, die zur Hochrisikogruppe zählt (Mädchen und junge Frauen), ist betroffen. Das Weichfeld der Anorexia – also alle Verhaltensweisen, die mit exzessivem Abnehmen zu tun haben – ist dagegen sehr viel ausgedehnter. „The boundary between anorexia and dieting is hazy. Dieting is comparable to anorexia in the strict sense that it is, by nature, a controlling act. When one is dieting, food is being restricted in a variety of different ways, and, if followed, the diet is controlling a facet of life. While dieting does play a large part in life, there is a difference between dieting and an irrational obsession with food" (Goldstein/Rissman 2008, S. 10).

1873 wurden in der Medizin von zwei prominenten Medizinern[9] die Bezeichnungen „Anorexia nervosa" (William Gull) bzw. „Anorexia hystérique" (Charles Lasègue) erfunden. In erster Linie wurden junge Frauen beschrieben, die in der zweiten Hälfte des 19. Jahrhunderts in den Privatpraxen und seltener in den Krankenhäusern Englands und Frankreichs vorstellig wurden.

Bereits im Jahr 1866 beobachtete Gull, wie er beschreibt, diese „peculiar form of disease occuring mostly in young women, and characterised by extreme emaciation" (Gull 1873, S. 498).[10] Die Krankheit betrifft, so präzisiert Gull, zumeist

---

9 Der Neurologe Gull war Vorsitzender der *Clinical Society* in London und außerordentlicher Leibarzt der Queen Victoria. Lasègue war Chefarzt für klinische Medizin am Pariser Krankenhaus *La Pitié* und Herausgeber der Zeitschrift *Archives générales de médecine*, in der auch seine Studie zur *Anoerxie hystérique* erschien (vgl. Diezemann 2005, S. 72).

10 Die Verweigerung des Essens wurde auch in früheren Zeiten beobachtet und seit dem frühen 19. Jahrhundert u. a. in den Kontext eines „nervösen Leidens" gestellt. Auch weit vor dieser Zeit wurde von fastenden Frauen berichtet, im Kontext religiöser Askese oder als städtische Attraktion.

junge Frauen in einem Alter zwischen 16 und 23. Organische Ursachen für die Abmagerung konnte er nicht finden, so dass er den beobachteten Appetitmangel auf einen „morbid mental state“ (ebd., 500) zurückführte.

Neben einem Mangel an Appetit konnte in allen berichteten Fällen der Anorexia nervosa auch eine „peculiar restlessness, difficult [...] to control“ (Gull 1873, S. 499) ausgemacht werden. Weiteres Erstaunen rief die von den Patientinnen selbst geäußerte subjektive Befindlichkeit im Zustand der Unterernährung hervor, die regelmäßig als „quite well“ (Gull 1888, S. 517) beschrieben wurde.[11] Aus diesem Grund waren es, so der Arzt J. Matthews Duncan, zumeist nicht die Patientinnen selbst, die nach Hilfe suchten, sondern die Menschen in ihrer Umgebung: „The patient makes little or no complaint; it is her friends that complain for her“ (Duncan 1889, S. 974).

Als Therapie der Anorexia nervosa, die sich Gull zufolge als sehr effektiv erwies, empfahl er „external heat as well as food“ (1997[1873], S. 499).[12] Nahrung sollte in Intervallen ‚verabreicht‘ werden, „varying inversely with the exhaustion and emaciation“ (ebd., S. 500). Bei der Nahrungsverabreichung sollte keineswegs auf die Neigung der Patientin eingegangen werden Nahrung zu vermeiden (vgl. ebd., S. 500), weil ihre Eigensinnigkeit der Erfahrung nach (ebd., S. 500) zu einem Fortschreiten des Aushungerns und schließlich zum Tod führte. Andere Ärzte setzten auch auf ein „forced feeding“ mittels „stomach-pump“ (bspw. Mackenzie 1888; Edge 1888), wenn die Patientinnen sich weigerten die therapeutische Essensgabe zu akzeptieren. Ebenfalls empfahl Gull Bettruhe und die Umgebung von Personen, “who would have moral control over them; relations and friends beeing generally the worst attendants” (Gull 1873, S. 501).

1932 wurden im medizinischen Journal “The Lancet”, in dem auch Gull ein halbes Jahrhundert zuvor seine Fallbeschreibungen zur Anorexia nervosa veröffentlicht hatte, sieben Merkmale der Anorexia nervosa formuliert, erhoben an 13 Fällen, die den o. g. Bezug zur Hysterie deutlich machen: “Three positive symptoms are anorexia, loss of weight (sometimes carried to the point of emaciation), and amenorrhœa, three other characteristics are that the patient is female, unmarried, and of an age between puberty and about 24; and a constant negative symptom is that, despite her „deathly appearance,“ she stoutly maintains that she is never tired” (Ross 1932, S. 1161). Als Behandlung wurde die „Weir-Mitchell method“ empfohlen, die

11 Diese Beobachtung machte auch Lasègue, der von seinen Patientinnen immer wieder den Satz vernahm „I do not suffer, and must then be well“ (Lasègue 1997 [1873], 495).

12 Die Zufuhr von „external heat“ beschreibt Gull als notwendigen Therapiebaustein, da Patienten im Zustand starker Aushungerung eine sehr niedrige Körpertemperatur aufweisen. Gull bezieht sich hier sowohl auf eigene Beobachtungen, als auch auf „observations made by Chossat on the effect of starvation on animals, and their inability to digest food in state of inanition, without the aid of external heat“ (Gull 1873, S. 499).

aus Bettruhe, „increasing diet", absoluter Isolation von der Familie und Freunden sowie Massage bestand.

Die frühen medizinischen Schriften zur Anorexia nervosa eint, das in ihnen vor allem ein somatisches Krankheitsmodell gezeichnet wurde und dementsprechend auch die Therapie am Körper der Frau ansetzte. Vor allem die ‚Mastkur' wurde von den Medizinern oft verordnet.[13] Die Sicht auf die Mastkur wandelte sich jedoch nach 1900 sukzessive. Sie wurde zunehmend problematisiert, auch weil die psychischen Ursachen der Neurosen stärker in den Vordergrund gerückt wurden, so dass die alleinige Behandlung des Körpers nicht mehr als erfolgsversprechend galt. Interessanterweise, so arbeitete Nina Diezemann (2005) heraus, rückte nun die geistige „Nahrung" als auslösender Faktor der Anorexia nervosa in den Fokus. „Lektüre, Theater, Medien [wurden] als Reize verstanden, die nicht nur wegen ihres Inhalts pathogen wirken konnten, sondern von den Kranken und Prädisponierten im Übermaß rezipiert wurden und damit die Krankheit oder die Anfälligkeit verschlimmerten. Wie zuvor die Ernährung nach einem genauen Plan erfolgen sollte, so bedürfen nun die psychischen Eindrücke und Reize der Reglementierung" (Diezemann 2005, S. 69-70). Parallelen zur heutigen Sorge um Pro-Ana liegen hier auf der Hand.

Die kombinatorische Behandlung aus Ernährungs- und Psychotherapie, die heute als Standardverfahren gilt, setzte sich sukzessive durch. Von einer solchen Kombination spricht Binswanger beispielsweise in seinem 1904 erschienen Handbuch „Die Hysterie". Darin hob er hervor, dass die „Mastcur", um eine „zielbewußte Psychotherapie" ergänzt, die „schönsten Erfolge" hervorbringe (Binswanger 1904, S. 611).

> „[A]ll diese rein seelischen Krankheitserscheinungen werden immer schlimmer werden, je länger Sie hungern, denn gerade die Nervensubstanz bedarf der Zuführung reichlichen und kräftigen Nahrungsmaterials. Von den Leistungen Ihres Nervensystems hängt die Art Ihres Empfindens und Ihrer Gefühle und, was das Wichtigste ist, Ihre Willenskraft ab" (Binswanger 1904, S. 869).

Mitte des 20. Jahrhunderts kam es schließlich zu einer Fokusverschiebung „on the nature of the central psychopathology of anorexia nervosa, with a greater stress on the patient's morbid preoccupation with her body weight and her dread of fatness"

13 Im späten 19. Jahrhundert vollzog sich ein sukzessiver Wandel der Schulmedizin von der Humoralpathologie des Mittelalters zur naturwissenschaftlich-technischen, positivistischen Medizin der Neuzeit. Grundlegend dabei war die Ablösung der bis in die Antike zurückreichenden Säftelehre durch die Anatomie, auf der die naturwissenschaftliche Medizin heute fußt. Mit den neuen Körperbildern veränderte sich auch die Wahrnehmung von Nahrungsmitteln. Nähr- und Brennwerte von Speisen wurden berechnet, Nahrungsmittel in Fette, Eiweiße und Kohlenhydrate zerlegt.

(Russell 1985, S. 103), also auf die Selbstwahrnehmung. Hier stiftete in den 1960er Jahren die Ärztin und Psychoanalytikerin Hilde Bruch mit dem Begriff der „Körperschemastörung“ (Bruch 1962) eine weitere einflussreiche Perspektive auf die Anorexia nervosa – und Adipositas. Sie legte damit die erste komplexe psychologische Theorie von Essstörungen vor, die innere kindliche Entwicklungsdynamiken mit der externen Welt der pathologischen Familie in Verbindung bringt. Kern dieser Theorie ist ihre Sicht auf den Kampf des Kindes um Autonomie im familiären Umfeld.

Diese Störung, so Bruch, verursache, dass sich die anorektische Patientin selbst als übermäßig breit und dick erlebe und diese Fehlwahrnehmung dann zu einer weiteren Vermeidung des Essens und zur Gewichtsabnahme führe. Diese Störung der Selbstwahrnehmung habe ihre Quelle in der “perception or cognitive interpretation of stimuli arising in the body, with failure to recognize signs of nutritional need as the most prominent deficiency of this type” (Bruch 1962, S. 189). Aber nicht nur Hunger, auch andere Affekte und Emotionen können von den Patientinnen nicht mehr adäquat wahrgenommen werden. Dieser Mangel weite sich zu einem Alles durchdringenden Gefühl von Ineffektivität aus, “a feeling that one’s actions, thoughts, and feelings do not actively originate within the self but rather are passive reflections of external expectations and demands” (Gordon 2000, S. 18-19). Das Hungern stellt dann eine Möglichkeit dar, die elterliche Aufforderung zur Nahrungsaufnahme abzulehnen – die eben nicht als eigener Hunger erlebt werden könne – und zugleich ein Stück Kontrolle über das eigene Leben zurückzugewinnen. Familientherapie ist denn auch inmer noch “a mainstay for the treatment of eating disorders such as bulimia and anorexia nervosa” (Gilman/Vissa 2008).

Vor dem Hintergrund ansteigender Zahlen an Neuerkrankungen der Anorexia nervosa in Verbindung mit der Beobachtung eines ‚neuen‘ sehr schlanken Schönheitsideals, das vor allem dem weiblichen Körper galt, wurde es für die Experten sinnvoll, das anorektische Handeln ihrer Patientinnen nunmehr – neben möglichen genetischen Dispositionen – verstärkt als Ausdruck des Leidens an sozio-kulturellen Faktoren aufzufassen. Diese Faktoren, so deuteten die Experten die ‚zunehmende‘ Klage ihrer Patientinnen ‚ich fühle mich zu dick‘ – bei diagnostiziertem Untergewicht (objektiviert am BMI-Wert) – provozieren ‚Fehlwahrnehmungen‘ des eigenen Körpers.

4 Pro-Ana

,Pro-Ana' ist eine sich beinahe ausschließlich über das Internet formierende Gruppierung, deren Mitglieder in der überwiegenden Mehrzahl Mädchen und junge Frauen sind. Die Bezeichnung ,Pro-Ana' soll ausdrücken, so ist zahlreichen Selbst- und Fremdbeschreibungen der Gruppierung zu entnehmen, dass es sich um eine Gemeinschaft handelt, die sich *für* ein Leben mit der Anorexia nervosa ausspricht.[14] Die Definition der Krankheit wird dabei übernommen. Die ,Anas' – so ihre Selbstbezeichnung – greifen die Diagnose als Bezugspunkt ihres Handelns und Erlebens einerseits auf, andererseits bringen sie dem Konstrukt Misstrauen entgegen, insofern es als vergegenständlichtes und äußerliches Wissen die anorektische Wirklichkeit aus ihrer Perspektive nicht adäquat abbildet, insbesondere nicht die spezielle Bindung an die Leibgefühle, die ein anorektischer Körper bietet, und die auszuhalten er verlangt. Diese „fließende Skepsis" (Fiske 1993, S. 45) findet, so möchten wir argumentieren, derzeit ihren Ausdruck in den kommunikativen Handlungen der Pro-Ana-Gruppierung. Sie sind als eigensinniger Widerstand gegen das offizielle herrschaftliche Wissen zu begreifen, das andere Wissens- und Kommunikationsformen ausschließt und entwertet, oder als Teil der Symptomatik begreift. Nachfolgend werden wir das kommunikative Handeln und einige Körpertechniken der Pro-Anorektikerinnen anhand typischer Pro-Ana-Websites vorstellen. Sie bieten im Gegensatz zu den Niederlassungen der Gruppierung in den sozialen Netzwerken, auf denen zumeist nur einige ihrer Facetten ihren Ausdruck finden[15], einen breiten Überblick über die pro-anorektischen Diskurse, Medien und Techniken.

Eine typische Pro-Ana-Seite ist in Pastellfarben gehalten und mit Ornamenten und märchenhaften Wesen wie Elfen und Engeln gestaltet. In scheinbarem Gegensatz zu diesem sanften, oft kindlich wirkenden Erscheinungsbild der Seiten steht jedoch das dargestellte Körperprojekt der jungen Frauen, dessen Ziel erklärtermaßen

14 Manchmal ist der Bezug zum medizinischen Fachbegriff Anorexia nervosa bereits in den Titeln der Pro-Ana-Webseiten zu erkennen, wie z.B: „**PRO ANA-MAGERSUCHT** DIE SUCHT NACH PERFEKTION" (Online abrufbar unter: http://die-sucht-nach-perfektion.tumblr.com; Zugriff: 10.2.2014). Auf anderen Webseiten finden sich entweder kurze Erläuterungen des Begriffs „Pro-Ana" oder die Seitenbetreiberinnen stellen sich selbst als essgestört bzw. magersüchtig dar, wie z. B. auf der Webseite http://fallen.ana.engel.myblog.de.

15 Dies ist natürlich u. a. der Ausrichtung der Netzwerke geschuldet. So ist es dem Inhaber eines YouTube-Profils v. a. möglich, sein Wissen über das Medium ,Online-Video' zu verbreiten. Zwar gibt es auch hier die Option, eine Profilseite anzulegen, die Gestaltungsmöglichkeiten sind aber im Vergleich zu einer privaten Homepage weitaus begrenzter.

der hyperschlanke Körper ist. An der Bestimmung des anorektischen Körpers in Form und Proportion zeigt sich die explizite Bezugnahme auf die medizinische Bezeichnung Anorexia nervosa. So nutzen die Anas beispielsweise die Gewichts- bzw. BMI-Werte, die von den medizinischen Experten zur Diagnostik der Anorexia nervosa, siehe Abb.1, verwendet werden. Diesen Kriterien zufolge gilt ein BMI-Wert unter 17,5 als anorektisch,[16] so dass auch die Anas ihren Wunsch-BMI unterhalb dieser Grenze ansetzen. Um diesen jederzeit bestimmen zu können, befindet sich auf den meisten Pro-Ana-Seiten ein BMI-Rechner, mittels dem die ‚Ana' prüfen kann, an welcher Stelle ihres Körperprojekts sie sich gerade befindet. Interessant ist, dass die Anas die medizinischen BMI-Klassen zur Bestimmung von Über-, Unter- und Normalgewicht aber nicht einfach übernehmen, sondern pro-anorektisch neu interpretieren. Diese Reinterpretation des Expertenwissens verdeutlicht Abbildung 1, die Bestandteil zahlreicher Pro-Ana-Seiten ist.

ANA BMI

BMI: 25-30

In der Gesellschaft: Leichtes Übergewicht
Pro Ana/Mia: FETT!!

BMI: 20-25

In der Gesellschaft: Normalgewicht
Pro Ana/Mia: Dick

BMI: 18,5-20

In der Gesellschaft: Dünn
Pro Ana/Mia: Pummelig

BMI: 16-18,5

In der Gesellschaft: Zu dünn
Pro Ana/Mia: Normal

BMI: 15-16

In der Gesellschaft: Krankhaft dünn
Pro Ana/Mia: Sexy und schlank

Abb. 1
Pro-anorektisch interpretierte BMI-Tabelle. (Online abrufbar unter: http://the-perfection.chapso.de/bmi-s677469.html; Zugegriffen: 11.2.2014).

16 Unter der Maßgabe, dass weitere Diagnosekriterien erfüllt sind.

An dieser Tabelle zeigt sich, wie die Gruppierung auf der einen Seite expliziten Bezug auf die medizinischen Wissensbestände nimmt, diesen aber auf der anderen Seite einen neuen (‚pro-anorektischen') Sinn verleiht. Darüber hinaus stellt die Reinterpretation des Expertenwissens das Expertenkonstrukt der „Körperschemastörung" in Frage, da die Anas hier explizit formulieren, dass sie reflektiert (und nicht unbewusst oder qua Selbsttäuschung) andere Maßstäbe an einen dünnen Körper anlegen. Die Abweichung vom Körperschemakonstrukt der Experten wäre dann nicht etwa Ausdruck einer Wahrnehmungsstörung, sondern einer abweichenden Vorstellung darüber, was als Idealgewicht bzw. Idealkörper anzusehen ist. Dieser Vorstellung verleihen die Anas explizit Ausdruck, indem sie einen detaillierten Bauplan des weiblichen Idealkörpers auf ihren Homepages veröffentlichen. Die Schlüsselbeine sollen sich hervorheben, die Hüftknochen deutlich zu sehen sein, auch von der Seite, die Knie sollen die dickste Stelle an den Beinen bilden, etc.[17] Verkörpert sehen die Pro-Anas diesen körperlichen Bauplan in oft stark untergewichtigen Models und Filmstars, deren Fotos Bestandteil so gut wie jeder Pro-Ana-Seite sind. Diese Fotos gelten für die Anas als sogenannte ‚thinspirations', d. h. – Selbst- und Fremdbeschreibungen der Gruppierung zufolge – als Inspirationen und Motivation dünn zu werden oder zu bleiben. Zum einen fungieren sie als Körperschablone, an der das anorektische Körperprojekt auszurichten ist. Zum anderen können sie als eine Art Körpertechnik eingesetzt werden, mit der das Körperprojekt realisiert werden kann. Erstere Funktion bezieht sich auf das Bild als Vorbild. Letztere auf das Bild als Affizierungsmittel.[18] Ähnlich verhält es sich mit dem Ana-Twin, der – wie das thinspiration-Bild – die Motivation der Ana erhöhen soll, ihr Körperprojekt, d. h. die Gewichtsabnahme, weiter zu verfolgen. Bei der Suche nach dem ‚Twin' geht es darum, eine Abnehmpartnerin zu finden. Wie der Name bereits vermuten lässt, sollte sie ein ähnliches Alter, Körpergröße, Ausgangs- und Zielgewicht besitzen –, mit der in konkurrierender Gemeinschaft das Körperprojekt anorektischer Körper vollzogen werden kann. So werden regelmäßig Anzeigen auf Pro-Ana-Seiten geschaltet – aber auch in den sozialen Netzwerken oder über das Smartphone – in denen ein ‚Abnehm-Zwilling' gesucht wird.

---

17 Auf vielen Pro-Ana-Seiten finden sich neben bildlichen Darstellungen des in der Gruppierung präferierten Idealkörpers auch detaillierte schriftliche Beschreibungen. Siehe hierzu z. B. die Pro-Ana-Seiten „anaisperfekt" (Online abgerufen unter: http://anaisperfekt.blog.de/2012/04/29/perfekte-koerper-13593910/; Zugriff: 27.12.2013), „Spread my Wings" (Online abgerufen unter: „http://spreadmywingsandlearntofly.blogspot.de/2013/06/der-perfekte-korper.html; Zugriff: 27.12.2013).

18 Zum thinspiration-Bild als Affizierungsmittel siehe ausführlicher: Schünzel (2014).

Nicht nur die Mitglieder der Pro-Ana-Gruppierung betonen diese motivierende Wirkung des Vergleichs mit anderen. Auch die Experten wissen um diese Wirkung, weshalb sie beispielsweise in Essstörungs-Foren, die von ihnen – v. a. ehrenamtlich – betrieben werden, „Angaben zu Gewicht, Größe, BMI, Kalorien oder Menge bzw. Art der Nahrung" untersagen, weil diese „zu einem unerwünschten Konkurrenzdenken im Forum führen [würden]".[19] Hier zeigt sich eine Parallele zu den Reglementierungsversuchen der Experten des 20. Jahrhunderts, die ihren anorektischen Patientinnen ebenfalls Lektüre, Theater, usw. untersagten. Dieses Konkurrenzdenken bzw. allgemeiner gesprochen die Selbstaffizierung durch verschiedene Stimuli, wie Vorbilder (thinspiration-Bilder), Vergleichsobjekte, ect., wird von der Pro-Ana-Gruppierung jedoch strategisch zur Realisierung ihres Körperprojektes eingesetzt. Sie „triggern" sich absichtsvoll; der vorgeblich nicht-intentionale, krisenhafte Vorgang wird hier zur Körpertechnik (Mauss 1999).

Weitere charakteristische Inhalte von Pro-Ana-Seiten sind darüber hinaus Kommunikationsplattformen (Foren, Gästebücher, Blog), über die sich die Teilnehmerinnen an Pro-Ana regelmäßig treffen, um Diättipps und –tricks zu teilen, sich in Abnehmwettbewerben zu messen oder über ihre Erfolge beim Abnehmen zu berichten. Zudem finden sich auf den meisten Seiten Informationen zum Thema Ernährung, wie z. B. Kalorientabellen und Angaben über ‚sichere' und ‚unsichere' Lebensmittel, Esstagebücher, in den meisten Fällen ein Steckbrief der Seitenbetreiberin sowie Sport- und Ernährungspläne. Hier zeigen sich weitere Parallelen des Wissens über die Anorexia nervosa, genauer: über die Form ihrer Behandlung. Zwar unterscheiden sich die Akteursgruppen in der Ausrichtung des Behandlungsziels (Gewichtszunahme vs. Gewichtsabnahme), die Techniken sind aber die gleichen. Zu ihnen gehören beispielsweise:

- regelmäßige Kontrolle des Gewichts durch Wiegen;
- dokumentieren der Gewichtszunahme und -abnahme in Tabellen und Graphen als Objektivation des Behandlungserfolgs;
- das Erstellen von Essplänen auf Basis von Nähr- und Brennwerttabellen um eine „kontrollierte" Zu- bzw. Abnahme an Körpergewicht zu erreichen;
- Definition eines Zielgewichts, das zum Behandlungsende erreicht sein sollte.[20]

19 Online abrufbar unter: http://www.magersucht.de/forum.php; Zugriff: 14.2.2014.

20 Verhaltenstherapeutisch arbeitende Kliniken und ambulante Therapeuten arbeiten zumeist mit sogenannten „Gewichtsverträgen", die „dem essgestörten Patienten positive Anreize bieten, welche ihm beim Erreichen eines stabilen Körpergewichts helfen sollen". Hält sich der Patient an den Vertrag, wird er durch „gewisse Freiheiten" belohnt wie „Freiheit in der Freizeitgestaltung" etc., verstößt er gegen ihn werden „Konsequenzen gezogen" wie „Handyverbot oder ein Sportverbot" (Online abrufbar unter: http://www.

Des Weiteren findet sich seit jüngerer Zeit auf den meisten Pro-Ana-Seiten – zumeist auf der Startseite – eine Warnung vor den Inhalten, die den Besucher beim Eintritt in die Pro-Ana-Heimat erwarten. Sie sind als eine Reaktion auf die Interventionsmaßnahmen des Jugendschutzes anzusehen, in dessen Zuge zahlreiche Pro-Ana-Seiten geschlossen wurden. So begegnen dem Besucher einer Pro-Ana-Seite heute nicht selten Kommentare wie der folgende:

> „Dies ist eine Pro Ana Seite. Wer nicht weiß was Pro Ana ist oder sich in Therapie befindet sollte diese Seite umgehend verlassen. Den anderen wünsche ich viel Spaß auf meine Seite."[21]

Auch die z. T. sehr detaillierten Selbstbeschreibungen – die vielfach wie Rechtfertigungen des eigenen kommunikativen Handelns klingen – können als Reaktion auf die öffentlichen Vorwürfe, Pro-Ana „stecke" unbeteiligte Dritte mit der Anorexia nervosa an, gelesen werden. Auf die Expertenthese, Pro-Ana trage zu einer gesellschaftlichen Verbreitung von Essstörungen bei, nehmen die Betreiberinnen des Pro-Ana-Forums „Schattensturm" in ihrer sehr ausführlichen Selbstbeschreibung explizit Bezug. So schreiben sie:

> „Wir werden immer wieder beschuldigt uns gegenseitig erst in die ES [Essstörung; A.S.] richtig hineinzuziehen und Pro Ana wird oftmals für die Verbreitung von Essstörungen verantwortlich gemacht. Allerdings unterstützen sich die User in diesem Forum gegenseitig und stecken alle schon sehr tief in ihrer ES drin, wir achten aufeinander und äußern Kritik, wenn jemand zu stark untergewicht wird. Eine Kritik, die von jemanden kommt, der einen versteht, wird auch eher aufgenommen und für ernst gehalten. Außerdem ist eine Essstörung in fast allen Fällen aber bloß; ein Symptom für ein noch tiefer liegendes Problem. Der Körper drückt das aus, was der Geist nicht anders zu artikulieren weiß. Daher denken wir nicht, dass eine ES so ohne weiteres entstehen kann, schon gar nicht einfach so durch Pro Ana. Leider ist Isolation eine häufige Folge der Magersucht. Man zieht sich aus der Welt zurück hinein in die eigene aus Kalorien, Fressanfällen und Selbsthass. Pro Ana stellt für viele von uns eine Verbindung zum Leben dar. Menschen, die einen verstehen, die mitfühlen und das ohne den Zwang etwas loszulassen, wozu man (noch) nicht bereit ist. Denn um eine ES zu „heilen" muss man es wirklich wollen und selbst dann gibt es keine Garantie."[22]

---

hungrig-online.de/cms/index.php/fachbegriffe?id=83; Zugriff: 23.2.2014). Mit ähnlichen Techniken arbeiten auch die Pro-Anas, die zur Selbstbehandlung Belohnungs- und Bestrafungskataloge entwickelt haben, um sich selbst zu motivieren, das angestrebte Zielgewicht zu erreichen.

21 http://ana-makes-me-perfect.npage.de [Datum des Zugriffs: 23.2.2014].

22 Online abrufbar unter: http://schattensturm.info/register.php ; Zugriff: 24.2.2014.

Die Anas bringen hier zum Ausdruck, dass es Unterschiede im Wissen über die Anorexia nervosa gibt, die in der Form der Auseinandersetzung mit ihr begründet liegen. Die Anas teilen miteinander ein *gelebtes* und *erfahrenes* Wissen über die Anorexia nervosa. Sie wissen nicht nur (kognitiv) um die Diagnosekriterien und Symptome der Anorexia nervosa, sondern sie erleben diese am eigenen Leib. In sehr vielen Kommentaren der Anas, die sich an Nicht-Mitglieder der Gruppierung richten, ist zu ersehen, dass sie diesen ein wirkliches Verständnis der Anorexia nervosa absprechen, weil ihnen das gelebt und erfahrene Körperwissen fehlt. Diese Annahme einer Differenz in der Wissensform zeigt sich auch in einer Stellungnahme zur Objektivation „thinspiration“:

> „Denn wenn man Essstörungen, insbesondere die Magersucht wirklich versteht, dann begreift man, dass es letztendlich keinen Unterschied macht ob man sich gegenseitig Thinspiration vorführt oder heimlich alleine zu Hause eine Modezeitschrift aufschlägt. Damit möchten wir sagen, dass jede Magersüchtige, die nicht gerade standhaft gegen ihre ES ankämpft und am zunehmen ist, ein kleines Stückchen Pro Ana ist, selbst wenn sie den Begriff nie zu vor gehört haben sollte. Dies ist nun einmal Bestandteil der Krankheit. Uns das vorzuwerfen bedeutet Unverständnis für die Krankheit an sich zu haben. Und genau das ist bei den meisten Menschen leider der Fall und daher ist ja wohl auch nachzuvollziehen, dass wir Möglichkeiten und Orte suchen an denen wir diesem Unverständnis nicht ausgesetzt sind. Denn letztendlich wollen wir nur eins: In Ruhe und frei leben.“[23]

Nicht nur zeigen die Anas hier die Differenz zwischen den Wissensformen auf. Der Kommentar lässt sich auch als eine Kritik an den Experten lesen, da diese doch wissen müssten, dass Pro-Ana nur bereits existierende anorektische Körpertechniken kommuniziert, und zwar nicht, um Propaganda für Essstörungen zu betreiben, sondern weil sie Bestandteil anorektischer Wirklichkeit sind. Darüber hinaus verweist der Kommentar darauf, dass ‚thinspirations‘ – egal in welcher Form sie in Erscheinung treten – keine ursächlichen Produkte der Pro-Ana-Gruppierung sind, sondern Kulturprodukte, die von unterschiedlichen Akteuren zur Betrachtung angeboten werden. Die Pro-Ana-Gruppierung ist so gesehen nur eine Nutzergruppe unter vielen, die allerdings für den vorgeschlagenen Verwendungszwecks für die Betrachtung der Bilder gescholten wird.

---

23 Online abrufbar unter: http://schattensturm.info/register.php; Zugriff: 23.2.2014.

5 Wissenskonflikte und Eigensinn

Derartige Konflikte zwischen Praktikern und Experten sind keineswegs ein Charakteristikum der Gegenwart oder an bestimmte Kommunikationstechnologien gebunden. Vielmehr ereignen sie sich zumeist dann, so konstatieren Berger und Luckmann (1969), „[w]enn hauptamtliche Legitimatoren für die Erhaltung einer Sinnwelt gebraucht werden […]. Die Praktiker können […] die Anmaßungen der Experten übelnehmen […]. Besonders bitter ist es wahrscheinlich, dass die Experten beanspruchen, die absolute Bedeutung der Arbeit der Praktiker besser beurteilen zu können als diese selbst. Solche „Laien"-Rebellionen können zu rivalisierenden Wirklichkeitsbestimmungen führen" (Berger/Luckmann 2009, S. 126). Heute aber sind solche Experten-Praktiker-Konflikte durch die veränderten Möglichkeiten der Kommunikation, z. B. über das Internet, prinzipiell einem größeren Publikum zugänglich, das sich an ihnen beteiligen kann. So sahen sich, bezogen auf unser Beispiel des selbstinduzierten Hungerns, Experten auch in früheren Jahrhunderten mit der Eigensinnigkeit hungernder junger Frauen konfrontiert, die sich ihren therapeutischen Maßnahmen immer wieder entzogen (vgl. z. B. Lasègue 1997 [1873]; Gull 1997 [1873]). Die Kollektivität jedoch, mit der die Praktikerinnen des Hungerns heute über netzvermittelte Kommunikationsformen auftreten, zieht durch ihre Sichtbarkeit besondere Aufmerksamkeit auf ihre Eigensinnigkeit bzw. ihre Perspektive auf die Anorexie und verleiht damit ihrem Körperwissen ein neues Gewicht. Dass ihr Wissen tatsächlich als sozial gewichtig angesehen wird, ist nicht zuletzt an den massiven Reaktionen aus den Reihen der Experten und einer von ihrem Wissen informierten Öffentlichkeit zu erkennen. Damit ist der nachfolgend beschriebene Konflikt zwischen den Akteursgruppen – medizinisch-psychologische Experten und Pro-Ana – auch als ein Konflikt um Grenzen, Entgrenzung und Autonomie von Wissen zu lesen. Doch ist es tatsächlich ein Gegenwissen, gemeint als ein wesentlich anderes Wissen, das die Pro-Anas medial inszenieren?

Zunächst ist festzuhalten, dass beide Akteursgruppen – die Pro-Anas und die sozial legitimierten Körperexperten – den medizinischen Terminus ‚Anorexia nervosa' verwenden und diesen auch sehr ähnlich bestimmen: beide Gruppen orientieren sich stark an den diagnostischen Kriterien, wie sie im ICD-10[24] kodifiziert sind. Unterschiede im Wissen über die Magersucht liegen eher in der ‚Beschaffenheit' des Wissens begründet: So ist das Wissen der Experten – des medizinisch-humanwissenschaftlichen „Machtblocks" (Fiske 1993) – eher ein „vergegenständlichte[s]

24 ICD steht für International Statistical Classificiation of Diseases and Related Health Problems (ICD). Es ist das wichtigste, weltweit anerkannte Diagnoseklassifikationssystem der Medizin. Die aktuelle Ausgabe ist ICD-10.

und äußerliche[s]" Wissen, das mehr kognitiv gewusst als leiblich gespürt wird. Demgegenüber ist das Wissen der Pro-Anas stärker „erfahrungsgebunden und körperlich" (Fiske 1993, S. 44), womit es eher dem entspricht – bzw. stärker das betont –, was Keller und Meuser als den leiblichen Aspekt des Körperwissens (Keller/Meuser 2011) bezeichnen. Dieser leibliche Aspekt, so argumentiert Barbara Duden (1987), ist es, der eine Geschichte erst unter die Haut bringt, d. h. sie spürbar wirklich werden lässt. Diese Unterschiede im Wissens über die Anorexia nervosa zwischen den Akteursgruppen bewirken, so die hier verfolgte These, letztlich die unterschiedlichen Weisen der – von beiden Gruppen medial inszenierten – kommunikativen Konstruktion von (Körper)Wirklichkeit.

Wir konnten zeigen, dass Personen, die als magersüchtig diagnostiziert werden – oder sich selbst diagnostizieren – eigenständige Interpretationen ihrer körperlichen Situation vornehmen, die auf das medizinische Expertenwissen zurückgreifen und es umzudeuten suchen. Anders als in spiritualistischen Wissensgemeinschaften werden keine völlig anderen Wissensformen kultiviert, etwa die Ernährung aus Licht.[25] Aus struktureller Sicht sind es vor allem diese Unterschiede in der Beschaffenheit des Wissens, die den Konflikt zwischen den beiden Akteursgruppen entfachten und stetig befeuern. Wie gezeigt werden konnte, deuten die Experten das kommunikative Handeln der Pro-Anas im Kontext ihres Expertenwissens (das auf die medizinisch-psychologische Therapie ausgerichtet ist) als ‚essgestört', d. h. als Ausdruck einer pathologisch verzerrten Weltsicht, während die pro-anorektischen jungen Frauen die Interventionsmaßnahmen der Experten als Zeichen deren mangelnden Verständnisses der Anorexia nervosa interpretieren.[26] In der Überzeugung der Überlegenheit bzw. ‚wahrhaftigeren' Wirklichkeit des eigenen Wissens betreiben beide Akteursgruppen Grenzschutz gegenüber dem Wissen der jeweils anderen Gruppe und schließen einander aus dem Kreis zuständiger Akteure aus. Dabei ist aber nicht der Konflikt an sich ein historisch neuer Umstand, sondern die Tatsache,

---

25 Anhänger dieser – zweifellos nicht ungefährlichen – Ernährungslehre gehen davon aus, dass der Körper, neben der üblichen Nahrung auch – und unter besonderen Bedingungen ausschließlich – durch eine Form der „kosmischen Energie", dem „Prana" (sog. Lichtnahrung), ernährt werden kann.

26 Diese gegenseitigen Zuschreibungen lassen sich auch unter dem Stichwort der „Ihr-Einstellung" diskutieren, mit der, so erklären Schütz und Luckmann, „Zeitgenossen" einander begegnen. „Während […] soziale Begegnungen in der wechselseitigen Spiegelung der unmittelbaren Erfahrung des Anderen verlaufen [hier sprechen die Autoren die „Du-Einstellung" an; A.S.], bestehen soziale Beziehungen zwischen Zeitgenossen in der Erfassung des Anderen als eines (personalen oder Funktionärs-)Typus" (Schütz/Luckmann 2003, S. 129), der wiederum auf Grundlage subjektiver Wissensbestände – reichhaltig bestückt durch Wissensbestände des gesellschaftlichen Wissensvorrats – konstruiert wird.

dass dieser nunmehr öffentlich geführt wird. Durch die veränderten Möglichkeiten der Kommunikation, hier v. a. über das Internet, erhielten die Anorektikerinnen im ausgehenden 20. Jahrhundert erstmals die Chance, ihrem Körperwissen – auch gegen Widerstreben der Experten – öffentliche Sicht- und Hörbarkeit zu verschaffen. Die Problematik des Fremdverstehens in der Wissenskonstitution zeigt sich hier also als Dynamik des Verstehens und Missverstehens des Eigensinns von Akteuren, die in ihrem Erleben zum Gegenstand von Expertenwissen gemacht werden. Experten verstehen aus der Perspektive der Pro-Anas die Eigensinnigkeit des Körpers – wie auch anders – nur eingeschränkt. Die Art und Weise den Körper zu empfinden – als dick oder dünn – lässt sich nur schwer verändern und ist nicht immer gewünscht, bspw., wenn das eigene Körpergefühl oder die „leiblich-körperlichen Grenzerfahrungen" (Gugutzer), die der anorektische ‚Kampf' mit der spürbaren Widerständigkeit des Körpers bedeuten kann, eine Ressource darstellt, die dem Leben einen spezifischen Stil bzw. Sinn verleiht. So kann die von Außen an Individuen herangetragene Erwartung an eine bestimmte praktische Körperlichkeit – und dies gilt natürlich nicht nur für die Pro-Anorexie, sondern lässt sich ebenso z. B. auf den Gegenstand des alternden Körpers übertragen – nicht immer in einen inneren Wunsch oder auch nur eine als Vernunfthandlung aufrechterhaltene Modellierung des eigenen Körpers übersetzt werden. Zu verschieden sind die Körperbiographien, die Akteure im Verlauf ihres Lebens produzieren und die ihr Erfahren, Erleben und ihren Umgang mit dem Körper prägen. Nicht nur entziehen sich verkörperte Akteure immer wieder eigensinnig dem medizinisch-psychologischen Wissen und Handeln, auch der konkrete Körper des Patienten – der je eigene Leib – ist eigensinnig. Dieser Eigensinn treibt dessen Träger aber nicht automatisch in eine oppositionelle Haltung, sondern kann sich auch im Versuch dokumentieren, sich Interventionen schlichtweg zu entziehen – der Wunsch, in Ruhe gelassen zu werden. Sind die Krankheitswirkungen zu gravierend oder eine Verzögerung der Behandlung zu kostspielig, können Experten versuchen, Verbote und Strafen zu verhängen, um Selbstschädigungen mit potentieller Behinderungs- oder sogar Todesfolge zu verhindern.

Bestimmte Leiblichkeiten zeichnen sich vor dem Hintergrund gesellschaftlicher Erwartungen als eigensinnig ab. Dieser relationale Eigensinn ist von einem intentionalen Eigensinn, d. h. einem in Anspruch genommenen und verteidigten Anders-sein nur analytisch zu unterscheiden, empirisch sind beide miteinander verwoben. Jedenfalls bietet sich der Diskurs der Anorexie mit seinen Modellsubjekten, seinen Körpertechniken und Techniken zur Herstellung von Sichtbarkeit als Sinnreservoir zur Selbstdeutung an. Dabei reicht die ‚Sehgemeinschaft' (Raab 2008), in der ein anorektischer Blick auf Körper gerichtet und medial inszeniert wird, über die Grenzen der Pro-Ana-Gruppierung hinaus.[27] Der inszenierte Eigensinn der Pro-Anas ist ein kollektiver Eigensinn, bei dem Selbstschädigungen und Selbstbehinderungen nicht blind in kauf genommen, sondern gemanagt werden (sollen). Die inszenierte und kultivierte Vergänglichkeit auch jugendlicher Körper hat sich damit als fester Bestand kommunikativer Körper- und Selbsttechniken im netzmedial gestützten Wissensvorrat dauerhaft etabliert.

Literatur

Berger, Peter. L. & Luckmann, Thomas (2009 [1969]). *Die gesellschaftliche Konstruktion der Wirklichkeit*. Frankfurt am Main: Fischer.

Binswanger, Otto (1896). Ernährungskuren bei Nervenkrankheiten. In: Franz Penzoldt & Roderich Stintzing (Hrsg.), *Handbuch der Speciellen Therapie der Inneren Krankheiten* (S. 73-78) Bd. 5. Jena.

Bruch, Hilde (1962). Perceptual and Conceptual Disturbances in Anorexia Nervosa. *Psychosomatic Medicine* 24 (2) 187-194.

Coombs, Robert Holman (2004). *Handbook of Addictive Disorders*. New York: Wiley.

Cruikshank, Barbara (1993). Revolution within. Self-governement and self-esteem. *Theory, Culture, and Society* 3, 327–344.

Devereux, Georges (1973). *Angst und Methode in den Verhaltenswissenschaften*. München: Hanser.

Diezemann, Nina (2005). *Die Kunst des Hungerns. Anorexie in literarischen und medizinischen Texten um 1900*. [Dissertation]. Hamburg.

Duden, Barbara (1987). *Geschichte unter der Haut*. Stuttgart: Klett-Cotta.

Duncan, Matthews (1889). Hysteria, Neurasthenia, and Anorexia nervosa. *The Lancet*, May 18, 1889.

Erikson, Erik H. (1973): *Identität und Lebenszyklus*. Frankfurt/M: Suhrkamp.

27 Denn tagtäglich werden wir in Film, Fernsehen und Werbung mit Bildern magerer junger Frauen – und zunehmend auch Männern – konfrontiert. Wie – d. h. mit welchen Techniken – diese Körper aber in die präsentierte Form gebracht werden, bleibt dem Betrachter zumeist verborgen, ist also Bestandteil der „Hinterbühne" (Goffman 1969). In dieser Paradoxie leben die Mitglieder der Pro-Ana-Szene: Auf der einen Seite erfreuen sich TV-Formate wie „Germany's next Topmodel" großer Beliebtheit, wo der dünne Körper als Eintrittstor zu ‚Ruhm' und ‚Erfolg' sowie Zeugnis harter Arbeit und Leistung dargestellt wird. Auf der anderen Seite werden regelmäßig Kampagnen gegen Essstörungen geschaltet, die vor dem sich ausweitenden ‚Schlankheitswahn' warnen. Diese Paradoxie dürfte ein weiterer Grund dafür sein – neben der fließenden Skepsis am Expertenwissen –, weshalb die Pro-Ana-Gruppierung die Kritik an ihrem kommunikativen Handeln nicht in dem Sinne ernst nimmt, dass sie es nachhaltig verändert. Tagtäglich wird ihnen medial präsentiert, wofür sie selbst kritisiert werden.

Fiske, John (1993). Elvis: Body of Knowledge. Offizielle und populäre Formen des Wissens um Elvis Presley. *montage/av 2*, (1), 19-51.

Gilman, Sander (2008). *Diets and Dieting: A cultural Encyclopedia*. New York: Routledge.

Gilman, Sander & Vissa, Shruthi (2008). Psychotherapy and Weight Change. In: Sander Gilman, *Diets and Dieting: A cultural Encyclopedia* (S. 226-228). New York: Routledge.

Goffman, Erving (1969). *Wir alle spielen Theater. Die Selbstdarstellung im Alltag*. München: Piper.

Goldstein, Laura & Rissman, Jessica (2008). Anorexia Nervosa. In: Sander Gilman, *Diets and Dieting: A cultural Encyclopedia* (S. 7-11). New York: Routledge.

Gordon, Richard A. (2000). *Eating Disorders: Anatomy of a Social Epidemic*, Oxford: Blackwell.

Gräfe, Stefanie (2010). Effekt, Stützpunkt, Überzähliges? Subjektivität zwischen hegemonialer Rationalität und Eigensinn. In: Johannes Angermüller & Silke van Dyk (Hrsg.), *Diskursanalyse meets Gouvernementalitätsforschung. Perspektiven auf das Verhältnis von Subjekt, Sprache, Macht und Wissen* (S.289-313). Frankfurt/New York: Campus.

Gugutzer, Robert (2001). Grenzerfahrungen. Zur Bedeutung von Leib und Körper für die personale Identität. *Psychologie & Gesellschaftskritik* 97, 1, 69-102.

Gugutzer, Robert (2005). Der Körper als Identitätsmedium: Eßstörungen. In: Markus Schroer (Hrsg.), Soziologie des Körpers (S. 323-355). Frankfurt am Main: Suhrkamp.

Gull, William (1997 [1873]): Anorexia Nervosa (Apepsia Hysterica, Anorexia Hysterica). *Obesity Research 5*, 498-502.

Higgins, Raymond L., Snyder, C. R. & Berglas Steven (1990). *Self-Handicapping. The Paradox That Isn't*. New York: Plenum Press.

Keller, Reiner (2005). *Wissenssoziologische Diskursanalyse. Grundlegung eines Forschungsprogramms*. Wiesbaden: VS.

Keller, Reiner, Knoblauch, Hubert & Reichertz, Jo (2012). *Kommunikativer Konstruktivismus. Theoretische und empirische Arbeiten zu einem neuen wissenssoziologischen Ansatz*. Wiesbaden: VS.

Keller, Reiner & Meuser, Michael (2011): Wissen des Körpers – Wissen vom Körper. Körper- und wissenssoziologische Erkundungen. In: Reiner Keller & Michael Meuser (Hrsg.), *Körperwissen* (S. 9-27) Wiesbaden: VS, 9-27.

Lasègue, Charles (1997 [1873]): On Hysterical Anorexia. *Obesity Research* 5, 492-497.

Leistert, Oliver & Röhle, Theo (2011). *Generation Facebook. Über das Leben im Social Net*. Bielefeld: transcript.

Lessenich, Stefan (2008). *Die Neuerfindung des Sozialen. Der Sozialstaat im flexiblen Kapitalismus*. Bielefeld: transcript.

Lindemann, Gesa (2014). *Weltzugänge*. Weilerswist: Velbrück.

Mauss, Marcel (1978): *Die Techniken des Körpers*. In: Marcel Mauss, *Soziologie und Anthropologie, Bd.2* (S. 199-222). Frankfurt am Main/Berlin: Fischer.

Nickel, Hildegard Maria (2008): Subjektivierung von Arbeit und Eigensinn der Subjekte. In: Karl-Siegbert Rehberg (Hrsg.), *Die Natur der Gesellschaft: Verhandlungen des 33. Kongresses der Deutschen Gesellschaft für Soziologie in Kassel 2006* (S. 4802-4809). Frankfurt a. M./New York: Campus.

Raab, Jürgen (2008). *Visuelle Wissenssoziologie. Theoretische Konzeption und materiale Analysen*. Konstanz: UVK.

Ross, T.A. (1932). Anorexia nervosa. *The Lancet May 28*, 1161.

Russell, Gerald F.M. (1985). The changing nature of Anorexia nervosa: An introduction tot he conference. *Journal of Psychiatry Research 19*, 101-109.

Schünzel, Anja (2014). *Anorexia nervosa. Zur kommunikativen Konstruktion (pro-) anorektischer Wirklichkeit.* Techn Univ. Berlin [Masterarbeit; unveröffentlicht].

Schütz, Alfred (1993 [1932]). *Der sinnhafte Aufbau der sozialen Welt. Eine Einführung in die verstehende Soziologie.* Frankfurt am Main: Suhrkamp.

Schütz, Alfred & Luckmann, Thomas (2003). *Strukturen der Lebenswelt.* Konstanz: UVK.

Snickars, Pelle & Vonderau, Patrick (2009). *The YouTube Reader.* Stockholm: National Library of Sweden.

Traue, Boris (2013). Visuelle Diskursanalyse. Ein programmatischer Vorschlag zur Untersuchung von Sicht- und Sagbarkeiten im Medienwandel. *Zeitschrift für Diskursforschung 2* (1), 117-136.

Traue, Boris & Schünzel, Anja (2014). Visueller Aktivismus und affektive Öffentlichkeiten: Die Inszenierung von Körperwissen in ‚Pro-Ana' und ‚Fat acceptance'-Blogs. *Österreichische Zeitschrift für Soziologie 39 (1)*, Supplement, 121-142.

Warras, Jörg (2009). Soziale Arbeit im Internet. Ein Medium etabliert sich als neues Handlungsfeld. *Sozial Extra 33 (1-2)*, 25-27.

Willems, Herbert & Martin Jurga (1998). *Inszenierungsgesellschaft. Ein einführendes Handbuch.* Wiesbaden: Westdeutscher Verlag.

Die unerbittliche Gegenwärtigkeit der Vergänglichkeit des Körpers

Zur Entsinnung eines Menschen im sogenannten Wachkoma

Henny Annette Grewe und Ronald Hitzler

> *„Wenn aber für einen nichts lustbringend ist und kein Unterschied zwischen dem einen und dem anderen sinnlichen Eindruck für ihn besteht, so ist er wohl weit davon entfernt, ein Mensch zu sein."*
> (Aristoteles 1985, S. 119a)

1 (K)eine Frage der Gewöhnung

Die Vergänglichkeit unseres Körpers – sowohl des eigenen als auch des Körpers des anderen – gerät beim ganz normalen Altern „von Tag zu Tag" üblicherweise *nicht* in den Blick: Dass die Kraft nachlässt, dass man nicht mehr so gut zu Fuß ist, dass das Arbeiten schwerer fällt, dass einen die „Zipperlein" plagen, dass einem immer mehr aus der Hand gleitet, dass man manches und vieles vergisst, dass die sexuelle Begierde seltener und schwächer wird und dass man auch länger büßen muss, wenn man seinen (anderen) Lastern gefrönt hat – das alles registriert man üblicherweise tatsächlich *nicht* von heute auf morgen. Gegenwärtig werden uns diese Manifestationen der Vergänglichkeit in aller Regel vielmehr entweder in der (retrospektiven) Betrachtung oder in (prospektiven) Phantasien längerer Lebensabschnitte zum einen und unter den Vorzeichen signifikanter gesundheitlicher Beeinträchtigungen zum anderen. Und punktuell (und mitunter schmerzhaft) gewärtig werden wir uns dieser Manifestationen selbstverständlich in Situationen *akuten* – wodurch auch immer (zum Beispiel durch wahrgenommene körperliche, geistige und emotionale Defizite in Relation zu selbst- oder fremdgesetzten Fitness-Anforderungen) verursachten – Missbehagens. Bei vielen chronifizierten Formen signifikanter gesundheitlicher Beeinträchtigungen normalisiert sich die Wahrnehmung des Körpers aber sozusagen „sekundär" auch wieder. D. h., dessen Vergänglichkeit rückt qua Gewöhnung an zunächst normalitätsirritierende Wahrnehmungen – ceteris paribus – wieder aus dem Zentrum der Aufmerksamkeit – insbesondere aus dem derer, die (in welcher Funktion auch immer) den gesundheitlich beeinträchtigten Menschen „Tag für Tag“ miterleben.

Einige chronifizierte gesundheitliche Beeinträchtigungen aber behindern oder verhindern gar – aufgrund besonderer Appräsentationen, Begleiterscheinungen und/oder Umstände –, dass die Vergänglichkeit, d. h. die Anfälligkeit und Hinfälligkeit des Körpers des Betroffenen, im tagtäglichen Miterleben aus dem Fokus der Aufmerksamkeit gerät. Zeigen wollen wir diese „unerbittliche Gegenwärtigkeit“ hier am Beispiel des chronifizierten sogenannten Wachkomas, das Gegenstand eines von 2012 bis 2015 durch die DFG geförderten Forschungsprojektes war, das wir zusammen verantwortet haben (vgl. Grewe 2012; Hitzler 2015a). Auch zu plausibilisieren versuchen wir dabei, dass das funktionierende vegetative System lediglich die unzweifelhafte organische Basis bildet für eine genuin menschliche, empfindungsfähige Lebensform. Denn augenscheinlich reagiert der im Wachkoma lebende Mensch auch auf Veränderungen bzw. Ereignisse in seiner Umwelt. Er verliert immer wieder seine „Fassung“ – die er, Helmuth Plessner (1982) zufolge, naheliegender Weise ja erst einmal *haben* muss, um sie verlieren zu können. Er zeigt gelegentlich in Ansätzen Aktivitäten im Sinne willkürlicher Eigeninitiativen. All diese Phänomene, die gegenüber quasi-automatischen Appräsentationen Spuren intendierter Bedeutungen erkennen lassen, etikettieren wir als „protokommunikativ“. Wenige – aber *nicht* keine – dieser Aktivitäten lassen sich unseres Erachten sogar so deuten, dass sie auf umweltliche Zustandsveränderungen beziehungsweise auf Verhaltensänderungen des Gegenübers *abzielen*, dass sie also „kommunikativ intendiert“ sein könnten, auch wenn das dabei erkennbare Repertoire an Kommunikationsmitteln als ausgesprochen begrenzt erscheint: Es umfasst im wesentlichen Atmungsveränderungen, Zähneknirschen, Kopf-Zu- und -Abwendungen sowie erregtes Grimassieren versus entspanntes ‚Mümmeln‘. Dementsprechend sind wir uns keineswegs sicher, ob es – auch Skeptikern gegenüber – plausibilisierbare Gründe gibt für die Annahme, dass Menschen, die im sogenannten Wachkoma leben, überhaupt (kommunikativ) handeln können, denn „zwar gibt es körperliche Expressionen … bei schwerst bewusstseinsbeeinträchtigten Menschen, die als gezielte, reflexive Bezugnahme auf die Umwelt gedeutet werden können. Es bleibt jedoch häufig unklar, ob diese Entäußerungen als ein Ausdrucksverhalten im Sinne exzentrischer Positionalität zu verstehen sind“ (Remmers/Hülsken-Giesler/Zimansky 2012, S. 676; vgl. auch Hitzler 2012a).

Exemplarisch darstellen wollen wir die damit verbundene Deutungsproblematik hier am Falle *eines* in diesem Zustand lebenden Menschen. Dieser eine Mensch, eine Frau, die im Alter von knapp 58 Jahren aufgrund einer Hypoxie (d. h. einer Sauerstoffunterversorgung) eine schwere Hirnschädigung erlitten hat und fast genau drei Jahre später überraschend gestorben ist, ist sozusagen der Urfall unseres Projektes.[1] Ausgehend von (mehr oder weniger) augenfälligen und/oder infolge „entsprechender" Appräsentationen angenommenen bzw. nicht auszuschließenden physischen und organischen *Beeinträchtigungen* über (mehr oder weniger) augenfällige medizinische, therapeutische und pflegerische „*Maßnahmen*" und daraus resultierende, auch nicht-intendierte Aus-Wirkungen bis hin zu einigen eher phänomenalen Hinweisen auf „*Entsinnung*", d. h. auf teils erkennbare, teils vermutete „primäre" und „sekundäre" Verluste von Sinnesfähigkeiten, soll im Weiteren nun die Vergänglichkeit des Körpers dieses Menschen thematisiert werden, weil diese auch im tatsächlich *tagtäglichen* Miterleben nachgerade unerbittlich gegenwärtig ist und gegenwärtig bleibt: sei es der Verlust der organischen Autoregulation des Drucks der Gehirnflüssigkeit, sei es der Verlust des Schluckreflexes, sei(en) es Lähmung(en), sei es Muskelschwund, seien es Spastiken, sei es eingeschränkte Lungenfunktion, sei es der Verlust der Kontrolle über den Speichelfluss, sei es der Verlust der Kontrolle über Magen- und Darmfunktionen und über den Mund-Rachen-Raum und vieles andere mehr.

All das erfordert erkennbar vielfältige kompensatorische Maßnahmen in der medizinischen Versorgung, in der Pflege und in der Therapie des Menschen im sogenannten Wachkoma: Ein Liquorshunt muss gelegt, eine Trachealkanüle muss eingesetzt werden. Die Flüssigkeits- und Nahrungszufuhr erfolgt mittels einer Perkutanen Endoskopischen Gastrostomie (PEG). Blasenkatheter und Urinbeutel werden ebenso alltäglich wie Windeln. Physio-, Logo- und andere Therapien müssen regelmäßig angewandt werden. Spezielle Lagerungstechniken sollen den gelähmten Körper vor Folgeschäden schützen, spezielle Schuhe und ein Rollstuhl werden maßangefertigt. Botox-Spritzen sollen den spastischen Verkrampfungen entgegenwirken. Reduzierte Kalorienzufuhr dient der Gewichtsabnahme und damit der Entlastung des Organismus. Ein immer wieder neu zusammengesetzter ‚Cocktail' aus Medikamenten erhält sein labiles Äquilibrium. Und so weiter.

---

1 Ganz wesentlich für unsere Gesamtwahrnehmung dieses Falles dürfte sein, dass uns – die wir hier als Repräsentanten sozusagen des normalen, hellwachen Erwachsenseins fungieren – der Körper dieser Patientin an diesen Menschen erinnert hat, der sie gewesen war, ehe sie in den Zustand „Wachkoma" gekommen war. Dadurch ist dieser Mensch uns fortwährend als dieser konkrete Andere – auch über die ganzen existenziell katastrophalen Widerfahrnisse hinweg – *in* diesem und möglicherweise *als* dieser Körper gegeben. D. h., wir erfassen den Körper dieses Menschen, der im sogenannten Wachkoma lebt, als kontinuierlich identisch mit dem (immer schon alternden) Körper dieses Menschen, bevor dieser in diesen Zustand gekommen ist. (Das ist die „schwerfällige Anatomie", von der Helmuth Plessner 1982, S. 210, schreibt.)

2 Wachkoma: medizinische Begriffsbestimmung

Im Deutschen wird neben dem Begriff „Wachkoma" v. a. im medizinischen Sprachgebrauch traditionell – und so auch in der deutschen Version des Internationalen Kodierungssystems ICD – der von Kretschmer (1940) geprägte Begriff „Apallisches Syndrom" gebraucht. Überwiegend im französischsprachigen Raum fand der von Calvet und Coll 1959 vorgeschlagene Begriff „Coma vigile" Verwendung. Im Englischen wurde 1972 von Jennett und Plum der Begriff „vegetative state" eingeführt, der auch in seiner deutschen Übersetzung, „vegetativer Status", Verwendung findet. Die Verwirrung wurde in der Folge komplettiert durch die Bemühungen, zwischen „permanent vegetative state" und „persistent vegetative state" zu unterscheiden (allerdings beides in der Abkürzung „PVS"). Schließlich fand die Definition der „Multi Society Task Force on PVS" (MSTF on PVS) Akzeptanz in Fachkreisen. Sie formulierte für die Zuschreibung eines vegetativen Zustandes und damit eines Wachkomas im Jahr 1994 folgende Kriterien:

> "The vegetative state is a clinical condition of complete unawareness of the self and the environment, accompanied by sleep-wake cycles, with either complete or partial preservation of hypothalamic and brain-stem autonomic functions. In addition, patients in a vegetative state show no evidence of sustained, reproducible, purposeful, or voluntary behavioral responses to visual, auditory, tactile, or noxious stimuli; show no evidence of language comprehension or expression; have bowel and bladder incontinence; and have variably preserved cranial-nerve and spinal reflexes. We define persistent vegetative state as a vegetative state present one month after acute traumatic or non traumatic brain injury or lasting for at least one month in patients with degenerative or metabolic disorders or developmental malformations" (MSTF 1994).

Davon grenzt die MSTF den Zustand minimalen Bewusstseins (minimally conscious state, MCS) ebenso ab wie das Locked-in-Syndrom (LIS). Der Zustand minimalen Bewusstseins ist gekennzeichnet durch zumindest intermittierend auftretende willentliche Interaktion mit der Umwelt:

> „Following simple commands.
> - Gestural or verbal yes/no responses (regardless of accuracy).
> - Intelligible verbalization.
> - Purposeful behavior, including movements or affective behaviors that occur in contingent relation to relevant environmental stimuli and are not due to reflexive activity. Some examples of qualifying purposeful behavior include: – appropriate smiling or crying in response to the linguistic or visual content of emotional but not to neutral topics or stimuli – vocalizations or gestures that occur in direct response to the linguistic content of questions – reaching for objects that demonstrates a clear relationship between object location and direction of reach – touching or

holding objects in a manner that accommodates the size and shape of the object – pursuit eye movement or sustained fixation that occurs in direct response to moving or salient stimuli" (Giacino et al. 2002).

Das Locked-in-Syndrom als klinisches Bild einer umschriebenen Hirnstammläsion (in der Regel in der „Brücke", dem Pons) wird seit den 1960er Jahren als eigene Entität beschrieben (Jennett 1975) und ist gekennzeichnet durch erhaltenes Bewusstsein bei Lähmung aller vier Extremitäten, der „mechanischen" Unfähigkeit zu sprechen (aufgrund einer Lähmung der „Sprechmuskeln") sowie des Erhalts der Fähigkeit willkürlicher Auf- und-Ab-Bewegungen der Augen (Smith / Delargy 2005).

3 Der Urfall

Meist beginnt eine „Wachkomakarriere", d.h., das Leben im Zustand „Wachkoma", mit einem akuten Ereignis wie – eher selten – einem schweren Unfall, in der Regel aber einer akuten Hirnblutung oder – noch häufiger – dem sogenannten plötzlichen Herztod, d.h. einem unerwartet eintretenden, kardial verursachten Tod zuvor gesund erscheinender Personen. Vom Schlimmsten (gemeint ist hier damit der Tod) ausgehend, ist jede Reaktion des Körpers zunächst ein „gutes Zeichen", d.h. ein Hinweis auf einen Schritt zurück ins Leben.[2] Diese Quasi-Umkehrung des Prozesses des „Vergehens" (zumindest in der Interpretation durch Angehörige) ist im Falle einer (zunächst) geglückten Reanimation insbesondere vor dem Hintergrund der ernüchternden Verlaufsergebnisse nach Reanimationen sicherlich am augenfälligsten. Gleichwohl findet diese Prozess-Umkehrung bzw. diese Umdeutung von körperlichen Anzeichen auch nach zunächst weniger dramatisch erscheinenden Erst-Ereignissen statt.

In „unserem Fall" lag bei der Patientin eine Subarachnoidalblutung, d.h. eine spontane Hirnblutung vor; genauer: eine Blutung aus einem Hirnarterienaneurysma in den Liquorraum. Die Verteilung des Blutes zwischen den Hirnhäuten führte

2 In Deutschland werden z.B. pro Jahr ca. 80.000 Reanimationen durchgeführt, davon etwa die Hälfte außerhalb von Krankenhäusern (Thömke 2013, Hansen/Haupt 2010). Eher weniger als 60% der außerhalb von Krankenhäusern reanimierten Patientinnen und Patienten erreichen überhaupt lebend ein Krankenhaus. Lediglich 10 bis 15% der nach Reanimation aufgenommenen Patientinnen und Patienten können irgendwann lebend aus dem Krankenhaus entlassen werden, die meisten mit schweren neurologischen Ausfallerscheinungen als Folgezustand einer Unterversorgung des Gehirns mit Sauerstoff.

zu einer Hirnschwellung und diese wiederum zu einer Erhöhung des Blutdrucks. Sogenannte „vernichtende", d. h. schlagartig einsetzende, nie zuvor so erfahrene und als „unerträglich" erlebte Kopfschmerzen und extreme Übelkeit waren die von der Patientin selbst wahrgenommenen Anzeichen der zunächst nicht ursächlich zuordenbaren, in der einschlägigen Fachliteratur als „lebensbedrohlich" beschriebenen Störung.[3] Die Übelkeit, die „vernichtenden" Kopfschmerzen und nicht zuletzt der deutlich zu hohe Blutdruck führten denn auch zur Krankenhausaufnahme der Patientin und – mit einer Verzögerung von mehreren Tagen – eben zum Nachweis einer stattgehabten Blutung aus einem Hirnarterienaneurysma. Durch die Verzögerung in der Diagnosestellung war die Hirnschwellung zum Zeitpunkt der Intervention bereits fortgeschritten. Die Patientin war aber wach und orientiert, als sie anscheinend die Einwilligung zum von den behandelnden Ärzten vorgeschlagenen Eingriff gab, das vormals blutende Aneurysma mittels eines sogenannten „Coilings", d. h. mittels über einen Katheter in die betroffene Hirnarterie eingebrachter Metallspiralen auszuschalten.

Derartige Interventionen werden immer in Narkose, d. h. unter medikamentöser Ausschaltung von Bewusstsein und Schmerz und mit maschineller Beatmung durchgeführt. Aufgrund einer Komplikation während des Eingriffs mussten die medikamentöse Ausschaltung von Bewusstsein und Schmerz sowie die maschinelle Beatmung zunächst auf der Intensivstation fortgeführt werden. Hier wurde nach einigen Tagen ein Luftröhrenschnitt (Tracheotomie) zur besseren Beatmung durchgeführt, da ein durch Mund und Rachen geführter Beatmungsschlauch den Atemweg verlängert, zu Druckstellen an den Schleimhäuten von Mund und Rachen führen kann und so die wichtige Pflege des Mundraumes erschwert. Wegen des mittels eines Tracheostomas geschaffenen „kürzeren Weges", d. h. der Beatmung über eine Öffnung in der Luftröhre, muss der durch diese Öffnung eingelegte kurze Beatmungsschlauch mittels eines luftgefüllten Ballons gegen die Innenwand der Luftröhre hin abgedichtet werden. Daraus resultiert ständig die Gefahr einer Durchblutungsstörung der Luftröhrenschleimhaut und der Knorpelspangen der

3 In den meisten Populationen Europas und Nordamerikas treten 5 bis 10 Fälle von spontaner Subarachnoidalblutung pro 100.000 Personenjahre auf (Kolominski-Rabas et al. 1998, Ingall et al. 2000, van Gijn et al. 2007, Spendel 2008). In etwa 85% sind Aneurysmen der Hirnarterien ursächlich für die spontane Blutung in den Liquorraum. Ca. 10-15% der Betroffenen erreichen das Krankenhaus nicht lebend. Insgesamt beträgt die Sterblichkeit an einer Subarachnoidalblutung trotz verbesserter Therapiemöglichkeiten im Mittel immer noch 40 bis 50% (van Gijn et al. 2007). Bei knapp 10 bis zu 20% der Überlebenden bleiben schwere neurologische Beeinträchtigungen bis hin zum Zustand „Wachkoma" (Cedzich/Roth 2005, Molyneux et al. 2005, Langham et al. 2009).

Trachea, die zu Geschwüren und einer Instabilität der Röhre in diesem Abschnitt führen kann.

Bereits die Tage zuvor stattgehabte Blutung aus dem Hirnarterienaneurysma hatte, wie erwähnt, bei der Patientin zu einer Hirnschwellung geführt. Das Coiling selbst (bzw. die Komplikation während des Eingriffs) löste (möglicherweise erneut) einen Spasmus der hirnversorgenden Blutgefäße aus, der eine mangelnde Sauerstoffversorgung großer Hirngebiete zur Folge hatte und das – mittels Computertomografie und Messung des Hirndrucks nachweisbare – Ödem des Hirngewebes verstärkte. Die Dramatik der gesamten Situation im Anschluss an dieses Coiling erschloss sich zunächst, während der Beatmungs- und Sedierungsphase der Patientin, *nicht* augenscheinlich an „gewohnten" körperlichen Anzeichen, denn abgesehen von vielen Apparaten, die Blutdruck, Herzfrequenz, Hirndruck, Sauerstoffversorgung und anderes maßen, schien die Patientin einfach entspannt zu schlafen. Zunächst waren es im Wesentlichen also die mittels apparativer Techniken erhobenen Befunde, die auf eine „Gratwanderung" schließen ließen.

Erst etwa drei Wochen später, nach der Normalisierung des Hirndrucks, konnten die sedierenden Medikamente reduziert und konnte die Patientin dadurch allmählich zum „Aufwachen" gebracht werden. Schon bei diesem „Wachwerden" veränderte sich ihr Körper: Als sie die Augen aufschlug, fixierte sie nicht. Vielmehr wanderten die Augen in Kreisbewegungen oder pendelten von einer zur anderen Seite. Den linken Arm und beide Beine bewegte sie nicht; lediglich die Finger der rechten Hand schienen in schneller Abfolge imaginäre Tasten zu betätigen. Auf Anrufen erfolgte keine Kopfwendung, auf Berührung keine Reaktion. Sie atmete und hustete, hatte die Augen im Wechsel über Stunden geöffnet und über Stunden geschlossen. Solcherart (Re-) „Aktionen" des Körpers sind „typisch" für Menschen mit schwerster Hirnschädigung, insbesondere für Menschen im Wachkoma. Einiges ist bei dieser Zuschreibung verwirrend, anderes unter dem Aspekt „gesicherten Wissens" sogar problematisch. Verwirrend ist die Begriffsvielfalt für einen Lebenszustand mit erhaltenem Schlaf-Wach-Rhythmus, erhaltener Atemfunktion, erhaltener Thermoregulation, erhaltener Verdauung und Harnproduktion, jedoch ohne – dem alltäglichen wie schulmedizinischen Verständnis entsprechendes – Bewusstsein, augenscheinlich ohne willkürliche Bewegung und ohne für andere erfahrbar willentliche Reaktion auf äußere Reize. Alle diese Definitionen basieren darauf, dass eines oder mehrere Merkmale ohne (aufwändige) apparative Hilfsmittel, also „einfach" über Beobachtung und körperliche Untersuchung des oder der Betroffenen wahrgenommen werden könn(t)en. So schwierig alle diese Definitionen in sich und ihre Abgrenzung von einander sind, so schwierig ist ihre Anwendung auf den „konkreten Fall" eines Patienten oder einer Patientin mit schwerster Hirnschädigung.

Unbeschadet dessen ist, wenn ein Mensch nach einer Reanimation, oder eben nach Ereignissen wie den oben geschilderten, „aufwacht“, d. h., wenn er die Augen öffnet und atmet, der Schritt „zurück ins Leben“ sichtbar vollzogen. Bleibt sein Blick über Tage hin „leer“, bewegt er sich offensichtlich nicht willkürlich bzw. nur auf der Ebene rückenmarksgesteuerter Reflexe, ist er nach derzeitiger medizinischer Zuschreibung im Zustand der reaktionslosen Wachheit bzw. im Wachkoma. Diese Klassifizierung des phänomenal augenscheinlichen Zustandes als „Wachkoma“ beruht (stets) auf der Diagnosestellung, es sei nachweisbar, dass der bzw. die Betroffene eben *kein* Bewusstsein habe. Nun lässt sich Bewusstsein bislang allerdings mit keinem diagnostischen Instrument sicher *ausschließen*. Allgemein anerkannte Kriterien gibt es vielmehr lediglich für das „sichere“ (bzw. für das konsensuell als „sicher“ geglaubte) *Vorhandensein* von Bewusstsein. Gemeint sind damit z. B. reproduzierbare „Antworten“ des Körpers auf Reize aus der Umwelt, seien sie nun visuell, auditiv, taktil oder olfaktorisch, welche *nicht* als Reflexe gedeutet werden. Eine „einfache“ visuelle Antwort wäre z. B. das Verfolgen und Fixieren bewegter Gegenstände mit den Augen. Der sozusagen bestmögliche „Beweis“ von Bewusstsein wäre die (adäquate) Antwort auf eine gestellte Frage oder die Möglichkeit des Dialogs mit dem infrage stehenden anderen. Aber schon eine partielle Entsinnung, d. h. der Ausfall eines oder mehrerer Sinne bzw. Sinnesorgane, z. B. der Verlust des Augenlichtes und ggf. auch noch des Hörvermögens in Kombination mit einer Lähmung aller Extremitäten, kann für die betroffene Person eine „Fehlzuschreibung“ zur Folge haben, wenn sie ihr fehlendes Seh- und Hörvermögen z. B. aufgrund einer Läsion des Sprachzentrums nicht zu artikulieren vermag.

Wie problematisch die Diagnose fehlenden Bewusstseins ist, zeigen auch (immer neue) Erkenntnisse aus der jüngeren Hirnforschung, die elektrophysiologisch und mittels funktioneller Bildgebung nicht nur bei Menschen im Zustand minimalen Bewusstseins, sondern auch bei einigen Menschen mit der Zuschreibung „Wachkoma“ oder PVS „Antworten“ im Gehirn nachgewiesen hat, die denen Gesunder ähneln. Dabei können der „klinische Befund“, d. h. der durch Beobachtung und körperliche Untersuchung erhobene Befund und die mittels EEG bzw. bildgebenden Verfahren erhobenen Befunde durchaus voneinander abweichen, und zwar in „allen Dimensionen. So konnte in einer einschlägigen Untersuchung z. B. bei 4 von 23 Menschen, die klinisch als im Wachkoma bzw. PVS klassifiziert worden waren, nachgewiesen werden, dass sie als Antwort auf verbale Stimuli in einer funktionellen Magnetresonanztomografie (fMRT) ein gesunden Personen vergleichbares Verteilungsmuster gesteigerter Hirndurchblutung hatten, während 30 von 31 untersuchten Menschen im klinisch erhobenen Zustand minimalen Bewusstseins dieses nicht hatten (Monti et al. 2010). Bei zweien der vier untersuchten „Wachkomapatienten“ konnten im Folgenden auch klinisch Anzeichen minimalen Bewusstseins nachgewiesen werden. Demgegenüber konnte in einer anderen Untersuchung bei einer 60jährigen Patientin, die sich klinisch über einen Zustand minimalen Bewusstseins hinaus verbessert hatte und mit der bereits verbale (!) Kommunikation möglich war, keine entsprechende Steigerung der Hirndurchblutung im fMRT nachgewiesen werden (Bardin et al. 2011). Mit einem speziellen MRT-Verfahren, der Diffusions-Tensor-Bildgebung, die den Verlauf und die strukturelle Beschaffenheit von Faserbahnen, d. h. der Bündel der verbindungsrelevanten Ausläufer von Nervenzellen im zentralen Nervensystem, bildlich darstellt, wurde jedoch beim Vergleich der gemittelten Diffusionswerte in bestimmten Hirnregionen (Thalamus und subcortical) von zehn untersuchten Personen im Wachkoma und 15 untersuchten Personen im Zustand minimalen Bewusstseins ein signifikanter Unterschied zu*un*gunsten der Wachkomapatientinnen und -patienten festgestellt, der nach Ansicht der Autoren als diagnostisches Kriterium dienen könnte (Fernández-Espejo et al. 2011). Elektrophysiologische Untersuchungen konnten PVS und MCS anhand unterschiedlicher „Antworten" unterscheiden (Boly et al. 2004) oder aber nicht sicher differenzieren (Kotchoubey 2005). Die widersprüchlichen Beispiele ließen sich fortsetzen. Insgesamt ist derzeit wohl zu konstatieren, dass der Zustand minimalen Bewusstseins sowohl elektrophysiologisch (Daltrozzo et al. 2007) als auch in bildgebenden Verfahren (Bodart et al. 2013) bislang nicht sicher von dem des Wachkomas unterschieden werden kann, und dass die Vorhersagegenauigkeit aller Verfahren eingeschränkt ist.[4]

Sozusagen evident ist letztlich mithin lediglich, dass – rein biologisch gesehen – die Vitalfunktionen eine Menschen, der im sogenannten Wachkoma lebt, – jedenfalls zum größten Teil – intakt sind: Die inneren Organe ‚arbeiten'. Kreislauf und Stoffwechsel funktionieren. Zwar würde der Mensch im Zustand Wachkoma verhungern, würde er nicht ernährt (mit welcher Technik und/oder Technologie auch immer). Wird er aber ernährt, funktioniert auch der Verdauungsapparat (das ist bei einem Kleinkind prinzipiell nicht anders). In der Regel funktioniert auch die Eigenatmung. Was hingegen häufig nicht funktioniert, das ist der Schluckreflex. Die nach einem Luftröhrenschnitt gelegte Trachealkanüle ist aber nichts anderes als eine Prothese (vgl. Schneider 2005) (eine Prothese allerdings, die z. B. verhindert, dass

4 Unbeschadet dessen haben die neuen Technologien zu einer weiteren Differenzierung der Krankheitsbilder „Wachkoma" bzw. „vegetative state", „minimally conscious state" und „locked-in-syndrome" (Bruno et al. 2011) sowie zu einer Diskussion um die Neubenennung des Zustandes „vegetative state" geführt. Eine europäische Arbeitsgruppe hat die Bezeichnung „unresponsive wakefulness syndrome" bzw. „Syndrom reaktionsloser Wachheit" anstelle des Begriffs „vegetative state" vorgeschlagen (Laureys et al. 2010, von Wild et al. 2011), um eine Diskriminierung betroffener Personen durch das Attribut „vegetative" zu vermeiden.

die Stimmbänder vibrieren können, die also mechanisch „stumm" macht – dazu weiter unten mehr). Die Muskulatur des Körpers eines Menschen mit schwersten Hirnschädigungen weist, zumeist durch Spastiken verursachte, starke Kontrakturen auf. Folglich kann dieser Mensch so gut wie keine Muskelpartie willentlich oder gar *gezielt* bewegen. Manchmal scheint er zu schlafen, manchmal scheint er wach zu sein. Manchmal scheint er auf manche Geräusche zu reagieren und manchmal nicht. Seine Augen sind manchmal geschlossen und manchmal geöffnet. Manchmal scheinen die geöffneten Augen etwas zu fixieren, manchmal nicht. Und so weiter. Ob dieser Zustand ‚nur' ein Durchgangsstadium ist, oder ob der Betroffene in diesem Zustand verbleiben wird, kann (bislang) nie sicher vorhergesagt werden. Sicher ist (bislang) jedoch, dass dieser Mensch über eine lange, vielleicht über seine gesamte verbleibende Lebenszeit auf die Hilfe anderer angewiesen sein wird. Diese „anderen" sind „Professionelle"[5] und „Laien" (vgl. Sprondel 1979). Als „Profis" gelten in diesem Zusammenhang vor allem Ärztinnen und Ärzte, Pflegekräfte, Logopädinnen und Logopäden, Physio- Ergo-, Musiktherapeutinnen und -therapeuten usw. Fallrelevante Laien sind vor allem und zumeist Angehörige und Freunde.

Dass der Blick auf den Körper des Menschen im Wachkoma, dass das Ausmaß der Aufmerksamkeit für Veränderungen dieses Körpers, dass die Interpretation von Veränderungen usw. vor dem Hintergrund heterogen verteilten Fachwissens, vielgestaltigen und unterschiedlich ‚tiefen' biographischen Wissens und – mitunter extrem – divergenter emotionaler Beteiligung in hohem Maße verschieden sein können, ja verschieden sein müssen, liegt auf der Hand (vgl. dazu Hitzler/Grewe 2013). Bemerkenswert erscheint uns allerdings, dass der Kompetenz Angehöriger in der medizinischen Fachliteratur insbesondere bei der Wahrnehmung von Anzeichen oder gar Zeichen für Bewusstsein prinzipiell ein hoher Stellenwert eingeräumt wird (Vgl. Gill-Thwaites 2006; Giacino et al. 2002; Wade 1996). Eine retrospektive Untersuchung von 44 Patienten im Locked-in-Syndrom hat z. B. gezeigt, dass bei mehr als der Hälfte dieser Personen Familienangehörige die ersten gewesen waren, die Zeichen von Bewusstsein wahrgenommen hatten (Leon-Carrion et al. 2002). Die Rate der von „Profis" in der Routineuntersuchung am Krankenbett nicht wahrgenommenen Zeichen für Bewusstsein lässt sich schwer ermitteln; bei einem (allerdings nicht verblindeten) Vergleich zweier Untersuchungsverfahren – der „Routineuntersuchung und -einschätzung" durch das therapeutische Team (Ärzte, Psychologen, Physio-, Sprach- und Ergotherapeuten, Pflegekräfte) und der unmittelbar danach durchgeführten strukturierten Untersuchung mithilfe der „Coma-Recovery-Scale-revised" (CRS-R, Giacino et al. 2004) durch geschulte

5 Professionelle müssen ja bekanntlich nicht unbedingt auch Experten sein (vgl. dazu Hitzler 1994 und 2016).

Untersucher – ließen sich bei 41% der vom therapeutischen Team als „vegetative" eingeschätzten Patientinnen und Patienten Anzeichen für Bewusstsein feststellen (Schnakers et al. 2009).

Diese prinzipielle Kompetenz von Angehörigen hat naheliegender Weise damit zu tun, dass sie mit der Lebensgeschichte, mit den Gewohnheiten, Vorlieben und Abneigungen, mit den Eigenschaften und Eigenheiten der Patientin bzw. des Patienten, um die bzw. den es je geht, in aller Regel besser als ‚alle anderen' vertraut sind. Und damit sind sie sozusagen ausgezeichnete ‚Fährtenleser' für alle möglichen Spuren, die sich im Lauf eines Lebens in den Körper eines Menschen eingraben und diesen Körper prägen. Nicht wenige dieser Spuren sind für nachgerade alle anderen, denen dieser Mensch begegnet, ohne weiteres wahrnehmbar. Andere, für das ‚Verstehen' und die Behandlung des individuellen ‚Falles' aber oft besonders bedeutsame Spuren zu erkennen und vor allem das je Präsente (wie auch immer) auf das dabei Appräsentierte hin deuten zu können, ist (nicht selten deutlich) voraussetzungsvoller: dazu muss man *diesen* Menschen eben sozusagen ‚intim' kennen. Zumindest dann, wenn diese Voraussetzung erfüllt ist, appräsentieren sich für im Modus des Mit-Erlebens am Geschehen teilhabende Personen am Körper des Menschen, um den ihnen zu tun ist, keineswegs nur organische Prozesse, sondern eben auch dessen *Empfindungen*.

Symptomatischer Weise sucht eine in einen solchen ‚Fall' involvierte Person, und sucht ganz gewiss jede emotional beteiligte Person – insbesondere in den ersten Wochen und Monaten nach einem akuten Ereignis – bei einem Menschen im Wachkoma nach Anzeichen für Bewusstsein. Aber auch ungeachtet der drängenden und immer wieder zu beantwortenden Frage „Ist da noch jemand? – d.h., ist da noch ein anderes Ich?" (vgl. Hitzler 2010) erfordert ein Mensch im Wachkoma ständige Aufmerksamkeit auf alle seine Lebensfunktionen, weil er, um nicht zu sterben, vollständig auf andere angewiesen ist. Ein Mensch im Wachkoma kann z.B. die Position seines Körpers nicht willentlich verändern, er kann aber auch nicht mitteilen, ob und wo ihn ggf. eine Faltung des Betttuches drückt, ob ein Arm „einschläft", weil er zu sehr unter dem Körper liegt, oder ob ein Fuß unter der Bettdecke „verdreht" ist. Bereits in den ersten Wochen nach dem zum Wachkoma führenden Ereignis werden die zunächst schlaff gelähmten Extremitäten spastisch, d.h. sie „verkrampfen" zunehmend, überwiegend in Beugestellung der Gelenke.

Als Ursache für spastische Kontraktionen gilt die Schädigung entsprechender motorischer Nervenzellgebiete im Gehirn bzw. ihrer zum Rückenmark absteigenden Faserbahnen bei erhaltenen Regelkreisen auf Rückenmarksebene. Diese Regelkreise des Rückenmarks ‚steuern' den Tonus, d.h. die Grundspannung der Muskulatur. Von höheren Zentren unkontrolliert führt die Daueranspannung der Muskulatur zu fixierten Stellungen, zu Kontrakturen der Finger, der Arme,

Beine und des Rumpfes. Werden Gelenke nicht in allen ihnen nach ihrer Anatomie möglichen Richtungen bewegt, resultiert daraus ‚mit der Zeit' zusätzlich eine Schrumpfung der Gelenkkapsel, die dann wiederum auch die passive Bewegung (d. h. die Bewegung der Körperteile durch andere Personen – oder Maschinen) im Gelenk unmöglich macht.

Kontrakte Gelenke erschweren die Hautpflege, insbesondere im Bereich der Beugeflächen, sowie die bei Bewegungsunfähigen ohnehin schon schwierige, regelmäßig zu verändernde Positionierung des Körpers im Bett, im Sessel oder im Rollstuhl. Ohne regelmäßigen Positionswechsel und ohne eine flächenhafte Verteilung des Körpergewichts auf die Unterlage aber treten wiederum Durchblutungsstörungen der aufliegenden Körperstellen auf, die zu bis auf den Knochen reichenden Druckgeschwüren führen können. Um Hautschäden der Beugeflächen entgegenzuwirken und die Positionierung des Körpers bzw. der Körperteile zu erleichtern, müssen die Extremitäten daher immer wieder passiv bewegt, die Finger, Hände und Arme entgegen ihrer spastischen Beugestellung gestreckt werden. Ggf. werden auch für einige Stunden sogenannte Orthesen, also Schienen angelegt, die diese gesteckte Position „halten" sollen. In manchen Fällen wird auch immer wieder Botox gespritzt, um den Muskelspasmus vorübergehend zu durchbrechen.

Alle diese Maßnahmen sind mit Risiken verbunden: Botox (genauer: Botulinumtoxin) ist ein Nervengift, das zu einer Wochen andauernden Muskellähmung führt. Botox wird in hoher Verdünnung in die Region derjenigen Nervenendigungen gespritzt, deren Kommunikation mit der Muskulatur unterbrochen werden soll. Wie alle in den Körper eingebrachten Substanzen kann es aber in die Umgebung diffundieren, d. h. ggf. vom Blut aufgenommen und so in Körperregionen verbracht werden, in denen eine Muskellähmung nicht erwünscht bzw. lebensgefährlich ist (wie etwa und insbesondere in der Herz- und in der Atemmuskulatur). Schienen bringen das Risiko der Druckgeschwürbildung mit sich. Das Knochengerüst eines Körpers, der keine Eigenbewegung hat, wird durch Abbauprozesse brüchig; resultierend daraus steigt das Risiko von Frakturen, selbst infolge relativ geringer Krafteinwirkung von außen. Auf diese Weise brach etwa die Bezugspflegerin der hier in Frage stehenden Patientin dieser eines Tages beim Versuch, ihr eine Orthese anzulegen, versehentlich einen Finger. Und wie wir auch in der Zeit danach haben feststellen müssen, stellt eine Fraktur – und sei es eben „nur" ein gebrochener Finger – aufgrund der Kombination aus „porösem" Knochen und spastischem Muskelzug wiederum auch eine besondere Schwierigkeit für die Versorgung dar, zum einen durch eine eingeschränkte Heilungsfähigkeit des Knochengewebes, zum anderen durch die durch den Muskelzug bedingte Fehlstellung der Bruchstücke.

Zu bemerken war z. B., dass die Patientin durch ihre aus der Schulter heraus ausgeführten, ruckartigen Armbewegungen (das ist die einzige Eigen-Bewegung, die ihr unterhalb der Halsmuskulatur noch möglich zu sein schien) trotz bzw. gegen die Aluminiumschiene, auf der ihr gebrochener Finger im Krankenhaus mit einer Bandage fixiert worden war, eine zunehmende Schiefstellung des gebrochenen Fingers verursacht hatte. Um diese Schiefstellung so gut wie möglich wieder zu korrigieren und um Schmerzen so gut wie irgend möglich zu vermeiden oder zumindest zu vermindern, bekam die Patientin dann für mehrere Wochen eine Doppel-Schiene mit einem Klettverschluss. In diesen dann folgenden Wochen gab es immer wieder vielfältige Gründe zur Aufregung und zur Sorge: U. a. drückte die Patientin ihr Gesicht – augenscheinlich schmerzverzerrt – in die Kopfstütze ihres Rollstuhls. Die Physiotherapeutin bestätigte diesen Eindruck. Einmal verstärkte sich die Schmerzmimik der Patientin nochmals massiv. Der Eindruck, dass sie vor Schmerzen brüllte, auch wenn (wegen ihrer Trachealkanüle) praktisch kaum etwas zu *hören* war, war unabweisbar. Nach diesem Vorfall wurde – nach Rücksprache mit dem behandelnden Arzt – die Schmerzmedikation eine Zeit lang intensiviert und die Patientin von der Bolus-Gabe auf ein Schmerz-Pflaster umgestellt.

Wird eine solche gebrochene Extremität „gerichtet" und von außen mit Gips oder ähnlichem geschient, resultiert daraus, neben der Gefahr des „Abrutschens" der Knochenstücke, wieder das Druckgeschwürrisiko. Wird eine Fraktur operativ versorgt, ist nicht sicher vorhersagbar, ob Schrauben, Nägel, Drähte in dem porösen Knochen Halt finden. Zudem resultiert hieraus eine bis in den Knochen reichende Wunde, die sich entzünden kann. In Fehlstellung verheilte Körperteile erschweren alle Maßnahmen der Pflege, ein Infekt des Knochens schwächt den Körper und erhöht die Gefahr weiterer Infekte. Und so dreht sich die ‚Spirale' aus erwünschten Effekten und unerwünschten Folgen etwelcher Maßnahmen und Unterlassungen immer weiter.

Infekte drohen Menschen im Wachkoma ohnehin ständig, allein schon bedingt durch die „Ver- und Entsorgungsschläuche", die innerliche und äußerliche Wunden setzen. Zur Nahrungsgabe wird meist eine PEG (eine perkutane endoskopische Gastrostomie) durch die Bauchdecke in den Magen angelegt. Der Harn wird ebenfalls auf kurzem Weg (mittels eines suprapubischen Katheters) durch die Bauchdecke abgeleitet. Und nicht zuletzt sind nicht wenige Menschen im Wachkoma eben tracheotomiert und mit dem erwähnten kurzen Atmungsschlauch, der Trachealkanüle, versehen. Die Blockung, d. h. die Abdichtung der Trachealkanüle mittels luftgefüllter Manschette, verringert die Gefahr der Aspiration von Mageninhalt, der Menschen im Wachkoma aufgrund ihrer eingeschränkten oder aufgehobenen Schluckfähigkeit ausgesetzt sind. Eine Trachealkanüle, insbesondere eine geblockte Trachealkanüle, hat jedoch auch zahlreiche nicht intendierte Folgen: Der kurze Atemweg schaltet den Nasen- und Rachenraum aus dem Atemluftstrom aus, die

Atemluft wird daher nicht im normalen Ausmaß gefiltert, erwärmt und angefeuchtet, und die Anfälligkeit für Bronchialinfekte steigt.

Im Falle der Patientin, über die wir hier berichten, war es darüber hinaus zu der bereits oben erwähnten Instabilität des Knorpelgerüsts der Luftröhre gekommen, so dass die Blockung der Trachealkanüle, also die Ursache dieser Mangelversorgung des Knorpels, zur Offenhaltung der Trachea von den behandelnden Ärzten und der Logopädin weiterhin als notwendig angesehen wurde. Zudem bestand bei der Patientin kein zuverlässiger Schluckreflex, und sie erbrach phasenweise häufig und nicht vorhersehbar. „Übungen" zur Verbesserung der Schluckfähigkeit der Patientin waren nur bei entblockter Kanüle möglich und somit durch die Kollapsneigung der Luftröhre limitiert. Daraus resultierte nun ein circulus vitiosus, denn die Verbesserung der Schluckfähigkeit wäre eben eine Voraussetzung dafür gewesen, die Blockung der Trachealkanüle zu reduzieren mit dem Ziel, irgendwann die Kanüle entfernen zu können. Eine Entscheidung für die größtmögliche Sicherheit für die Patientin wäre hingegen eine Entscheidung für die „Dauerblockung" der Trachealkanüle gewesen, denn dadurch wird die Aspirationsgefahr so weit möglich reduziert. Das wiederum würde die Inkaufnahme des oben beschriebenen Zirkelschlusses implizieren – ohne absehbare Chance, diesen je zu durchbrechen. Eine Entscheidung für die stufenweise Entblockung der Trachealkanüle wäre mit einer erhöhten Gefahr der Aspiration von Erbrochenem und in Folge mit dem Auftreten schwerer Lungeninfekte verbunden, böte jedoch die Chance, den beschriebenen „Teufelskreis" zu durchbrechen. Und so weiter…

4 Das Miterleben des augenscheinlich Unaufhaltsamen

Die Wahrnehmung und das aus dem Mit-Erleben resultierende zunehmend und zunehmend ‚tiefere' Verständnis der Verletzlichkeit des „Gleichgewichts", in dem sich der Körper eines Menschen im Wachkoma befindet, wird für betreuende Personen über die gesamte Lebensspanne des Menschen im Wachkoma von solcherlei Entscheidungszwängen begleitet. Jede Entscheidung für oder gegen etwas ist auf irgendeine Weise „falsch", da jede Maßnahme neben den intendierten Wirkungen und Effekten auch unerwünschte Folgen zeitigen kann, die wiederum durch weitere Maßnahmen kompensiert werden müssen. Jedes Unterlassen einer Maßnahme zur Verhinderung, Beseitigung oder wenigstens Eindämmung weiterer Beeinträchtigungen droht aber ebenfalls das labile Gleichgewicht des Körpers des im Wachkoma lebenden Menschen zum Kippen zu bringen und ist daher in aller Regel auch keine Alternative.

Art und Ausmaß derartiger für betreuende Personen dilemmatischer Entscheidungssituationen sind im Übrigen ohnehin keineswegs nur von der Häufigkeit und der Schwere „schulmedizinisch diagnostizierter" Körperfunktionsstörungen bestimmt. Wenigstens ebenso relevant sind die *Einstellungen* der betreuenden Personen zum Phänomen Wachkoma im Allgemeinen und vor allem zu dem betreuten Menschen in „seinem" Wachkoma im Besonderen, denn aus diesen Einstellungen erwachsen mitunter höchst divergente Antworten auf die – oft bange – Frage danach, welche durch die tagtäglich augenscheinlich werdende unerbittliche Gegenwärtigkeit der Vergänglichkeit dieses „gezeichneten" Körpers unabwendbar auferlegten Entscheidungen wie zu treffen sind bzw. getroffen werden müssen. Relevant sind Wünsche, Hoffnungen, Ängste, Spannungen, Zu- und Abneigungen, Sensibilitäten, Überlastungen, Scham- und Liebesgefühle, Frustrationen und dergleichen „Irrationalitäten", die der betreuende Mensch dem – ihm auf jeden Fall als *Körper* präsenten – Menschen im Wachkoma gegenüber empfindet, denn sie insbesondere bestimmen Art und Grad der Aufmerksamkeit auf Anzeichen der physischen und (in aller Regel allenfalls rudimentären und diffusen) Zeichen auch der psychischen Befindlichkeit des im Wachkoma lebenden Menschen.

In „unserem Fall" war es u. v. a. beispielsweise ein steigender Hirndruck, ausgelöst durch eine Funktionsstörung des zur Ableitung des Hirnwassers (Liquors) eingebrachten Schlauch- und Ventilsystems, der durch – das Mit-Erleben begleitende – aufmerksame Beobachtung „entdeckt" wurde. Liquorzirkulations- und Abflussstörungen sind nach schwersten Hirnschädigungen keine Seltenheit und führen zu erhöhtem Druck im Schädelinneren, der das empfindliche Hirngewebe schädigt und im schlimmsten Falle verdrängt („aus dem Schädel herausdrückt"), was zur Abklemmung von Nervenbahnen führt und lebensgefährlich ist. Betroffenen, so auch der Patientin, über die wir berichten, wird ein Schlauch mit einem zwischengeschalteten Ventil von einer Hirn-Liquorkammer im Gehirn meist bis in die Bauchhöhle gelegt, um den überschüssigen Liquor abzulassen. Schlauch und Ventil sind unter der Haut versenkt. Kommt es zu Funktionsstörungen des Abflusssystems, kann ein kommunikationsfähiger Mensch bereits frühe „Hirndruckzeichen" – Kopfschmerzen, Übelkeit und Müdigkeit – äußern. Ein Mensch im Wachkoma hingegen ist unabdingbar auf Fremdwahrnehmung angewiesen. Allerdings bedarf es besonderer Aufmerksamkeit und Einfühlsamkeit, um derartige „Frühzeichen" überhaupt ‚von außen' wahrzunehmen.

Gerade im in den multiplen Techniken und Technologien allenthalben beobachtbaren ‚Kampf' gegen die Vergänglichkeit des Körpers des Menschen im Wachkoma wird diese für die ihn *mit-erlebende* Person in nachgerade jeder Situation gegenwärtig. Allerdings tut keineswegs *jede* Person, die – wie auch immer – mit dem im Wachkoma lebenden Menschen zu tun hat, das, was sie tut, im Modus des

Mit-Erlebens: Empathie, oder gar Sympathie, ist zwar keine notwendige Voraussetzung dafür, diese Vergänglichkeit zu registrieren. Sich diese Vergänglichkeit zu *vergegenwärtigen*, meint aber mehr: es meint, das eigene Handeln subjektiv sinnhaft am Gewärtigen der Vergänglichkeit des Körpers des Menschen, um den einem zu tun ist, zu orientieren (vgl. Hitzler 2015b).

Diese Vergänglichkeit manifestiert sich vor allem in der Erfahrung, dass der im Wachkoma lebende Mensch gesundheitlich eben *nicht* in einem ‚unter den gegebenen Umständen' recht stabilen und ‚ganz akzeptablen' Zustand ist, sondern dass er die, denen es um ihn zu tun ist, in aller Regel mit seinen – quasi permanent an Atemproblemen, Husten und Würgen erkennbaren – Kämpfen ums schiere Überleben konfrontiert, die eher gelegentlich von kurzen ‚ruhigen' Phasen durchbrochen werden.

Vor dem ständigen Hintergrund solcherlei physischer Instabilität hatte die Patientin selbstverständlich, wie wir alle, eben gute und schlechte Tage – wobei *schlechte* Tage für sie solche waren, an denen sie etwa übermäßig von Husten- und Würgeanfällen, von Verdauungsproblemen, von Erbrechen, von Augeninfektionen, von Fieber, von Lärm und/oder Hitze und wohl auch von körperlichen Schmerzen und vielleicht auch von seelischen Qualen wie Einsamkeit, Trauer, Verwirrung geplagt wurde. *Gute* Tage für die Patientin waren – unseren Analogieschlüssen entsprechend – solche, an denen wir zu erkennen meinten, dass sie „munter", „irgendwie interessiert" und zugleich ausgesprochen „entspannt" sei. Erst ganz allmählich haben wir gelernt, diese neue Normalität der ‚Tagesformabhängigkeit' nicht nur auszuhalten, sondern anzunehmen, nicht nur mit zu *er*leben, sondern so umfassend, wie es uns aufgrund unserer jeweils eigenen Lebensumstände möglich war, *mit ihr zu leben*. Das Mit-Erleben des im Wachkoma lebenden Menschen impliziert dergestalt, sorgend teilzuhaben an den unsteten Befindlichkeiten eines empfindsamen Wesens (vgl. Grewe/Hitzler 2013).

Für die mit-erlebenden Personen impliziert das aber insbesondere die ständige – und in der Tat bange – Frage, ob und ggf. wann der Mensch, um den ihnen zu tun ist, in einem selbstbezüglichen Sinne Schmerzen empfindet, und ob und ggf. wie sich welche Schmerzen appräsentieren: z. B. als Schwitzen, Zittern, Krampfen, Veränderungen der Gesichtsfarbe usw., ebenso Gesichtsausdrücke und -bewegungen und/oder Körperhaltungen und -bewegungen, und paraverbal z. B. im Stöhnen, Weinen und/oder in anderen Äußerungsformen. Denn weil wir Schmerzen zwar spüren, *nicht* aber mit unseren Sinnesorganen erfassen (können), sondern eben allenfalls solche epiphänomenalen Appräsentationen, stellt sich bei einer sogenannten nicht-kommunikativen Patientin für den, der sie im vorgenannten Sinne mit-erlebt, diese Frage im Grund wirklich permanent und ohne je verlässlich beantwortet werden zu können (vgl. Hitzler 2012b).

Am wenigsten augenfällig aber ist beim Menschen im sogenannten Wachkoma die wohl unerbittlichste Reduktion des Körpers als dem unverzichtbaren Medium zur Umwelt: die Reduktion der Sinne.

Verloren geht der aktive Tastsinn (während die Sensibilität der Haut zu großen Teilen erhalten bleiben mag) – zunächst durch lähmungsbedingte, partielle Gefühllosigkeit, im Weiteren dann durch die spastische Verkrampfung der Hände und Finger, die es verunmöglicht, mit den Händen etwas zu (er-)greifen und mit den Handflächen etwas zu spüren. Verloren gehen die Möglichkeiten zu Riechen, zu Schmecken und – damit einhergehend – auch die Äußerungsform des Lautierens (d. h. Laute mittels der Stimmbänder zu erzeugen), weil durch die eingesetzte Trachealkanüle verhindert wird, dass Luft über die Nase und über den Mund ein- und ausgeatmet und oral Flüssigkeit und Nahrung aufgenommen wird. Erst allmählich verdichtet haben sich alle möglichen Hinweise darauf, dass der Mensch im sogenannten Wachkoma, den wir mit-erlebt haben, vermutlich auch noch an funktioneller Blindheit bzw. genauer: an visueller Agnosie gelitten hat, dass er also (so gut wie) nichts mehr hat sehen können, obwohl das Seh-Organ selber funktionsfähig geblieben war. Der einzige von seinen fünf Sinnen, der diesem Menschen offenkundig geblieben war, sozusagen der einzige noch offene ‚Kanal' zwischen ihm und der Umwelt, war das Hören. Das impliziert aber keineswegs, dass über ‚Ansprache' bzw. – mit Ausnahme plötzlicher und lauter Geräusche – überhaupt über Hörbares irgendwelcher Art bei dem Menschen irgendwelche ohne Weiteres erkennbaren oder gar verlässlich reproduzierbaren Reaktionen evoziert werden konnten. D. h., auch wenn die Mechanik seines Trommelfells *nachweisbar* noch funktioniert hat, haben wir – außer qua Appräsentationen, aus denen wir rückgeschlossen haben, dass ‚laut' als unangenehm empfunden wurde – die Welt des Akustischen mit dem Menschen im sogenannten Wachkoma, um den uns zu tun war, nicht mehr im Sinne selbst einer sehr weit verstandenen ‚kommunikativen Validierung' gemeinsamer Wahrnehmungen mit ihm teilen können.

Mit dem selten gebrauchten Wort „Entsinnung" fokussieren wir hier also abstrakt – und absichtsvoll in nicht-medizinischer Diktion – solche Reduktionen bzw. eben den Verlust eines oder mehrerer der fünf Sinne bzw. den Verlust der Fähigkeit, mittels eines oder mehrerer der fünf Sinnesorgane physiologische Wahrnehmungen zu machen. „Entsinnung" meint also basalere Verluste als solche, die wir üblicher Weise mit „Entsinnlichung" (etwa der zwischenmenschlichen Beziehungen, der Arbeit, des Glaubens usw.) konnotieren. „Entsinnung" meint eher partielle, die Sinnesorgane betreffende „Entleibung" – also sozusagen das Gegenkonzept zu dem, was Hermann Schmitz (2007, S. 137) mit dem Begriff der „Einleibung" beschreibt: das Überschreiten des eigenen Leibes hin zu den Leiblichkeiten anderer bzw. das „Spüren" anderer Leiblichkeiten in der eigenen. „Totale Entleibung" bedeutet die

Vernichtung des Leib-Seins durch den Tod. „Partielle Entleibung" bedeutet den Verlust von Funktionen des Organismus (z. B. durch Amputationen). Und „Entsinnung" bedeutet nun eben, wie erwähnt, den wodurch auch immer bedingten Verlust (der Funktionen) von Sinnesorganen (also von Augen, Ohren, Nase, Mund und/oder Haut).

Ob infolge dieser Entsinnung vielleicht, wahrscheinlich oder zwangsläufig auch die ‚Innenwelt' des von äußeren Reizen bzw. Anregungen immer stärker abgeschnittenen Menschen immer mehr ‚verarmt', ob er infolge der schweren Hirnschädigung, die er erlitten hat, also nicht nur am Anfang seines Lebens im sogenannten Wachkoma, sondern auch in dessen Vollzug – infolge der zunehmenden Entsinnung – auch psychisch depraviert, ist eine Frage, mit der wir uns anhaltend beschäftigen. Ungeachtet aber der Antwort auf diese Frage bzw. der Frage, ob wir überhaupt eine Antwort darauf finden, erscheint uns der Zustand Wachkoma zwar als extreme (und in Relationen zu anderen Krankheitsbildern auch seltene), gleichwohl aber als nachgerade exemplarisch verdichtete Form multipler Degenerationen und Deprivationen, die uns die Vergänglichkeit unserer Körper tatsächlich unablässig und unerbittlich vor Augen führt.

Literatur

Aristoteles (1985). *Nikomachische Ethik* (übers. v. Eugen Rolfes). Hamburg: Meiner. S. 1119a

Bardin, J.C., Fins, J.J., Katz, D.I., Hersh, J., Heier, L.A., Tabelow, K., Dyke, J.P., Ballon, D.J., Schiff, N.D. & Voss, H.U. (2011). Dissociations between behavioural and functional magnetic resonance imaging-based evaluations of cognitive function after brain injury. *Brain* 134, 769–782.

Bodart, O., Laureys, S. & Gosseries, O. (2013). Coma and Disorders of Consciousness: Scientific Advances and Practical Considerations for Clinicians. *Seminars in Neurology* 33, 83-90.

Boly, M., Faymonville, M.E., Peigneux, P., Lambermont, B., Damas, P., Del Fiore, G., Degueldre, C., Franck, G., Luxen, A., Lamy, M., Moonen, G., Maquet, P. & Laureys, S. (2004). Auditory processing in severely brain injured patients: differences between the minimally conscious state and the persistent vegetative state. *Archives of Neurology* 61 (2), 233–238.

Bruno, M.A., Vanhaudenhuyse, A., Thibaut, A., Moonen, G. & Laureys, S. (2011). From unresponsive wakefulness to minimally conscious PLUS and functional locked-in syndromes: recent advances in our understanding of disorders of consciousness. *Journal of Neurology* 258, 7, 1373–1384.

Calvet, J. & Coll, J. (1959). Meningitis of sinusoid origin with the form of coma vigil. *Rev. Otoneuroophtalmol* 31, 443-445.

Cedzich, C., Roth, A. (2005). Neurological and Psychosocial Outcome after Subarachnoid Haemorrhage, and the Hunt & Hess Scale as a Predictor of Clinical Outcome. *Zentralblatt für Neurochirurgie* 66, 112–118.

Daltrozzo, J., Wioland, N., Mutschler, V. & Kotchoubey, B. (2007): Predicting coma and other low responsive patients outcome using event-related brain potentials: a meta-analysis. *Clinical Neurophysiology* 118, 606–614.

Fernández-Espejo, D., Bekinschtein, T., Monti, M.M., Pickard, J.D., Junque, C., Coleman, M.R. & Owen, A.M. (2011). Diffusion weighted imaging distinguishes the vegetative state from the minimally conscious state. *Neuroimage* 54, 103–112.

Giacino, J.T., Kalmar, K. & Whyte, J. (2004). The JFK Coma Recovery Scale–Revised: Measurement Characteristics and Diagnostic Utility. *Arch Phys Med Rehabil* 85, 2020-2029.

Giacino, J.T., Ashwal, S., Childs, N., Cranford, R., Jennett, B., Katz, D.I., Kelly, J.P., Rosenberg, J.H., Whyte, J., Zafonte, R.D. & Zasler, N.D. (2002). The Minimally Conscious State – Definition And Diagnostic Criteria. *Neurology* 58, 349-353.

Gill-Thwaites, H. (2006). Lotteries, loopholes and luck: Misdiagnosis in the vegetative state patient. *Brain Injury* 20, 1321-1328.

Grewe, Henny Annette (2012). Wachkoma: Deutungsmuster eines irritierenden Phänomens. In: Norbert Schröer, Volker Hinnenkamp, Simone Kreher & Angelika Poferl (Hrsg.), *Lebenswelt und Ethnographie* (S. 367-378). Essen: Oldib.

Grewe, Henny Annette & Hitzler, Ronald (2013). Die tagtägliche Sorge. *Not*, H. 6, S. 20-23.

Hansen, H.C. & Haupt, W.F. (2010). Prognosebeurteilung nach kardiopulmonaler Reanimation. *Notfall- und Rettungsmedizin* 13, 327–339.

Hitzler, Ronald (1994). Wissen und Wesen des Experten. Ein Annäherungsversuch. In: Ronald Hitzler, Anne Honer & Christoph Maeder (Hrsg.), *Expertenwissen* (S. 13-30). Opladen: Westdeutscher Verlag.

Hitzler, Ronald (2010). Ist da jemand? Über Appräsentationen bei Menschen im Zustand „Wachkoma". In: Reiner Keller & Michael Meuser (Hrsg.), *Körperwissen. Über die Renaissance der Körperlichen* (S. 69-84). Wiesbaden: VS.

Hitzler, Ronald (2012a). Hirnstammwesen? Das Schweigen des Körpers und der Sprung in den Glauben an eine mittlere Transzendenz. In: Robert Gugutzer & Moritz Böttcher (Hrsg.), *Körper, Sport und Religion* (S. 125-139). Wiesbaden: VS.

Hitzler, Ronald (2012b). Wie eine „Nicht-kommunikative Patientin" Schmerzen kommuniziert. *Not*, H. 6, 50-54

Hitzler, Ronald (2015a). Praktische Deutungen. Eine komplexe Ethnographie zum Umgang mit Menschen im Wachkoma. In: Ronald Hitzler & Miriam Gothe (Hrsg.), *Ethnographische Erkundungen. Methodische Aspekte aktueller Forschungsprojekte* (S. 89-102). Wiesbaden: Springer VS.

Hitzler, Ronald (2015b). Ist der Mensch ein Subjekt? – Ist das Subjekt ein Mensch? Über Diskrepanzen zwischen Doxa und Episteme. In: Angelia Poferl & Norbert Schröer (Hrsg.), *Wer oder was handelt?* (S. 125-145). Wiesbaden: Springer VS.

Hitzler, Ronald (2016). Die (zweifelhaften) Qualitäten des Experten. Dr. Gregory House und die Prinzipien professionellen Handelns. In: Nicole Burzan, Ronald Hitzler & Heiko Kirschner (Hrsg.), *Materiale Analysen* (S. 305-321). Wiesbaden: Springer VS.

Hitzler, Ronald & Grewe, Henny A. (2013). Wie das Bewusstsein (der einen) das Sein (der anderen) bestimmt. Über ungleiche Lebensbedingungen im Zustand „Wachkoma". In: Oliver Berli & Martin Endreß (Hrsg.), *Wissen und soziale Ungleichheit* (S. 240-259). Weinheim, Basel: Beltz Juventa.

Ingall, T., Asplund, K., Mähönen, M. & Bonita, R. (2000). A Multinational Comparison of Subarachnoid Hemorrhage Epidemiology in the WHO MONICA Stroke Study. *Stroke* 31, 1054-1061.

Jennett, Bryan (1975). "Locked-in" Syndrome. *British Medical Journal*, 8th February 1975, 334.

Jennett, Bryan & Plum, Fred (1972). Persistent Vegetative State after Brain Damage. In: *The Lancet*, 299, 734-737.

Kolominsky-Rabas, P.L., Sarti, C., Heuschmann, P.U., Graf, C., Siemonsen, S., Neundoerfer, B. ,Katalinic, A., Lang, E., Gassmann, K.G. & Ritter von Stockert, T. (1998). A prospective community-based study of stroke in Germany — the Erlangen Stroke Project (ESPro). Incidence and case fatality at 1, 3, and 12 months. *Stroke* 29, 2501–2506.

Kotchoubey, Boris (2005). Apallic syndrome is not apallic: Is vegetative state vegetative? In: *Neurological Rehabilitation* 15 (3-4), 333–356.

Kretschmer, Ernst (1940). Das apallische Syndrom. In: *Zeitschrift für die gesamte Neurologie und Psychiatrie* 169, S. 576-579.

Langham, J., Reeves, B.C., Lindsay, K.W., van der Meulen, J.H., Kirkpatrick, P.J., Gholkar, A.R., Molyneux, A.J., Shaw, D.M., Copley, L. & Browne, J.P. (2009). Variation in Outcome After Subarachnoid Hemorrhage: A Study of Neurosurgical Units in UK and Ireland. *Stroke* 40, 111-118.

Laureys, S., Celesia, G.G., Cohadon, F., Lavrijsen, J., León-Carrión, J., Sannita, W.G., Sazbon, L., Schmutzhard, E., von Wild, K.R., Zeman, A., Dolce, G., the European Task Force on Disorders of Consciousness (2010). Unresponsive wakefulness syndrome: a new name for the vegetative state or apallic syndrome. *BMC Medicine* 8, 68.

Leon-Carrion, J., van Eeckhout, P., Dominguez-Morales, Model, R. & Perez Santamaria, F.J. (2002). The locked-in syndrome: a syndrome looking for a therapy. *Brain Injury* 16, 571-582.

Molyneux, A.J., Kerr, R.S.C. et al. for the International Subarachnoid Aneurysm Trial (ISAT) Collaborative Group (2005). International subarachnoid aneurysmtrial (ISAT) of neurosurgical clipping versus endovascular coiling in 2143 patients with ruptured intracranial aneurysms: a randomized comparison of effects on survival, dependency, seizures, rebleeding, subgroups, and aneurysm occlusion. *Lancet* 2005, 366, 809–817.

Monti, M.M., Vanhaudenhuyse, A., Coleman, M.R., Boly, M., Pickard, J.D., Tshibanda, L., Owen, A.M. & Laureys, S, (2010). Willful modulation of brain activity in disorders of consciousness. *New England Journal of Medicine* 362 (7), 579–589.

MSTF (Multi-Society Task Force on PVS) (1994). Medical aspects of the persistent vegetative state. In: *The New England Journal of Medicine* 330, 1499-1508 and 1572-1579.

Plessner, Helmuth (1982). Lachen und Weinen. In: Ders.: *Gesammelte Schriften VII* (S. 201-388). Frankfurt a. M.: Suhrkamp.

Remmers, Hartmut, Hülsken-Giesler, Manfred & Zimansky, Manuel (2012). Wachkoma, Apallisches Syndrom: Wie tot sind Apalliker? In: Michael Anderheiden, (Hrsg.), *Handbuch Sterben und Menschenwürde* (S. 671-696). Berlin: de Gruyter.

Schmitz, Hermann (2007). *Der unerschöpfliche Gegenstand. Grundzüge der Philosophie.* Bonn: Bouvier.

Schnakers, C., Vanhaudenhuyse, A., Giacino, J., Ventura, M., Boly, M., Majerus, S., Moonen, G. & Laureys, S. (2009). Diagnostic accuracy of the vegetative and minimally conscious state: Clinical consensus versus standardized neurobehavioral assessment. *BMC Neurology* 9, 35.

Schneider, Werner (2005). Die Prothesen-Körper als gesellschaftliches Grenzproblem. In: Markus Schroer (Hrsg.), *Soziologie des Körpers* (S. 371- 397). Frankfurt a. M.: Suhrkamp.

Smith, E. & Delargy, M. (2005). Locked-in syndrome. *British Medical Journal* 330, 406-409.

Spendel, M.C. (2008). Die aneurysmatische Subarachnoidalblutung: Epidemiologie, Ätiologie, Klinik und Komplikationen. *Journal für Neurologie, Neurochirurgie und Psychiatrie* 9, 20-30.

Sprondel, Walter M. (1979). „Experte“ und „Laie“: zur Entwicklung von Typenbegriffen in der Wissenssoziologie. In: Walter M. Sprondel & Richard Grathoff (Hrsg.), *Alfred Schütz und die Idee des Alltags in den Sozialwissenschaften* (S. 140-154). Stuttgart: Enke.

Thömke, Frank (2013). Beurteilung der Prognose nach kardiopulmonaler Reanimation und therapeutischer Hypothermie. *Deutsches Ärzteblatt* 110, 137-143.

van Gijn, J., Kerr, R.S. & Rinkel, G.J.E. (2007). Subarachnoid hemorrhage. *Lancet* 369: 306-318.

von Wild, K.R.H., Laureys, S., Dolce, G. & Schmutzhard, E. im Namen der European Task Force on Disorders of Consciousness (2011). Syndrom Reaktionsloser Wachheit. Zur Begriffsbestimmung „Apallisches Syndrom“ - Wachkoma“ - „permanenter vegetativer Zustand“. *Neurologie und Rehabilitation* 17, 209-215.

Wade, D.T. (1996). Persistent vegetative state should not be diagnosed until 12 months from onset of coma. *British Medical Journal* 313, 943-944.

Strukturen der Sterbenswelt
Über Körperwissen und Todesnähe

Thorsten Benkel

„Vorm fünfundachtzigsten Geburtstag eines in allen Stücken wohlversorgten Mannes legte ich mir im Traum die Frage vor, was ich ihm schenken könne, um ihm wirklich eine Freude zu machen, und erteilte mir sogleich selber die Antwort: einen Führer durch das Totenreich.“

Theodor W. Adorno, *Minima Moralia*

Todesnähe soll nachfolgend als problematische Situation nicht allein des individuellen Körpers, sondern als Zukunftsszenario jeglicher sozialen Beziehung verstanden werden. Der Tod kann sowohl als Kulminationspunkt des – lebenslangen – Alterungsprozesses interpretiert werden, wie auch als davon entkoppeltes, mithin nicht bewusst ‚erlebbares' Körpergeschehen. Die häufig bemühte dichotome Gegenüberstellung von Leben und Tod übergeht für gewöhnlich, dass Alterung und dass die ‚Vergänglichkeit' körperlicher Handlungsbefähigungen das Lebensende von einem bestimmten Punkt an auf physiologische, d. h. durchaus spürbare Weise antizipierbar machen. So schwer diese Lebensphase en detail auch einzugrenzen ist: der Begriff des *Sterbens* fasst die in unmittelbare Todesnähe führenden Erfahrungen und (körperlichen) Erlebnisse terminologisch zusammen. Dies setzt allerdings voraus, dass tatsächlich ein hohes Alter erreicht wird, dass der Körper tatsächlich an die Grenzen seiner Vitalität gelangt. Unfalltod, schwere Krankheiten in jungen Jahren, Suizid und dergleichen mehr evozieren Todesnähe unter anderen Bedingungen; mitunter ist der Übergang vom Leben zum Nichtmehrleben hier nur eine Sache von Sekunden.

Der Blick auf das Altern und den alternden Körper soll nachfolgend als Ausgangspunkt für soziologische Betrachtungen der Begleitumstände und Wissensgenerierungen im diskursiven Umfeld von Sterben und Tod verwendet werden. Es wird zu zeigen versucht, dass das Sterben – ebenso wenig wie das Leben – ein ‚eindeutiger' und klar konturierter Vorgang ist, dem Menschen sich passiv hinzugeben haben.

Eine nähere Auseinandersetzung mit den intersubjektiven Folgen des Sterbens (1.) soll demonstrieren, dass der Tod kein isoliertes Einzelschicksal ist, sondern von sozialen Effekten begleitet, ja rituell und kommunikativ eingerahmt ist. Dem schließt sich eine Betrachtung der gesellschaftlichen Facetten des körperlichen Sterbens an (2.), die das Scharnier zwischen Körper und Wissen näher in den Fokus nimmt. Abschließend werden Kontexte thematisiert, die das Körperschicksal ‚Tod' in seiner vermeintlichen Eindeutigkeit in Frage stellen und somit nach Evidenz bzw. Legitimation im Rahmen des Lebensendes und seiner Deklaration fahnden (3). In diesen Kapiteln wird von einem Verständnis von Todesnähe ausgegangen, das sich von anderen Begriffsverwendungen (vgl. Knoblauch/Soeffner 1999) bewusst unterscheidet, insofern die physiologische Ebene gezielt mit dem Wissen über den alternden und schließlich sterbenden Körper verknüpft wird.

1 Der Tod als Argument

Szene auf einem deutschen Friedhof, einem von etwa 32.000, an irgendeinem Tag des Jahres. „Na ja", sagt die ältere Dame, während sie, den Körper weit nach vorne gebeugt, am Unkraut zupft, „Sterben gehört halt dazu, nich' wahr?"

Ihr Ehemann war „schon vor acht Jahren dran"; bis zuletzt hatte sie ihn gepflegt, nun pflegt sie sein Grab. Diese Aufgabe, laut Friedhofsordnung ohnehin die Pflicht der Hinterbliebenen, hat sich für sie im Laufe der Zeit in den Kanon der Alltagsüblichkeiten eingeschrieben. Das Empfinden, dass in diesem geradezu standardisierten, weil stets ähnlichen Abläufen gewidmeten Fürsorgehandeln ein symbolischer ‚Dienst' am Toten vorliegt, ist für die ältere Dame an das Wissen gekoppelt, dass dieser Dienst zunächst einmal diesseitig honoriert wird. Gewiss, symbolisch führen das routinierte Säubern der Platte, das geschickte Jäten, dann und wann das Entzünden der windgeschützten Kerze usw. das (Be-)Sorgen fort, das zu Lebzeiten des Gatten als wechselseitige Pflicht zwischen den beiden Bestand hatte und von ihnen als wichtiger Bestandteil ihrer Beziehung interpretiert worden sein dürfte. Zu sagen, sie tue es unmittelbar „für ihn", ist der älteren Frau aber zu abstrakt. Das typische Handeln von Friedhofsbesuchern mag zwar ähnlich aussehen; doch was jeweils dahinter steckt, das sei heute nicht mehr verbindlich und ohnehin kaum feststellbar. Wie sie persönlich die Dinge sieht, ist demnach nur eine Position von vielen.

In wenigen Worten spricht die ältere Dame damit nicht nur Aspekte des sozialen Wandels im Umgang mit dem Lebensende an, sondern umreißt darüber hinaus das Phänomen der über prä- und deskriptive Muster hinausreichenden Aneignungstendenzen in der Sepulkralkultur (Benkel/Meitzler 2013). Zwar drängt sich Friedhofsbesuchern gegenwärtig nach wie vor der Eindruck auf, dass Menschen in Trauer das Engagement an den Gräbern ‚ihrer' Verstorbenen so darstellen, als sei ihr primäres Handlungsmotiv das wahrnehmbare Aufschlagen einer Brücke zwischen den Lebenden und den Toten. Solche Gesten der Fortführung einer sozialen Verbindung über den Tod hinaus sind, dies vorweg, an den Körper einerseits gebunden und andererseits von ihm losgelöst. Gerade dort, wo der tote Körper (noch) vorhanden ist, ist er unsichtbar gemacht; und dort, wo dies geschieht – am Grab –, werden Leistungen an die Adresse der Verstorbenen vollbracht, bei denen der Körper ignoriert wird. Der einzige materielle Ankerpunkt, anhand dessen das beschriebene ‚Kontinuierungsanliegen' plausibilisiert werden könnte, wird also ausgeblendet. Materiell ist ansonsten allenfalls die von äußerlicher Nüchternheit geprägte Grabpflege, aber auch sie kann mit Motivkernen unterlegt werden, die in eine andere Richtung lenken. Sich um die Ruhestätte der Toten zu kümmern, mag der parasozialen Zwiesprache dienen, der inneren Einkehr, dem Krafttanken, der Herstellung tröstlicher Gefühle, oder auch schlichtweg dem plakativen Vollzug ritueller Anforderungen gewidmet sein. Bei all dem treten die Verstorbenen einzig als zentrale ‚Ausrede' in den Vordergrund. Die physische Präsenz ihrer körperlicher Überreste bleibt ohne Funktion, das Pflichtprogramm sozialer und rechtlicher Normen wird als symbolisch verkleideter Liebesdienst inszeniert, und es wirkt insgesamt, als hänge die Bedeutung der verschiedenen Ablaufstufen der Bestattungskultur davon ab, wie sehr die Angehörigen sie sich aneignen (dazu Benkel 2012).

Wenn ein Körperschicksal sich erfüllt hat und ein nahestehender Mensch gestorben ist, stehen neben den nüchternen Pflichten der Hinterbliebenen üblicherweise ihre emotionalen Dispositionen. Offenbar gelingt es den meisten Trauernden, einen pragmatischen Kompromiss zu finden zwischen persönlicher Haltung und übersubjektiver Normativität. Im deutschsprachigen Raum hat die Vermittlungsarbeit von Bestattern, Pfarrern, Steinmetzen und anderem Fachpersonal lange Zeit für eine reibungslose Korrespondenz, vielmehr: für eine entsprechende *Korrespondenzempfindung* gesorgt. Die Toten fernab ihres lebensweltlichen Aktionsradius ‚zur Ruhe betten'? Den vermissten Anblick vom Körper auf Fotografien und kognitive Erinnerungsbilder ummünzen? Handlungen absolvieren, die vorher und nachher irrelevant sind, nun aber plötzlich hochgradig bedeutungsvoll sein sollen? Die leiblichen Überreste unsichtbar machen? Dies und vieles mehr ist wohl nicht zuletzt deshalb *state of the art* der zentraleuropäischen Sepulkralkultur, weil entsprechende Wissensbestände und Sinnangebote lange Zeit anschlussfähig genug gewesen sind, um den Eindruck der Parallelgeltung von eigenen Interessen und kollektiven Spielregeln zu erwecken.[1] Um neue Tendenzen handelt es sich also nicht. Entzauberungsexperten haben sich bereits vor etwa einhundert Jahren mit der kritischen Durchleuchtung dieses Zusammenhangs befasst. So schreibt Emile Durkheim: „In der Trauer fügt man sich Leid zu, um zu beweisen, daß man leidet", denn was in diesem Zusammenhang geschieht, geht zurück auf eine „Pflicht, die von der Gruppe auferlegt wird". Jegliche „rituelle Haltung" könne dabei „unabhängig [...] vom Gefühlszustand des Individuums" stattfinden, sie könnte sogar losgelöst davon sein, ob „der ausgedrückte Kummer wirklich gefühlt wird" (1984, S. 531ff.). Wie Durkheim an anderer Stelle betont, tut die soziale Abhängigkeit einer vermeintlich subjektiven Empfindung dem Kollektivcharakter der Trauer – denn wer trauert schon ganz für sich alleine? – keinen Abbruch, im Gegenteil: Dadurch werde eine Art Konsens gebildet, der als Gegengewicht zu den individualistischen Bedrohungen des Gemeinschaftswesens gut funktionieren kann (vgl. Durkheim 1999, S. 239).

Gesellschaftliche Entwicklungen haben die Idee einer sozialen ‚Trauersubstanz' seither nicht aufgehoben, wenn auch bestimmte rituelle Haltungen (wie das Trauerjahr, die Trauerkleidung, das zeitweilige Verbot von Vergnügungserlebnissen für Hinterbliebene usw.) verblasst sind. Fortschreitende Transformationsbewegungen weg von streng kollektiven und hin zur vorrangig subjektiven Ausgestaltungen der Trauerempfindungen zeichnen sich ab; dominant ist insbesondere die Verschiebung des Trauergefühls in die Privatsphäre. In welcher verkapselten Form heute getrauert wird und wie die objektive Normstruktur des Totengedenkens, der Grabpflege usw. dies tatsächlich abzubilden vermag, ist folglich von außen immer weniger deutlich erkennbar (vgl. Benkel 2008). Verlieren Trauerbekundungen deshalb ihre öffentliche Bühne – oder ist hier gleichsam von einer Verlagerung auszugehen, mit der Konsequenz, dass jene Kerngemeinschaft, der die Problematik eines konkretes Verlustes auch als *grundsätzliches* Problem aller Beteiligten[2] vorgeführt wird, kleiner wird?

---

1 Umso interessanter sind die Ausbruchversuche, wie sie sich seit einigen Jahren abzeichnen. Als eine Art illegitimer Effekt der europäischen Grenzöffnung häufen sich Anfragen an Bestatter von Menschen, die die Asche ihrer Verstorbenen nach dem Kremationsvorgang nicht im Friedhofsreihengrab bestattet, sondern im eigenen Heim aufbewahrt oder an einem persönlich wertvollen Platz verstreut sehen wollen. Durch ‚Körperverkehr' über die Grenzen hinweg wird das Illegitime machbar. Die Rechtslage ist jedoch im Umbruch: Das Bundesland Bremen hat diesen Wunsch der Angehörigen 2014 – beim Vorliegen bestimmter Bedingungen – legalisiert, weitere Veränderungen sind zu erwarten (vgl. Spranger/Pasic/Kriebel 2014). Qualitative Einblicke in diesen Kontext liefert das aktuelle Forschungsprojekt ‚Autonomie der Trauer' unter Leitung des Verfassers.

2 Und überdies als Warnsignal. Plausible Hinweise deuten darauf hin, dass schon der Transfer vom (beseelten) Leib zum (unbeseelten, toten) Körper kulturell als subtiles *memento mori* codiert ist (vgl. Groß/Glahn/Tag 2010).

Die Ächtung des Todes *an sich* – auch sie eine gesellschaftlich bedeutsame Funktion jener Praktiken, die *significant mourners* an den offenen Gräbern ihrer Toten aufführen – verkäme demnach zur Privatangelegenheit, der Tod würde sukzessive immer schamhafter thematisiert werden. Erst eine langfristige kultursoziologische Begleitung wird sicherstellen können, inwiefern ein solcher ‚Kontraktionseffekt' tatsächlich greift.

Abb. 1 Darstellung eines Ausspruchs bzw. einer Haltung zu Lebzeiten, die die Hinterbliebenen geradezu im Modus einer Selbstadressierung am Grab des Verstorbenen befestigt haben: „Trauert nicht so viel – macht weiter."

Soviel steht fest: Die Rituale und Praxen, mit denen die Verabschiedung des toten Körpers performativ verwirklicht wird, finden *in der Nähe des Todes* statt – ein Sterbeprozess ist abgeschlossen worden. Der Tod, und damit auch die Leiche, ist indes das Objekt einer insgeheimen „Desozialisierung" (Baudrillard 1982, S. 206), denn weder die menschlichen Überreste, noch das Sterben als Vorgang, noch voran gegangene Krankheiten, Unfälle oder Alterungsprozesse stehen im Vordergrund. Todesrituale sind von den Lebenden und für die Lebenden errichtet, sie sind quasi-therapeutische „Stützkonzeptionen" (Berger/Luckmann 1992, S. 121) der betroffenen (sich als betroffen deklarierenden) Gemeinschaft (vgl. Benkel 2015). Bekräftigung für diesen Standpunkt lässt sich bei Pierre Bourdieu einholen. Der Ausbildung nach Philosoph, hat Bourdieu sich nicht nur mit naheliegenden Bezugsautoren wie Leibniz und Descartes befasst, sondern auch mit dem Generaltheoretiker des „Sein-zum-Tode"-Denkstils Martin Heidegger,[3] sowie mit Ludwig Wittgenstein. Auf der Suche nach Materialien für eine „Naturgeschichte des Menschen" (1997, S. 411) hat Wittgenstein sich mit dem schottischen Religionsanthropologen James Frazer auseinander gesetzt, der eine mehrbändige Untersuchung zu *Belief in Immortality and the Worship of the Dead* vorgelegt hatte und vor allem für seine 1890 erschiene Studie zur Entmythologisierung des Mythologischen bekannt ist, der er den Titel *The Golden Bough* gab. Wittgenstein lässt sich von der Lektüre dieses Buches zu schriftlichen „Bemerkungen" inspirieren, unter anderem zu der Feststellung, dass Trauergesten keine in sich liegende Funktion erfüllen, sondern lediglich äußere Ansprüche umsetzen (vgl. 1995, S. 32). Diesen Gedanken greift Bourdieu auf: So „psychologisch notwendig[]" die „rituelle[n] und kultische[n] Praktiken" auch sind, „die man am Grab einer geliebten Person macht" – sie bleiben „völlig verzweifelt[]", weil die „Frage sowohl nach der Funktion als auch nach Sinn und Zweck" selbst zwecklos ist (2010, S. 429). Zugleich weiß Bourdieu, dass die Alltagssemantik von Todesnähe-Erfahrungen – sei es beispielsweise das spürbare oder vermutete Nahen des Lebensendes, sei es die rituelle Abwicklung eines Todesgeschehens – eine normative Haltung nicht nur reproduziert, sondern geradezu diktiert. Wie damit ‚richtig' umgegangen wird, dass aus Leben Tod wird, folgt sozialen Spielregeln, und dies sogar noch dort, wo scheinbar ‚authentische' Emotionalität im Vordergrund steht. Der hier skizzierte Zusammenhang demonstriert Bourdieus Begriff des „Sinnüberschusses" (1993, S. 127): Akteure handeln mit mehr Sinn, als sie selbst im Vollzug ihres Handelns erkennen können.

3 Vgl. Bourdieu (1976). Der Begriff „Sein zum Tode" findet sich übrigens schon vor den bekannten Ausführungen Heideggers in *Sein und Zeit* (1993) bei Wilhelm Dilthey und bei Georg Simmel.

2 Körperhoffnung

„Der Tod", schreibt Norbert Elias (1990, S. 10), „ist ein Problem der Lebenden". Insofern ist die „Erfahrung des Todes" (Landsberg 2009) nicht vordergründig ein Nachteil des eigenen *körperlichen*, sondern vor allem ein Problem des *sozialen* Erlebens. Einmal abgesehen vom Metapherngestöber der Alltagssprache, worin überraschend häufig Referenzen zu Alterung, Sterben und Tod gefunden werden können, lebt und stirbt man nach aktuellem Kenntnisstand nur einmal. Zwischen der Zeit davor und der Zeit danach fungiert der Tod im individuellen Einzelfall als „radikale Neuigkeit" (Benjamin 1974, S. 668), bei der sich *alle* Aspekte der Lebenswelt verändern, weil Lebenswelt selbst zur Sterbens- bzw. Todeswelt gerinnt (vgl. Benkel 2007, S. 197). Die eigene Körperzukunft ist ein undefiniertes *post suam mortem*. Worüber man nicht sinnieren kann, das muss man auch nicht befürchten oder pauschal zum Nachteil abstempeln, so die seit der Antike verwendete, beschwichtigende Rede von Philosophen.[4] Soziologisch liegt das Problem anders: Sterben zu ‚müssen' ist *Wissen*, nicht spürbare Tatsache. Selbst ein sehr alter Mensch, der sich womöglich dem Tod nahe fühlt, ist ein lebendiger Mensch, dem das ‚Totsein' fehlt. Seine Antizipation, bald zu sterben, baut auf Erwartungswissen auf, nicht auf einem Körperwissen, das klare Verbindungslinien zieht zwischen dem subjektivem Erleben und einem faktischen Sterbensverlauf. Einen ‚Körperzustand' oder eine ‚Lebensphase' namens Sterben, der/die anhand eines medizinischen Kriterienkatalogs bestimmbar ist, hält die Wissensgesellschaft nicht parat. Sie ist hierin, wie Hubert Knoblauch zurecht betont, durchaus „Nichtwissensgesellschaft" (Knoblauch 2005, S. 280). Denn so unbestreitbar gestorben wird, so uneindeutig scheint das Sterben zu verlaufen. Zu dem im Lebensverlauf erlernten Wissen über das Sterben gehört, dass es einen selbst betrifft, weil es andere bereits betroffen hat. Die Beweisführung fußt, um mit Alfred Schütz (1991, S. 313) zu argumentieren, auf einer *Appräsentation*, auf der anerkannten ‚Mitgegenwärtigkeit' der anderen, denen man sich als Alltagsakteur gleichsetzt. Während man selbst noch nicht gestorben ist, schafft das Wissen über die personale Sterblichkeit als theoretisches Fundament eine Verstehensbasis für den Tod der Mitmenschen, und vice versa verlangen diese Tode nach einer Wissensbasis, die erklärt, was geschieht. Das Wissen über den Zusammenhang von Altern und Tod (mitsamt Seitenblicken auf Faktoren wie Unfälle, Verletzungen, Risiken

4 Eine neuzeitliche Variante stammt von Thomas Nagel, der hervorhebt, dass man sich die Welt *ohne einen selbst* zwar vorstellen kann, aber nicht, wie es ist, wenn man tot ist (2001, S. 20). Von einem pauschalen Unglück lässt sich vor diesem Hintergrund schwerlich sprechen. Die Transzendierung von verlässlichem Wissen gelingt in dem einen Fall durch den Rückschluss auf selbst erlebte Vergleichssituationen, welcher in dem anderen Fall unmöglich ist.

und Gefahren) betrifft überwiegend die Tode der anderen. Hypothetisch kann man die Lebensenden aller, die einem wichtig sind, miterleben. Soziale Nähe führt zu Todesnähe, zum passiven Ausgesetztsein gegenüber einem ‚anderen' Tod, der eigene Dramaturgien und Dramatiken kennt. Die Rolle des selbst Sterbenden wird für gewöhnlich nur eingeübt, wenn sie bis zum buchstäblichen Ende durchgespielt wird; die Rolle eines/einer Hinterbliebenen kann dagegen mehrfach aufgeführt werden. Wenn tatsächlich eine Person des sozialen Umfeldes stirbt, bewirkt dies oft eine Erschütterung der Rahmenkonstellation, dank derer der Alltag ansonsten stabil gehalten wird. Dieser Verlust schwebt dialektisch zwischen Fremdheit und Nähe: fremd ist er, weil man selber überlebt und ein Mitmensch geht, während dieser doch nah genug ist (war?), um dieses Überleben zumindest temporär ‚in den Schatten' zu ziehen. Mit anderen Worten, es ist dies die prägende Erfahrung der Todesnähe. Schütz (1971, S. 397) spricht in Anlehnung an Søren Kierkegaard von einem „Augenblickssprung", der in eine eigenwillige Sphäre zwingt – in dieser Konstellation also in einen Zustand des Über- oder Weiterlebens unter dem Vorrang spezifischer Sinnbestimmungen, die den Routinen des Alltags fremd sind. Auch wenn darin kein Funken Trost liegt, gehört es ebenfalls zum Wissen, dass der Aufenthalt in dieser Subsinnwelt der Todesnähe und Trauer zeitlich begrenzt ist und von der allmählichen Rückkehr in die Alltagssphäre abgelöst werden wird.[5]

Zwischenzeitlich stand die Welt nicht still, und die Hinterbliebenen müssen die subjektive „Lebenszeit" (im Sinne einer *Erlebenszeit*) wieder an die Abläufe der davon unberührten „Weltzeit" anpassen (vgl. Blumenberg 2001). Angereichert ist das Fortleben der Hinterbliebenen dabei mit der Kulturnorm, den Verstorbenen durch Erinnerungshaltungen und -handlungen weiterhin einen Platz in ihrem Leben zuzuweisen. Entgegen pauschaler Bewertungen im Sinne von: „Zu Toten gibt es kein soziales Verhältnis" (Sofsky 2005, S. 88) ist die Verbindung der Lebenden

5 Mit der Zeit werden die Wunden geheilt, lautet eine vielsagende Metapher. Die Phase legitimer Ausfallerscheinungen gegenüber alltäglichen Anforderungen wird demnach irgendwann so vermeintlich subtil abbrechen, wie ein Wundheilungsprozess irgendwann jenseits eigenen Zutuns des Verwundeten vollendet ist. Wer danach nicht wieder einsatzfähig für Beruf, Familie und Partnerschaft ist, wer also noch nicht genügend ‚Trauerarbeit' geleistet hat (ein interessanter Begriff, dem Pendants wie ‚Liebesarbeit' auffällig fehlen), verhält sich beinahe schon selbstsüchtig und verstößt gegen einen unausgesprochenen Kodex, wie folgende Bemerkung von Roland Barthes zeigt. In seinen Vorlesungen am Collège de France beschreibt Barthes eine Situation, mit der er in der Zeit nach dem Tod seiner geliebten Mutter konfrontiert war: „Nach ein paar Wochen tritt die Gesellschaft wieder in ihr Recht ein, erkennt die Trauer nicht mehr als Ausnahmezustand an: Die sozialen Anforderungen gelten wieder, so als wäre es unvorstellbar, sie abzuweisen; umso schlimmer für Sie, wenn die Trauer Sie länger aus der Bahn wirft, als der Code es zuläßt." (2005, S. 50)

zu ‚ihren' Toten nicht nur ein alltäglicher Anblick für jeden, der sich einmal auf einen Friedhof verirrt. Es liegt überdies ein abstrakter Wert vor, der gesellschaftlich überaus positiv eingestuft, zumindest kaum irgendwo kritisiert wird und durch soziale Normen sogar eine Absicherung und Kontinuierung erfährt.[6] „Nicht-mehrdasein" (Heidegger 1993, S. 238) ist in diesem Fall verstecktes Vorhandensein, allemal das des toten Körpers, folglich kommt es auch noch zu Adressierungen und Bezugnahmen. Wie die parasozialen Beziehungsbande zwischen Lebenden und Toten verlaufen, ist nicht verbindlich geregelt, in der Essenz aber doch weit mehr als eine bloße Angelegenheit subjektiver Sinnsetzungsinteressen.

In diesem Zusammenhang spielt Körperwissen eine wichtige Rolle. Es gehört in Zeiten des „wilden Todes", wie Philippe Ariès formuliert (2002, S. 42), zu den weit verbreiteten Normalitätsvorstellungen, dass die Alten sterben und die Jungen leben. Solche Bilder lassen sich auf vielschichtige Weise mit Ausprägungen der *Bio-Macht* verknüpfen – als Stichwort soll hier aber genügen, dass Diskurse der ‚Lebensgewährung' gegenüber Ungeborenen heute ebenso kontrovers besprochen werden wie Diskurse der ‚Sterbensgewährung' für Totkranke oder Lebenssatte. „Wild" ist der Tod deshalb, weil in westlichen Gegenwartsgesellschaften die Voraussicht dominiert, dass der Tod erst am Ende eines langen und im besten Fall erfüllten Lebens seinen Auftritt hat. Schlägt er früher zu, negiert er vermeintlich ‚legitime' Lebensansprüche und wirkt unbarmherzig, ungerecht, ja zügellos. Das Sterbeschicksal wäre demnach ein Ordnungsverstoß, der auf der Zeitachse des Lebens mit zunehmendem Alter weniger störend wirkt. Von *Minima Temporalia* ist, in einer Abwendung von der pastoralen Formel des immerzu ‚rechtzeitigen' Todes, offenbar umso mehr die Rede, je unerfüllter subjektive Lebensgestaltungschancen ausgeschöpft worden sind. Wie Hartmut Rosa schreibt, kann die „Erhöhung des Lebenstempos zur modernen Antwort auf den Tod" stilisiert werden, denn wer „doppelt so schnell lebt, kann doppelt so viele Weltmöglichkeiten realisieren". Dennoch: „‚alt und lebensgesättigt'

---

6 Eine nähere Analyse, die an dieser Stelle nicht geboten werden kann, würde ohne größeren Aufwand zeigen können, dass dabei alle drei klassischen Dimensionen der Dahrendorf'schen Rollenerwartung – Kann-, Muss- und Soll-Erwartungen – involviert sind (vgl. Dahrendorf 2006, S. 40ff.). Im Sepulkralkontext ist die ‚Figuration' dieser Erwartungen in Gestalt von *Erwartungen an einen selbst* als Akteursmotiv besonders deutlich zu erkennen (vgl. Benkel/Meitzler 2015, S. 245). – Am Rande sei angemerkt, dass das durch Todesnähe-Erfahrung angestoßene Erwartungsbündel auch auf die Positionierung der, wiewohl passiven, *verstorbenen* Akteure bezogen werden kann. So schreibt schon Ralph Linton: „When a man dies, he does not leave society, he merely surrenders one set of rights and duties and assumes another." (1936, S. 121) Im Lichte neuerer soziologischer Ansätze (wie etwa der Akteur-Netzwerk-Theorie von Bruno Latour) lässt sich diese Überlegung auf die Akteursposition der *Leiche* beziehen (siehe dazu Benkel 2013, S. 40ff.).

zu sterben“ ist gerade deshalb keine vertrauenswürdige Zukunftsaussicht, weil der Tod als „Optionenvernichter“ auch die rasantesten Lebensläufe um Neuigkeiten beraubt (Rosa 2005, S. 292ff.). So schnell man auch leben mag, die Potenzialität des Erfassens, ja ‚Durchlebens‘ von äußeren Impulsen und Fortschrittseffekten ist dann vorbei, wenn der Tod sowohl *Sein* wie auch *Zeit* beendet.

Körperwissen im Sinne einer Bewusstwerdung körperlicher Mechanismen und ihrer kultureller Einrahmungen beinhaltet nun aber nicht nur das so unvermeidliche wie unerwünschte, und zudem in Zeiten postheroischer Lebensführung kaum je glanzvoll-verdienstreiche Sterbenmüssen. Es beinhaltet gleichsam, im Sinne einer *Körperhoffnung*, eine dem Tod vorgelagerte Phase des hohen Alters. Gerade durch ihre relative Distanz zu den späten, gemeinhin ‚todesnahen‘ Altersphasen scheinen Jugend und mittleres Lebensalter von der Bedrohung des Sterbens abgeschirmt zu sein. Weil das empirisch gesicherte Wissen um das Erreichen des fatalen Zielpunktes in einem bestimmten Alter schwerlich von besserem empirischen Wissen abgelöst werden kann – allenfalls können alternative Sinnangebote die Idee des Endes zur Idee des Übergangs veredeln –, verwandelt sich der in der westlichen Kultur weit verbreitete Hoffnungsschimmer, dass man erst im hohen Alter sterben wird, mit jedem erreichten Lebensjahr *im Alter* vielerorts in die Hoffnung, dass die eigene Existenz es *noch weiter* schaffen wird. Diesbezüglich ist fraglich, ob die ominöse Garde der ‚Lebenshungrigen‘ je an den Bilanzierungspunkt kommt, an dem genug wirklich genug ist. (Selbstmordkandidaten verkörpern durch ihr Tun drastisch, dass diese Bilanz zwar durchaus gezogen wird, dass sie aber gleichwohl abseits ‚lebenszeitlicher‘ Erwägungen stattfinden kann.) Eine andere kulturhistorische Perspektive, welche die Lektüre von Ariès’ Studie nahelegt, könnte auf das Fazit zugespitzt werden, dass die, die sterben, schlichtweg das Leben hinter sich haben. Der ‚junge‘ Tod muss keine Ausnahme sein; dass er es im Bewusstsein vieler Menschen gleichwohl ist, zeigt an, wie eng die an Mitmenschen erfahrbare ‚Körperwirklichkeit‘ mit Normalitätserwartungen verknüpft und von ihnen abgeleitet ist. Ist der Tod der Alten normal, so muss der Tod der Jungen in einem verstörenden Maße außeralltäglich, vielleicht selbst herbeigeführt oder manipuliert, oder möglicherweise sogar das Ergebnis eines verborgenen Sinnzusammenhangs sein.[7] ‚Normal‘ darf er nicht sein.

7 Eine solche ‚Vorsehungslegitimation‘ wird in Parolen wie ‚Live fast, die young‘ oder ‚Die Besten sterben jung‘ evident. Esoterische Sinnzusammenhänge wie der ‚Club 27‘ (Abb. 2) gehören dazu: Demnach sind die grandiosesten Virtuosen des Popmusikgeschäftes dazu verdammt, im Alter von 27 Jahren überaus vorzeitig zu sterben (wie zu sehen bei Jimi Hendrix, Kurt Cobain, Amy Winehouse, Jim Morrison, Janis Joplin u. a.). Zwischen Verschwörungstheorie, posthumer Heilserwartung und der Konzession an einen tur-

Abb. 2 Für den Verstorbenen wird die Mitgliedschaft im „Club 27" reklamiert – ein wohl nicht ganz ernst gemeinter, sondern eher ‚ikonologischer' Sinnzusammenhang ersetzt hier klassische religiöse Symbole.

Quelle: © Thorsten Benkel

Es ist der Tod der anderen, über den Urteile gefällt werden. Anders formuliert: „Wir erfahren *keinen Tod*, wohl aber erfahren wir *die Toten*." (Macho 1987, S. 195) In Gesprächen im Rahmen des erwähnten Forschungsprojektes geben nicht wenige Menschen an, dass sie das – paradox klingende – ‚Erlebnis' des eigenen Todes dem Zeugnis des Todes etwa ihrer Partner oder Kinder vorziehen. Nicht mehr zu leben antizipieren sie als weniger drastische Erfahrung, als bezüglich ihrer geliebten Mitmenschen in die Situation der Todesnähe zu geraten. Was sich wie Sterbe-Egoismus anhört, ist tatsächlich wohl vor allem eine im Zustand der Todesferne gegebene, soziale Ansprüche erfüllende Prognose. Weder wird aus dieser Sicht heraus der Suizid als naheliegende Erfüllung des Anliegens akzeptiert, noch wird eingesehen, dass die befürchtete Familienkonstellation de facto tagtäglich eintrifft – und tagtäglich verwunden wird. Hinzu kommt die weit verbreitete Vorstellung, dass der Tod des Körpers eine eindeutige Trennung der, nun vergangenen, Welt des Lebens von der – je nach ideologischer Position – Jenseitswelt oder eben vom infiniten

bulenten Lebensstil seltsam changierend, werden solche Erklärungskonzepte beinahe schon wie ein ‚geheimes' Wissen verhandelt (vgl. Schetsche 2012).

Todesstadium herstellt.[8] Maßstab dieses Körperwissens ist die Materialität und Beobachtbarkeit der Transformation vom Menschen zum Leichnam. Was ist schon weniger beweiskräftig als das messbare Ende nicht nur sozial-kommunikativer, sondern überdies körperlich-biologischer Funktionsweisen? Nichts ist dermaßen *tatsächlich* am Tod wie die plötzliche Präsenz einer Leiche, aber diesen ‚Beweis' bekommt die betroffene Person selbst nie zu Gesicht (vgl. schon Sternberger 1981, S. 113). Niklas Luhmanns Vorschlag, den Tod hinsichtlich des Interaktionsalltages als „Kommunikationsunterbrecher" (1999, S. 230) anzusehen, klammert die physiologische Ebene weitsichtig aus; das Alltagsverständnis des toten, und somit auch bereits des sterbenden Körpers verkettet hingegen die physiologische recht bruchlos mit der psychologischen und mit der (zumindest unmittelbaren) sozialen Präsenz. Verloren wird: ein Mensch, geschaffen wird: ein bloßer Körper. Die Toten erleiden, in den Kategorien von Helmuth Plessner (1975), also einen *Leibverlust*, weil ihnen die gängigen Optionen, Lebendigkeit ‚auszuleben' im Medium ihres beseelten Körpers, der sie bis dato schließlich *waren*, abhandenkommen ist.

Aus der Sicht der Mitmenschen zielt die Fokussierung bei diesem konkreten Wissensbestand auf den Körper. Aus seiner radikalen Veränderung leiten sich andere, eben auch soziale Konsequenzen ab. Körperwissen zeichnet sich im Kontext des Todes durch seine Stabilität aus, könnte man meinen, denn der Körper spricht eine handgreifliche Sprache. Gesamtgesellschaftlich betrachtet nimmt der sterbende/tote Körper dagegen eine ebenso marginale Position ein wie die Person dahinter. Gesellschaften auf dem Komplexitätsniveau der Moderne, so nochmals Luhmann, sind „gerade durch ihre Dekomponierbarkeit stabil". Während der Tod „einfache Gesellschaften" zerstört, besorge Komplexitätssteigerung ein solches Maß an Anpassung, Aufstiegskraft und demnach wohl auch Bewältigungsleistung gegenüber der allgemeinen Verfallsbedrohung, dass der Tod nur mehr intervenieren und irritieren, aber nicht mehr auflösen kann. Der Körper des individuellen Subjekts ist das einzige, was wirklich in Auflösung begriffen ist – doch diese Auflösung ist eingezäunt und hinsichtlich der sozialen Umwelt der Verstorbenen lediglich auf die temporäre Wirkung begrenzt, für die Trauer, Totenfürsorge usw. stehen. Der Tod ist folglich ein Problem für einige Lebende – für einige Zeit.[9] Für

---

8 Gerade dies, das endlose Ende, hat übrigens Arthur Schopenhauer (1988, S. 537) als Kern der Furcht vor dem Sterben identifiziert – und mit dem Argument zurück gewiesen, dass das Nicht-mehr-Leben der Toten aus ontologischer Sicht nichts anderes darstellt als das Noch-nicht-Leben der Noch-nicht-Gezeugten. Während das eine rätselhafterweise befürchtet wird, stellt das andere für so gut wie niemanden ein Problem dar.

9 Es kennzeichnet eine entscheidende soziale Facette im Umgang mit Sterben und Tod, dass eben nicht *jeder* Tod vom „gesellschaftlichen Jedermann" (Berger/Luckmann 1992, S. 16) problematisiert oder gar betrauert wird – wie auch nicht jedes Leid bedauert wird

Luhmann erlangen komplexe Gesellschaften „ihre Permanenz dadurch, daß ihre Zusammensetzung geändert werden kann. Sie überdauern den Tod einzelner." (1984, S. 554) Auf diese Weise betrachtet, mit Blick auf die ‚kollektivistischen' Elemente des Gesellschaftslebens, verliert der Tod in der Tat seinen Schrecken. Die Reputation des Lebensendes als Fiasko sowie, im Fall eines Todes im hohen Alter, die weitgehend negative Reputation schon der letzten Lebensphase wirken im Lichte dieser Argumentation wie Wertungen einer Beobachtungsinstanz, die den reibungslosen Fortlauf der Gesellschaftsmaschine zumindest nicht an erster Stelle im Blick hat. Bedeutet dies aber, dass jegliche sorgenvolle Beschäftigung mit Vorgängen der negativen Körperveränderung, insbesondere mit Altern und Sterben, einen subjektiven bzw. einen ‚Gruppen-Egoismus' in den Vordergrund schiebt?

Wesentlich plausibler erscheint die Annahme, dass auf unterschiedlichen Ebenen des sozialen Zusammenlebens unterschiedliche Mechanismen der sozialen Ordnung greifen, die bisweilen vermeintlich identische Vorkommnisse auf unterschiedliche Weise verwalten bzw. verwaltbar machen. Welche Bedeutung dem Altern und dem Sterben zukommt, ist in der Tat umstritten und wird durchaus vielschichtig ausgehandelt. So wenig es objektive Sinnzusammenhänge in Verbindung mit dem Körper gibt (eine sozialwissenschaftlich mittlerweile gut ausgeleuchtete Erkenntnis), so wenig gibt es unumstößliche Faktizitäten des Lebensendes. Selbst die physiologischen Aspekte des Todes sind nichts Aperspektivisches, obwohl die Differenzierung von Leben und Tod, wie schon angesprochen, alltagslogisch ein verführerisch naheliegendes Beispiel für Objektivität jenseits des Beobachter- und Bewertungskontextes zu sein scheint (vgl. Schlich/Wiesemann 2001). Michel Foucault hat den Übergang des lebendigen Leibes in einen toten Körper mit einer gewissen Ironie als Überschreitung einer „vertikale[n] und schmale[n] Linie" (1973: 155) bezeichnet, ein passendes Bild, bringt es doch zum Ausdruck, wie wenig trennscharf die Grenzziehung faktisch ist. Früheres medizinisches Wissen hat das Lebensende zugleich als „das absoluteste wie auch das relativste aller Phänomene" verstanden (ebd., S. 154) – der Tod beugte sich flexibel den je aktuellen Definitionsbestrebungen, die seiner habhaft werden wollten. Wissenssoziologisch ist es überaus aufschlussreich, dass vermeintlich stabiles Wissen über Alterung und

(vgl. Butler 2010). Flüchtige Zufallsbezeugungen im Alltag, in deren Verlauf Menschen in Todesnähe geraten (etwa: Zeugenschaft bei einem Verkehrsunfall), können leicht als Kontingenzeffekt abgebucht werden; jenen psychosozial-normativen Verbindlichkeiten, die den Tod im eigenen Nahraum begleiten, kann man dabei umstandslos entkommen. Das verhindert aber nicht, dass Todesnähe in einem anderen Rahmen Pflichten mit sich bringt, etwa für Zeugen von Tötungsdelikten, die nicht zu Angehörigen oder Trauernden, aber sukzessive zu Partizipanten der rechtssystemimmanenten Aufarbeitung der Bedingungen der Möglichkeit ihrer Todesnäheerfahrung werden.

Tod seinen Ruf als unumstößliche Gewissheit jeweils in starker Abhängigkeit von soziokulturellen Rahmungen gewinnt. Zieht man wissenschaftliche Demystifikationsarbeiten und insbesondere thanatosoziologische Forschungsergebnisse zu Rate, tritt der Tod plötzlich als etwas in Erscheinung, das zwischen sozialer Erwartung, Rollenkonformität und sozialer Konstruiertheit, aber auch zwischen normativer Definierung, naturwissenschaftlich-medizinischer Messung, weltanschaulicher Überzeugung, privatkonfessioneller Hoffnung, ordnungspolitischer Steuerung und erkenntnistranszendierender Undurchsichtigkeit oszilliert. Ob und wie man stirbt, ist zu einem kontextabhängigen *doing dying* geworden, beeinflusst von der „machtvolle[n] Praxis des ‚Sterben Machens'„ (Schneider 2014, S. 133) durch Praktiken und Expertisen, und ebenso angestoßen von kursierenden Sinnangeboten außerhalb institutioneller Wissensagenturen. Beflügelt von der um sich greifenden Einsicht, dass transzendente Sinnsetzungen autonom adaptiert werden können, läuft die Pluralisierungsmaschinerie immer weiter und differenziert das Image des Todes stetig aus. Existenzbastelei beinhaltet längst Elemente für den Zustand nach der Existenz. Je uneindeutiger der Rang des Todes in der Gesellschaft ist, desto pluraler und umstrittener ist das (Körper-)Wissen über das Sterben, und desto vielschichtiger fallen in der Folge (Körper-)Hoffnungen aus, die das Überwinden oder wenigstens Hinauszögern des (eigenen wie fremden) Sterbens ausbuchstabieren. (Auch Auseinandersetzungen mit der Frage, wie *gutes Sterben* gelingen kann, und warum darunter nicht ‚sanfte' Suizidalisierung fallen sollte – oder doch? –, gehören dazu.) Ob nun mit oder ohne ausdrückliche Körperreferenz, mit oder ohne Kremation, ob mit oder ohne Auferstehung, mit oder ohne metaphysischem Potenzial, mit oder ohne Bildersprache, mit oder ohne alltagssemantisch greifbarer Beschreibung: Was am Ende des Lebens geschieht, übersteigt die Sphäre des bloßen Registrierens bei weitem und entzieht sich längst allgemeinverbindlichen Etikettierungen.

3 Sichtbares und Unsichtbares

Wenn jemand stirbt, vollzieht sich nicht lediglich das Schauspiels eines Körpers, der gegenüber einer medizinischen Befragung Zeugnis ablegt. Die Uneindeutigkeit, die bei der Klärung der Frage: *tot oder nicht?* irritiert, ist mittlerweile gut dokumentiert (vgl. Schneider 2000; Lindemann 2002; Nassehi/Brüggen/Saake 2002; Geimer 2014). Deutlich macht dies auch die hier und da vernehmbare Kritik am Hirntod als Generalkriterium der Todesfeststellung (vgl. Birnbacher 2012). Als unbestechlicher Indikator des Lebensendes bietet er sich, insbesondere im Lichte medizinischer Grenzfälle, nicht ohne weiteres an – doch als durch Messverfahren fundiertes Wissenskonzept wirkt er gleichwohl ungemein ‚stabil'. Kann neutral konstatiert werden, dass die Verwandlung eines technischen Bildes (Nulllinie) in einen menschlichen Todesfall jene absolute Zuverlässigkeit aufweist, die die Prozedur theoretisch besitzt? Überhaupt: „Wer kann und darf qua welcher Legitimation z. B. die Körperzeichen der Sterbenden vor dem Hintergrund der jeweils zugeschriebenen Definitions- und Verfügungsmacht [...] deuten?" (Schneider 2014, S. 77) Anders gefragt, wird Totsein nüchtern *abgelesen*, oder doch – gar mit logozentrischem Anschub – *aufgestempelt*? Eine einfache Antwort gibt es darauf nicht. Die Frage nach der Verlässlichkeit der *Körper-Evidenz* des Sterbens und des Verstorbenseins ist auch eine Frage nach der Validität jeglicher ‚Informationspolitik', bei der die Beweiskraft der Physis als Kronzeuge auftritt.

Fraglich ist darüber hinaus, wie der Tod als ‚Körperzustand' (oder sogar: als Ablöseinstanz der Lebenswelt) überhaupt in die Gesellschaft integriert werden kann. Dass Sterben traditionell weitaus stärker als Thema entweder der Medizin oder, in einer ganz anderen Sichtweise, als Thema der Religionen und der Theologien verstanden wird, denn als Problem des sozialen Umgangs, ist wohl auf die Stellung des Körpers zurück zu führen. Entweder er wird vollständig ins Zentrum gerückt (medizinischer Fokus) oder, wie etwa im postreformatorischen Christentum, für eine gewisse (lange) Frist ‚ausgeschaltet', weil mit dem Lebensende ein neuer existenzieller Abschnitt beginnt, bei dem die Seele im Vordergrund steht, derweil die leibliche Auferstehung eine ferne Zukunftsvision[10] ist (die bekanntlich im Einklang mit der Körperferne der traditionellen Bestattungskultur steht). In jedem Fall ist der Körper deutlich positioniert. Wissens- bzw., was sie auch sind, *Sinnsysteme*, die Unbestimmtes bestimmbar machen (vgl. Luhmann 1999, S. 33), beantworten jedoch keineswegs alle virulenten Fragen. Im Gegenteil, am Beispiel der Medizin lässt sich erkennen, dass Routinen im Umgang mit dem alternden/kranken/sterbenden und erst recht mit dem toten Körper nur bedingt ‚feststehen' und deshalb regelmäßig neue Fragen aufwerfen. Es ist keineswegs ‚eindeutig', wie beispielsweise der Tod im Krankenhausalltag verarztet werden soll (vgl. Lindemann 2001). Soll/darf das Licht gelöscht werden, wenn der Patient gestorben ist? Wird die Bettwäsche gereinigt und erneut benutzt oder beseitigt? Wird zuvor überhaupt

10 Übrigens handelt es sich um eine Aussicht, die von Experten mit Blick für Details diskutiert wird. Ein neuerer Ansatz erklärt die irdische Körperzerstörung qua Kremation der Leiche zum eschatologischen Nebenschauplatz, weil die Wiederauferstehung ohne Rückverweis auf das physische Vorleben ablaufen werde – sonst würden ja die im hohen Alter Verstorbenen als Greise und die als Säugling Verstorbenen als Baby das ewige Leben antreten. Der Kompromiss sei das 33. Lebensjahr als pauschales Alter der Wiederauferstehung – in Anlehnung an die Pionierleistung des in diesem Alter verstorbenen und wiederauferstandenen Jesus von Nazareth (vgl. Schärtl 2010, S. 63).

definiert, dass – und wodurch – der Sterbeprozess konkret begonnen hat? Gibt es situationsübergreifend ‚adäquate' Rhetoriken zur Überbringung der schlechten Nachricht? Ist die Organspende eine Instrumentalisierung des toten Körpers? Verwirklicht das Sterben das „Sein zum Tode", oder ist der *exitus letalis* im Hospital eine Niederlage der medizinischen Vernunft? Eigene Einsichten in Krankenhäuser und Hospize bestätigen, dass neben das (wiederum: Körper-)Wissen darüber, dass und wie Tode eintreten, die wenigstens sporadische Notwendigkeit zum Improvisieren bzw. zum Abklären aufkommender Fragen erforderlich ist. Wiederum reicht das Wissen über die körperliche Facette des Lebensendes nicht aus, um die soziale Bandbreite zu erfassen, die im Raum steht, wenn jemand stirbt.

Besonders bemerkenswert ist das Hospiz, da es als eine Domäne rational eingestandener Todesnähe auftritt. Wer hier lebt, wird woanders nicht mehr leben – und die Patienten sind sich der Sackgasse bewusst, in der sie, oft hochbetagt, ihre letzten Lebenschancen aufbrauchen. Nirgends wird deutlicher als hier, dass es zum Wissen über den Körper dazugehört, dieses Wissen auch ignorieren zu können. Insbesondere extreme Umstände – seien sie nun subjektiver oder gesellschaftlicher Natur – führen zu Situationen, in denen mehr oder minder verlässliches Wissen unbewusst oder absichtsvoll aus dem Fokus gerät. Solches wird in der Soziologie für gewöhnlich als *Produktivkraft des Nichtwissens* verhandelt. In Hospizen kommt es vor, dass Patienten an einem Tag mit bewundernswerter Nüchternheit das eigene Lebensende anvisieren, ja sogar ‚ihren Frieden' mit der Todesgewissheit gemacht zu haben scheinen, wie alltagssprachlich gerne formuliert wird. Einen Tag später kann alles wieder anders sein – und mit einem Mal bestimmen Lebensverlustängste das Setting. Ist die eine Einstellung ‚richtiger' als die andere? Während der Tod der Mitmenschen von einem Kanon sozialer Normen begleitet ist, bietet sich kaum eine Strategie als ‚angemessener' Umgang mit dem eigenen Sterben an.

Festzustehen scheint, wie gesagt, dass die Sterbenden zumeist aus der Gruppe der Alten rekrutiert werden. Selbst wenn nicht bekannt wäre, dass jährlich alleine in Deutschland über 800.000 Menschen sterben (d. h., 1.5 Tote pro Minute – bei einer jährlichen ‚Austauschquote' der Gesamtbevölkerung von über 1%), und selbst wenn nicht klar wäre, dass die Alten nicht nur aufgrund gesundheitlicher Defizite sterben, sondern auch eine der größten Gruppen unter den Selbstmördern darstellen (siehe für Deutschland Schmidtke et al. 2004, S. 148), würde schon das körperliche Erleben/Erleiden deutlicher Alterung sie als Todesnähekandidaten ausweisen. Dies befindet mit Theodor W. Adorno jener Sozialphilosoph, der vielleicht am deutlichsten den Tod als Inbegriff anti-humanistischer Utopiezerstörung apostrophiert hat: „Was der Tod gesellschaftlich Gerichteten antut, ist biologisch zu antezipieren an geliebten Menschen hohen Alters; ihr Körper nicht nur sondern ihr Ich, alles,

Abb. 3 Todesnähe und Todesferne in einem Bild: An die fast 70jährige Verstorbene wird mit einem „unzeitgemäßen" Foto gedacht, das nicht den letzten Stand des Körpers, sondern eine junge Frau zeigt.

Quelle: © Thorsten Benkel

wodurch sie als Menschen sich bestimmten, zerbröckelt ohne Krankheit und gewalttätigen Eingriff." (1970, S. 362) Diejenigen, deren Körper nicht mehr bloß alternd, sondern alt ist, sind diejenigen, die Todesnähe so sehr erahnen können, dass sie sie bisweilen zu spüren vermeinen. ‚Tödlicher' wird das Leben im Alter zwar nicht, denn körperliches Leben impliziert in jedem Augenblick die Chance des Sterbens. Die Gesellschaft bereitet gleichwohl darauf vor, dass die Sterbewahrscheinlichkeit dann steigt, wenn die entscheidenden sozialen Positionen an andere weiter gegeben sind. Der Topos vom Tod als Verlust wird von vorgelagerten Verlusterfahrungen gewissermaßen eingeleitet: Zentrale Aufgaben auf dem Arbeitsmarkt, aber auch in der familiären Kommunikation übernehmen Nachgeborene, Routinen müssen, nach der jahrzehntelangen Möglichkeit, sich an Außenimpulsen zu orientieren, autonom erarbeitet werden, Multimorbidität raubt Lebensenergien, die soziale Sichtbarkeit sinkt sukzessive, und die angeprangerte Negativverwandlung des Ichs in ‚weniger Ich' nimmt ihren Vollzug. In Wahrheit hören die Inanspruchnahmen des sozialen

Akteurs gezielt dann auf, wenn kollektive Leistungsansprüche (mutmaßlich) nicht mehr voll befriedigt werden können. Die zunehmende Lebenserwartung (ver-) führt im politischen System dazu, die Altersgrenze für den Ruhestandseintritt bei Arbeitnehmern zu erhöhen, schließlich wächst demnach die Zeitspanne bis zum Tod. Innovationen im medizinischen Sektor bestätigen diese Berechnung jedoch nur bedingt: Längeres Leben lässt sich von den Diktaten und Ansprüchen des Körpers nicht trennen, so rational die dahinter stehende Kalkulation auch erscheinen mag. Ein Szenario wie der an die Krankenhausapparatur gefesselte und deshalb weiterlebende Körper wird gesellschaftlich überwiegend nicht als Triumph der Technik über die Schwäche des Leibes verstanden, sondern als *Sterbensverlängerung* kritisiert. Der Diskurs der Sterbehilfe wäre in der Intensität, in der er gegenwärtig präsent ist, ohne die Dialektik eines Fortlebens, das in den Augen vieler keines ist, gar nicht vorstellbar. Und dieser Diskurs zeigt, dass Plädoyers für das Sterben auf Verlangen sich üblicherweise dort Bahn schlagen, wo das Weiterleben ohne Rücksprache und am Leitbild abstrakter Direktiven etabliert werden soll. Die Debatte tobt vordergründig auf einer medizinischen Bühne, also wiederum dort, wo der Körper als zentrales ‚Motiv' gilt, während es in Wahrheit um Konkurrenz und Behauptungskämpfe im Bereich des Wissens geht. Die Festlegung, „wessen Leben als Leben gekennzeichnet werden kann und wessen Tod als Tod zählen wird" (Butler 2005, S. 16), hängt von rechtlicher und moralischer Legitimationsarbeit ab, die mit dem Körperzustand nur bedingt zusammenhängt und längst noch keinen Abschluss gefunden hat.

Wenn man möchte, könnte man als weit entferntes Komplementärbild zum ethischen Selbstzweck der Lebenserhaltung jenseits des Körpers die Herrichtung von Lebendigkeit jenseits des Todes verstehen. Unter das Rüstzeug der Bestatterbranche fällt die Fähigkeit, eine Leiche so zu präparieren, als sei tatsächlich noch mehr ‚Leib' vorhanden, als der Körper verrät. Das Ritual der Aufbahrung des toten Körpers ist seit ehedem eine Maskerade. Auf der Hinterbühne des Bestatterhandelns (vgl. Nölle 1997) wird kaschiert, dass jener Körper, der explizit als ‚tot' ausgestellt wird, im physiologischen Sinne tot ‚ist'. Die Leiche, so scheint es, schläft.[11] Zum einen wird dadurch das Schicksal des toten Körpers ausgeblendet und der buchstäbliche Augen-Blick verdrängt im Rahmen des Aufbahrungsrituals

11 Siehe ausführlich Berger/Lieban (1960). Das Professionalitätsniveau der Branche ist mittlerweile so hoch, dass auf Bestattermessen mit spezifischen ‚Körpertechniken' geworben wird (gesehen auf der BEFA in Düsseldorf, Mai 2014). Selbst Körper, die durch Autounfälle u. dgl. in zahlreiche Körperteile aufgetrennt worden sind, können mittlerweile durch eine Art ‚Post-Mortem-Chirurgie' vorgeblich wieder so miteinander verbunden werden, dass die Angehörigen bei der Aufbahrung vom tatsächlichen Schicksal des Körpers allenfalls *wissen*, aber jedenfalls nichts *sehen* können. Und

symbolisch das Wissen um den Tod (vgl. Abb. 4). (Es überrascht nicht, dass diese Momente des *sichtbaren* Abschieds häufig fotografiert werden – das Ablichten des toten Körpers ist paradoxerweise die letzte Chance, einen lebendig *wirkenden* Leib im Bild festzuhalten.) Zum anderen schlüsselt der Verweis auf das Schlafen eine Assoziation zum Weiterleben nach dem Sterben auf, sodass der Tod nicht wie das Ende, sondern wie ein zeitweiliger Stillstand wirkt, wie eine aufhebbare Zäsur des „Und-so-weiter" des Lebens (Schütz/Luckmann 2003, S. 627f.). Der Körper, der den Zuständigkeitsbereich der Medizin als ‚tot definiert' (oder: ‚interpretiert') verlässt, wird nicht mehr altern, nicht mehr krank sein, aber er wird eventuell noch einmal lebendig sein – im Zugriff einer Präparationsarbeit, deren Details wenig bekannt (und wenig appetitlich) sind. Die Tradition der Aufbahrung wird, wie auch Rituale der Aussegnung und dergleichen, nicht in allen Regionen gleichermaßen gepflegt. Wo es sie aber gibt, stellt sich die Beziehung zwischen Körperzustand und Körperwissen allemal als Spannungsverhältnis heraus: Das Wissen über den Tod dieses Körpers ist hier ein *Wissenmüssen* (vgl. Benkel/Meitzler 2015, S. 235), insoweit die Hinterbliebenen eine Zeremonie durchführen, die dem materiellen Körpertransformationsprozess der Leiche keinen Platz und keine Sichtbarkeit einräumt und die Grundbedingung von Lebendigkeit, nämlich Veränderung, leugnet. Der Zustand ‚tot' kann gewusst, aber nicht erfahren werden – alle zeremoniellen Bestandteile sind so eingerichtet, als wäre die auf Anschein beruhende Deutung, der Tod *sei nicht*, plausibler. So kann der aufgebahrte Körper ein letztes Mal als Person verstanden und adressiert werden, und so darf der Tod auf das reduziert werden, was erst noch folgt, wenn der Körpers keine Sichtbarkeit mehr hat.[12] Der Tod selbst wird dadurch unsichtbar.

Progressive Bestatter geben in Interviews oft zu Protokoll, den toten Körper nicht mehr dem Zwiespalt von Wissen und Anschein aussetzen zu wollen. Während die Branche (inklusive der Transzendentalexperten aus dem religiösen Sektor) generell immer ausgefeiltere Taktiken entwickelt, die schwierigen Begleitumstände des Lebensendes (wie Schmerz, Unfälle, Krankheit) zur Schonung der Angehörigen außen vor zu lassen, wählen diese Bestatter die Variante, den toten Körper sichtbar tot sein zu lassen. Die einfallenden Gesichtshöhlen werden nicht mehr aufgefüllt, die Leichenflecken nicht mehr geschminkt, sodass klar wird: der Abschied ist

weil der Effekt unsichtbar ist, muss seine Herrichtung anhand von Videoaufnahmen künstlich ersichtlich gemacht werden, um überhaupt glaubhaft zu sein.

12 Hinsichtlich der Sichtbarkeit des für gewöhnlich unsichtbar gemachten Todes bzw. toten Körpers siehe zum einen die hervorragende Textsammlung von Macho/Marek (2007) und zum anderen eigene Auseinandersetzungen mit der Renaissance des lebenden Körpers im Angesicht des Todes anhand von Fotografien und weiteren Darstellungsverfahren (Benkel/Meitzler 2013; dies. 2014).

nun kein endgültiger, sondern bereits vollzogen worden. Zu sehen ist nicht ein Mensch, sondern das Gewesensein des Menschen. Dabei wird in den Vordergrund gerückt, was hintergründig immer schon gewusst werden konnte: Dass nämlich die Geschehnisse, die *post mortem* in sozialer Rahmung erfolgen, verdeutlichen, dass selbst nach dem Altern und nach dem Leben noch eine, wenn auch nischenhaft kleine und begrenzte, gemeinsame soziale Bühne zwischen den Lebenden und den Toten besteht – und *beide Seiten* bringen dabei ihre Körper ein.

Abb. 4 Das Event der Aufbahrung – familiäre und fotografische Inszenierung zugleich. Quelle: © Thorsten Benkel

Wie wenig das Ende gleichwohl ein Ende sein muss, wenn es um die soziale Beziehung der Lebenden zu den Toten geht, sollen abschließend die *zwei Körper der Toten* zeigen (vgl. Benkel 2013). In Anlehnung an Ernst Kantorowiczs (1994) Beschäftigung mit der politischen Theologie des Mittelalters soll darunter die Aufspaltung in zwei Körperbilder im Moment des Todes verstanden werden – wobei das hier zugrunde gelegte Todesverständnis solche Konzepte wie den (schon bei Auguste Comte erwähnten) *sozialen Tod*, also die Isolation von intersubjektiven Verbindungen jenseits instrumenteller Kontexte schon zu Lebzeiten, gegebenenfalls mit einbeziehen könnte. Eine Leiche wird beerdigt, weil sie als ‚Überrest' gelten kann. Sie ist nicht genügend weit weg vom Menschen, um einzig als Sache betrachtet zu werden, aber auch nicht mehr nah genug, um noch physische Präsenz zu erhalten. Sie findet ihre Stätte unter der Erde und löst sich, ohne dass dies von irgendwem bezeugt wird, dank biochemischer Vorgänge allmählich auf (sofern sie nicht ohnehin kremiert wurde). Diesem *ersten* Körper steht der *zweite Körper* gegenüber. Dabei handelt es sich um den lebendigen Leib, der in der Erinnerung der Hinterbliebenen visualisiert und erfahren wird. Sein aktives Handeln, seine Bewegungen, die Berührungen, Geruch und Stimmfarbe, körpersprachliche Eigenheiten usw. sind ein Gegenentwurf. Kognitiv konstituiert oder auch durch Bilder, Texte und andere Referenzen gegenwärtig gemacht, stellen die Erscheinungsformen des zweiten Körpers eine mehr als nur physiologische Präsenz provisorisch wieder her. Im Rückblick auf die Lebenswelten der Toten erscheinen diese nämlich nicht als Tote, sondern als lebendige Akteure. Der zweite Körper ist somit mehr als nur Körper: Er bündelt die (ohnehin hochgradig unzuverlässige, weil subjektiv-prozesshafte) Erinnerung an eine Person (genauer: an intersubjektive Erfahrungen) an ihre leibhaftige Gegenwart. Der zweite Körper ist, als Image der Lebendigkeit, die Stellvertretung der Person selbst. Der Einsatz beispielsweise von Fotografien, Zeichnungen, Gravuren, sogar Statuen der Verstorbenen an Grabsteinen (oder *als* Grabsteine) illustriert schließlich nicht nur, dass hier ein Körper unsichtbar gemacht wurde, der sichtbar just so ausgesehen hat, wie er nun angesehen werden kann. Weil Körper gewissermaßen als soziale Adresse eines Menschen fungieren, konterkariert das Abbild des zweiten Körpers die Unsichtbarkeit des ersten – wodurch die vergangene Gegenwärtigkeit der verstorbenen Person sinnbildlich evoziert wird.[13] Empirisch lässt sich gut nachweisen, dass solche „Akt[e] der Belebung" (Assmann 1999, S. 33) sich in die zentraleuropäische Sepulkralkultur immer nachhaltiger einschreiben. Die Zahl der bildhaften Verweise an Grabstätten, und übrigens auch in Todesanzeigen, Online-Trauerportalen usf. nimmt ungebrochen zu. Dies dürfte – im Zeichen des *visual* bzw. *pictorial turn* – zum einen mit der sozialen Relevanz von Bildern insgesamt zusammen hängen. Zum anderen bietet sich die ‚fabrizierte' Körperpräsenz qua Darstellungsverfahren offenbar immer stärker als Mechanismus an, um Erinnerung, Gedenken, das Grab und auch die

13 Spannend ist vor diesem Hintergrund die soziale Funktion der so genannten *Post-Mortem-Fotografie*, die hier nur erwähnt werden kann. Die Stationen dieser kulturhistorischen Entwicklungsgeschichte reichen von der Totenmaske und dem Steingemälde über Ablichtungen von Aufbahrungen und Erinnerungsstücken für das Familienalbum bis hin zu visuellen Abschiedsgrüßen in Trauerkarten und zu Bildern, die tote Menschen wie *tatsächlich lebendige Akteure* inszenieren. Letzteres war vor rund einhundert Jahren ein gebräuchliches Verfahren, damit Verwandte wenigstens ein Abbild einer geliebten Person erlangen konnten. (Näheres bei Sykora 2009.)

vorherigen Lebensräume aus der Umklammerung der Todesnähe zu holen. Der abgebildete Körper ist, so gesehen, ein Symbol für Lebensnähe. Er kennt keinen kommenden Tod mehr.

Das Altern und der alternde Körper stellen die Weichen für das Sterben. Das hohe Alter leitet indes nicht über in die ‚neue' Phase der Todesnähe, sondern aktualisiert immer schon vorhandene Bezugspunkte. So zumindest lautet der Befund Max Schelers, der zum Zusammenhang von „Tod und Fortleben" befand: „der Tod [steht] nicht am realen Ende des Lebens [...], sondern er begleitet das ganze Leben als ein Bestandteil aller seiner Momente" (1957, S. 26). Dieses ‚Begleiten' ist, wie oben zu zeigen versucht wurde, keineswegs unabhängig von der Partizipation und Anteilnahme des sozialen Umfeldes, im Gegenteil. Sterben und Verstorbensein finden in gesellschaftlichen Rahmungen statt, deren Referenzcharakter über Wissensvermittlungsprozeduren erlernt wird, die gewissermaßen als ‚wirklichkeitsstabilisierende' Maßnahmen (im Sinne von Berger/Luckmann 1992) beibehalten werden. Das Wissen, welches mit den körperlichen Vorgängen des Lebensendes abgerufen, angewendet, zunehmend aber auch in Frage gestellt wird, ist gleichsam nicht ein ‚Bilanzwissen' mit letztgültiger Richtigkeit, sondern ein notwendig flexibles, notwendig revidierbares Vorläufig-Wissen; es wird nicht am toten oder sterbenden Körper abgelesen, sondern ihm zugeschrieben. Und schließlich sollte gezeigt werden, dass der Wandel gesellschaftlicher Überzeugungen auch zum Wandel (zur Pluralisierung und zur Enthegemonalisierung) des Verständnisses von Altern, Sterben und Tod führt. Selbst die scheinbar so plausible Kausalverkettung von Alter und Tod ist eine vereinfachende Perspektive. Änderte sich das medizinische (Körper-)Wissen gravierend, würde auch diese Sichtweise sich ganz anders entfalten. Wer weiß, vielleicht würde dann der vorausschauende Ausblick vom Alter auf das Sterben ebenfalls anders ausfallen, und dann könnte womöglich die von Jacques Derrida (2000) eingebrachte Betrachtungsweise neu konfiguriert werden: eine Anschauung der Welt, „als ob ich tot wäre".

Literatur

Adorno, Theodor W. (1970). *Negative Dialektik.* Frankfurt am Main: Suhrkamp.

Ariès, Philippe (2002). *Geschichte des Todes.* München: dtv.

Assmann, Jan (1999). *Das kulturelle Gedächtnis. Schrift, Erinnerung und politische Identität in frühen Hochkulturen.* München: Beck.

Barthes, Roland (2005). *Das Neutrum.* Frankfurt am Main: Suhrkamp.

Baudrillard, Jean (1982). *Der symbolische Tausch und der Tod.* München: Matthes & Seitz.

Benkel, Thorsten (2007). *Die Signaturen des Realen. Bausteine einer soziologischen Topographie der Wirklichkeit.* Konstanz: UVK.

Benkel, Thorsten (2008). Der subjektive und der objektive Tod. Ein Beitrag zur Thanatosoziologie. *Psychologie und Gesellschaftskritik 32 (2/3)*, 131-153.

Benkel, Thorsten (2012). *Die Verwaltung des Todes. Annäherungen an eine Soziologie des Friedhofs.* Berlin: Logos.

Benkel, Thorsten (2013). *Das Schweigen des toten Körpers.* In: Thorsten Benkel & Matthias Meitzler (Hrsg.), Sinnbilder und Abschiedsgesten (S.15-92). Hamburg: Kovac.

Benkel, Thorsten (2015). Todesrituale. Zur sozialen Dramaturgie am Ende des Lebens. In Robert Gugutzer & Michael Staack (Hrsg.), *Körper und Ritual. Sozial- und kulturwissenschaftliche Zugänge und Analysen* (S. 335-360). Wiesbaden: Springer VS.

Benkel, Thorsten & Meitzler, Matthias (2013). *Sinnbilder und Abschiedsgesten. Soziale Elemente der Bestattungskultur.* Hamburg: Kovač.

Benkel, Thorsten & Meitzler, Matthias (2014). Sterbende Blicke, lebende Bilder. Die Fotografie als Erinnerungsmedium im Todeskontext. *Medien & Altern. Zeitschrift für Forschung und Praxis 3 (5)*, 41-56.

Benkel, Thorsten & Meitzler, Matthias (2015). Feldforschung im Feld der Toten. Unterwegs in einer Nische der sozialen Welt. In: Angelika Poferl & Jo Reichertz (Hrsg.), Wege ins Feld – Methodologische Aspekte des Feldzugangs(S. 233-250). Essen: Oldiv-Verlag.

Benjamin, Walter (1974). Zentralpark. In: Walter Benjamin, *Gesammelte Schriften. Bd. 1.2* (S. 655-690). Frankfurt am Main: Suhrkamp.

Berger, Peter L. & Lieban, Richard (1960). Kulturelle Wertstruktur und Bestattungspraktiken in den Vereinigten Staaten. *Kölner Zeitschrift für Soziologie und Sozialpsychologie 12 (2)*, 224-236.

Berger, Peter L & Luckmann, Thomas (1992). *Die gesellschaftliche Konstruktion der Wirklichkeit. Eine Theorie der Wissenssoziologie.* Frankfurt am Main: S. Fischer.

Birnbacher, Dieter (2012). Das Hirntodkriterium in der Krise – welche Todesdefinition ist angemessen? In: Andrea M. Esser, Daniel Kersting & Christoph G. W. Schäfer (Hrsg.), *Welchen Tod stirbt der Mennsch?* (S. 19-40). Frankfurt am Main/New York: Campus.

Blumenberg, Hans (2001). *Lebenszeit und Weltzeit.* Frankfurt am Main: Suhrkamp.

Bourdieu, Pierre (1976). *Die politische Ontologie Martin Heideggers.* Frankfurt am Main: Syndikat.

Bourdieu, Pierre (1993). *Sozialer Sinn. Kritik der theoretischen Vernunft.* Frankfurt am Main: Suhrkamp.

Bourdieu, Pierre (2010). Teilnehmende Objektivierung. In: Bourdieu (2010a) (Hrsg.), *Algerische Skizzen* (S. 417-440). Berlin: Suhrkamp.

Brüntrup, Godehard & Rugel, Matthias/Schwartz, Maria (2010). *Auferstehung des Leibes – Unsterblichkeit der Seele.* Stuttgart: Kohlhammer.

Butler, Judith (2005). *Gefährdetes Leben. Politische Essays.* Frankfurt am Main: Suhrkamp

Butler, Judith (2010). *Raster des Krieges. Warum wir nicht jedes Leid beklagen.* Frankfurt am Main/New York: Campus.

Dahrendorf, Ralf (2006). *Homo Sociologicus. Ein Versuch zur Geschichte, Bedeutung und Kritik der Kategorie der sozialen Rolle.* Wiesbaden: VS Verlag für Sozialwissenschaften

Derrida, Jacques (2000). *Als ob ich tot wäre.* Wien: Passagen.

Durkheim, Emile (1984). *Die elementaren Formen des religiösen Lebens.* Frankfurt am Main: Suhrkamp.

Durkheim, Emile (1999). *Der Selbstmord.* Frankfurt am Main: Suhrkamp.

Elias, Norbert (1990). *Über die Einsamkeit der Sterbenden in unseren Tagen*. Frankfurt am Main: Suhrkamp.

Esser, Andrea M., Kersting, Daniel & Schäfer, Christoph G. W. (2012). *Welchen Tod stirbt der Mensch?* Frankfurt am Main/New York: Campus.

Foucault, Michel (1973). *Die Geburt der Klinik. Eine Archäologie des ärztlichen Blicks*. München: Hanser.

Geimer, Peter (2014). *Untot. Existenzen zwischen Leben und Leblosigkeit*. Berlin: Kadmos.

Groß, Dominik, Glahn, Julia & Tag, Brigitte (2010). *Die Leiche als Memento mori. Interdisziplinäre Perspektiven auf das Verhältnis von Tod und totem Körper*. Frankfurt am Main/New York: Campus.

Gugutzer, Robert & Staack, Michael (2015). *Körper und Ritual. Sozial- und kulturwissenschaftliche Zugänge*. Wiesbaden: Springer VS.

Heidegger, Martin (1993). *Sein und Zeit*. Tübingen: Niemeyer.

Kantorowicz, Ernst (1994). *Die zwei Körper des Königs. Eine Studie zur politischen Theologie des Mittelalters*. München: dtv.

Knoblauch, Hubert (2005). *Wissenssoziologie*. Konstanz: UVK.

Knoblauch, Hubert & Soeffner Hans-Georg (1999), *Todesnähe. Wissenschaftliche Zugänge zu einem außergewöhnlichen Phänomen*. Konstanz: UVK.

Landsberg, Paul (2009). *Die Erfahrung des Todes*. Berlin: Matthes & Seitz.

Lindemann, Gesa (2001). Die Interpretation ‚hirntot'. In: Thomas Schlich & Claudia Wiesemann (Hrsg.), *Hirntod* (S. 318-343). Frankfurt am Main: Suhrkamp.

Lindemann, Gesa (2002). *Die Grenzen des Sozialen. Zur sozio-technischen Konstruktion von Leben und Tod in der Intensivmedizin*. München: Fink.

Linton, Ralph (1936). *The Study of Man*. New York/London: Appleton-Century-Crofts.

Luhmann, Niklas (1984). *Soziale Systeme. Grundriß einer allgemeinen Theorie*. Frankfurt am Main: Suhrkamp.

Luhmann, Niklas (1999). *Funktion der Religion*. Frankfurt am Main: Suhrkamp.

Macho, Thomas (1987). *Todesmetaphern. Zur Logik der Grenzerfahrung*. Frankfurt am Main: Suhrkamp.

Macho, Thomas &vMarek, Kristin (2007). *Die neue Sichtbarkeit des Todes*. Paderborn/München: Fink.

Nagel, Thomas (2001). Der Tod. In: Thomas Nagel (Hrsg.), *Letzte Fragen* (S. 17-28). Berlin/Wien: Philo.

Nassehi, Armin, Brüggen, Susanne & Saake, Irmhild (2002). Beratung zum Tode. Eine neue ars moriendi? *Berliner Journal für Soziologie 12 (1)*, 63-85.

Nölle, Volker (1997). *Vom Umgang mit Verstorbenen. Eine mikrosoziologische Erklärung des Bestattungsverhaltens*. Frankfurt am Main: Peter Lang.

Plessner, Helmuth (1975). *Die Stufen des Organischen und der Mensch*. Berlin/New York: de Gruyter.

Poferl, Angelika & Reichertz, Jo (2015). *Wege ins Feld. Methodologische Aspekte des Feldzugangs*. Essen: Oldib.

Rosa, Hartmut (2005). *Beschleunigung. Die Veränderung der Zeitstrukturen in der Moderne*. Frankfurt am Main: Suhrkamp.

Schärtl, Thomas (2010). Was heißt ‚Auferstehung des Leibes'? In: Godehard Brüntrup, Matthias Rugel & Maria Schwartz (Hrsg.), *Auferstehung des Leibes – Unsterblichkeit der Seele* (S. 59-80). Stuttgart: Kohlhammer.

Scheler, Max (1957). Tod und Fortleben. In: Scheler (Hrsg.), *Gesammelte Werke, Bd. 10*: (S. 9-64). Bern/München: Francke.
Schetsche, Michael (2012). Theorie der Kryptodoxie. Erkundungen in den Schattenzonen der Wissensordnung. *Soziale Welt 63 (1)*, 5-24.
Schlich, Thomas & Wiesemann, Claudia (Hrsg.) (2001). *Hirntod. Zur Kulturgeschichte der Todesfeststellung.* Frankfurt am Main: Suhrkamp.
Schmidtke, Armin, Bille-Brahe, Unni, de Leo, Diego & Kerkhof, Ad (2004). *Suicidal Behaviour in Europe.* Göttingen: Hogrefe & Huber.
Schneider, Werner (2000). *„So tot wie nötig – so lebendig wie möglich!" Sterben und Tod in der fortgeschrittenen Moderne.* Münster/Hamburg/London: Lit.
Schneider, Werner (2014). Sterbewelten. Ethnologische (und dispositivanalytische) Forschung zum Lebensende. In: Martin W. Schnell, Werner Schneider & Harald Kolbe (Hrsg.), *Sterbewelten. Eine Ethnographie* (S. 51-138). Wiesbaden: Springer VS.
Schopenhauer, Arthur (1988). *Die Welt als Wille und Vorstellung.* Bd. 2. Zürich: Haffmans.
Schütz, Alfred (1971). Symbol, Wirklichkeit und Gesellschaft. In: Alfred Schütz (Hrsg.): *Gesammelte Aufsätze. Bd. 1: Das Problem der sozialen Wirklichkeit* (S. 331-441). Den Haag: Nijhoff.
Schütz, Alfred (1991). *Der sinnhafte Aufbau der sozialen Welt.* Frankfurt am Main: Suhrkamp.
Schütz, Alfred & Luckmann, Thomas (2003). *Strukturen der Lebenswelt.* Konstanz: UVK.
Sofsky, Wolfgang (2005). *Traktat über die Gewalt.* Frankfurt am Main: S. Fischer.
Spranger, Tade M., Pasic, Frank & Kriebel, Michael (2014). *Handbuch des Feuerbestattungswesens.* Stuttgart: Boorberg.
Sternberger, Dolf (1981). *Über den Tod.* Frankfurt am Main: Suhrkamp.
Sykora, Katharina (2009). *Die Tode der Fotografie. Bd. 1: Totenfotografie und ihr sozialer Gebrauch.* Paderborn/München: Fink.
Wittgenstein, Ludwig (1995). Bemerkungen über Frazers Golden Bough. In: Ludwig Wittgenstein, *Vortrag über Ethik und andere kleine Schriften* (S. 29-46). Frankfurt am Main: Suhrkamp.
Wittgenstein, Ludwig (1997). Philosophische Untersuchungen. In: Ludwig Wittgenstein, *Werkausgabe. Bd. 1.* (S. 225-580). Frankfurt am Main: Suhrkamp.

Verzeichnis der Autorinnen und Autoren

Frank Adloff, Dr. phil., Professor für Soziologie, insb. Dynamiken und Regulierung von Wirtschaft und Gesellschaft an der Fakultät für Wirtschafts- und Sozialwissenschaften der Universität Hamburg.

Teslihan Ayalp, Mitarbeiterin im Zukunftsbüro der Stadt Kassel, Programmkoordination „WIR". Weitere Informationen unter: http://www.stadt-kassel.de/miniwebs/zukunftsbuero/21340/index.html

Thorsten Benkel, Dr. phil., Akademischer Rat für Soziologie an der Philosophischen Fakultät der Universität Passau. Weitere Informationen unter: http://www.phil.uni-passau.de/benkel

Tina Denninger, Dr. phil., wissenschaftliche Mitarbeiterin am Institut Mensch, Ethik und Wissenschaft. Weitere Informationen unter: http://www.imew.de/de/ueber-uns/mitarbeiterinnen/dr-tina-denninger

Stefan Dreßke, Dr. rer. pol., Lehrbeauftragter am Fachbereich Humanwissenschaften der Universität Kassel. Kontakt: s.dresske@googlemail.com

Thomas S. Eberle, Dr. oec., Professor emeritus für Soziologie an der School of Humanities and Social Sciences der Universität St. Gallen. Weitere Informationen unter: https://www.alexandria.unisg.ch/Personen/Thomas_Eberle

Henny Annette Grewe, Dr. med., Professorin für Medizinische Grundlagen der Pflege am Fachbereich Pflege und Gesundheit der Hochschule Fulda. Weitere Informationen unter: http://www.hs-fulda.de/fachbereiche/pflege-und-gesundheit/ueber-uns/professuren

Ronald Hitzler, Dr. rer. pol., Professor für Allgemeine Soziologie an der Fakultät Erziehungswissenschaft, Psychologie und Soziologie der TU Dortmund. Weitere Informationen unter: http://www.hitzler-soziologie.de

Dagmar Hoffmann, Dr. phil., Professorin für Medien und Kommunikation am Medienwissenschaftlichen Seminar der Universität Siegen. Weitere Informationen unter: http://www.uni-siegen.de/phil/medienwissenschaft/personal/lehrende/hoffmann_dagmar/index.html?lang=de

Grit Höppner, Dr. phil., wissenschaftliche Mitarbeiterin am Institut für Soziologie der Westfälischen Wilhelms-Universität Münster. Weitere Informationen unter: https://www.wwu.de/Soziologie/personen/hoeppner.shtml

Reiner Keller, Dr. phil., Professor für Soziologie an der Philosophisch-Sozialwissenschaftlichen Fakultät der Universität Augsburg. Weitere Informationen unter: http://www.uni-augsburg.de/keller

Randi Leibner, M.A., wissenschaftliche Mitarbeiterin am Institut für Gesundheitssystemforschung der Universität Witten/Herdecke.

Matthias Meitzler, M.A., wissenschaftlicher Mitarbeiter am Kulturwissenschaftlichen Institut Essen (KWI). Weitere Informationen unter: http://www.kulturwissenschaften.de/home/profil-mmeitzler.html

Michael Meuser, Dr. phil., Professor für Soziologie der Geschlechterverhältnisse an der TU Dortmund. Weitere Informationen unter: http://www.fk12.tu-dortmund.de/cms/ISO/de/home/personen/iso/Meuser_Michael.html

Larissa Pfaller, Dr. phil., wissenschaftliche Mitarbeiterin am Institut für Soziologie an der Friedrich-Alexander-Universität Erlangen-Nürnberg. Weitere Informationen unter: http://www.soziologie.phil.uni-erlangen.de/team/pfaller

Monika Reichert, Dr. phil., Dipl. Psych., Professorin für Soziale Gerontologie mit dem Schwerpunkt Lebenslaufforschung an der Fakultät Erziehungswissenschaft, Psychologie und Soziologie der TU Dortmund. Weitere Informationen unter: https://www.fk12.tu-dortmund.de/cms/ISO/de/home/personen/iso/Reichert_Monika.html

Wolfgang Reißmann, Dr. phil., Postdoc im DFG-SFB 1187 Medien der Kooperation, Projekt Medienpraktiken und Urheberrecht. Weitere Informationen unter: http://www.mediacoop.uni-siegen.de/member/reissmann-wolfgang-dr

Anja Schünzel, M.A. Soziologie, Doktorandin am Fachgebiet für Allgemeine Soziologie, insb. Theorie moderner Gesellschaft der TU Berlin. Weitere Informationen unter: http://videosoziologie.net

Mone Spindler, Dr. phil., Soziologin, wissenschaftliche Mitarbeiterin am Internationalen Zentrum für Ethik in den Wissenschaften (IZEW) der Universität Tübingen. Weitere Informationen unter: http://www.uni-tuebingen.de/de/30644

Boris Traue, Dr. phil., Postdoc Research Associate am Digital Cultures Research Lab der Universität Lüneburg. Weitere Informationen unter: http://www.leuphana.de/universitaet/personen/boris-traue.html